ICT建设与运维岗位能力培养丛书

U0281081

Windows Server 2022 活动目录管理实践

（微课版）

主　编　郝　昆　李　琳　黄君羡
副主编　曾振东　欧阳绪彬　戴伟健
组　编　正月十六工作室

電子工業出版社
Publishing House of Electronics Industry
北京 · BEIJING

内 容 简 介

本书以活动目录配置与管理的核心技能为主线，引入行业标准、职业岗位标准和企业应用需求，通过真实的网络工程项目，按照网络工程的业务实施流程展开项目实战，遵循职业教育的教学规律，由浅入深地讲解了 5 个模块内容，分别为域的创建与管理、域用户与组的管理、域文件共享的配置、组策略的管理、域的容灾备份，涉及 138 个关键知识点，帮助读者在实践中提升活动目录的配置与管理能力，为初学者快速成长为一名准系统管理工程师提供助力。

本书有机融入职业规范、职业素质拓展、科技创新、党的二十大精神等思政育人素质拓展要素，可以作为网络技术相关专业课程的教材，也可以作为网络系统从业人员学习与实践的指导用书，还可以作为微软认证考试的参考用书。

未经许可，不得以任何方式复制或抄袭本书之部分或全部内容。
版权所有，侵权必究。

图书在版编目（CIP）数据

Windows Server 2022 活动目录管理实践 ： 微课版 /
郝昆，李琳，黄君羡主编. -- 北京 ： 电子工业出版社，
2024. 8. -- ISBN 978-7-121-48734-7

Ⅰ. TP316.86

中国国家版本馆 CIP 数据核字第 2024FS0080 号

责任编辑：李　静
印　　刷：北京盛通数码印刷有限公司
装　　订：北京盛通数码印刷有限公司
出版发行：电子工业出版社
　　　　　北京市海淀区万寿路 173 信箱　　　　邮编：100036
开　　本：787×1092　1/16　印张：19.25　字数：493 千字
版　　次：2024 年 8 月第 1 版
印　　次：2025 年 1 月第 2 次印刷
定　　价：59.80 元

凡所购买电子工业出版社图书有缺损问题，请向购买书店调换。若书店售缺，请与本社发行部联系，联系及邮购电话：（010）88254888，88258888。

质量投诉请发邮件至 zlts@phei.com.cn，盗版侵权举报请发邮件至 dbqq@phei.com.cn。

本书咨询联系方式：（010）88254604，lijing@phei.com.cn。

前　言

党的二十大报告指出：坚持把发展经济的着力点放在实体经济上，推进新型工业化，加快建设制造强国、质量强国、航天强国、交通强国、网络强国、数字中国。

服务器操作系统作为重要的基础软件被广泛关注，Windows Server 操作系统因其较高的市场占有率，成为网络管理员需要熟悉的必备产品之一。此外，在全国职业院校技能大赛网络系统管理赛项和世界技能大赛网络系统管理赛项中，Windows Server 操作系统一直是该赛项的重点考核技能之一。

本书围绕网络工程项目建设，针对活动目录的部署与管理的工作任务要求，由浅入深地介绍了域的创建与管理、域用户与组的管理、域文件共享的配置、组策略的管理、域的容灾备份共 5 个模块内容，涉及 27 个典型的活动目录管理项目，每个活动目录管理项目都采用标准化的网络工程业务实施流程，可以确保项目实施的质量。读者围绕 27 个递进式项目进行学习，可以高效地掌握相关的知识、技能和业务实施流程，培养网络工程师的岗位能力和职业素养。本书的课程学习导图如图 1 所示。

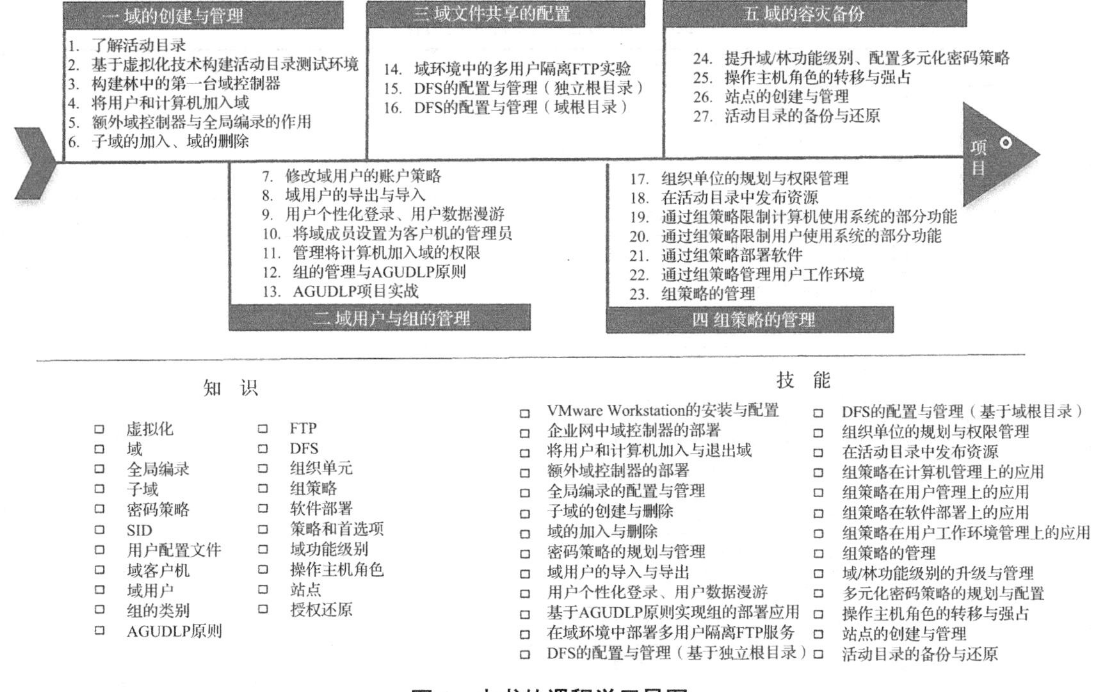

图 1　本书的课程学习导图

本书中的项目都是活动目录的部署与管理的典型项目。在每个项目中，通过“项目学习目标”明确学习目标；通过“项目描述”引入项目场景，明确项目的目标任务；通过“项目分析”分析项目需求，提出解决方案，规划项目、分解工作任务；通过“相关知识”熟悉项目涉及的相关知识；通过“项目实施”引导读者按照网络工程的业务实施流程完成任务操作；通过“项目验证”验证项目目标是否达成；通过“练习与实践”检验学习成果。项目结构示意图如图 2 所示。

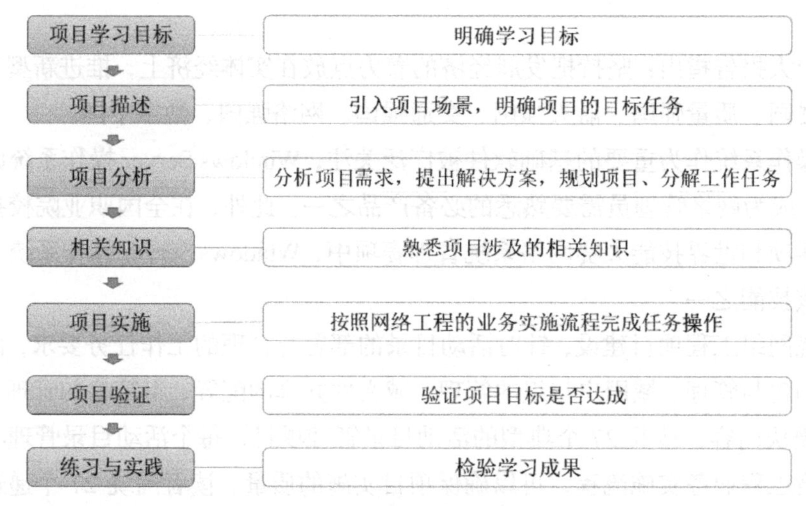

图 2　项目结构示意图

本书各项目的学时分配如表 1 所示。

表 1　本书各项目的学时分配

内容模块	课程内容	参考学时
域的创建与管理	项目 1　了解活动目录	1～2 学时
	项目 2　基于虚拟化技术构建活动目录测试环境	2～3 学时
	项目 3　构建林中的第一台域控制器	2～3 学时
	项目 4　将用户和计算机加入域	2～3 学时
	项目 5　额外域控制器与全局编录的作用	2～3 学时
	项目 6　子域的加入、域的删除	2～3 学时
域用户与组的管理	项目 7　修改域用户的账户策略	2～3 学时
	项目 8　域用户的导出与导入	2～3 学时
	项目 9　用户个性化登录、用户数据漫游	2～3 学时
	项目 10　将域成员设置为客户机的管理员	2～3 学时
	项目 11　管理将计算机加入域的权限	2～3 学时
	项目 12　组的管理与 AGUDLP 原则	3～4 学时
	项目 13　AGUDLP 项目实战	4～6 学时
域文件共享的配置	项目 14　域环境中的多用户隔离 FTP 实验	2～3 学时
	项目 15　DFS 的配置与管理（独立根目录）	2～3 学时
	项目 16　DFS 的配置与管理（域根目录）	2～3 学时

续表

内容模块	课程内容	参考学时
组策略的管理	项目 17 组织单位的规划与权限管理	2～3 学时
	项目 18 在活动目录中发布资源	2～3 学时
	项目 19 通过组策略限制计算机使用系统的部分功能	2～3 学时
	项目 20 通过组策略限制用户使用系统的部分功能	2～3 学时
	项目 21 通过组策略部署软件	2～3 学时
	项目 22 通过组策略管理用户工作环境	2～3 学时
	项目 23 组策略的管理	2～3 学时
域的容灾备份	项目 24 提升域/林功能级别、配置多元化密码策略	2～3 学时
	项目 25 操作主机角色的转移与强占	4～6 学时
	项目 26 站点的创建与管理	2～3 学时
	项目 27 活动目录的备份与还原	4～6 学时
课程考核	综合项目实训/课程考评	4～6 学时
课时总计		64～96 学时

本书由正月十六工作室组织编写，郝昆、李琳、黄君羡主编，曾振东、欧阳绪彬、戴伟健副主编，参与本书编写相关工作的单位和个人信息如表 2 所示。

表 2　参与本书编写的单位和个人信息

单位名称	姓名
徐州生物工程职业技术学院	郝昆
广东交通职业技术学院	李琳、黄君羡、简碧园
顺德职业技术学院	陈志涛
广东行政职业学院	曾振东
广东暨通信息发展有限公司	戴伟健
正月十六工作室	欧阳绪彬、张笑欣

在编写本书的过程中，编者参阅了大量的网络技术资料和书籍，引用了 IT 服务商的大量项目，在此对这些资料的贡献者表示感谢。

本书内容丰富、翔实，配套有 460 分钟的操作指导视频、工程业务实施流程图、工程业务实施工具包、场景化项目案例包、微课等资源，可以帮助读者快速掌握 Windows Server 2022 活动目录的相关知识。读者可以登录华信教育资源网获取这些资源。

由于 Windows Server 操作系统正在不断更新迭代，加之编者水平有限，书中难免有不足之处，望广大读者批评指正。

正月十六工作室

2024 年 7 月

目　　录

模块 1　域的创建与管理

模块 2　域用户与组的管理

模块 3　域文件共享的配置

模块 4　组策略的管理

模块 5　域的容灾备份

模块 1　域的创建与管理

项目 1　了解活动目录

项目学习目标

1. 了解活动目录的定义。
2. 了解活动目录的逻辑结构与物理结构。
3. 了解活动目录与 DNS（Domain Name System，域名系统）服务之间的关系。

项目描述

jan16 公司拥有 300 多名员工，信息中心部门负责公司中五百多台计算机的管理。近期，公司采购了一批配置 Windows Server 2022 操作系统的服务器（简称 Windows Server 2022 服务器），并且参照其他中型企业的计算机管理模式，逐步过渡为基于活动目录（Active Directory，AD）管理公司中的用户和计算机。公司网络系统管理员需要了解微软 Windows Server 2022 活动目录的最新功能及应用场景，为公司将计算管理模式从工作组升级为活动目录做好准备。

项目分析

在网络规模较小的企业环境中，可以使用工作组组织和管理计算机。如果企业的网络规模较大，地理位置分散，计算机和用户数量较多，那么使用工作组很难对计算机进行集中管理，此时需要使用域对计算机进行统一管理和对用户进行身份认证。域是活动目录逻辑结构的核心单元，是活动目录对象的容器。

要成为活动目录系统管理员，需要先了解活动目录的基本概念、逻辑结构、物理结构等。

相关知识

活动目录是一种集中式目录管理服务，内置于 Windows Server 产品中，可以通过多种方式进行安装和配置，用于集中管理企业内 Windows 操作系统中的各类资源，如用户、计算机、打印机、应用程序等，并且提供了用户身份认证和授权等功能，是 Windows 操作系统不可或缺的一部分。

活动目录可以将网络中的所有资源组织起来，形成一个层次化的目录结构，方便管理者对这些资源进行分类和控制。此外，普通用户也可以通过活动目录很容易地找到并使用网络中的各种资源。除了基本的用户管理和资源控制功能，活动目录还提供了其他重要功能，具体如下。

- 集中管理：可以在一台服务器上集中管理整个域内的计算机、用户等资源。
- 安全性：提供用户身份认证和授权等安全功能，保护企业的信息安全。
- 可追溯性：可以追踪整个域内活动目录对象的使用情况，包括用户的登录、资源的使用等。
- 扩展性：可以扩展到多个域，实现多个域之间的资源共享。

在 Windows Server 2022 中，活动目录具有高级的多层保护能力，可以托管关键业务的工作负载，如使用 48TB 内存空间、64 个插座和 2048 个逻辑内核运行 SQL Server。此外，Windows Admin Center 为虚拟机（Virtual Machine，VM）管理提供了改进功能，并且增强了事件查看器的功能，从而进一步提高了活动目录的管理效率。

总体来说，活动目录是 Windows Server 中非常重要的一个功能，它可以帮助企业更好地管理和保护信息资源，提高工作效率和安全性。

项目实施

任务 1-1　了解活动目录的定义

1. 活动目录

活动目录由活动和目录两部分组成，其中，目录表示目录服务（Directory Service），活动主要用于修饰目录，其核心是目录。

对于目录，大家最熟悉的应该是书的目录，通过它可以知道书的大致内容。但目录服务和书的目录不同，目录服务是一种网络服务，它存储着网络资源的信息。用户和应用程序可以利用目录服务访问这些资源。

在活动目录管理的网络中，目录是一个容器，它存储着所有的用户、计算机、应用服务等资源。目录服务通过相应的规则，可以让用户和应用程序快捷地访问这些资源。例如，在工作组的管理方式下，如果一个用户需要使用多台计算机，那么网络管理员需要在这些计算机中为该用户创建账户并授予相应的访问权限。如果有大量的用户有这类需求，那么网络管理员的管理难度会大幅度提高。但在活动目录的管理方式下，用户作为资源被统一管理，每个用户都拥有唯一的活动目录账户。网络管理员对这些活动目录账户进行授权，允许其访问特定组的计算机，即可实现用户对相应计算机的访问权限控制。通过比较可以发现，活动目录在管理大量用户和计算机时具有较大优势。

活动目录中的活动是动态、可扩展的，主要体现在以下两个方面。

- 可以按需求增加、减少和移动活动目录对象的数量。例如，新购置了计算机、有部分员工离职、员工变换工作岗位，这些都必须在活动目录中进行相应的改变。
- 活动目录对象的属性是可以增加的。

所有活动目录对象都是用它的属性进行描述的。对活动目录对象的管理实际上是对活动目录对象属性的管理，而活动目录对象的属性是可能发生变化的。例如，联系方式属性原先只包括通信地址、手机号码、电子邮件等，但随着社会的发展，用户的联系方式可能需要增加微信号、微博号等，并且仍在持续发生变化。在活动目录中，活动目录管理员通过扩展活动目录架构可以增加属性，以便活动目录用户在活动目录中使用这个属性。

需要注意的是，活动目录对象的属性可以增加，但是不可以减少，对于不允许使用的活动目录对象属性，可以将其禁用。

活动目录中存储着网络中的重要资源信息，当用户需要访问网络中的资源时，可以在活动目录中进行检索，从而快速找到所需的资源。此外，活动目录是一种分布式服务，当网络的地理范围很大时，可以让位于不同地点的活动目录提供相同的服务，从而满足用户的需求。

2. 活动目录对象

简而言之，在活动目录中，可以被管理的所有资源都称为活动目录对象，如用户、组、计算机账户、共享文件夹等。对活动目录的资源管理就是对这些活动目录对象的管理，包括设置活动目录对象的属性、安全性等。所有的活动目录对象都存储于活动目录的逻辑结构中。可以说活动目录对象是组成活动目录的基本元素。

3. 活动目录架构

活动目录架构是指活动目录的基本结构，它是组成活动目录的规则。

活动目录架构中包含两方面内容：对象类和对象属性。其中，对象类主要用于定义在活动目录中可以创建的所有对象，如用户、组等；对象属性主要用于定义活动目录对象具有哪些属性，如用户对象具有登录名、电话号码等属性。也就是说，活动目录架构主要用于定义数据类型、语法规则、命名规范等内容。

当在活动目录中创建对象时，需要遵守活动目录架构的规则。只有在活动目录架构中定义了一个对象的属性，才可以在活动目录中使用该属性。前面介绍过，活动目录对象的属性是可以增加的。这一点需要通过扩展活动目录架构实现。

活动目录架构存储于活动目录架构表中，在需要扩展活动目录架构时，只需对活动目录架构表进行相应的修改。整个活动目录林（简称林）中只能有一个架构，也就是说，活动目录中的所有对象都会遵守同样的规则，这有助于对网络资源进行管理。

4. 轻型目录访问协议

轻型目录访问协议（Light Directory Access Protocol，LDAP）是访问活动目录的协议。当活动目录对象的数量非常多时，如果要对某个活动目录对象进行管理和使用，则需要查找并定位该活动目录对象，这时需要有一个层次结构，以便查找该活动目录对象，LDAP 就提供了这样一种机制。例如，在现实世界中找张三，你需要知道他所在的市、区、街道、大楼、楼层、房间号，这就是一种层次结构，与 LDAP 指定的层次结构类似。

在 LDAP 中指定了严格的命名规范，该命名规范主要包括 3 部分，分别是 DC、OU 和 CN，如表 1-1 所示。按照该命名规范可以唯一地定位一个活动目录对象。

表 1-1　LDAP 中关于 DC、OU 和 CN 的定义

名字	属性	描述
DC	域组件	域的 DNS 名称
OU	组织单位	组织单位和现实中的行政部门相对应，在组织单位中可以包括其他对象，如用户、计算机等
CN	普通名字	除域组件和组织单位外的所有对象，如用户、打印机等

按照该命名规范，假如在 jan16.cn 域中有一个 software 组织单位，在该组织单位下有一个 tom 用户，那么在活动目录中，LDAP 会用以下代码标识该对象。

```
CN=tom,OU=software,DC=jan16,DC=cn
```

LDAP 的名称包括两种类型：辨别名（Distinguished Names）和相关辨别名（Relative Distinguished Names）。

前面提到的“CN=tom,OU=software,DC=jan16,DC=cn”就是 tom 用户在活动目录中的辨别名。相关辨别名是指辨别名中能唯一标识该对象的部分，通常为辨别名中最前面的一项。在“CN=tom,OU=software,DC=jan16,DC=cn”中，“CN=tom”就是 tom 用户在活动目录中的相关辨别名，该名称在活动目录中必须唯一。

5. 活动目录的特点

与非域环境中独立的管理方式相比，使用活动目录管理网络资源具有以下特点。

- 资源的统一管理。活动目录的目录是一个能存储大量对象的容器，它可以统一管理企业中成千上万分布于各地的计算机、用户等资源，如统一升级软件等。此外，管理员可以通过给某个用户下放一部分管理权限，让该用户替管理员管理特定的对象。
- 便捷的网络资源访问。活动目录将企业的所有资源都存储于活动目录中。利用活动目录工具，用户可以方便地查找和使用这些资源。此外，因为活动目录采用统一的身份验证模式，所以用户只要在登录时验证了身份，就可以访问所有允许访问的网络资源。
- 资源访问的分级管理。通过登录认证和对活动目录对象进行访问控制，可以将安全性和活动目录加密集成在一起。管理员能够管理整个网络中的活动目录数据，并且可以授权用户访问网络中任意位置的资源。
- 降低总体拥有成本（Total Cost of Ownership，TCO）。总体拥有成本是指从产品采购到后期使用、维护的总成本，包括计算机采购成本、技术支持成本、技术升级成本等。例如，活动目录在应用一个组策略后，该组策略的设置可以对整个域中的所有计算机和用户生效，从而大幅度缩短在每台计算机上进行配置的时间。

任务 1-2　了解活动目录的逻辑结构

活动目录中有很多资源，要对这些资源进行管理，需要将它们有效地组织起来。活动目录的逻辑结构就是用于组织资源的。

可以将活动目录的逻辑结构和公司的组织机构图结合起来理解。对资源进行逻辑组织，使用户可以通过名称而不是通过物理位置查找资源，并且使网络的物理结构对用户透明化。

活动目录的逻辑结构包括域（Domain）、域树（Domain Tree）、林（Forest）和组织单位（Organization Unit，OU），如图 1-1 所示。

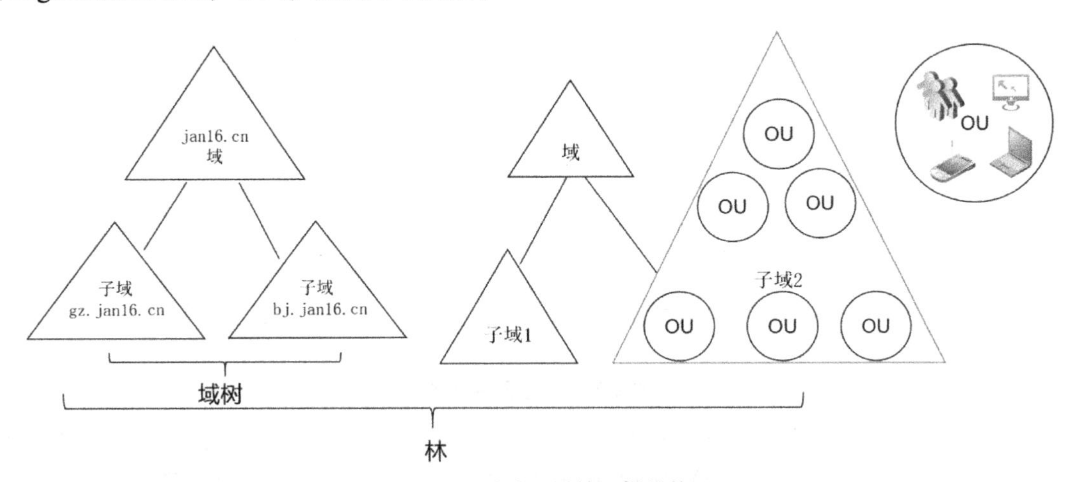

图 1-1　活动目录的逻辑结构

1. 域

域是活动目录逻辑结构的核心单元，是活动目录对象的容器。域定义了 3 个边界，分别为安全边界、管理边界、复制边界。

1）安全边界

所有的活动目录对象都存储于域中，并且每个域中只存储属于自己区域的活动目录对象，所以域管理员只能管理自己区域内的活动目录对象。安全边界的作用是保证域管理员只能在自己区域内拥有必要的管理权限，而对其他域（如子域）没有管理权限。

2）管理边界

每个域只能管理自己区域内的活动目录对象。例如，父域和子域是两个独立的域，两个域的管理员仅能管理自己区域内的活动目录对象，但是由于它们存在逻辑上的父子信任关系，因此两个域内的用户可以互相访问，但是不能管理对方区域内的活动目录对象。

3）复制边界

域是可复制的单元，是一种逻辑的组织形式，因此一个域可以跨越多个物理位置。如图 1-2 所示，jan16 公司在北京和广州都有相关机构，它们都隶属于 jan16.cn 域，北京和广州的相关机构通过 ADSL 拨号互联，并且两地各部署了一台域控制器（Domain Controller，DC）。如果 jan16.cn 域中只在北京的相关机构有一台域控制器，那么广州相关机构的客户端在登录域或使用域中的资源时，需要通过北京相关机构的域控制器进行查找，而北京和广州相关机构的连接是慢速的。在这种情况下，为了提高用户的访问速度，可以在广州的相关机构也部署一台域控制器，并且让广州相关机构的域控制器复制北京相关机构的域控制器中的所有数据。这样，广州相关机构的用户通过本地域控制器即可进行快速登录和资源查找。因为域控制器中的数据是动态的（如管理员禁用了一个用户），所以域内的所有域控制器之间必须实现数据同步。域控制器仅能复制自己域内的数据，不能复制其他域内的数据，所以域可以复制边界。

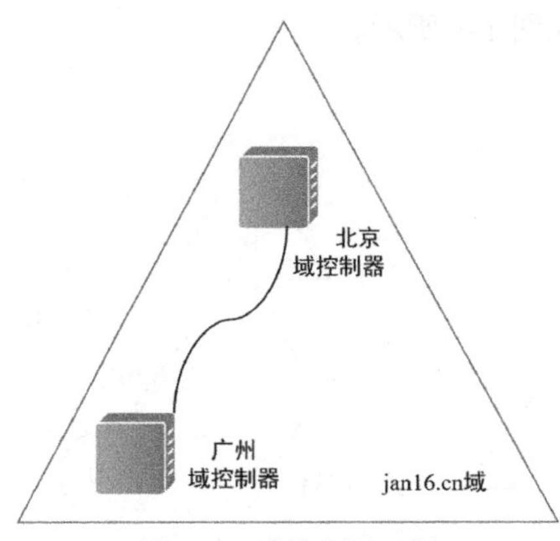

图 1-2　域的应用示例

综上所述：域是一种逻辑组织形式，能够对网络中的资源进行统一管理。要对域中的资源进行统一管理，必须在一台计算机中安装活动目录，而安装了活动目录的计算机就成了域控制器。

2. 登录域和登录本机的区别

登录域和登录本机是有区别的，在属于工作组的计算机上只能通过本地账户登录本机，在加入域的计算机上可以选择登录域或登录本机，登录界面如图 1-3 所示。

图 1-3　加入域的计算机的登录界面

在登录本机时，必须输入当前计算机中本地用户的相关信息，在“计算机管理”窗口中可以查看这些用户的相关信息，登录验证也是由这台计算机完成的。本地登录账户的格式通常为“计算机名\用户名”，如 SRV1\tom。

在登录域时，必须输入域用户的相关信息，而域用户的相关信息只存储于域控制器中。因此，用户无论使用哪台域客户机，其登录验证都是由域控制器完成的，也就是说，在默认情况下，域用户可以使用任意一台域客户机。域登录账户的格式通常为“用户名@域名”，如 tom@jan16.cn。

在管理域时，出于对安全的考虑，域客户机的所有本地登录账户都会被域管理员统一回收，企业员工只能通过域登录账户使用域客户机。

3. 域树

域树是由一组具有连续命名空间的域组成的。例如，jan16 公司最初只有一个域名 jan16.cn，后来公司发展了，在北京成立了一个分公司，出于对安全的考虑，需要新建一个 bj.jan16.cn 域，可以将这个新域加入 jan16.cn 域。这个 bj.jan16.cn 域就是 jan16.cn 域的子域，jan16.cn 域就是 bj.jan16.cn 域的父域。

组成一棵域树的第一个域称为树的根域。在图 1-1 中，左边第一棵树的根域为 jan16.cn。树中的其他域称为该树的节点域。

4. 域树和信任关系

域树是由多个域组成的，域的安全边界作用使域和其他域之间的通信需要获得授权。在活动目录中，这种授权是通过信任关系实现的。在活动目录的域树中，父域和子域之间可以自动建立一种双向可传递的信任关系。

如果 A 域和 B 域之间存在双向信任关系，则可以实现以下效果。

- 这两个域就像同一个域一样，A 域中的账户可以在 B 域中登录 A 域，反之亦然。
- A 域中的用户可以访问 B 域有访问权限的资源，反之亦然。
- 可以将 A 域中的全局组加入 B 域中的本地组，反之亦然。

这种双向信任关系淡化了不同域之间的界限。此外，在活动目录中，父域和子域之间的信任关系是可以传递的。也就是说，如果 A 域信任 B 域，B 域信任 C 域，那么 A 域信任 C 域。在图 1-1 中，gz.jan16.cn 域和 bj.jan16.cn 域都是 jan16.cn 域的子域，也就是说，gz.jan16.cn 域和 bj.jan16.cn 域都与 jan16.cn 域互相信任并允许互相访问，所以 gz.jan16.cn 域和 bj.jan16.cn 域也互相信任并允许互相访问，二者建立了兄弟域关系。因为存在这种双向可传递的信任关系，所以一棵域树中的所有域都融为一体了，也就是说，一棵域树中的所有域之间都存在信任关系。

5. 林

林是由一棵或多棵域树组成的，每棵域树都使用自身连续的命名空间，不同域树之间不存在命名空间的连续性，如图 1-4 所示。

林具有以下特点。

- 林中的第一个域称为该林的根域。我们将根域的名称用作林的名称。
- 林的根域和该林中的其他域树的根域之间存在双向可传递的信任关系。
- 林中的所有域树都具有相同的架构和全局编录。

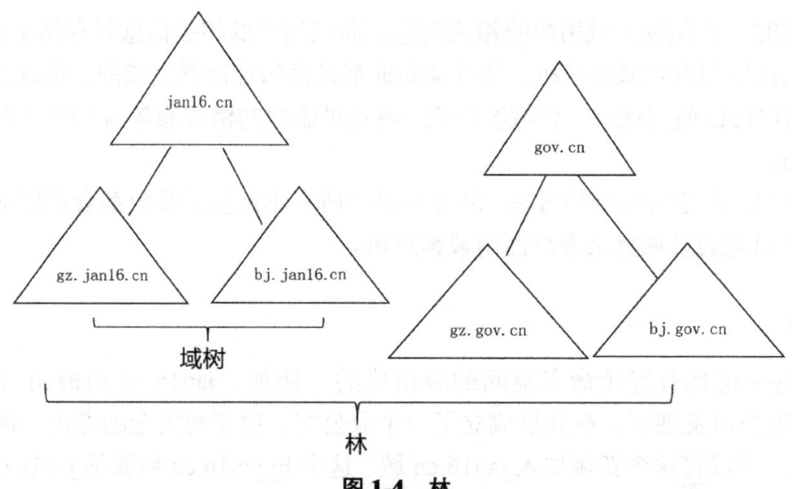

图 1-4　林

在活动目录中，即使只有一个域，也可以将这个域称为一个林。因此，单域是最小的林。前面介绍了域的安全边界，如果一个域用户要对其他域进行管理，则必须得到其他域的授权。但在林中存在一种特殊情况，那就是在默认情况下，林的根域管理员对该林中的所有域具有管理权限，因此这个管理员也是整个林的管理员。

6. 组织单位

组织单位是活动目录中的一个特殊容器，它可以将用户、组、计算机等对象组织起来。与仅能容纳对象的一般容器不同，组织单位不仅可以包含对象，还可以进行组策略设置和委派管理。对于组策略和委派，我们将在后续内容中进行介绍。

组织单位是活动目录中最小的管理单元。当一个域中的对象数目非常多时，可以用组织单位将一些具有相同管理需求的对象组织在一起，从而实现分级管理。此外，域管理员可以委托某个用户管理某个组织单位，并且根据需要配置管理权限，从而减轻管理员的工作负担。

组织单位可以和公司的行政机构相结合，以便管理员对活动目录对象进行管理。此外，组织单位可以像域一样形成树状结构，即一个组织单位下可以存在子组织单位。

可以根据地点和部门职能对组织单位进行划分。如图 1-5 所示，如果一个公司的域由北京总公司和广州分公司组成，并且二者都具有市场部、技术部和财务部，则可以按照图 1-5（a）中的结构组织域中的子域（在活动目录中，组织单位用圆形表示），图 1-5（b）是创建的组织单位结果。

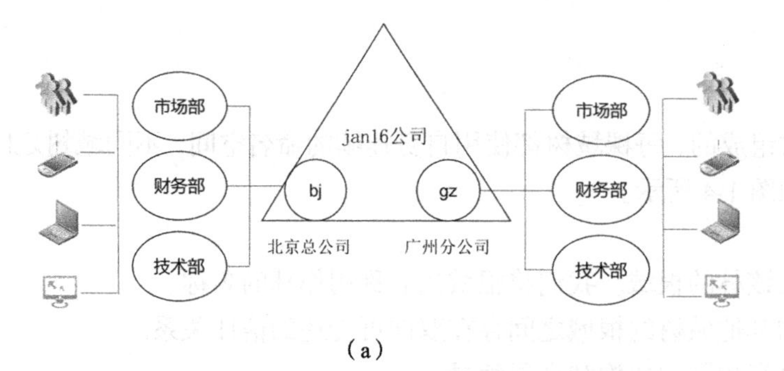

（a）

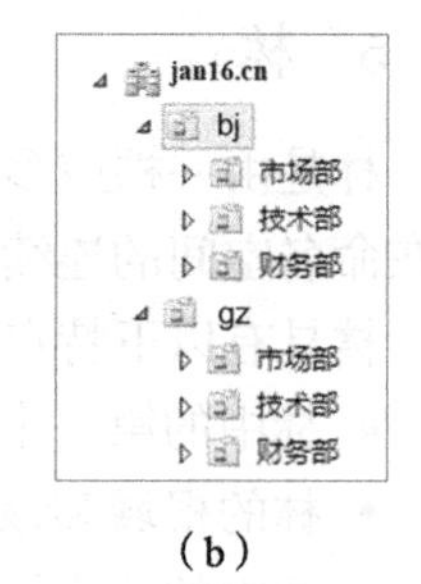

（b）

图 1-5　组织单位

7. 全局编录

一个域的活动目录只能存储该域的相关信息，相当于该域的目录。当一个林中有多个域时，由于每个域都有一个活动目录，因此如果一个域的用户要在整个林范围内查找一个对象，则需要搜索该林中的所有域，这个过程耗费的时间较长。

全局编录（Global Catalog，GC）相当于一个总目录，就像一个书架上的图书有一个总目录一样。全局编录中存储着已有活动目录中所有域（林）对象的子集。在默认情况下，存储在全局编录中的对象属性是经常用到的属性，而非全部属性。林会共享相同的全局编录信息。全局编录中的对象具有访问权限，用户只能看见具有访问权限的对象，如果一个用户对某个对象没有访问权限，那么在进行查找操作时不会看到该对象。

任务 1-3　了解活动目录的物理结构

前面介绍的都是活动目录的逻辑结构。在活动目录中，逻辑结构是用于组织网络资源的，而物理结构是用于设置和管理网络流量的。活动目录的物理结构由域控制器和站点（Site）组成。

1. 域控制器

域控制器是存储活动目录信息的地方，主要用于管理用户登录进程、用户登录验证和目录搜索等任务。一个域中可以有一台或多台域控制器，为了保证用户访问活动目录信息的一致性，需要在各台域控制器之间复制活动目录数据，使其保持数据同步。

2. 站点

站点一般与地理位置相对应，它由一个或几个物理子网组成。创建站点的目的是优化域控制器之间进行数据同步的网络流量。

活动目录的站点结构示例如图 1-6 所示。如果活动目录中没有配置站点，那么所有的域控制器之间会互相复制数据，以便保持数据同步。在这种情况下，广州的 A1 和 A2 与北京的 B1、B2 和 B3 之间互相复制数据就会占用较长时间，因为存在重复在公网上复制相同数据的情况，如 A1 和 B1 之间的数据同步与 A2 与 B1 之间的数据同步就明显存在重复在公网上复制相同数据的情况。但是在配置了站点的活动目录中，A2 和 B1 之间不能直接进行数据同步，域控制器之间首先在站点内进行数据同步，然后通过各自站点中的一台服务器进行数据同步，最后在各自站点内进行数据同步，从而实现全域树或全林的数据同步。

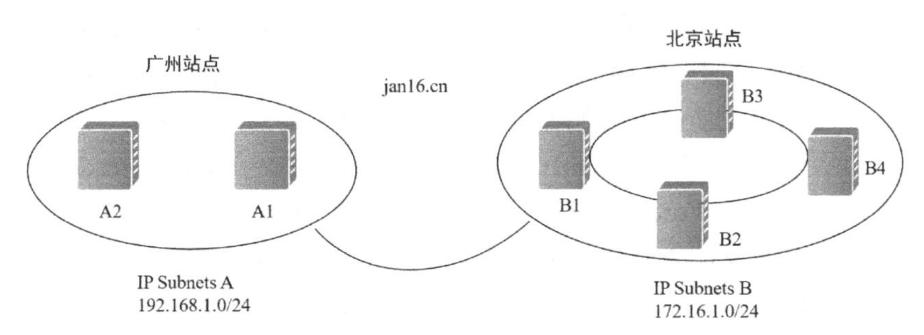

图 1-6　活动目录的站点结构示例

显然，通过站点，优化了域控制器之间进行数据同步的网络流量。站点具有以下特点。

- 一个站点可以有一个或多个 IP 子网。
- 一个站点中可以有一个或多个域。
- 一个域可以属于多个站点。

利用站点可以控制域控制器之间的数据同步是同一个站点内的数据同步，还是不同站点之间的数据同步。此外，利用站点链接可以有效地组织活动目录复制流，控制活动目录复制的时间和经过的链路。

需要注意的是，站点和域之间没有必然联系，站点映射了网络的物理拓扑结构，域映射了网络的逻辑拓扑结构。在活动目录中，一个站点中可以有多个域，一个域中可以有多个站点。

任务 1-4　了解活动目录与 DNS 服务之间的关系

DNS 服务是 Internet 的重要服务之一，主要用于进行 IP 地址和域名之间的互相解析。DNS 为互联网提供了一种逻辑的分层结构，利用这个结构可以标识互联网中的所有计算机，并且为人们使用互联网提供便捷。

与之类似，活动目录的逻辑结构也是分层的。因此，可以将 DNS 服务和活动目录结合起来，从而更便捷地对活动目录中的资源进行管理和访问。DNS 命名空间和活动目录命名空间之间的对应关系如图 1-7 所示。

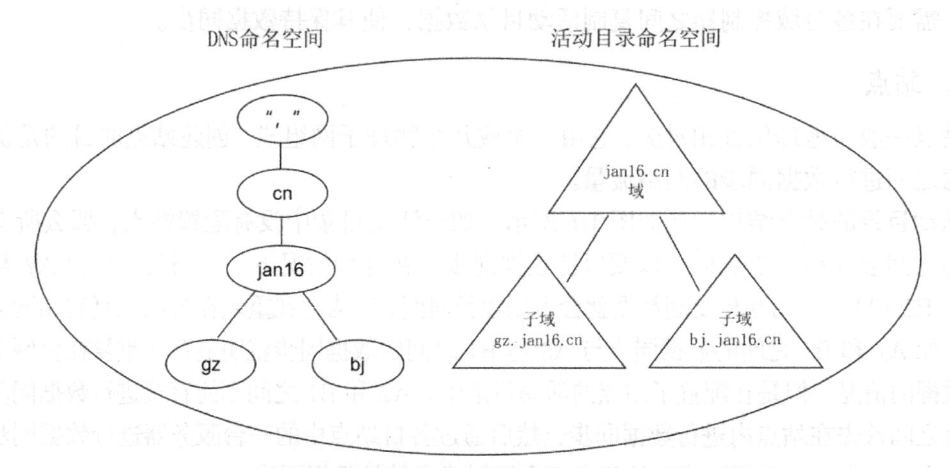

图 1-7　DNS 命名空间和活动目录命名空间之间的对应关系

在活动目录中，域控制器会自动向 DNS 服务器注册 SRV 记录（服务资源记录）。SRV 记录中包含服务器提供的服务资源，以及服务器的主机名与 IP 地址等。利用 SRV 记录，客户端可以通过 DNS 服务器查找域控制器、应用服务器等。域控制器中的“DNS 管理器”窗口示例如图 1-8 所示。在该窗口中，jan16.cn 域内有 6 个文件夹，分别为_msdcs、_sites、_tcp、_udp、DomainDnsZones 和 ForestDnsZones，这些文件夹中存储的就是 SRV 记录。

综上所述，DNS 服务是活动目录的基础，要使用活动目录，就必须安装 DNS 服务。在安装域中的第一台域控制器时，应该将本机设置为 DNS 服务器。在活动目录的安装过程中，DNS 服务器会自动创建与域名相同的正向查找区域。

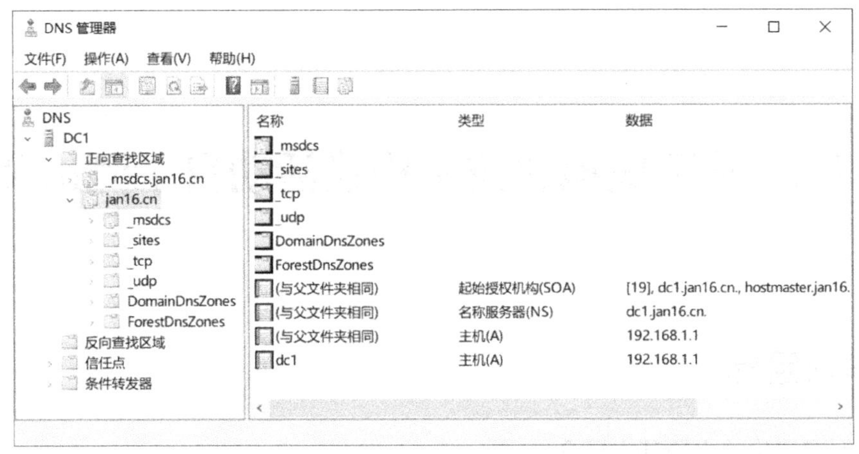

图 1-8　域控制器中的“DNS 管理器”窗口示例

练习与实践

理论题

1．在以下对象中，不是活动目录逻辑结构中一部分的是（　　）。（单选题）

A．域　　B．域控制器　　C．组织单位　　D．林

2．关于活动目录，以下描述正确的是（　　）。（单选题）

A．活动目录是 Windows Server 2022 的新功能

B．活动目录架构包括对象类和对象属性两部分

C．活动目录的管理单位是用户域

D．若干个域树形成一个用户域

3．Windows Server 2022 中的域之间通过（　　）的信任关系建立起树状链接。（单选题）

A．可传递　　B．可复制　　C．不可传递　　D．不可复制

4．根据 LDAP 命名规则，“cn=tom,ou=network,dc=gdcp,dc=cn”在命名规范中被称为（　　）。（单选题）

A．相关辨别名　　B．辨别名

C．全局唯一标识符　　D．用户规则名

5．活动目录的物理结构包括（　　）。（多选题）

A．组织单位　　B．域控制器　　C．全局编录　　D．站点

项目 2　基于虚拟化技术构建活动目录测试环境

项目学习目标

1．掌握虚拟化技术的基本概念。
2．掌握 SID（Security Identifers，安全标识符）的基本概念。
3．掌握 VMware Workstation 虚拟机的克隆技术。

项目描述

jan16 公司计划使用 Windows Server 2022 中的域管理公司中的用户和计算机。网络管理部为了让网络管理员尽快熟悉 Windows Server 2022 中的域环境，在一台高性能计算机上部署了 VMware Workstation，并且安装了两台配置 Windows Server 2022 操作系统的虚拟机（简称 Windows Server 2022 虚拟机）和一台配置 Windows 11 操作系统的虚拟机（简称 Windows 11 虚拟机）。

利用 VMware Workstation，用户可以快速构建一个企业网络环境，网络管理员可以通过该网络环境部署域，并且快速熟悉活动目录的相关知识和技能，积累域的部署经验，确保企业的活动目录项目能够顺利实施。

为了让管理员快速熟悉基于 VMware Workstation 构建 Windows Server 2022 中域环境的方法，网络管理部门要求尽快完成域测试网络的构建，具体要求如下。

- 构建域测试网络的拓扑结构。
- 基于已安装的虚拟机，快速创建域测试网络中的服务器、路由器与客户机。

域测试网络的网络拓扑图如图 2-1 所示。

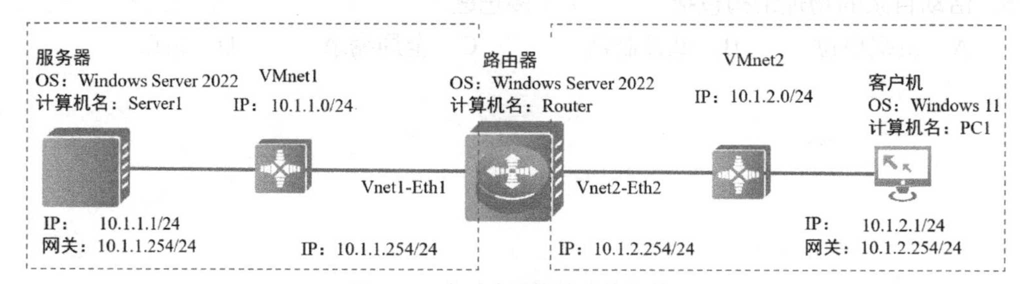

图 2-1　域测试网络的网络拓扑图

域测试网络的网络规划表和计算机信息规划表分别如表 2-1 和表 2-2 所示。

表 2-1　域测试网络的网络规划表

VLAN 名称	IP 地址
VMnet1	10.1.1.0/24
VMnet2	10.1.2.0/24

表 2-2　域测试网络的计算机信息规划表

计算机名称	网络接口	IP 地址	操作系统
Server1	Vnet1-Eth1	10.1.1.1/24	Windows Server 2022
Router	Vnet1-Eth1	10.1.1.254/24	Windows Server 2022
	Vnet2-Eth2	10.1.2.254/24	
PC1	Vnet2-Eth1	10.1.2.1/24	Windows 11

项目分析

VMware Workstation 支持创建多个虚拟网络，并且在此基础上快速构建企业网络环境；支持通过链接克隆方式快速创建虚拟机；支持虚拟机快照、备份虚拟机功能。

活动目录要求域中所有的域控制器和计算机的 SID 不同、计算机名称也不同。在生产环境中，每台计算机的 SID 都是不同的，但是通过链接克隆的虚拟机的 SID、计算机名称都是相同的，因此需要修改。

本项目基于域测试网络的拓扑结构创建虚拟网络，需要创建和配置虚拟机，用于满足本项目需求，具体涉及以下工作任务。

（1）通过链接克隆方式快速创建虚拟机。

（2）初始化虚拟机的 SID。

（3）在 VMware Workstation 中添加并配置虚拟网络。

（4）对虚拟机进行相关配置。

相关知识

1. 虚拟化技术的基本概念

利用虚拟化技术，可以将一台计算机虚拟为多台逻辑计算机。在一台计算机上同时运行多台逻辑计算机，每台逻辑计算机都可以运行不同的操作系统，并且应用程序可以在相互独立的空间内运行而互不影响，从而提高计算机的工作效率。

在没有虚拟化技术的情况下，一台计算机只能运行一个操作系统，虽然我们可以在一台计算机上安装多个操作系统，但是运行的操作系统只有一个。利用虚拟化技术，我们可以在一台计算机上创建多台虚拟机，每台虚拟机都运行一个操作系统，每个操作系统上都可以有多个不同的应用程序，并且这些虚拟机及各自的应用程序之间互不干扰。

虚拟机与物理机一样，是运行操作系统和应用程序的计算机，只是虚拟机采用的硬件全部来自宿主计算机的虚拟硬件。因为每台虚拟机都采用隔离的计算环境，所以虚拟机之间互不干扰。

VMware Workstation 是一款功能强大的桌面级虚拟化软件，它可以在一台计算机上模拟网络和计算机环境，并且支持快照、克隆等虚拟机管理功能，是企业的 IT 开发人员和系统管理员的重要工具。

2. SID 的基本概念

SID 是标识用户、组和计算机账户的唯一标识符。在第一次创建账户时，操作系统会给每个账户发布一个唯一的 SID。

如果存在两台具有相同 SID 的计算机，那么这两台计算机会被鉴定为同一台计算机。如果两台计算机是通过克隆得到的，那么它们会具有相同的 SID，导致在域测试网络中无法区分这两台计算机。因此，克隆得到的计算机需要重新生成 SID，以便区别于其他计算机。

用户可以在“命令提示符”窗口中执行命令“whoami /user”，查看计算机的 SID，示例如图 2-2 所示。

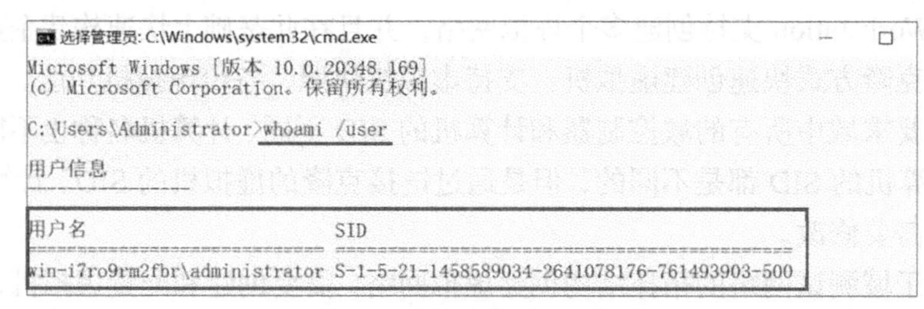

图 2-2 查看计算机的 SID 示例

说明：

命令“whoami /user”主要用于查看用户的 SID。用户的 SID 为计算机的 SID 加上用户编号，因此，用户 SID 去掉最后一段数字，就是计算机的 SID。

3. VMware Workstation 虚拟机的克隆技术

VMware Workstation 可以根据预先安装好的虚拟机快速克隆出多台虚拟机。此时，源虚拟机和克隆的虚拟机的硬件 ID 不同（如网卡 MAC），但是 SID 和配置完全一致（如计算机名称、IP 地址等）。如果计算机的一些应用程序和 SID 有关，则会导致该应用程序出错，因此克隆的虚拟机通常需要手动修改 SID。在活动目录环境中，计算机的 SID 不能相同，因此克隆的虚拟机必须修改 SID。克隆的方式有两种，分别是完整克隆和链接克隆。

1）完整克隆

完整克隆相当于复制源虚拟机的硬盘文件（.vmdk），并且创建一台和源虚拟机硬件配置相同的虚拟机。

由于克隆的虚拟机有自己独立的硬盘文件和硬件信息文件，因此克隆的虚拟机和源虚拟机被操作系统认为是两台不同的虚拟机，可以独立运行和操作。

由于克隆的虚拟机和源虚拟机的 SID 相同，因此在克隆后，通常需要修改 SID。

2）链接克隆

链接克隆要求源虚拟机创建一个快照，并且基于该快照创建一台虚拟机；如果源虚拟机已经有了多个快照，那么链接克隆可以选择一个历史快照创建虚拟机。

由于链接克隆采用快照方式创建新的虚拟机，因此克隆的虚拟机的磁盘文件较小。类似于差异存储技术，该磁盘文件只存储后续改变的数据。

链接克隆所需的磁盘空间明显小于完整克隆所需的磁盘空间。由于所有克隆的虚拟机都要访问源虚拟机的磁盘文件，因此如果克隆的虚拟机数量太多，那么大量虚拟机同时访问该磁盘文件会导致系统性能下降。

项目实施

项目 2-任务 2-1

任务 2-1　通过链接克隆方式快速创建虚拟机

▶ 任务规划

根据域测试网络的网络拓扑图可知，我们需要添加 3 台新虚拟机，分别为“服务器”虚拟机、“路由器”虚拟机和“客户机”虚拟机，主要步骤如下。

（1）基于 Windows Server 2022 虚拟机“win2022 母盘”链接克隆两台新虚拟机：“服务器”虚拟机和“路由器”虚拟机。

（2）基于 Windows 11 虚拟机“win11 母盘”链接克隆一台新虚拟机：“客户机”虚拟机。

▶ 任务实施

（1）打开 VMware Workstation，右击“win2022 母盘”选项卡，在弹出的快捷菜单中选择“管理”→“克隆”命令，如图 2-3 所示。

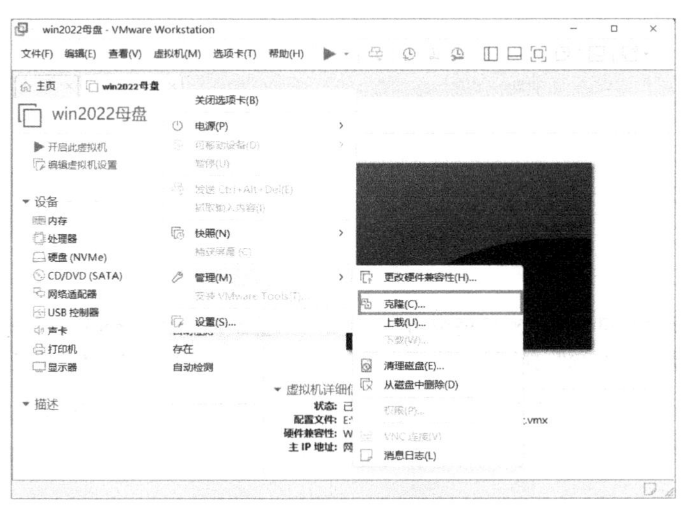

图 2-3　打开 VMware Workstation

（2）弹出“克隆虚拟机向导”对话框，在“欢迎使用克隆虚拟机向导”界面中单击“下一步”按钮，进入“克隆源”界面，将“克隆自”设置为“虚拟机中的当前状态”，单击“下一步”按钮，如图 2-4 所示。

（3）进入“克隆类型”界面，将“克隆方法”设置为“创建链接克隆”，单击“下一步”按钮，如图 2-5 所示。

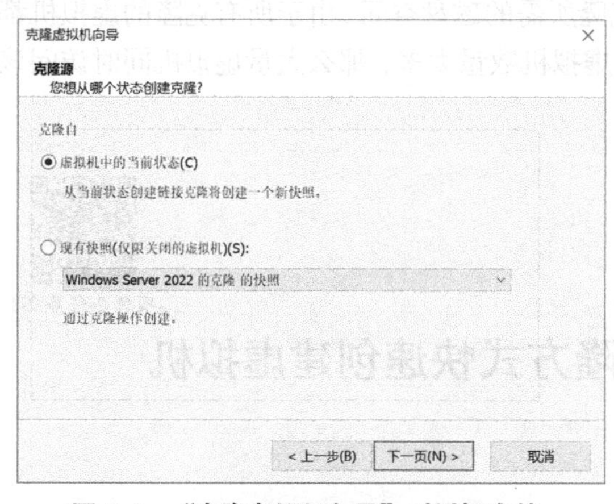

图 2-4 “克隆虚拟机向导”对话框中的“克隆源”界面

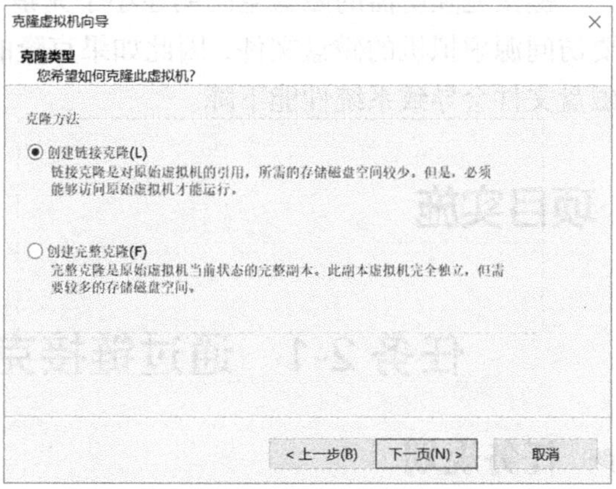

图 2-5 “克隆虚拟机向导”对话框中的“克隆类型”界面

（4）进入“新虚拟机名称”界面，在“虚拟机名称”文本框中输入虚拟机的名称“服务器”，在“位置”文本框中输入“服务器”虚拟机的存储路径（也可以单击右侧的“浏览”按钮，选择“服务器”虚拟机的存储路径），单击“完成”按钮，如图 2-6 所示。

（5）进入“正在克隆虚拟机”界面，等待“服务器”虚拟机链接克隆完成，单击“关闭”按钮，如图 2-7 所示。

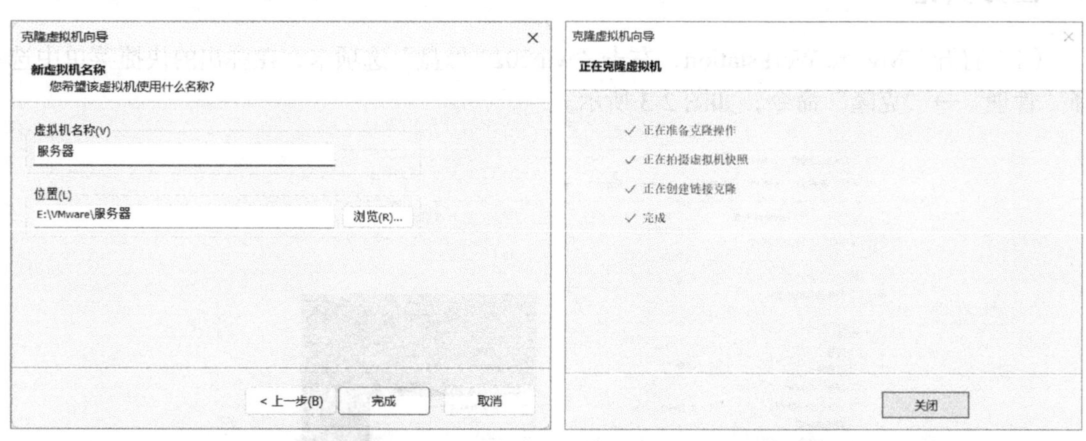

图 2-6 “克隆虚拟机向导”对话框中的“新虚拟机名称”界面

图 2-7 “克隆虚拟机向导”对话框中的“正在克隆虚拟机”界面

（6）使用同样的方法，基于“win2022 母盘”链接克隆出“路由器”虚拟机。

（7）使用同样的方法，基于“win11 母盘”链接克隆出“客户机”虚拟机。

► 任务验证

查看链接克隆的“服务器”虚拟机、“路由器”虚拟机和“客户机”虚拟机，分别如

图 2-8、图 2-9 和图 2-10 所示。

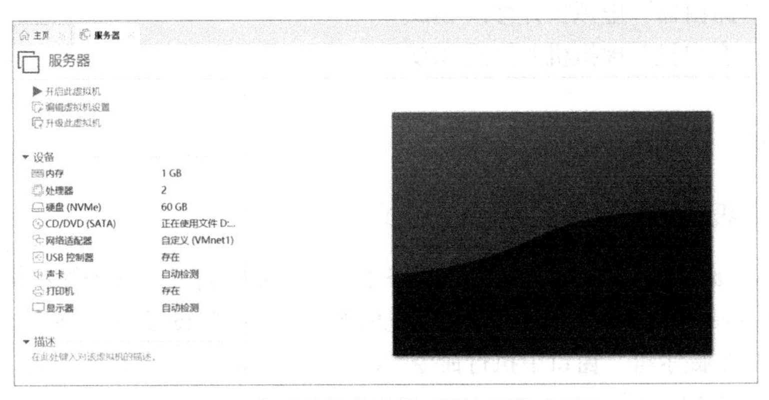

图 2-8　查看链接克隆的“服务器”虚拟机

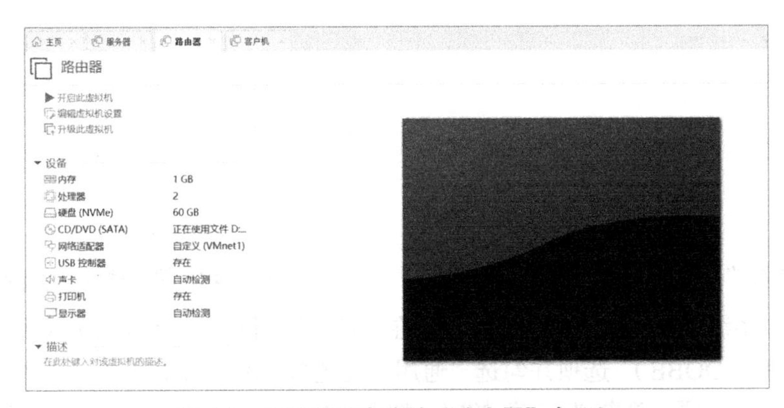

图 2-9　查看链接克隆的“路由器”虚拟机

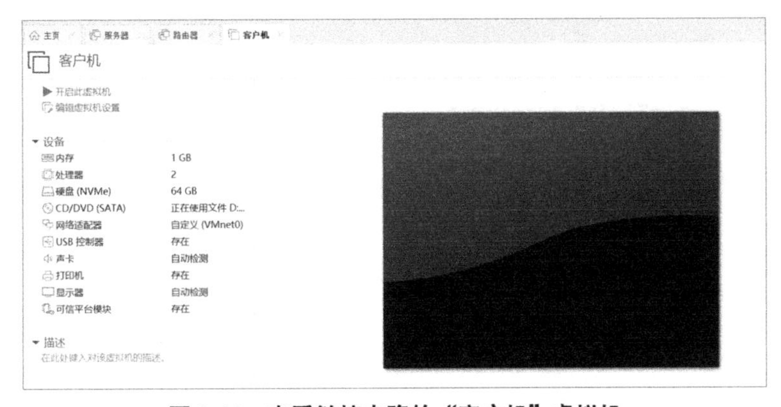

图 2-10　查看链接克隆的“客户机”虚拟机

项目 2-任务 2-2

任务 2-2　初始化虚拟机的 SID

▶ 任务规划

克隆的虚拟机和源虚拟机的 SID 相同，因此需要对其进行修改，主要操作步骤如下。

（1）启动“服务器”虚拟机并修改 SID。

（2）启动“路由器”虚拟机并修改 SID。

（3）启动“客户机”虚拟机并修改 SID。

▶ 任务实施

1. 启动“服务器”虚拟机并修改 SID

（1）在 VMware Workstation 中启动“服务器”虚拟机，打开“命令提示符”窗口，执行命令“whoami /user”，查看“服务器”虚拟机的 SID，结果如图 2-11 所示。

（2）在“命令提示符”窗口中执行命令“cd c:\windows\system32\sysprep”，再执行命令“sysprep”，如图 2-12 所示。

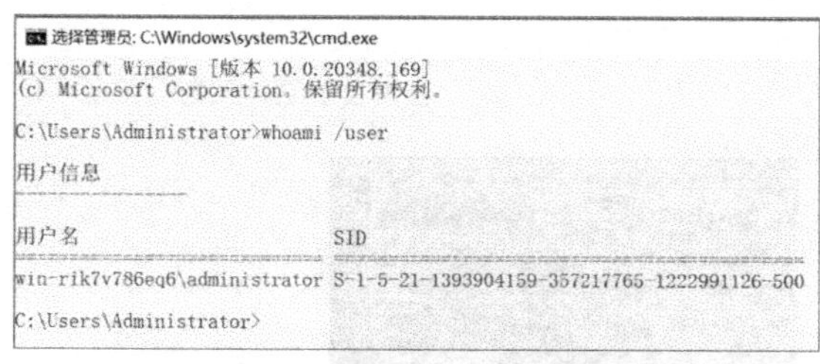

图 2-11　查看“服务器”虚拟机的 SID（1）

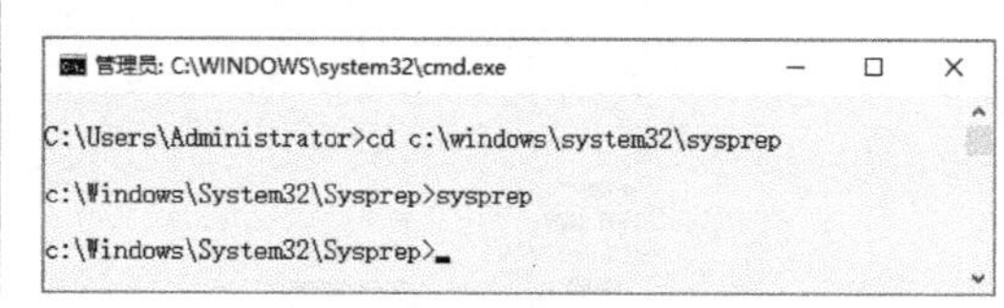

图 2-12　执行命令“sysprep”

（3）弹出“系统准备工具 3.14”对话框，在“系统清理操作”选区的下拉列表中选择“进入系统全新体验（OOBE）”选项并勾选“通用”复选框，在“关机选项”选区的下拉列表中选择“重新启动”选项，单击“确定”按钮，如图 2-13 所示。系统会重新生成 SID，如图 2-14 所示。

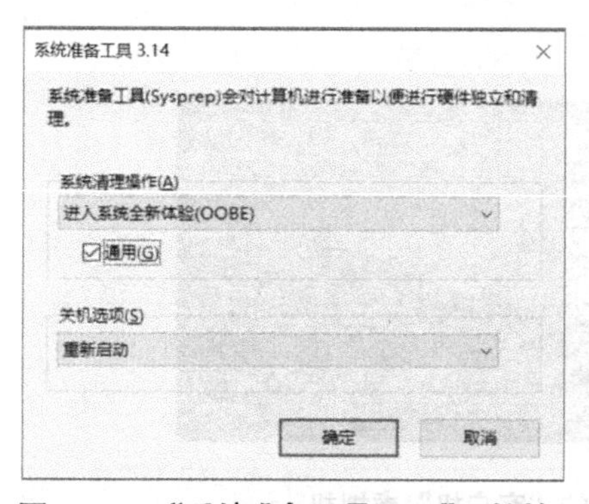

图 2-13　“系统准备工具 3.14”对话框

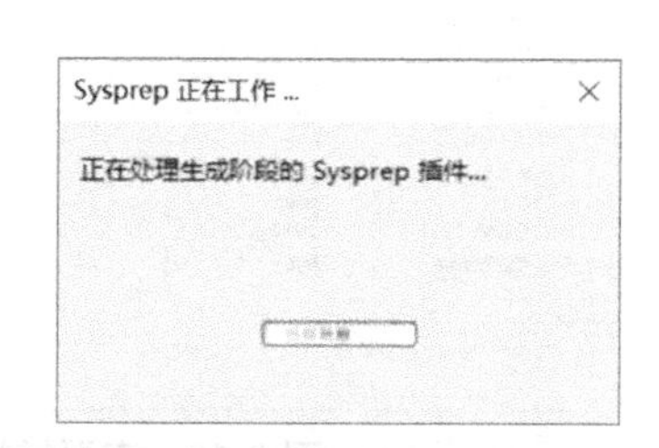

图 2-14　重新生成 SID

（4）在命令“sysprep”执行完毕后，系统会自动重启，“服务器”虚拟机会获得一组随机的 SID。

2. 启动“路由器”和“客户机”虚拟机并修改 SID

采用相同的操作步骤，启动“路由器”和“客户机”虚拟机，并且分别修改二者的 SID。

▶ 任务验证

（1）在“服务器”虚拟机中打开“命令提示符”窗口，执行命令“whoami /user”，查看“服务器”虚拟机的 SID，如图 2-15 所示，可以看到“服务器”虚拟机已经获得了一个全新的 SID。

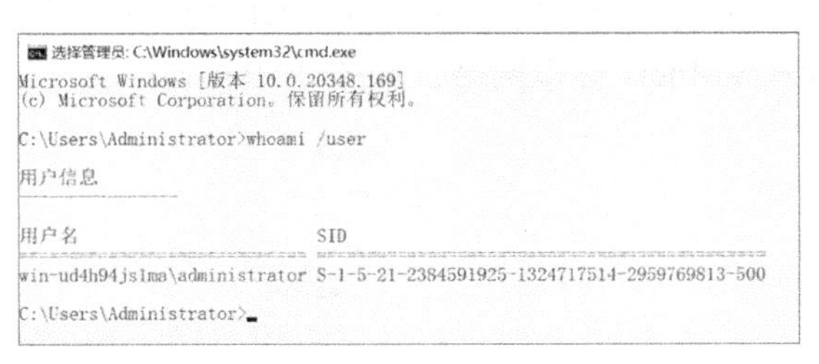

图 2-15　查看“服务器”虚拟机的 SID（2）

（2）使用同样的方法，查看“路由器”虚拟机和“客户机”虚拟机的 SID，分别如图 2-16 和图 2-17 所示。

```
选择管理员: C:\Windows\system32\cmd.exe
Microsoft Windows [版本 10.0.20348.169]
(c) Microsoft Corporation。保留所有权利。

C:\Users\Administrator>whoami /user

用户信息
----------------

用户名                SID
===================== ==============================================
路由器\administrator S-1-5-21-4253354152-2864697526-3225970906-500

C:\Users\Administrator>
```

图 2-16　查看“路由器”虚拟机的 SID

```
选择C:\Windows\system32\cmd.exe
Microsoft Windows [版本 10.0.22000.318]
(c) Microsoft Corporation。保留所有权利。

C:\Users\lilin>whoami /user

用户信息
----------------

用户名            SID
================ ==============================================
windows11\lilin S-1-5-21-3724300600-1355998053-48200130-1001

C:\Users\lilin>
```

图 2-17　查看“客户机”虚拟机的 SID

任务 2-3　在 VMware Workstation 中添加并配置虚拟网络

▶ 任务规划

项目 2-任务 2-3

根据域测试网络的网络拓扑图可知，我们需要在 VMware Workstation 中添加并配置两个网络，主要步骤如下。

（1）在 VMware Workstation 中添加两个虚拟网络：VMnet1 和 VMnet2。

（2）根据域测试网络的网络拓扑图，将 3 台虚拟机的网卡分别接入相应的虚拟网络。

▶ 任务实施

1. 在 VMware Workstation 中添加两个虚拟网络

（1）打开 VMware Workstation，在菜单栏中选择“编辑”→“虚拟网络编辑器”命令，弹出“虚拟网络编辑器”对话框。

（2）在“虚拟网络编辑器”对话框中单击“添加网络”按钮，添加虚拟网络 VMnet1 和 VMnet2，如图 2-18 所示。

2. 根据域测试网络的网络拓扑图，将 3 台虚拟机的网卡分别接入相应的虚拟网络

（1）打开 VMware Workstation，右击“服务器”虚拟机，在弹出的快捷菜单中选择“设置”命令，弹出“虚拟机设置”对话框，在“硬件”选项卡左侧的列表框中选择“设备”为“网络适配器”的选项，然后在右侧的“网络连接”选区中选择“自定义（U）：特定虚拟网站”单选按钮，并且在下面的下拉列表中选择“VMnet1（仅主机模式）”选项，表示将“服务器”虚拟机的网卡接入 VMnet1 虚拟网络，如图 2-19 所示。

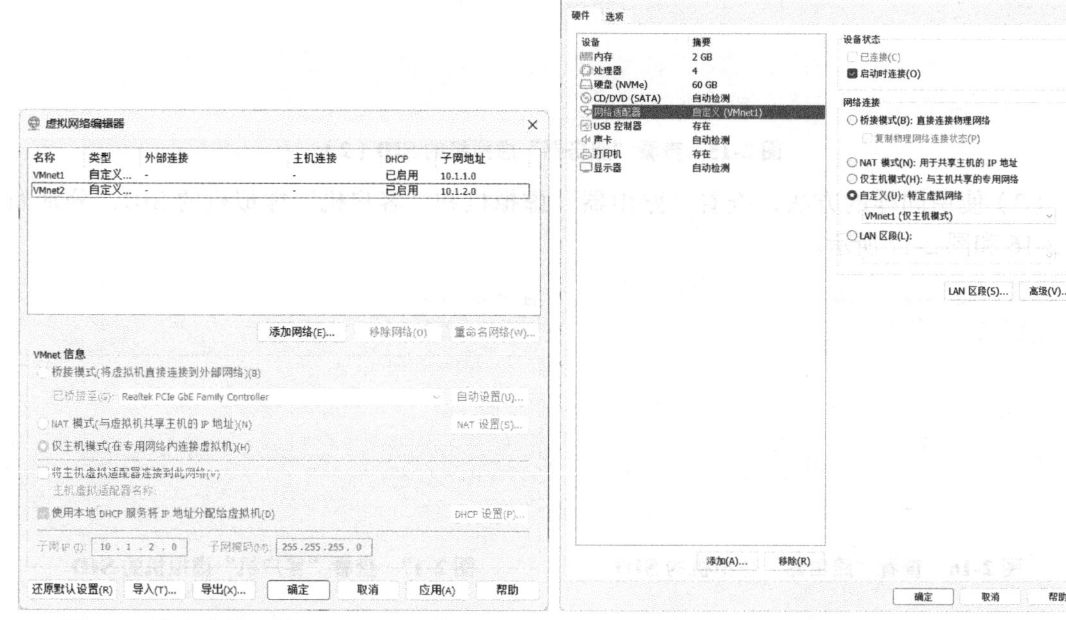

图 2-18　添加虚拟网络 VMnet1 和 VMnet2　　　　**图 2-19　“虚拟机设置”对话框**

（2）使用同样的方法，在“路由器”虚拟机中添加两块网卡，并且将其分别接入 VMnet1 和 VMnet2 虚拟网络。

（3）使用同样的方法，将“客户机”虚拟机的网卡接入 VMnet2 虚拟网络。

▶ 任务验证

查看“服务器”虚拟机、“路由器”虚拟机和“客户机”虚拟机的虚拟网络，分别如图 2-20、图 2-21 和图 2-22 所示。

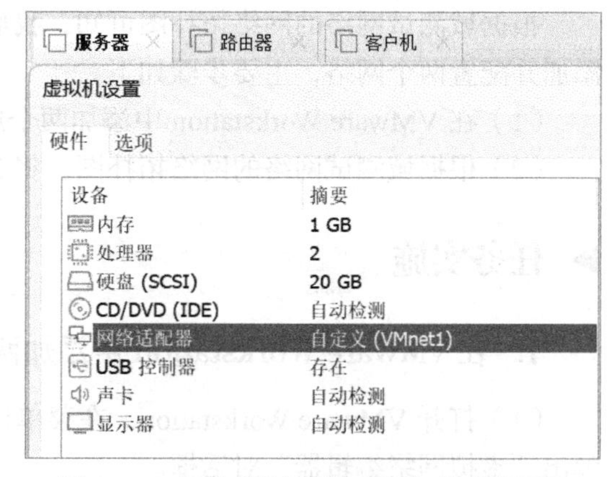

图 2-20　查看“服务器”虚拟机的虚拟网络

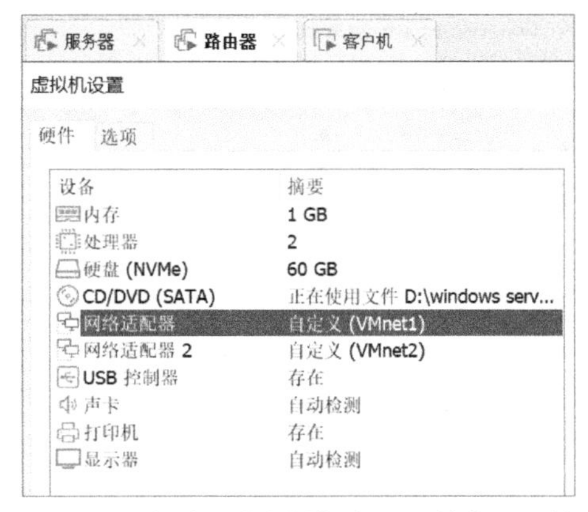

图 2-21　查看“路由器”虚拟机的虚拟网络

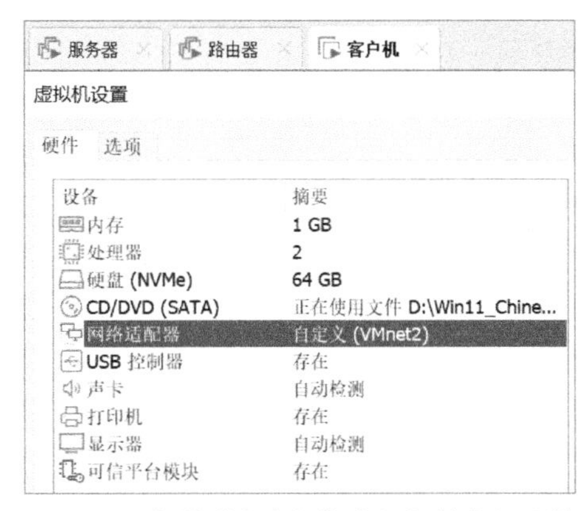

图 2-22　查看“客户机”虚拟机的虚拟网络

任务 2-4　对虚拟机进行相关配置

项目 2-任务 2-4

▶ 任务规划

根据域测试网络的网络拓扑图可知，我们需要对 3 台虚拟机进行相关配置，使两个虚拟网络互联互通，主要操作步骤如下。

（1）修改虚拟机的虚拟网卡名称，配置虚拟机的 IP 地址。

（2）修改虚拟机的主机名。

（3）启用 LAN 路由。

▶ 任务实施

1. 修改虚拟机的虚拟网卡名称，配置虚拟机的 IP 地址

（1）在“服务器”虚拟机中，右击任务栏中的“开始”图标，在弹出的快捷菜单中选择“网络连接”命令，在打开的窗口中选择“以太网”→“更改适配器选项”选项，打开“网络连接”窗口，选择虚拟网卡 Ethernet0，将其名称修改为“Vnet1-Eth1”，如图 2-23 所示。

（2）在“服务器”虚拟机中打开“Internet 协议版本 4（TCP/IPv4）属性”对话框，配置虚拟网卡 Vnet1-Eth1 的“IP 地址”为“10.1.1.1”、“子网掩码”为“255.255.255.0”、“默认网关”为“10.1.1.254”，如图 2-24 所示。

（3）在“路由器”虚拟机中，使用同样的方法，将虚拟网卡 Ethernet0 和 Ethernet1 的名称分别修改为“Vnet1-Eth1”和“Vnet2-Eth2”，如图 2-25 所示。

（4）在“路由器”虚拟机中，使用同样的方法，配置虚拟网卡 Vnet1-Eth1 的“IP 地址”为“10.1.1.254”、“子网掩码”为“255.255.255.0”、“默认网关”为空；配置虚拟网卡 Vnet2-Eth2 的“IP 地址”为“10.1.2.254”、“子网掩码”为“255.255.255.0”、“默认网关”为空，如图 2-26 所示。

图 2-23　修改“服务器”虚拟机的虚拟网卡名称

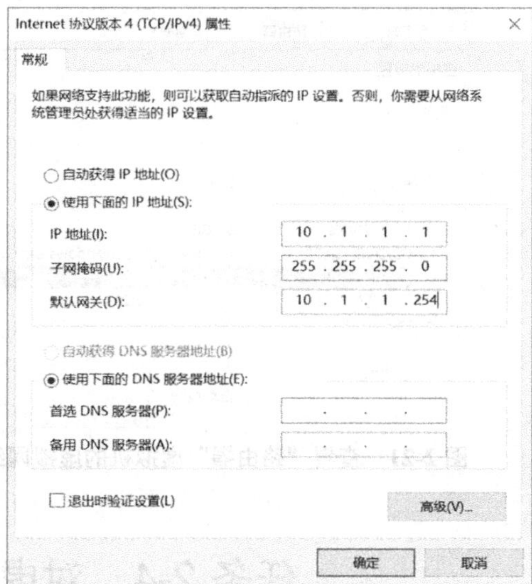

图 2-24　配置“服务器”虚拟机的虚拟网卡

图 2-25　修改“路由器”虚拟机的虚拟网卡名称

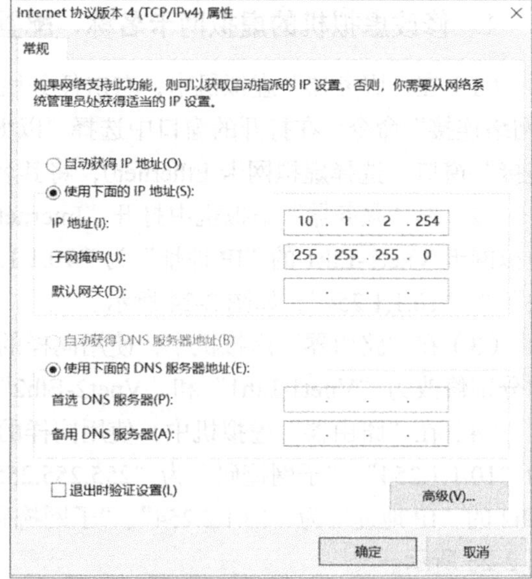

图 2-26　配置“路由器”虚拟机的虚拟网卡

（5）在“客户机”虚拟机中，使用同样的方法，将虚拟网卡 Ethernet0 的名称修改为“Vnet2-Eth1”，如图 2-27 所示。

（6）在“客户机”虚拟机中，使用同样的方法，配置虚拟网卡 Vnet2-Eth1 的“IP 地址”为“10.1.2.1”、“子网掩码”为“255.255.255.0”、“默认网关”为“10.1.2.254”，如图 2-28 所示。

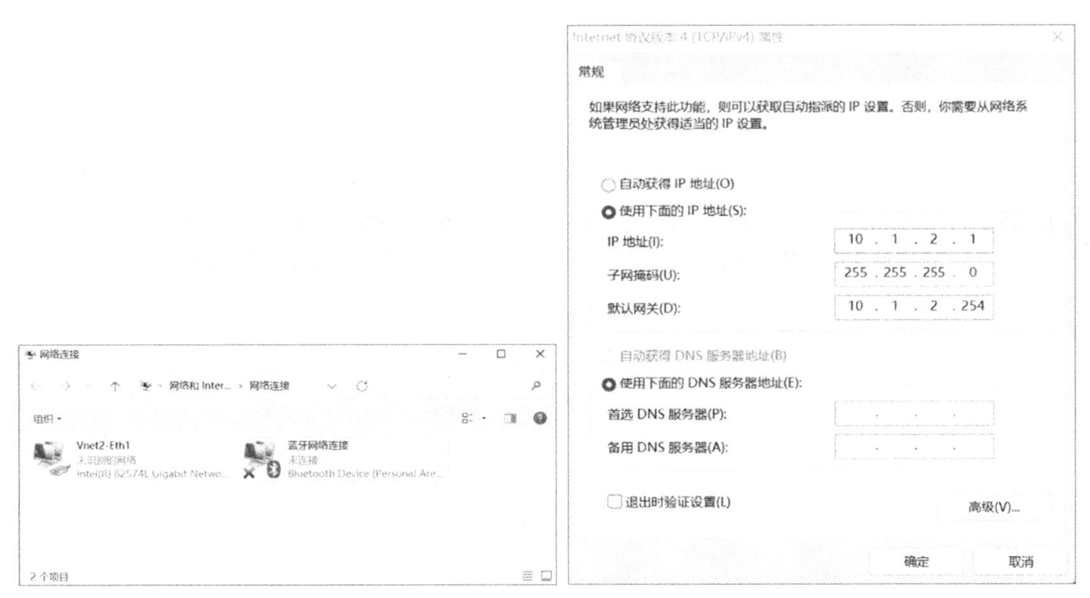

图 2-27　修改“客户机”虚拟机的虚拟网卡名称　　**图 2-28　配置“客户机”虚拟机的虚拟网卡**

2. 修改虚拟机的主机名

（1）在“服务器”虚拟机中，右击任务栏中的“开始”图标，在弹出的快捷菜单中选择“系统”命令，打开“设置”窗口，在系统的“关于”界面中单击“重命名这台电脑”按钮，将主机名设置为“Server1”。

（2）使用同样的方法，将“路由器”虚拟机和“客户机”虚拟机的主机名分别设置为“Router”和“PC1”。

3. 启用 LAN 路由

（1）在 Router 虚拟机中打开“服务器管理器”窗口，选择“添加角色和功能”选项，打开“添加角色和功能向导”窗口，在“选择服务器角色”界面的“角色”列表框中勾选“远程访问”复选框，如图 2-29 所示；在“选择角色服务”界面的“角色服务”列表框中勾选“路由”复选框，如图 2-30 所示；在后续界面中，根据实际情况添加所需的功能，此处不再赘述。

（2）在“服务器管理器”窗口的菜单栏中选择“工具”→“路由和远程访问”命令，打开“路由和远程访问”窗口，在左侧的导航栏中右击主机名，在弹出的快捷菜单中选择“配置并启用路由和远程访问”命令，如图 2-31 所示。

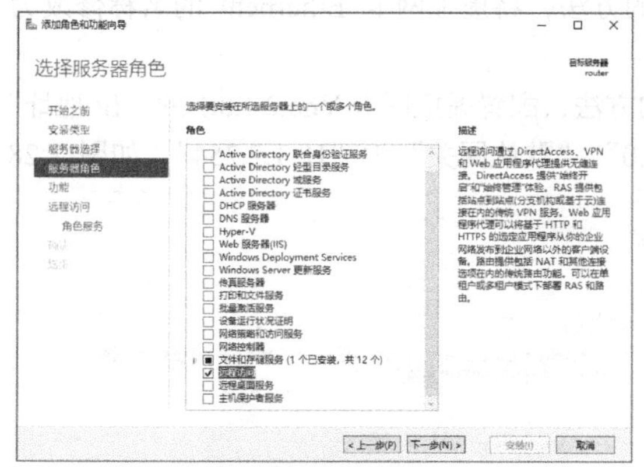

图 2-29　“添加角色和功能向导”窗口中的“选择服务器角色”界面

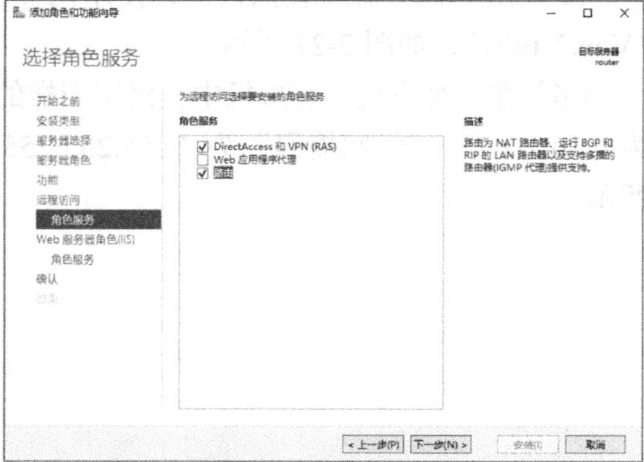

图 2-30　“添加角色和功能向导”窗口中的“选择角色服务”界面

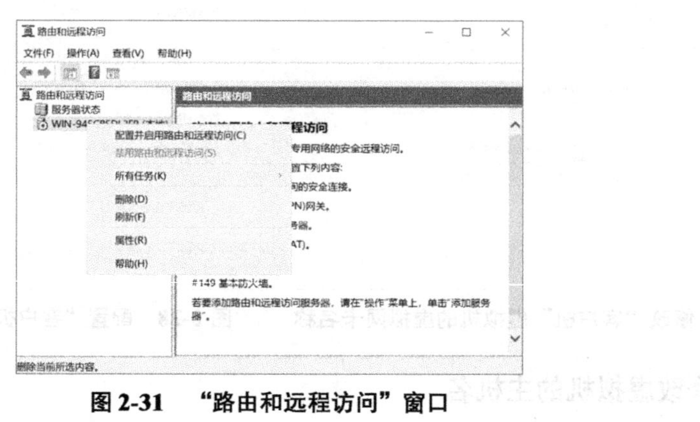

图 2-31　“路由和远程访问”窗口

（3）打开“路由和远程访问服务器安装向导”面板，在“配置”界面中选择“自定义配置”单选按钮，单击“下一步”按钮，如图 2-32 所示；进入“自定义配置”界面，勾选“LAN 路由”复选框，单击“下一步”按钮，如图 2-33 所示；在完成自定义配置后，打开“路由和远程访问”面板，单击“启动服务”按钮，如图 2-34 所示。

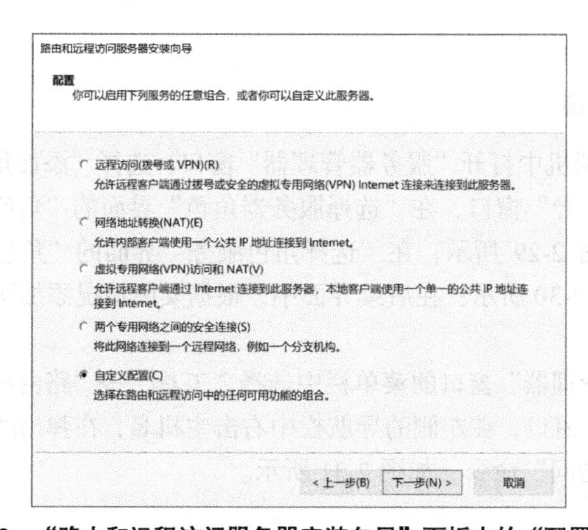

图 2-32　“路由和远程访问服务器安装向导”面板中的“配置”界面

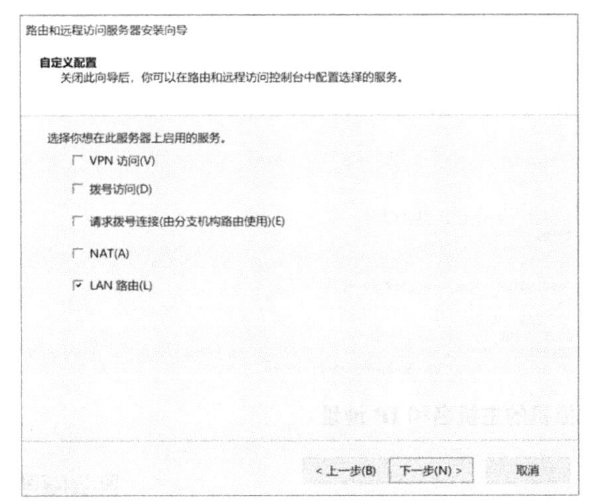

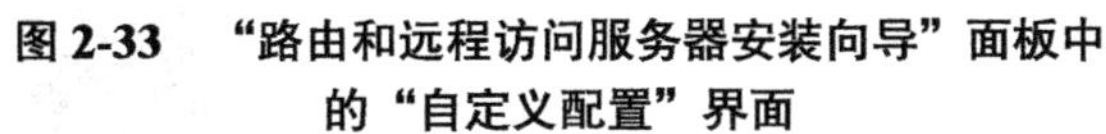
图 2-33　“路由和远程访问服务器安装向导”面板中的“自定义配置”界面

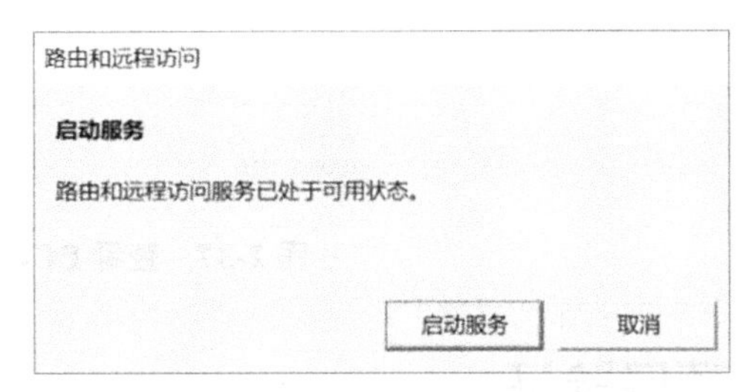

图 2-34　“路由和远程访问”面板

▶ 任务验证

（1）查看 Server1 虚拟机的主机名和 IP 地址，如图 2-35 所示。

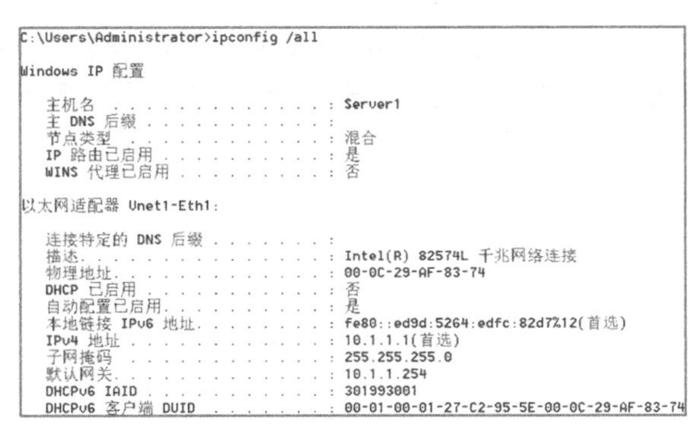

图 2-35　查看 Server1 虚拟机的主机名和 IP 地址

（2）查看 Router 虚拟机的主机名和 IP 地址，如图 2-36 所示。

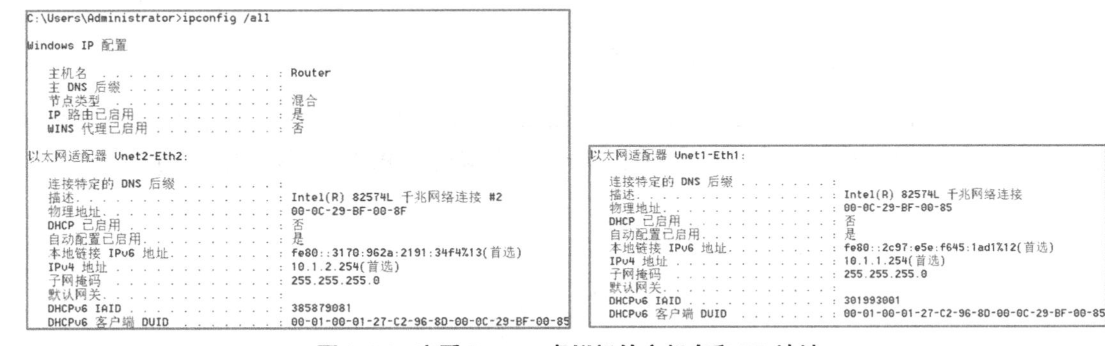

图 2-36　查看 Router 虚拟机的主机名和 IP 地址

（3）查看 PC1 虚拟机的主机名和 IP 地址，如图 2-37 所示。

```
C:\Users\Administrator>ipconfig /all

Windows IP 配置

   主机名  . . . . . . . . . . . . . : PC1
   主 DNS 后缀 . . . . . . . . . . . :
   节点类型  . . . . . . . . . . . . : 混合
   IP 路由已启用 . . . . . . . . . . : 是
   WINS 代理已启用 . . . . . . . . . : 否

以太网适配器 Unet2-Eth1:

   连接特定的 DNS 后缀 . . . . . . . :
   描述. . . . . . . . . . . . . . . : Intel(R) 82574L 千兆网络连接
   物理地址. . . . . . . . . . . . . : 00-0C-29-8C-82-10
   DHCP 已启用 . . . . . . . . . . . : 否
   自动配置已启用. . . . . . . . . . : 是
   本地链接 IPv6 地址. . . . . . . . : fe80::3134:be8a:1f7a:d0c2%12(首选)
   IPv4 地址 . . . . . . . . . . . . : 10.1.2.1(首选)
   子网掩码  . . . . . . . . . . . . : 255.255.255.0
   默认网关. . . . . . . . . . . . . : 10.1.2.254
   DHCPv6 IAID . . . . . . . . . . . : 301993001
   DHCPv6 客户端 DUID  . . . . . . . : 00-01-00-01-2B-EE-0F-A6-00-0C-29-8C-82-10
```

图 2-37　查看 PC1 虚拟机的主机名和 IP 地址

项目验证

项目 2-项目验证

1. 测试 PC1 和 Server1 虚拟机之间的连通性

（1）在 PC1 虚拟机中打开“命令提示符”窗口，执行命令“ping 10.1.1.1”，测试是否能和 Server1 虚拟机进行通信，如图 2-38 所示。根据测试结果可知，PC1 虚拟机能够和 Server1 虚拟机进行通信。

（2）在 Server1 虚拟机中打开“命令提示符”窗口，执行命令“ping 10.1.2.1”，测试是否能和 PC1 虚拟机进行通信，如图 2-39 所示。根据测试结果可知，Server1 虚拟机能够和 PC1 虚拟机进行通信。

```
选择C:\Windows\system32\cmd.exe

C:\Users\lilin>ping 10.1.1.1

正在 Ping 10.1.1.1 具有 32 字节的数据:
来自 10.1.1.1 的回复: 字节=32 时间=2ms TTL=127
来自 10.1.1.1 的回复: 字节=32 时间=1ms TTL=127
来自 10.1.1.1 的回复: 字节=32 时间<1ms TTL=127
来自 10.1.1.1 的回复: 字节=32 时间=1ms TTL=127

10.1.1.1 的 Ping 统计信息:
    数据包: 已发送 = 4，已接收 = 4，丢失 = 0 (0% 丢失)，
往返行程的估计时间(以毫秒为单位):
    最短 = 0ms，最长 = 2ms，平均 = 1ms
```

图 2-38　PC1 和 Server1 虚拟机的连通性测试

```
选择管理员: C:\Windows\system32\cmd.exe
C:\Users\Administrator>ping 10.1.2.1

正在 Ping 10.1.2.1 具有 32 字节的数据:
来自 10.1.2.1 的回复: 字节=32 时间=1ms TTL=127
来自 10.1.2.1 的回复: 字节=32 时间<1ms TTL=127
来自 10.1.2.1 的回复: 字节=32 时间<1ms TTL=127
来自 10.1.2.1 的回复: 字节=32 时间=1ms TTL=127

10.1.2.1 的 Ping 统计信息:
    数据包: 已发送 = 4，已接收 = 4，丢失 = 0 (0% 丢失)，
往返行程的估计时间(以毫秒为单位):
    最短 = 0ms，最长 = 1ms，平均 = 0ms
```

图 2-39　Server1 和 PC1 虚拟机的连通性测试

2. 使用 tracert 命令进行路由追踪

在 Server1 虚拟机中使用 tracert 命令进行路由追踪，如图 2-40 所示。根据 tracert 命令的执行结果可知，通过 Router 虚拟机实现了 Server1 虚拟机和 PC1 虚拟机之间的通信。

```
C:\Users\Administrator>tracert 10.1.2.1

通过最多 30 个跃点跟踪
到 PC1 [10.1.2.1] 的路由:

  1    <1 毫秒   <1 毫秒   <1 毫秒 ROUTER [10.1.1.254]
  2    <1 毫秒   <1 毫秒   <1 毫秒 PC1 [10.1.2.1]

跟踪完成。
```

图 2-40　使用 tracert 命令进行路由追踪

练习与实践

一、理论题

1．虚拟机快照技术是虚拟机磁盘文件（　　）在某个时间点的副本。（单选题）

A．.vmdk　　B．.vmk　　C．.vmsd　　D．.vmxf

2．关于虚拟机，以下描述正确的是（　　）。（单选题）

A．执行虚拟化软件测试程序的物理机

B．通过软件实施的计算机，可以像物理机一样执行程序

C．一种旨在提供网络故障切换和故障恢复功能的计算机工具

D．一种软件计算机，其中封装了物理硬件

3．在排查网络故障时，可以使用（　　）命令进行路由追踪。（单选题）

A．ping　　B．nslookup　　C．tracert　　D．whoami

二、项目实训题

1．项目背景

某公司计划使用 Windows Server 2022 中的域管理公司中的用户和计算机。网络管理部在一台高性能计算机上部署了 VMware Workstation，并且安装了两台 Windows Server 2022 虚拟机“服务器”和“路由器”，以及一台 Windows 11 虚拟机“客户机”。公司要求尽快完成域测试网络的构建。本实训项目的网络拓扑图如图 2-41 所示。

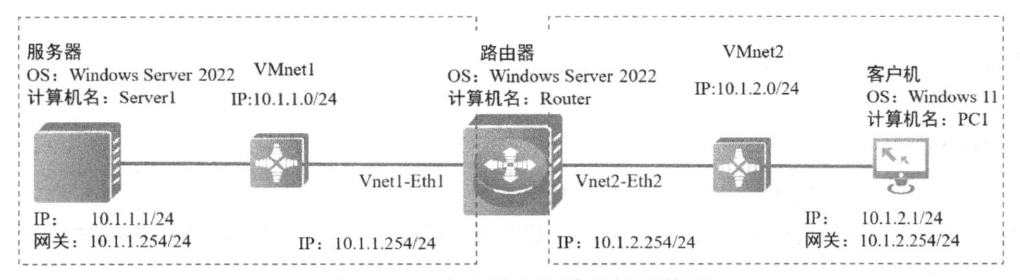

图 2-41　本实训项目的网络拓扑图

2．项目要求

（1）基于已安装的虚拟机，快速创建域测试网络中的“服务器”虚拟机、“路由器”虚拟机和“客户机”虚拟机，并且修改各个虚拟机的 SID。

（2）在 VMware Workstation 中添加并配置虚拟网络 VMnet1 和 VMnet2。

（3）对虚拟机进行相关配置，使两个虚拟网络互联互通。

（4）截取“客户机”虚拟机 PC1 和“服务器”虚拟机 Server1 的连通性测试界面。

（5）截取“服务器”虚拟机 Server1 和“路由器”虚拟机 Router 的 SID。

项目 3　构建林中的第一台域控制器

项目学习目标

1．掌握安装活动目录的必要条件。
2．掌握域控制器的部署方法。

项目描述

jan16 公司计划使用 Windows Server 2022 中的域管理公司中的用户和计算机。网络管理部为了让部门员工尽快熟悉 Windows Server 2022 中的域环境，需要将一台新安装的 Windows Server 2022 服务器提升为公司的第一台域控制器。为此，jan16 公司针对公司域名提出了以下要求。

- 域控制器名称：dc1。
- 域名：jan16.cn。
- 域的简称：jan16。
- 域控制器的 IP 地址：192.168.1.1/24。

本项目的网络拓扑图如图 3-1 所示，计算机信息规划表如表 3-1 所示。

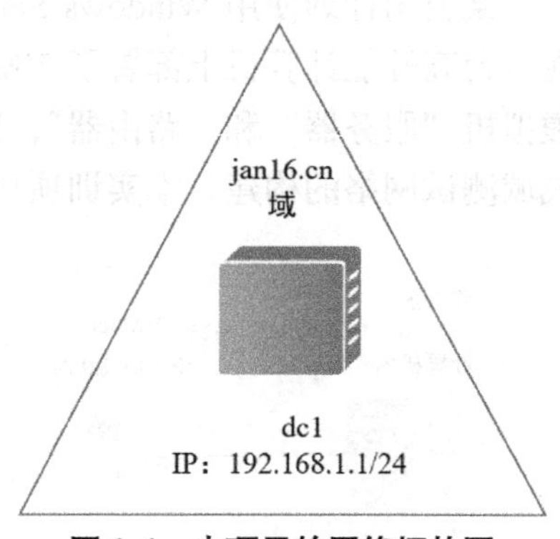

图 3-1　本项目的网络拓扑图

表 3-1　本项目的计算机信息规划表

计算机名称	VLAN 名称	IP 地址	操作系统
dc1	VMnet1	192.168.1.1/24	Windows Server 2022

项目分析

将一台 Windows Server 2022 服务器按项目要求配置好主机名和 IP 地址。在本项目中，使用域控制器作为公司的 DNS 服务器，因此首先需要将其首选 DNS 地址指向自己，然后添加“Active Directory 域服务”角色和所需功能，再按照向导将一台 Windows Server 2022 服务器提升为林中的第一台域控制器，最后根据项目要求输入域的相关信息。具体涉及以下工作任务。

（1）添加“Active Directory 域服务”角色和所需功能。
（2）将 Windows Server 2022 服务器升级为域控制器。

相关知识

1. 安装活动目录的必要条件

- 操作系统：Windows 2000 Server 及更高版本都支持活动目录。从 Windows Server 2012 R2 开始，支持的活动目录功能级别最低为 Windows Server 2008，不再兼容更早期的功能级别。
- DNS 服务器：活动目录与 DNS 服务器是紧密集成的，活动目录中域的名称解析需要 DNS 服务器支持。为了让域内的其他计算机可以通过 DNS 服务器查找到当前的域控制器，需要准备一台 DNS 服务器。此外，DNS 服务器必须支持本地 SRV 记录和动态更新功能。
- NTFS 磁盘分区：在安装活动目录的过程中，SYSVOL 文件夹必须存储于 NTFS 磁盘分区中。SYSVOL 文件夹中存储着与组策略等有关的数据。
- 静态 IP 地址和首选 DNS 地址：域控制器需要设置静态 IP 地址和首选 DNS 地址。
- 本地管理员权限：安装活动目录需要具有本地管理员权限。

2. 域控制器的配置方法

在公司部署活动目录的第一步是创建公司的第一台域控制器。如果公司已经向互联网申请了域名，那么其通常会在活动目录中使用该域名。在本项目中，jan16 公司的根域是 jan16.cn。

将一台 Windows Server 2022 服务器升级为公司的第一台域控制器，那么这台域控制器就是该公司域的域根，也是整个林的林根。

项目实施

项目 3-任务 3-1

任务 3-1　添加“Active Directory 域服务”角色和所需功能

▶ 任务规划

将一台 Windows Server 2022 服务器升级为域控制器，首先需要为该服务器配置相应的主机名、IP 地址，然后将其首选 DNS 地址指向自己，最后添加“Active Directory 域服务”角色和所需功能，主要操作步骤如下。

（1）配置主机名、IP 地址、子网掩码和首选 DNS 地址。
（2）添加“Active Directory 域服务”角色和所需功能。

▶ 任务实施

（1）配置 Windows Server 2022 服务器的“IP 地址”为“192.168.1.1”、“子网掩码”为“255.255.255.0”、“首选 DNS 服务器”为“192.168.1.1”，如图 3-2 所示。

（2）将 Windows Server 2022 服务器重命名为 dc1，如图 3-3 所示。

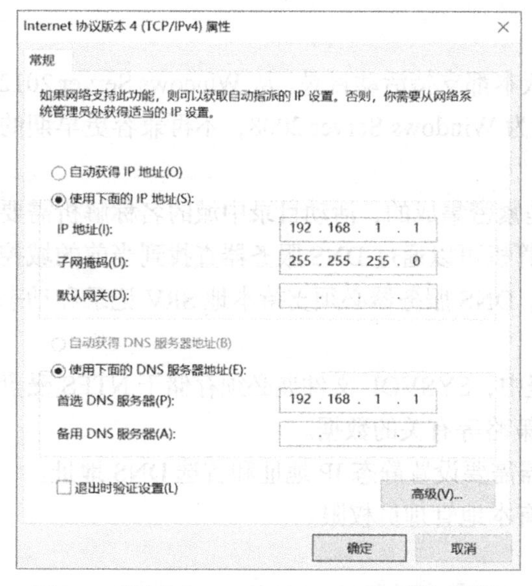

图 3-2　配置 Windows Server 2022 服务器的 IP 地址、子网掩码和 DNS 地址

图 3-3　重命名 Windows Server 2022 服务器

（3）打开“服务器管理器”窗口，选择“添加角色和功能”选项，打开“添加角色和功能向导”窗口，在“选择服务器角色”界面的“角色”列表框中勾选“Active Directory 域服务”复选框并添加所需的功能，如图 3-4 所示。

（4）在“Active Directory 域服务”角色和所需的功能安装完成后，“服务器管理器”窗口中会出现一个黄色叹号，如图 3-5 所示。

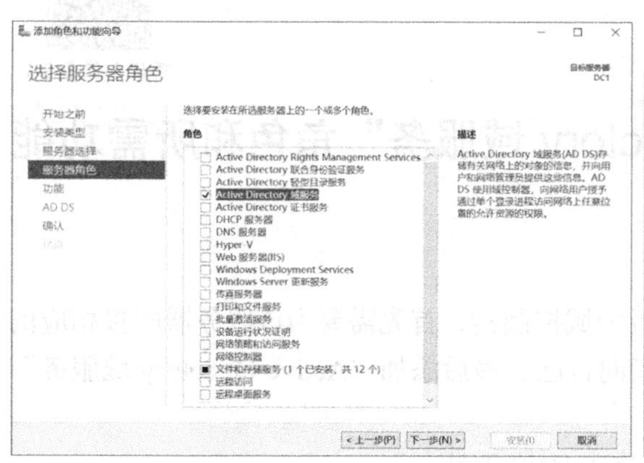

图 3-4　“添加角色和功能向导”窗口中的“选择服务器角色”界面

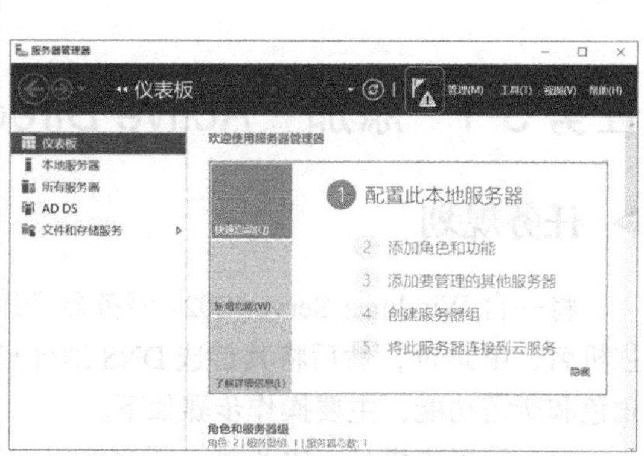

图 3-5　“服务器管理器”窗口

▶ 任务验证

打开“服务器管理器”窗口，在“工具”菜单中可以看到，“Active Directory 管理中心”“Active Directory 用户和计算机”“Active Directory 域和信任关系”“Active Directory 站点和服务”等命令均已成功添加，如图 3-6 所示。

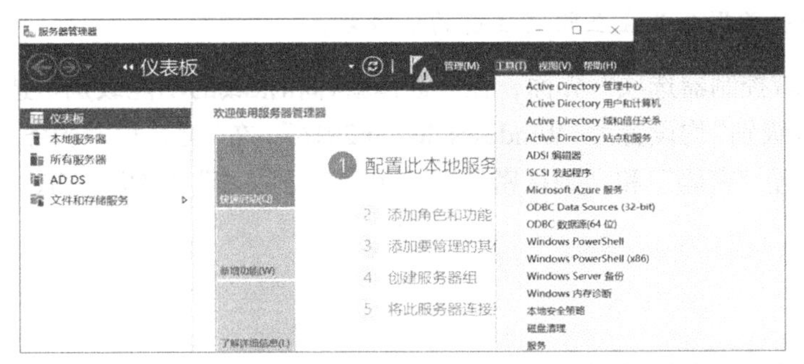

图 3-6 验证“Active Directory 域服务”角色和所需功能是否添加成功

任务 3-2 将服务器升级为域控制器

项目 3-任务 3-2

▶ 任务规划

在添加“Active Directory 域服务”角色和所需功能后，就可以将 dc1 服务器提升为域控制器了。根据项目要求，打开“Active Directory 域服务配置向导”窗口，输入域的相关信息即可。

▶ 任务实施

（1）在“服务器管理器”窗口中单击黄色叹号，在弹出的下拉菜单中选择“将此服务器提升为域控制器”命令，打开“Active Directory 域服务配置向导”窗口，在“部署配置”界面的“选择部署操作”选区中选择“添加新林”单选按钮，在“根域名”文本框中输入“jan16.cn”，单击“下一步”按钮，如图 3-7 所示。

图 3-7 “Active Directory 域服务配置向导”窗口中的“部署配置”界面

备注：

将域控制器添加到现有域：用于将服务器提升为额外域控制器或只读域控制器。

将新域添加到现有林：用于将服务器提升为现有林中某个域的子域控制器，或者将服务器提升为现有林中新域树的根域控制器。

添加新林：用于将服务器提升为新林中的域控制器。

根域名：一般采用企业在互联网注册的根域名。

（2）进入“域控制器选项”界面，在“选择新林和根域的功能级别”选区中将“林功能级别”和“域功能级别”均设置为“Windows Server 2016”，在“键入目录服务还原模式(DSRM)密码”选区中设置“密码”和“确认密码”，单击“下一步”按钮，如图 3-8 所示。

图 3-8 “Active Directory 域服务配置向导”窗口中的“域控制器选项”界面

备注：

林功能级别：如果将“林功能级别”设置为“Windows Server 2016”，那么域功能级别必须为 Windows Server 2016 或更高版本，并且整个域中的域控制器必须采用 Windows Server 2016 或更高版本的操作系统。

域功能级别：如果将“域功能级别”设置为“Windows Server 2016”，那么该域控制器的额外域控制器或只读域控制器必须采用 Windows Server 2016 或更高版本的操作系统。

（3）进入“DNS 选项”界面，直接单击“下一步”按钮（因为尚未创建 DNS 服务器，所以不能委派，也无须委派）。

（4）进入“其他选项”界面，系统会自动配置 NetBIOS 域名，因此采用默认参数设置，单击“下一步”按钮。

（5）进入“路径”界面，采用默认的域安装路径，单击“下一步”按钮。

（6）进入“查看选项”界面，查看选项配置是否正确，单击“下一步”按钮。

（7）进入“先决条件检查”界面，如图 3-9 所示，在确定先决条件无误后，单击“安装”按钮。

（8）进入“安装”界面，开始安装域，如图 3-10 所示。在安装完成后，会自动重启计算机。

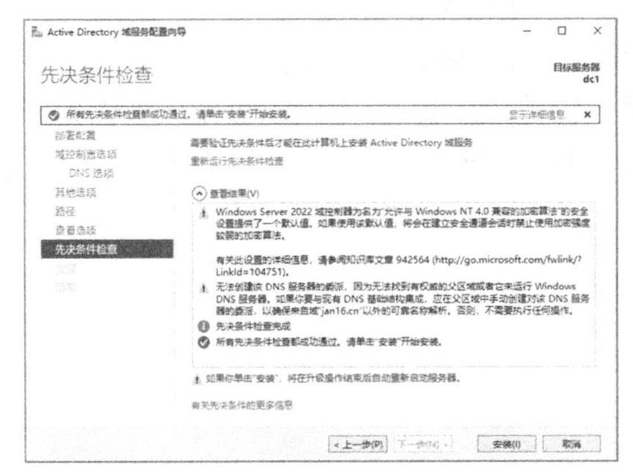

图 3-9　“Active Directory 域服务配置向导”窗口中的“先决条件检查”界面

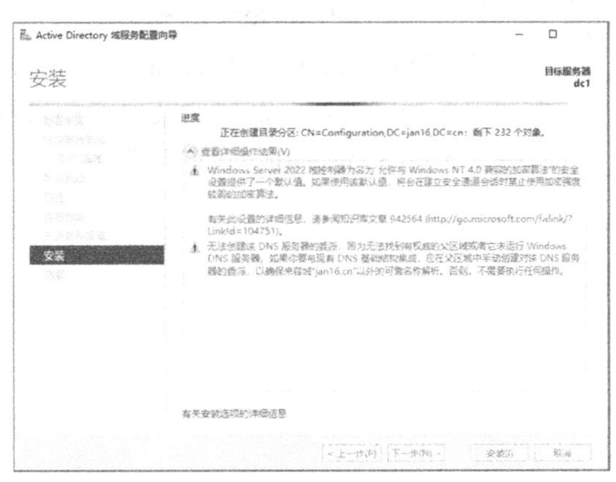

图 3-10　“Active Directory 域服务配置向导”窗口中的“安装”界面

▶ 任务验证

（1）在重启计算机后，进入系统登录界面，使用域管理员用户登录 jan16.cn 域，如图 3-11 所示。

图 3-11　使用域管理员用户登录 jan16.cn 域

（2）查看活动目录服务工具是否配置成功。

步骤 1：查看“Active Directory 用户和计算机”服务工具是否配置成功。

在“服务器管理器”窗口的菜单栏中选择“工具”→“Active Directory 用户和计算机”命令，打开“Active Directory 用户和计算机”窗口，如图 3-12 所示。

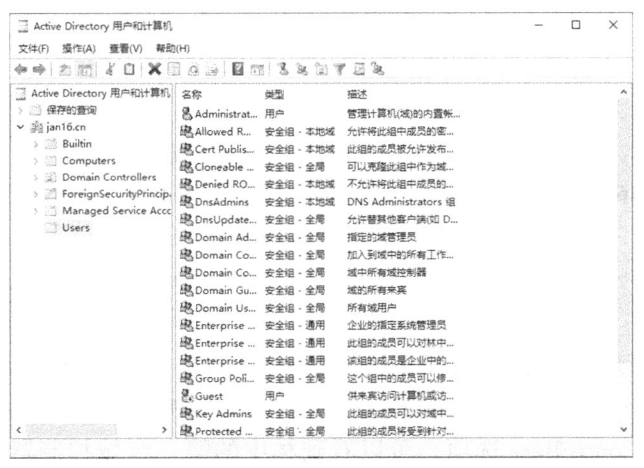

图 3-12　“Active Directory 用户和计算机”窗口

步骤 2：查看“Active Directory 域和信任关系”服务工具是否配置成功。

在“服务器管理器”窗口的菜单栏中选择“工具”→“Active Directory 域和信任关系”

命令，打开“Active Directory 域和信任关系”窗口，如图 3-13 所示。

步骤 3：查看“Active Directory 站点和服务”服务工具是否配置成功。

在“服务器管理器”窗口的菜单栏中选择“工具”→“Active Directory 站点和服务”命令，打开“Active Directory 站点和服务”窗口，如图 3-14 所示。

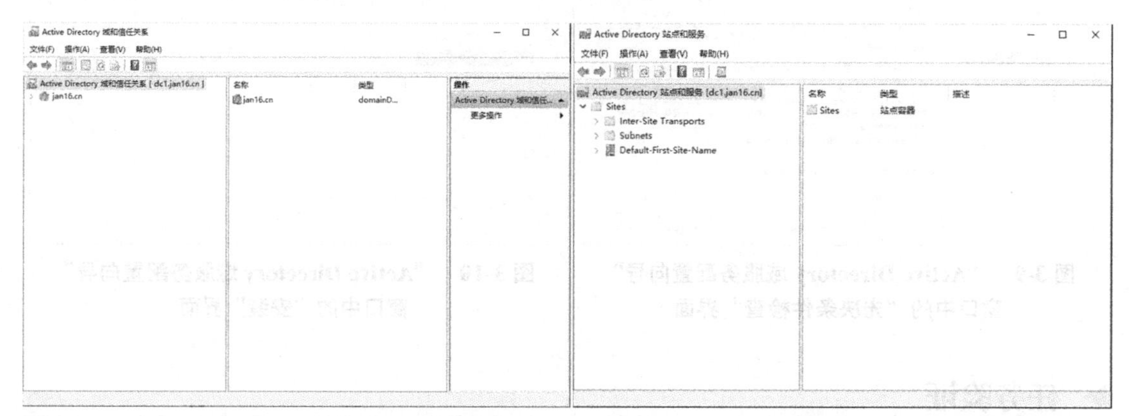

图 3-13 “Active Directory 域和信任关系”窗口　　图 3-14 “Active Directory 站点和服务”窗口

（3）在“开始”菜单中选择“运行”命令，打开“运行”对话框，输入“\\jan16.cn”并按回车键，打开 jan16.cn 窗口，查看活动目录创建的系统默认共享目录，如图 3-15 所示。

（4）在“服务器管理器”窗口的菜单栏中选择“工具”→“DNS 管理器”命令，打开“DNS 管理器”窗口，查看 DNS 服务器是否自动创建了相关记录，如图 3-16 所示。

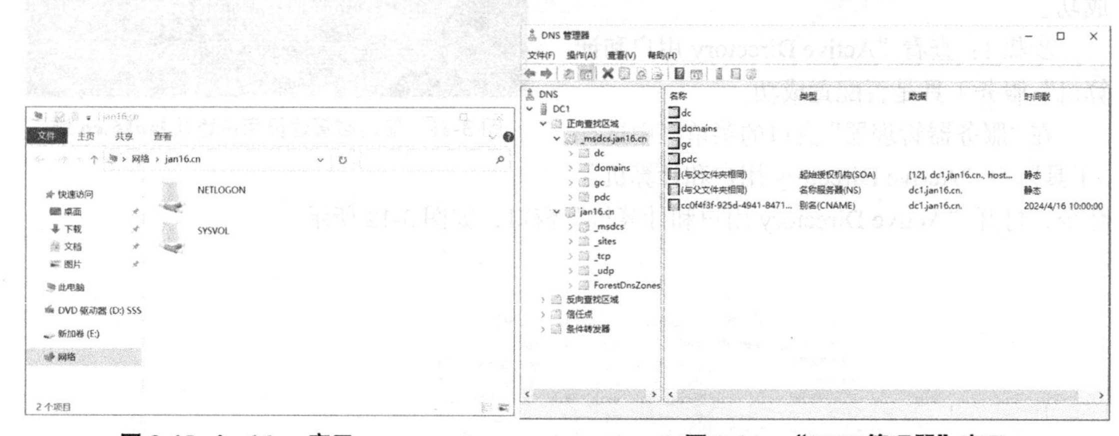

图 3-15 jan16.cn 窗口　　图 3-16 “DNS 管理器”窗口

项目验证

项目 3-项目验证

打开“服务器管理器”窗口，在菜单栏中选择“工具”→“Active Directory 用户和计算机”命令，打开“Active Directory 用户和计算机”窗口，在左侧的导航栏中选择 jan16.cn→Domain Controllers 选项，可以看到林中的第一台域控制器 dc1 已安装成功，如图 3-17 所示。

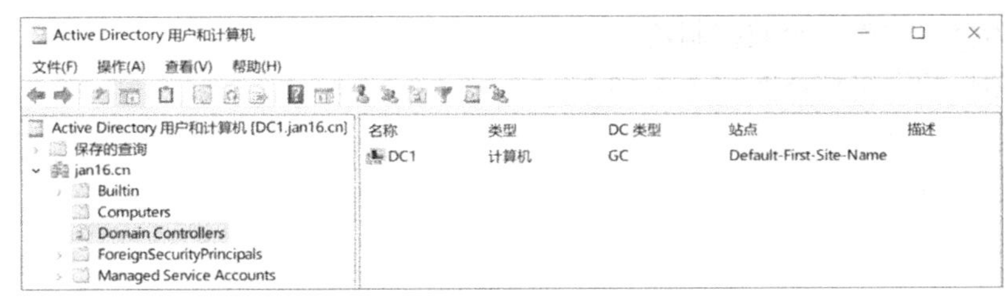

图 3-17　林中的第一台域控制器

练习与实践

一、理论题

1. 关于域树的概念，以下描述不正确的是（　　）。（单选题）

A. 域树由多个域构成

B. 域树中的域共享相同的架构和配置信息

C. 域树中的域有连续的命名空间

D. 域树中的域之间的信任关系是自动创建的单向可传递的信任关系。

2. 活动目录使用（　　）服务器登记域控制器的 IP 地址、各种资源的定位等。（单选题）

A. DNS　　B. DHCP　　C. FTP　　D. HTTP

3. 在安装“Active Directory 域服务”角色和所需功能后，没有增加的管理工具是（　　）。（单选题）

A. Active Directory 用户和计算机

B. Active Directory 域和信任关系

C. Active Directory 站点和服务

D. Active Directory 管理

4. 域的三大边界不包括（　　）。（单选题）

A. 安全边界　　B. 控制边界　　C. 管理边界　　D. 复制边界

5. 公司需要使用域控制器对域用户进行集中管理，安装域控制器必须具备的条件是（　　）。（多选题）

A. 本地磁盘至少有一个 NTFS 分区

B. 有相应的 DNS 服务器支持

C. 操作系统版本是 Windows Server 2012 或 Windows XP

D. 本地磁盘必须全部是 NTFS 分区

二、项目实训题

1. 项目背景

某公司计划使用 Windows Server 2022 中的域管理公司中的用户和计算机。网络管理部为了让部门员工尽快熟悉 Windows Server 2022 中的域环境，需要将一台 Windows Server 2022

服务器提升为公司的第一台域控制器。

本实训项目的网络拓扑图如图 3-18 所示。

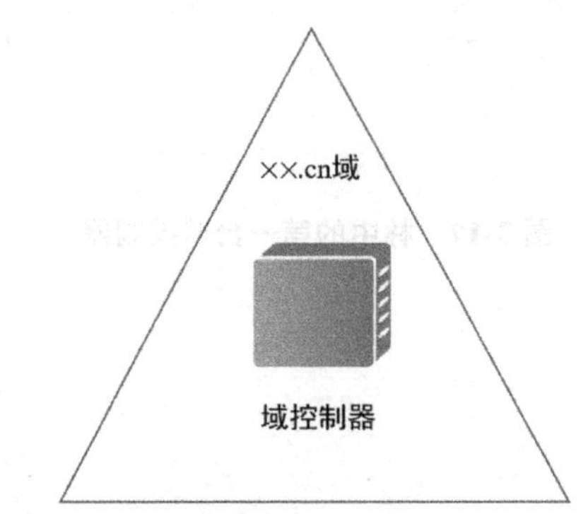

域名要求：学生姓名简写（拼音首字母）.cn
IP：10.*x*.*y*.*z*/24（*x*为班级编号，*y*为学生学号，*z*由学生自定义）

图 3-18　本实训项目的网络拓扑图

2. 项目要求

以学生姓名简写（拼音首字母）.cn 为域名建立自己的公司域，采用的 IP 地址段统一为 10.*x*.*y*.*z*/24（*x* 为班级编号，*y* 为学生学号，*z* 由学生自定义）配置林中的第一台域控制器，具体步骤如下。

（1）添加“Active Directory 域服务”角色和所需功能。

（2）将 Windows Server 2022 服务器升级为域控制器。

（3）截取域控制器的“DNS 管理器”窗口、“Active Directory 用户和计算机”窗口、“Active Directory 域和信任关系”窗口。

项目 4　将用户和计算机加入域

项目学习目标

1．掌握将计算机加入域的方法。
2．掌握域用户的创建方法。
3．掌握限制用户登录域的时间的方法。

项目描述

jan16 公司已经将 Windows Server 2022 服务器升级成了公司的域控制器。为了实现全公司用户和计算机的统一管理，公司决定在网络管理部内部进行试点运作。

网络管理部有普通员工和实习员工，公司规定，实习员工只能在工作时间使用公司的计算机，而普通员工不受限制。

网络管理部的网络拓扑图如图 4-1 所示。

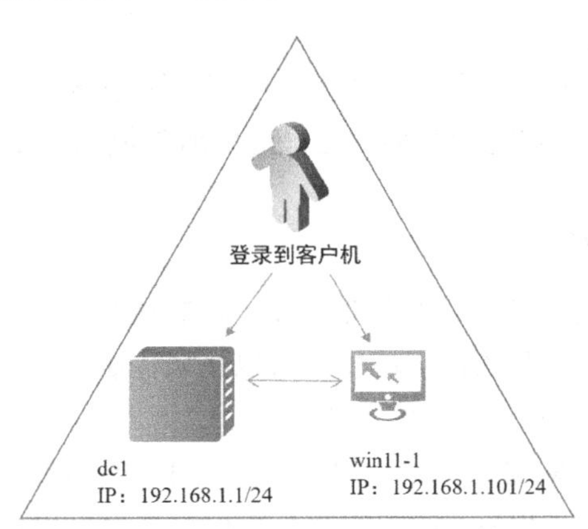

图 4-1　网络管理部的网络拓扑图

网络管理部的网络信息规划表如表 4-1 所示。

表 4-1　网络管理部的网络信息规划表

计算机名称	VLAN 名称	IP 地址	操作系统
dc1	VMnet1	192.168.1.1/24	Windows Server 2022
win11-1	VMnet1	192.168.1.101/24	Windows 11

网络管理部的计算机使用权限规划表如表 4-2 所示。

表 4-2　网络管理部的计算机使用权限规划表

计算机名称	角色	管理员权限	普通员工权限	实习员工权限
dc1	域控制器	可以在任意时间使用	不允许使用	不允许使用
win11-1	客户机	可以在任意时间使用	可以在任意时间使用	仅允许工作时间使用

项目分析

在本项目中，域管理员应该将客户机 win11-1 加入 jan16.cn 域，并且禁用该计算机的所有本地用户，用于确保员工仅能通过域账户使用该计算机；在域控制器 dc1 中为网络管理部的员工创建用户，根据员工信息补充完整域用户信息，并且将实习员工用户的使用时间设置为星期一至星期五的 9:00—17:00。具体涉及以下工作任务。

（1）将用户、计算机加入域。

（2）限制用户登录域的时间。

相关知识

1. 将计算机加入域的方法

在将计算机加入域后，就可以访问 AD DS 数据库和域中的资源了。例如，用户可以使用域账户登录这些计算机，并且可以访问其他域成员计算机内的共享资源。

在非域环境中，用户通过客户机的内部账户登录和使用该客户机；在域环境中，域管理员需要将公司的客户机都加入域。

将客户机加入域，需要确保客户机能够正常访问域服务器，并且能够正常解析域的域名，客户机的首选 DNS 地址通常被配置为离自己最近的域控制器的 IP 地址。

2. 域用户的创建方法

域用户可以位于域内的任意一个组织单位中，在默认情况下，它可以登录任意一台域客户机，并且可以访问域中的共享资源。域用户可以在域控制器的“Active Directory 用户和计算机”窗口中创建，存储于域的 AD DS 数据库中。

在任意一台域控制器上新建一个域用户后，该域用户的副本会自动被复制到域中所有域控制器的数据库中。在复制过程后，域中的所有域控制器都可以在登录过程中对该域用户进行身份验证。

3. 限制域用户登录域的时间

在域中创建域用户后，该域用户会自动获得一些默认的配置，如用户登录域的时间、登录计算机、共享资源使用权限等。在默认情况下，域用户可以在任意时间登录域。在用户的属性对话框中，可以通过配置“登录时间”，设置域用户登录域的时间。

项目实施

任务 4-1　将用户、计算机加入域

项目 4-任务 4-1

▶ 任务规划

根据本项目中网络管理部的网络拓扑图可知，我们需要将一台客户机加入 jan16.cn 域，主要操作步骤如下。

（1）为客户机 win11-1 配置 IP 地址、子网掩码和首选 DNS 地址。

（2）将客户机 win11-1 加入 jan16.cn 域。

（3）在域控制器 dc1 上为员工创建域用户。

▶ 任务实施

1. 为客户机 win11-1 配置 IP 地址、子网掩码和首选 DNS 地址

（1）在客户机 win11-1 的桌面上右击网络图标，在弹出的快捷菜单中选择“打开‘网络和 Internet’设置”命令，如图 4-2 所示；打开“设置”窗口，在“状态”界面中选择“更改适配器选项”选项，如图 4-3 所示；打开“网络连接”窗口，右击 Ethernet0 选项，在弹出的快捷菜单中选择“属性”命令，弹出“Ethernet0 属性”对话框，双击“Internet 协议版本 4（TCP/IPv4）”选项，如图 4-4 所示；弹出“Internet 协议版本 4（TCP/IPv4）属性”对话框，设置“IP 地址”为“192.168.1.101”、“子网掩码”为“255.255.255.0”、“首选 DNS 服务器”为“192.168.1.1”，如图 4-5 所示。

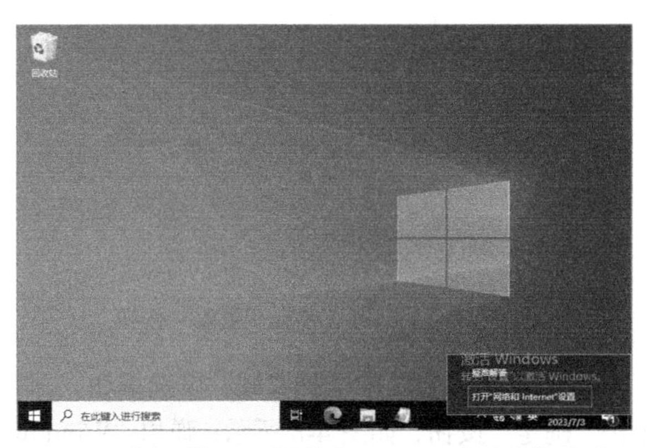

图 4-2　选择“打开‘网络和 Internet’设置”命令

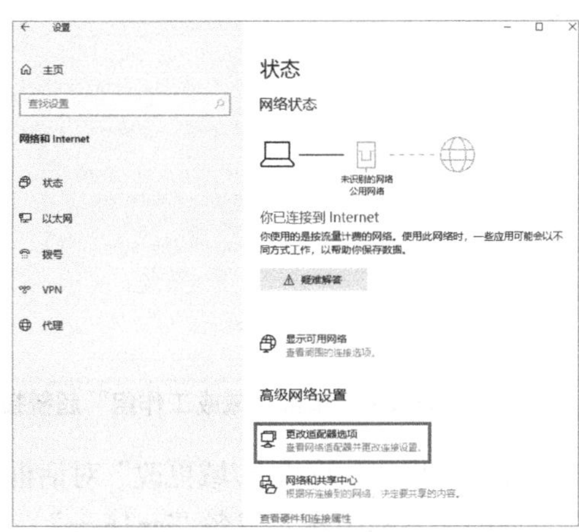

图 4-3　“设置”窗口中的“状态”界面

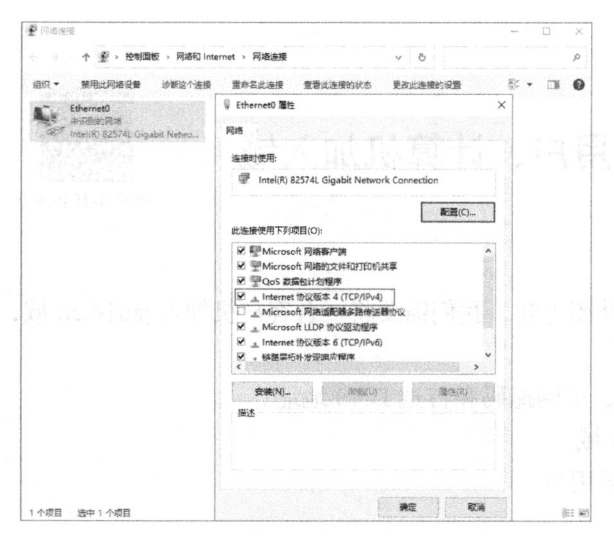

图 4-4 “Ethernet0 属性”对话框

图 4-5 “Internet 协议版本 4（TCP/IPv4）属性”对话框

2. 将客户机 win11-1 加入 jan16.cn 域

（1）在客户机 win11-1 中打开“设置”窗口，选择“系统”→“关于”选项，单击“域或工作组”超链接，如图 4-6 所示；弹出“系统属性”对话框，单击“更改”按钮，如图 4-7 所示。

图 4-6 单击“域或工作组”超链接

图 4-7 单击“更改”按钮

（2）弹出“计算机名/域更改”对话框，在“隶属于”选区中选择“域”单选按钮，并且在下面的文本框中输入域名“jan16.cn”，单击“确定”按钮，如图 4-8 所示；弹出“Windows 安全中心”对话框，输入域管理员用户 administrator 的账户和密码，单击“确定”按钮，如图 4-9①所示；再次弹出“计算机名/域更改”对话框，提示“欢迎加入 jan16.cn 域”，单击

① 本书软件界面截图中“帐户”的正确写法都应该为“账户”。

“确定”按钮，如图 4-10 所示。

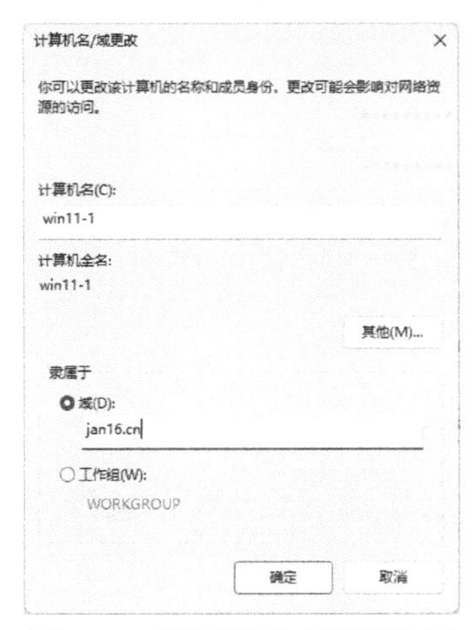

图 4-8　“计算机名/域更改”对话框（1）

图 4-9　“Windows 安全中心”对话框

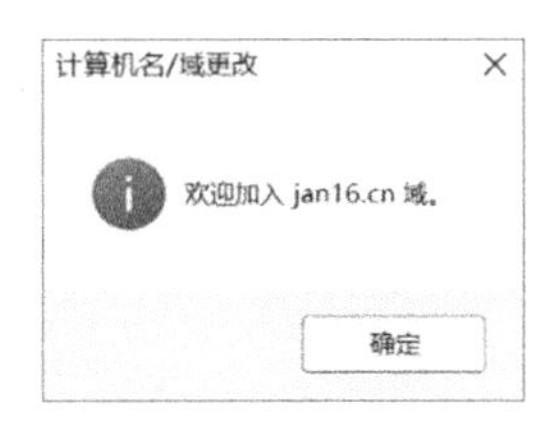

图 4-10　“计算机名/域更改”对话框（2）

（3）关闭“系统属性”对话框，弹出一个对话框，提示重启计算机。在重启计算机后，即可将客户机 win11-1 加入 jan16.cn 域。

3. 在域控制器 dc1 上为员工创建域用户

（1）在域控制器 dc1 中打开“服务器管理器”窗口，在菜单栏中选择“工具”→“Active Directory 用户和计算机”命令，如图 4-11 所示；打开“Active Directory 用户和计算机”窗口，在左侧的导航栏中展开 jan16.cn 节点，右击 Users 选项，在弹出的快捷菜单中选择“新建”→“用户”命令，如图 4-12 所示；弹出“新建对象-用户”对话框，根据提示输入相关信息，创建普通员工用户 tom，如图 4-13 所示。

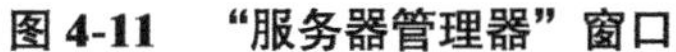

图 4-11　“服务器管理器”窗口　　　图 4-12　“Active Directory 用户和计算机”窗口

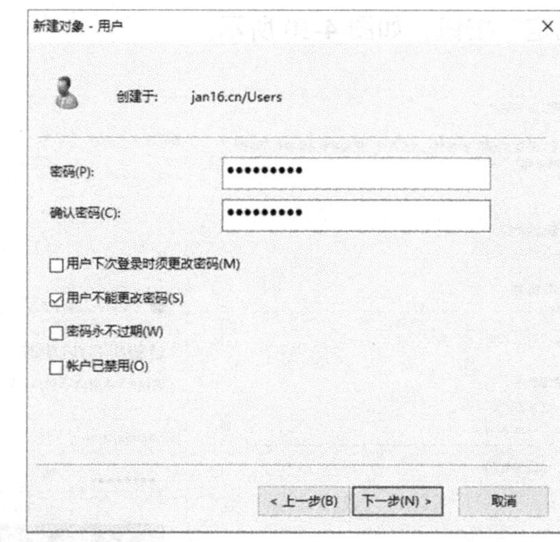

图 4-13　创建普通员工用户 tom

（2）使用同样的方法，创建实习员工用户 jack，如图 4-14 所示。

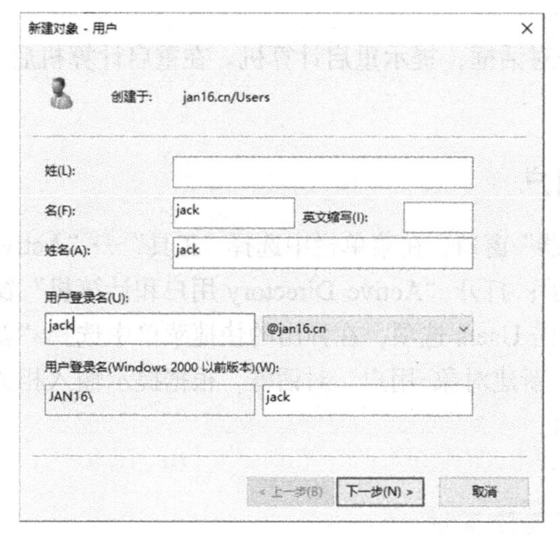

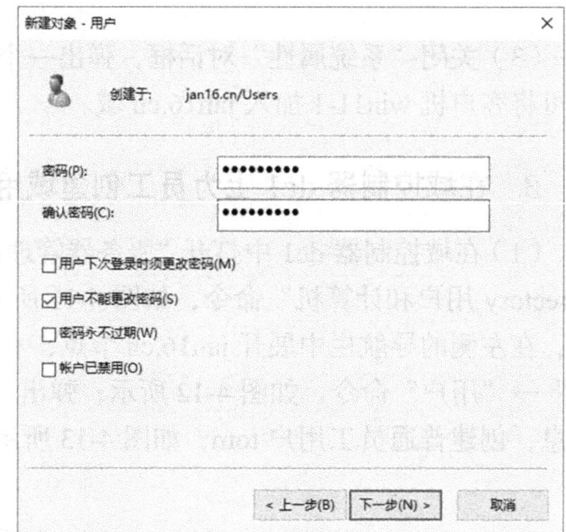

图 4-14　创建实习员工用户 jack

▶ 任务验证

在域控制器 dc1 中打开“服务器管理器”窗口，在菜单栏中选择“工具”→“Active Directory 用户和计算机”命令，打开“Active Directory 用户和计算机”窗口，在左侧的导航栏中选择 jan16.cn→Users 选项，在右侧的列表框中可以看到，域用户 jack 和 tom 已创建，如图 4-15 所示；在左侧的导航栏中选择 jan16.cn→Computers 选项，在右侧的列表框中可以看到，客户机 win11-1 已被成功加入域，如图 4-16 所示。

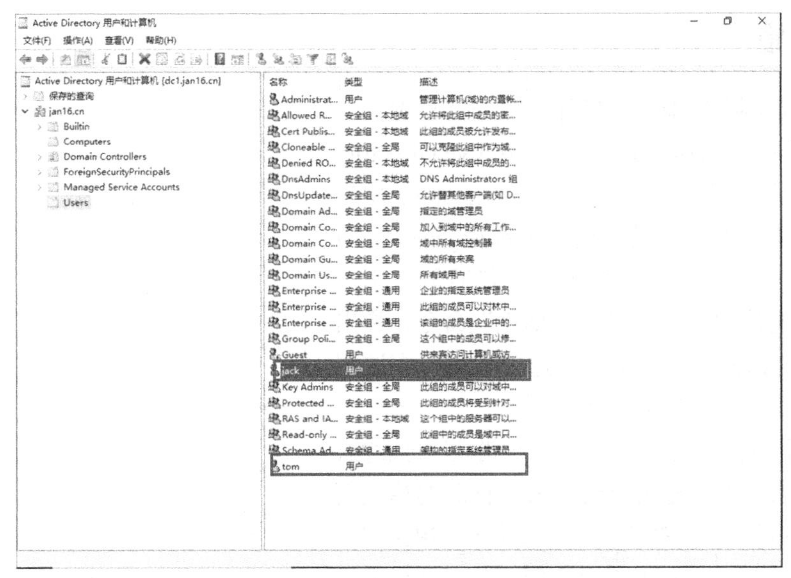

图 4-15　域用户 jack 和 tom 已创建

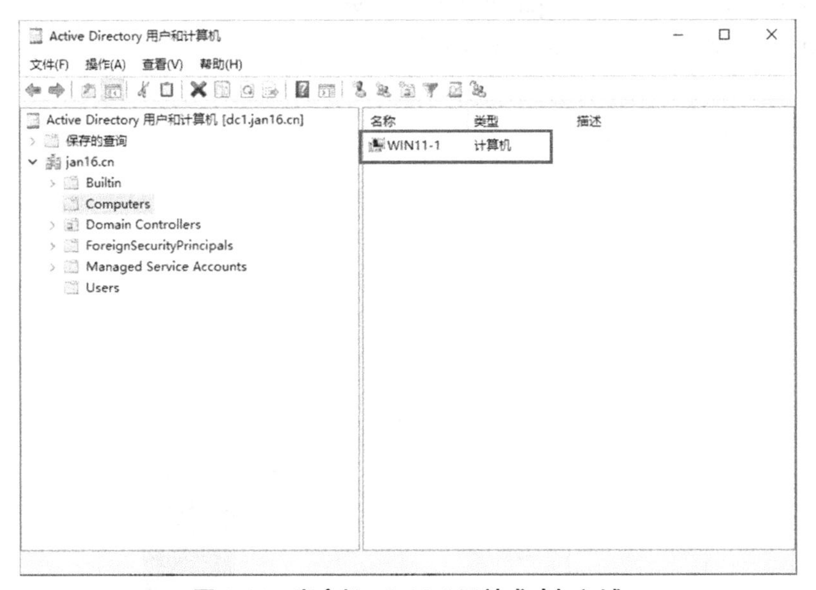

图 4-16　客户机 win11-1 已被成功加入域

任务 4-2　限制用户登录域的时间

项目 4-任务 4-2

▶ 任务规划

按照 jan16 公司的管理规定，普通员工用户登录域的时间不受限制，实习员工用户的使用时间为星期一至星期五的 9:00—17:00。主要操作步骤如下。

（1）根据员工信息将域用户的相关信息补充完整。

（2）限制实习员工用户登录域的时间。

▶ 任务实施

（1）在域控制器 dc1 中打开“服务器管理器”窗口，在菜单栏中选择“工具”→“Active Directory 用户和计算机”命令，打开“Active Directory 用户和计算机”窗口，在左侧的导航栏中选择 jan16.cn→Users 选项，在右侧的列表框中右击普通员工用户 tom，在弹出的快捷菜单中选择“属性”命令，弹出“tom 属性”对话框，在“常规”选项卡中补充该用户的相关信息，如图 4-17 所示。

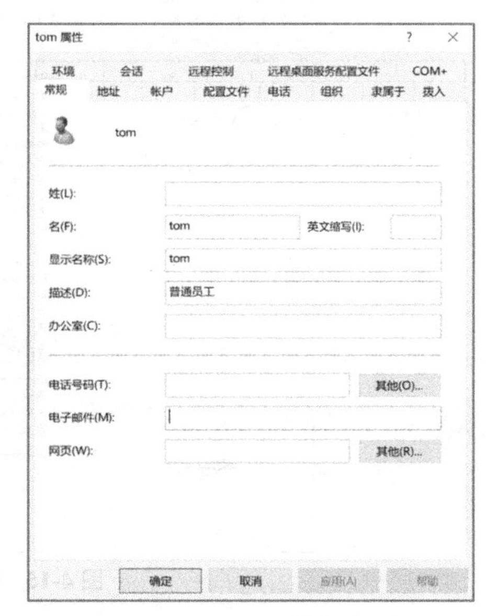

图 4-17 “tom 属性”对话框

（2）使用同样的方法，打开“jack 属性”对话框，在“常规”选项卡中补充实习员工用户 jack 的相关信息，如图 4-18 所示；选择“账户”选项卡，单击“登录时间”按钮，弹出“jack 的登录时间”对话框，设置实习员工用户 jack 只可以在工作时间（星期一至星期五的 9:00—17:00）登录域，如图 4-19①所示。

图 4-18 “jack 属性”对话框

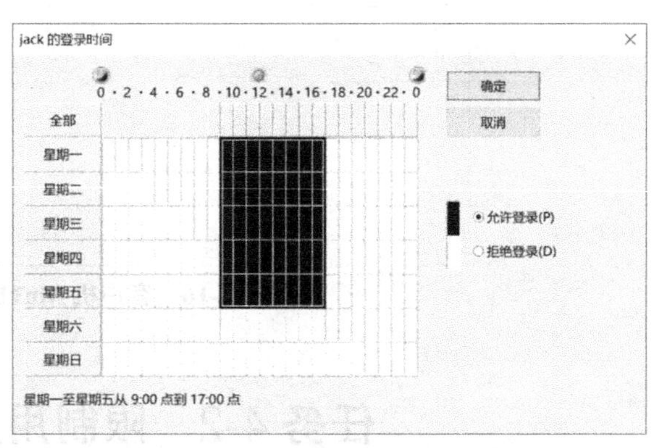

图 4-19 “jack 的登录时间”对话框

▶ 任务验证

打开“jack 属性”对话框，选择“账户”选项卡，单击“登录时间”按钮，弹出“jack 的登录时间”对话框，查看实习员工用户 jack 登录域的时间设置是否正确。

---

① 图中的“星期一至星期五从 9:00 点到 17:00 点”的正确写法应该为“星期一至星期五的 9:00—17:00”。

项目验证

项目 4-项目验证

1. 验证是否成功将用户、计算机加入域

（1）在客户机 win11-1 上，使用普通员工用户 tom 登录 jan16.cn 域，如图 4-20 所示。

（2）在客户机 win11-1 上，使用实习员工用户 jack 登录 jan16.cn 域，如图 4-21 所示。

图 4-20　使用普通员工用户 tom 登录 jan16.cn 域

图 4-21　使用实习员工用户 jack 登录 jan16.cn 域

2. 验证用户登录域的时间

（1）在非工作时间，普通员工用户 tom 可以成功登录 jan16.cn 域，如图 4-22 所示。

（2）在非工作时间，实习员工用户 jack 登录 jan16.cn 域失败，如图 4-23 所示。

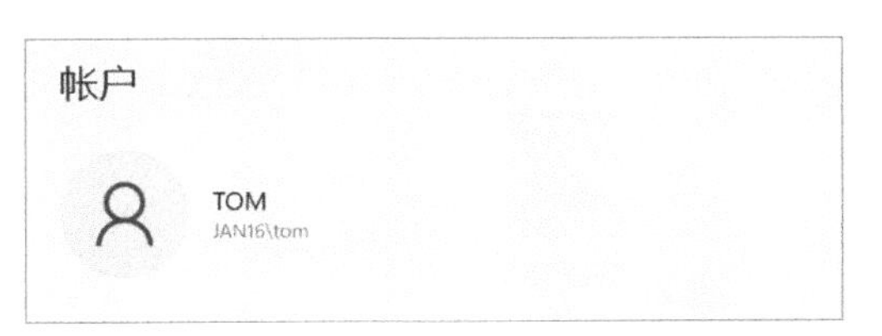

图 4-22　普通员工用户 tom 可以在非工作时间成功登录 jan16.cn 域

图 4-23　实习员工用户 jack 在非工作时间登录 jan16.cn 域失败

练习与实践

一、理论题

1. 在默认情况下，普通域用户可以将（　　）计算机加入域。（单选题）

A. 1 台　　B. 2 台　　C. 10 台　　D. 任意台

2．将计算机加入域的必要条件是（　　）。（单选题）

A．可用的域控制器，可用的 DNS 服务器，正确的 DNS 配置，有权限将计算机加入域的身份

B．可用的 DHCP 服务器，可用的 DNS 服务器，正确的 NetBIOS 域名，有权限将计算机加入域的用户账户和密码

C．可用的域控制器，可用的 WINS 服务器，正确的 NetBIOS 域名，有权限将计算机加入域的用户账户和密码

D．可用的域控制器，可用的 WINS 服务器，正确的 DNS 域名，有权限将计算机加入域的用户账户和密码

3．关于 SID，以下说法不正确的是（　　）。（单选题）

A．服务器中每个用户的 SID 都不一样

B．使用 whoami /user 命令可以查看用户的 SID

C．使用 whoami /user 命令可以查看计算机的 SID

D．克隆的服务器的 SID 不一样

4．在将一台客户机加入域时，以下说法不正确的是（　　）。（单选题）

A．加入域的客户机的 SID 必须唯一

B．加入域的客户机的计算机名称必须唯一

C．加入域的客户机的 IP 地址必须唯一

D．加入域的客户机的 DNS 服务器必须指向域控制器

二、项目实训题

1．项目背景

某公司已经将 Windows Server 2022 服务器提升为域控制器了。该公司的网络管理部有普通员工和实习员工，根据公司规定，实习员工只能在工作时间使用公司的计算机，而普通员工不受限制。

本实训项目的网络拓扑图如图 4-24 所示。

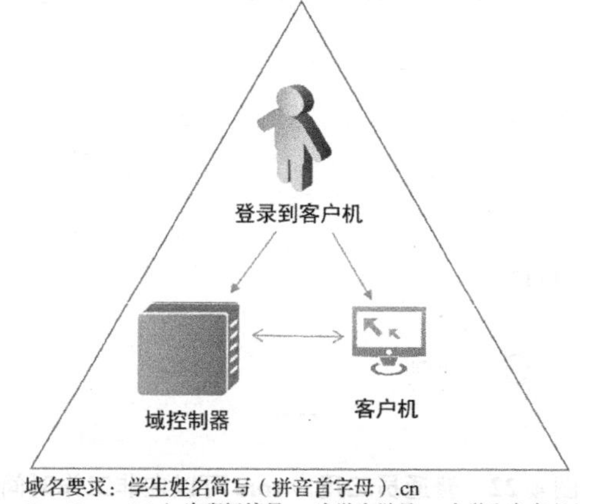

图 4-24　本实训项目的网络拓扑图

2．项目要求

（1）将用户、客户机加入域。

（2）根据员工信息将域用户的相关信息补充完整。

（3）限制用户登录域的时间，将实习员工用户的使用时间设置为星期一至星期五的 9:00—17:00。

（4）截取域控制器的“Active Directory 用户和计算机”窗口，查看是否成功将客户机加入域；截取普通员工用户和实习员工用户登录域的界面。

项目 5　额外域控制器与全局编录的作用

项目学习目标

1. 掌握全局编录的作用。
2. 掌握额外域控制器的部署方法。

项目描述

jan16 公司已经将 Windows Server 2022 服务器提升为了 jan16 域的域控制器，并且将计算机 win11-1 加入了 jan16.cn 域。

在公司运营期间，域控制器发生故障，导致公司中的所有用户都无法使用计算机，公司业务和生产系统停滞，经济损失严重。公司希望新增加一台额外域控制器，在主域控制器发生故障时能够接管其工作，从而保障公司业务和生产系统的可靠性。

本项目的网络拓扑图如图 5-1 所示，计算机信息规划表如表 5-1 所示。

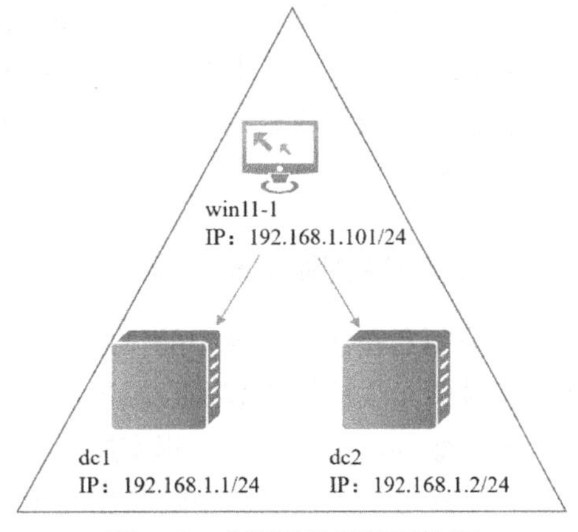

图 5-1　本项目的网络拓扑图

表 5-1　本项目的计算机信息规划表

计算机名称	角色	VLAN 名称	IP 地址	操作系统
dc1	主域控制器	VMnet1	192.168.1.1/24	Windows Server 2022
dc2	额外域控制器	VMnet1	192.168.1.2/24	Windows Server 2022
win11-1	客户机	VMnet1	192.168.1.101/24	Windows 11

项目分析

将一台 Windows Server 2022 服务器提升为额外域控制器并启用全局编录功能，然后将域成员计算机的首选 DNS 地址指向主域控制器 dc1，将域成员计算机的备用 DNS 地址指向额外域控制器 dc2。在主域控制器 dc1 发生故障时，额外域控制器 dc2 可以负责域名解析和身份验证等工作，从而提供不间断的服务。因此，本项目具体涉及以下工作任务。

（1）部署额外域控制器。

（2）验证全局编录的作用。

相关知识

1. 全局编录的作用

一个域的活动目录中只能存储该域的相关信息，相当于该域的目录。当一个林中有多个域时，由于每个域中都有一个活动目录，因此如果一个域用户要在整个林范围内查找一个对象，就需要搜索该林中的所有域。这时，全局编录就起到作用了。

全局编录相当于一个总目录，就像一套系列丛书中有一个总目录一样。全局编录中存储了已有活动目录对象的子集。在默认情况下，存储于全局编录中的活动目录对象属性是经常用到的属性，不是全部属性。整个林会共享相同的全局编录信息。因此，一个域中的用户可以根据全局编录快速找到所需的对象。

全局编录存储于全局编录服务器中。全局编录服务器必须是一台域控制器，在 Windows Server 2022 中，默认域中的所有域控制器都是全局编录服务器。对于全局编录中的对象，用户只能看见有访问权限的对象，如果一个用户对某个对象没有访问权限，那么在查找时不会看到该对象。

2. 额外域控制器的作用

域控制器在活动目录中的作用是非常重要的，因此为了方便进行数据备份和负载分担，在一个域中至少应该安装两台域控制器，避免因域控制器的单点故障引发一系列问题。

安装额外域控制器的过程实质上是域信息的复制过程，该过程会复制活动目录中的所有信息，使其与主域控制器中的数据完全一致。此时，如果主域控制器宕机，那么活动目录不会失效，相应的工作会被交给额外域控制器处理。因此，额外域控制器在活动目录中起到数据备份、负载分担的作用。

项目实施

任务 5-1 部署额外域控制器

项目 5-任务 5-1

▶ 任务规划

将一台 Windows Server 2022 服务器升级为额外域控制器，需要为该服务器配置相应的主机名、IP 地址，并且将客户机的首选 DNS 地址指向主域控制器，将备用 DNS 地址指向额外域控制器。当主域控制器发生故障时，额外域控制器可以负责域名解析和身份验证等工作，从而提供不间断服务。主要操作步骤如下。

（1）修改 Windows Server 2022 服务器的主机名，配置 Windows Server 2022 服务器的 IP

地址、子网掩码和首选 DNS 地址。

（2）将该 Windows Server 2022 服务器升级为额外域控制器。

（3）配置客户机 win11-1 的 IP 地址、子网掩码、首选 DNS 地址和备用 DNS 地址。

▶ 任务实施

（1）将一台 Windows Server 2022 服务器的主机名修改为“dc2”，如图 5-2 所示。

（2）配置 Windows Server 2022 服务器 dc2 的“IP 地址”为“192.168.1.2”、“子网掩码”为“255.255.255.0”、“首选 DNS 服务器”为“192.168.1.1”，如图 5-3 所示。

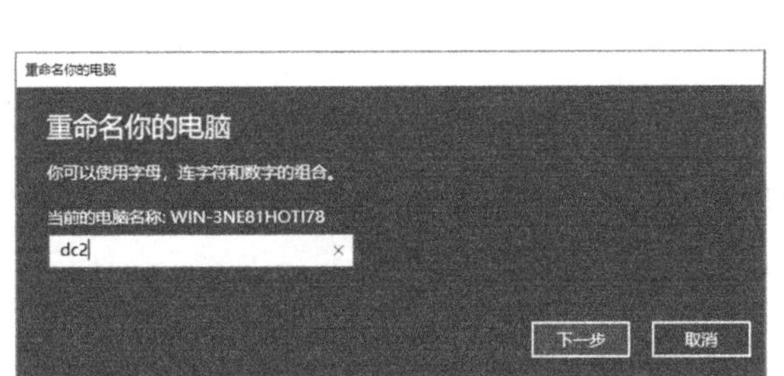

图 5-2　修改 Windows Server 2022 服务器的主机名

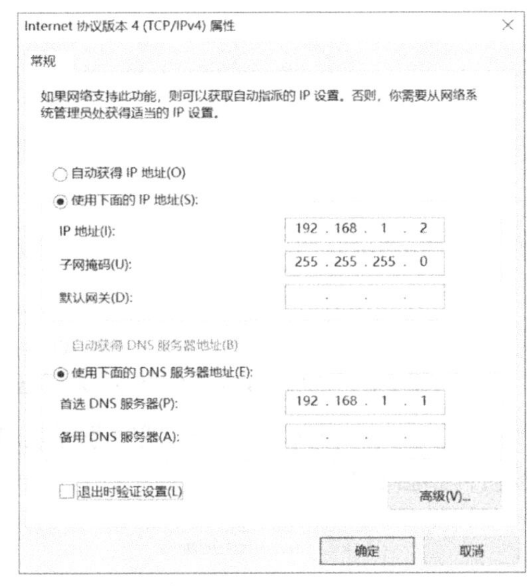

图 5-3　配置 Windows Server 2022 服务器 dc2 的 IP 地址、子网掩码和首选 DNS 地址

（3）在 Windows Server 2022 服务器 dc2 中打开“服务器管理器”窗口，选择“添加角色和功能”选项，打开“添加角色和功能向导”窗口，在“选择服务器角色”界面的“角色”列表框中勾选“Active Directory 域服务”复选框并添加所需的功能。

（4）在“Active Directory 域服务”角色和所需功能安装完成后，“服务器管理器”窗口中会出现一个黄色叹号，如图 5-4 所示。

（5）单击“服务器管理器”窗口中的黄色叹号，在弹出的下拉菜单中选择“将此服务器提升为域控制器”命令，打开“Active Directory 域服务配置向导”窗口，在“部署配置”界面的“选择部署操作”选区中选择“将域控制器添加到现有域”单选按钮，在“指定此操作的域信息”选区中单击“选择”按钮，弹出“Windows 安全中心”对话框，输入“jan16\administrator”及密码，单击“确定”按钮，如图 5-5 所示；打开“从林中选择域”窗口，选择 jan16.cn 域，单击“确定”按钮，如图 5-6 所示。

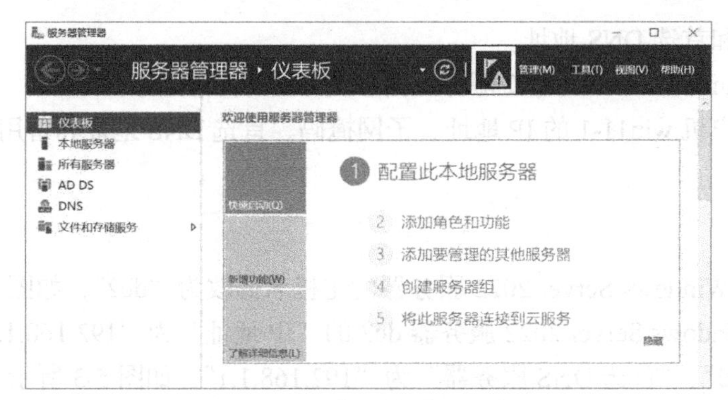

图 5-4 “服务器管理器”窗口

图 5-5 “Windows 安全中心”对话框

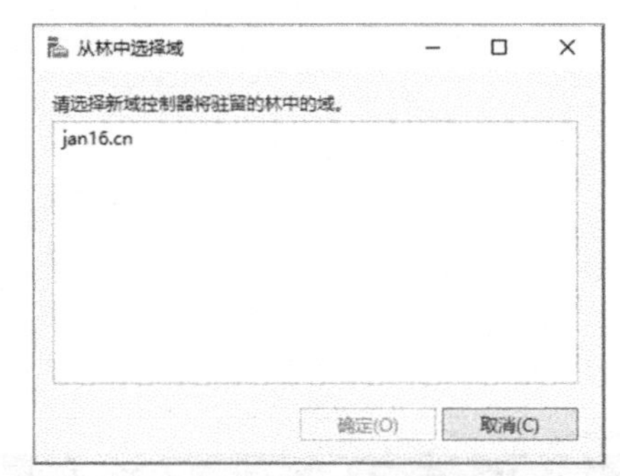

图 5-6 “从林中选择域”窗口

（6）在“Active Directory 域服务配置向导”窗口的“部署配置”界面中单击“下一步”按钮，如图 5-7 所示。

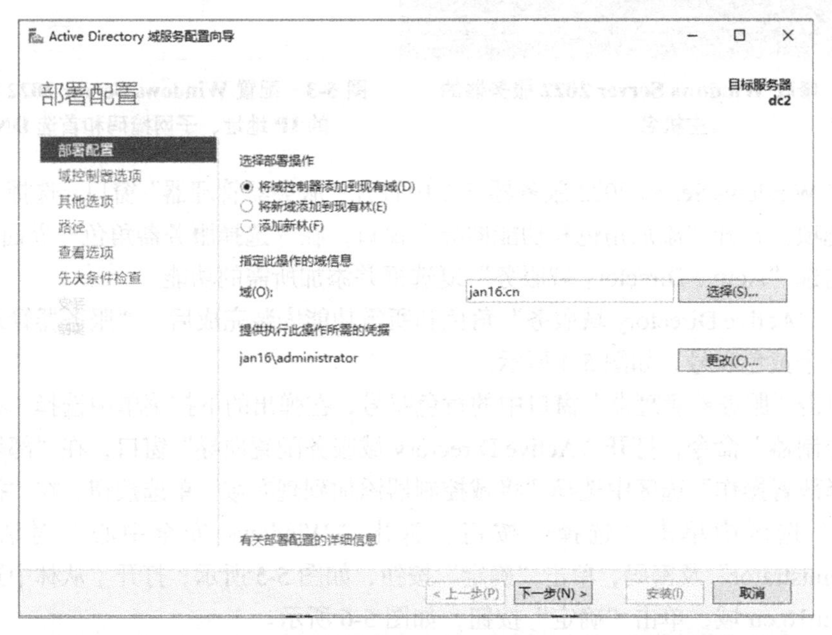

图 5-7 “Active Directory 域服务配置向导”窗口中的“部署配置”界面

（7）进入“域控制器选项”界面，在“键入目录服务还原模式(DSRM)密码”选区中设置“密码”和“确认密码”，单击“下一步”按钮，如图 5-8 所示。

图 5-8　“Active Directory 域服务配置向导”窗口中的“域控制器选项”界面

（8）进入“DNS 选项”界面，直接单击“下一步”按钮（因为尚未创建 DNS 服务器，所以不能委派，也无须委派）。

（9）进入“其他选项”界面，系统会自动配置 NetBIOS 域名，因此采用默认参数设置，单击“下一步”按钮。

（10）进入“路径”界面，采用默认的域安装路径，单击“下一步”按钮。

（11）进入“查看选项”界面，查看选项配置是否正确，单击“下一步”按钮。

（12）进入“先决条件检查”界面，在确认先决条件无误后，单击“安装”按钮。

（13）进入“安装”界面，开始安装，如图 5-9 所示。在安装完成后，会自动重启计算机。

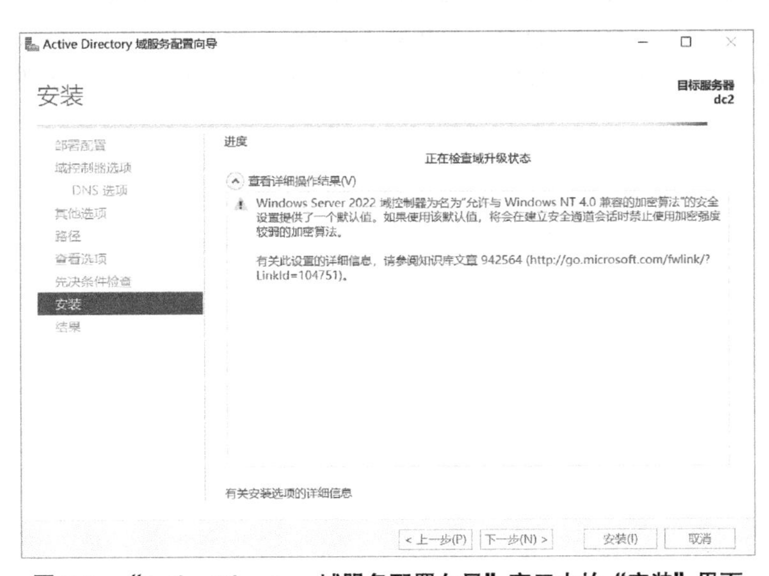

图 5-9　“Active Directory 域服务配置向导”窗口中的“安装”界面

（14）在重启计算机后，进入系统登录界面，需要使用域管理员用户登录 jan16.cn 域，如图 5-10 所示。

（15）配置客户机 win11-1 的“IP 地址”为“192.168.1.101”、“子网掩码”为“255.255.255.0”、“首选 DNS 服务器”为“192.168.1.1”、“备用 DNS 服务器”为“192.168.1.2”，如图 5-11 所示。

图 5-10　使用域管理员用户登录 jan16.cn 域

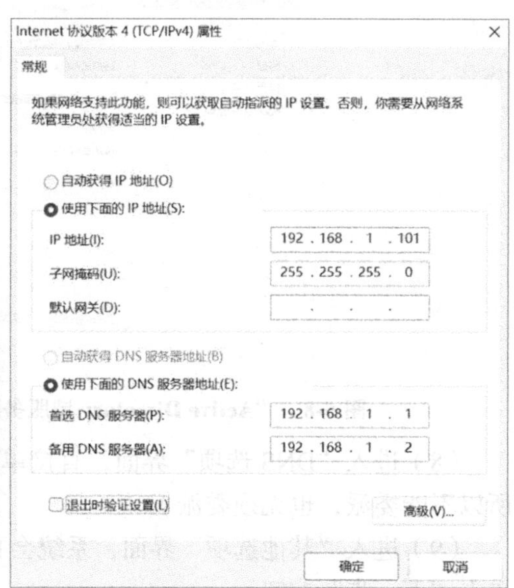

图 5-11　配置客户机 win11-1 的 IP 地址、子网掩码、首选 DNS 地址和备用 DNS 地址

▶ 任务验证

在主域控制器 dc1 中打开“服务器管理器”窗口，在菜单栏中选择“工具”→“Active Directory 用户和计算机”命令，打开“Active Directory 用户和计算机”窗口，在左侧的导航栏中选择 jan16.cn→Domain Controllers 选项，在右侧的列表框中可以看到额外域控制器 dc2，如图 5-12 所示。

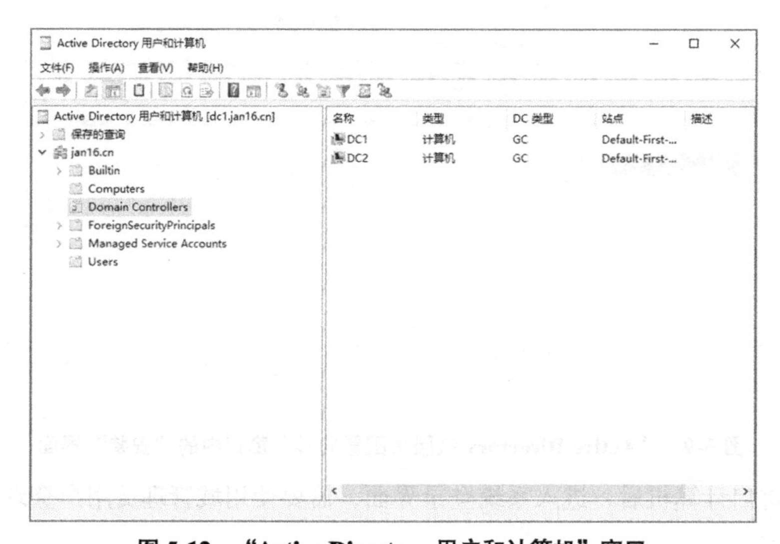

图 5-12　“Active Directory 用户和计算机”窗口

项目 5-任务 5-2（1）

任务 5-2　验证全局编录的作用

项目 5-任务 5-2（2）

▶ 任务规划

全局编录允许用户在林的所有域中搜索目录信息，而不用考虑数据存储的位置。本任务通过在域中创建用户，验证全局编录的作用。主要操作步骤如下。

（1）暂时关闭主域控制器 dc1。

（2）在额外域控制器 dc2 中取消全局编录。

▶ 任务实施

（1）暂时关闭主域控制器 dc1。

（2）在额外域控制器 dc2 中打开“服务器管理器”窗口，在菜单栏中选择“工具”→“Active Directory 站点和服务”命令，打开“Active Directory 站点和服务”窗口，在左侧的导航栏中依次展开 Sites→Default-First-Site-Name→Servers→dc2 节点，如图 5-13 所示，右击 NTDS Settings 选项，在弹出的快捷菜单中选择“属性”命令。

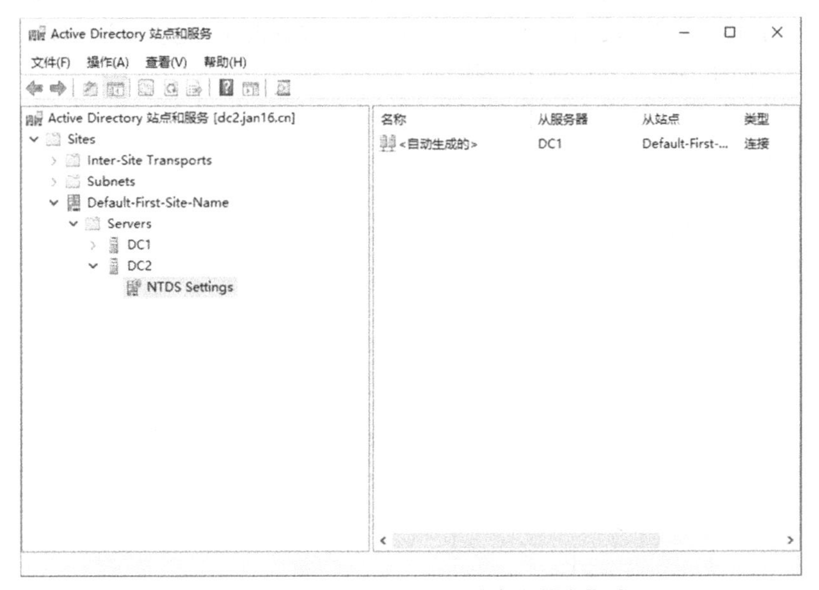

图 5-13　“Active Directory 站点和服务”窗口

（3）弹出“NTDS Settings 属性”对话框，取消勾选“全局编录”复选框，单击“确定”按钮，如图 5-14 所示。

（4）返回“服务器管理器”窗口，在菜单栏中选择“工具”→“Active Directory 用户和计算机”命令，打开“Active Directory 用户和计算机”窗口，在左侧的导航栏中选择 jan16.cn→Domain Controllers 选项，在右侧的列表框中可以看到，额外域控制器 dc2 的“DC 类型”由之前的“GC”变为了“DC”，如图 5-15 所示。

图 5-14 “NTDS Settings 属性”对话框

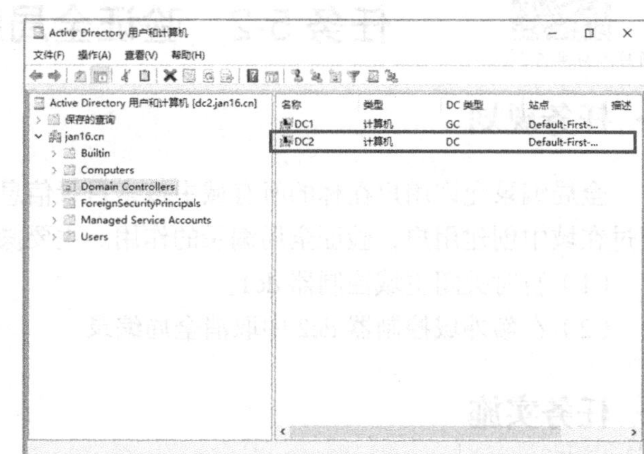

图 5-15 “Active Directory 用户和计算机”窗口

▶ 任务验证

（1）关闭主域控制器 dc1，在额外域控制器 dc2 中创建用户 user03，如图 5-16 所示。

（2）因为 jan16.cn 域内没有启用全局编录功能，Windows 无法验证用户名的唯一性，所以 user03 用户创建失败，如图 5-17 所示。

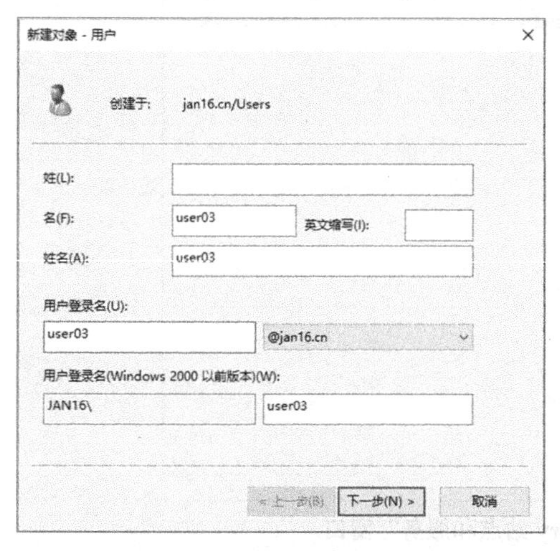

图 5-16 创建用户 user03

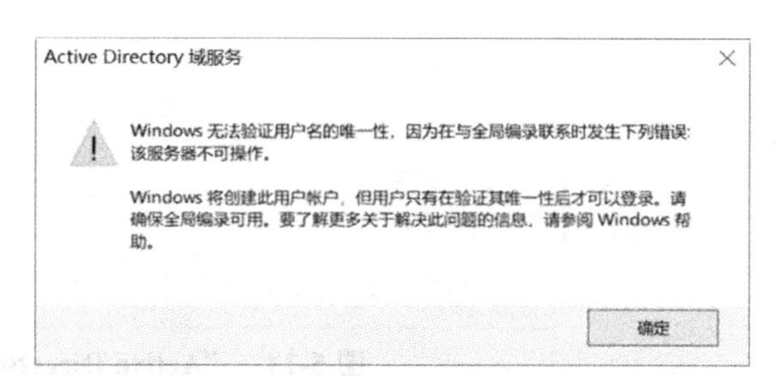

图 5-17 user03 用户创建失败

项目验证

项目 5-项目验证

1. 验证额外域控制器

（1）将域控制器 dc1 暂时关闭。

（2）在客户机 win11-1 上使用域用户 tom 登录 jan16.cn 域，可以登录成功，如图 5-18 所示。

2. 验证全局编录

在主域控制器 dc1 中打开“服务器管理器”窗口，在菜单栏中选择“工具”→“Active Directory 站点和服务”命令，打开“Active Directory 站点和服务”窗口，在左侧的导航栏中依次展开 Sites→Default-First-Site-Name→Servers→dc2 节点，右击 NTDS Settings 选项，在弹出的快捷菜单中选择“属性”命令，弹出“NTDS Settings 属性”对话框，可以看到勾选了“全局编录”复选框，表示额外域控制器 dc2 启用了全局编录功能，如图 5-19 所示。

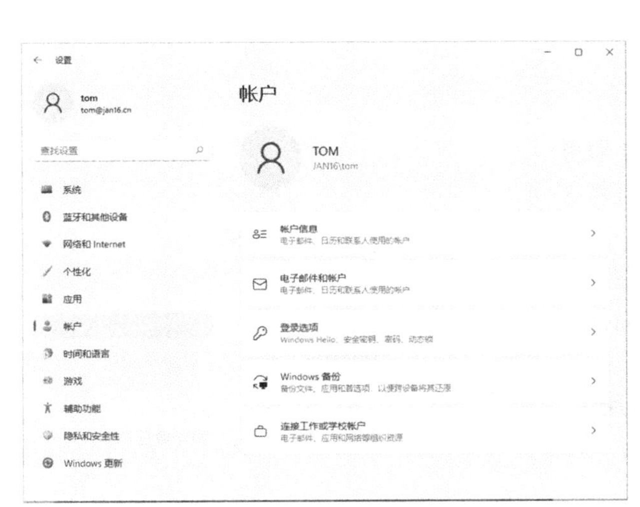

图 5-18　使用域用户 tom 成功登录 jan16.cn 域

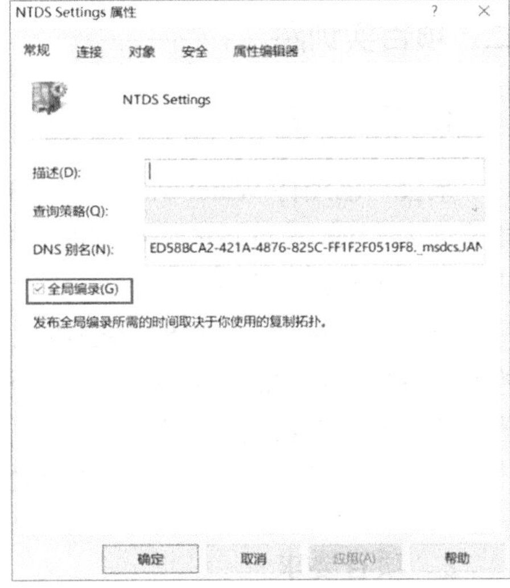

图 5-19　“NTDS Settings 属性”对话框

练习与实践

一、理论题

1. 一个域中的活动目录存储于（　　）中。（单选题）

   A. 域控制器　　　　B. 独立服务器

   C. 域成员服务器　　D. 全局编录服务器

2. 下列（　　）不是域控制器存储的域范围内的信息。（单选题）

   A. 安全策略信息　　B. 用户身份验证信息

   C. 账户信息　　　　D. 工作站分区信息

3. 作为 Windows Server 2022 服务器的管理员，你可以通过（　　）管理计算机的组账户。（单选题）

   A. 活动目录用户和计算机　　B. 活动目录用户和用户组

   C. 域用户和计算机　　　　　D. 本地用户和组

4．关于全局编录，以下说法不正确的是（　　）。（单选题）

A．全局编录中存储了活动目录中已有活动目录对象的子集

B．在默认情况下，存储于全局编录中的活动目录对象属性是经常用到的属性，不是全部属性

C．全局编录存储于全局编录服务器中，它可以是一台成员服务器

D．对于全局编录中的对象，用户只能看见有访问权限的对象，如果一个用户对某个对象没有访问权限，那么在查找时不会看到该对象

5．额外域控制器的作用有（　　）。（多选题）

A．容错功能　　B．提高域控制器的安全性

C．提高用户登录的效率　　D．改善域控制器的性能

二、项目实训题

1. 项目背景

某公司已经将 Windows Server 2022 服务器升级为了 jan16.cn 域的域控制器，并且将客户机 win11-1 加入了 jan16.cn 域。

公司希望新增一台额外域控制器，在主域控制器发生故障时能够接管其工作，从而保障公司业务和生产系统的可靠性。

本实训项目的网络拓扑图如图 5-20 所示。

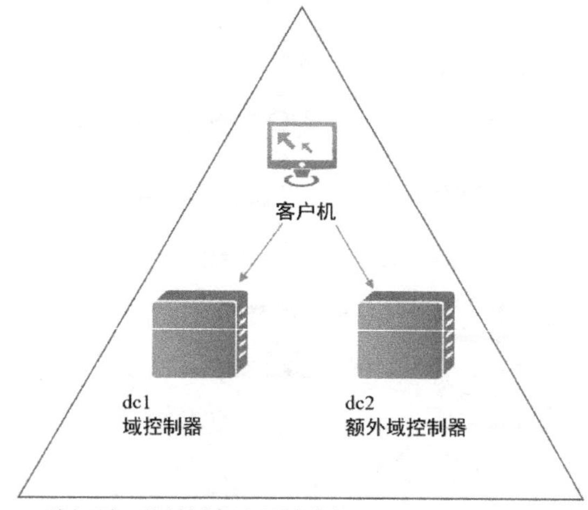

域名要求：学生姓名简写（拼音首字母）.cn
IP：10.*x*.*y*.*z*/24（*x*为班级编号，*y*为学生学号，*z*由学生自定义）

图 5-20　本实训项目的网络拓扑图

2. 项目要求

（1）将计算机 dc2 配置为额外域控制器。

（2）在额外域控制器 dc2 中打开“服务器管理器”窗口，在菜单栏中选择“工具”→“Active Directory 用户和计算机”命令，打开“Active Directory 用户和计算机”窗口，在左侧的导航栏中选择 jan16.cn→Domain Controllers 选项，在右侧的列表框中查看额外域控制器 dc2 的“DC 类型”。

（3）在额外域控制器 dc2 中创建一个新的域用户，使用该用户登录主域控制器 dc1，打开“服务器管理器”窗口，在菜单栏中选择“工具”→“Active Directory 用户和计算机”命令，打开“Active Directory 用户和计算机”窗口，在左侧的导航栏中选择 jan16.cn→Domain Controllers 选项，在右侧的列表框中查看主域控制器 dc1 中同步的账户信息。

（4）将额外域控制器 dc2 的“DC 类型”由“GC”改为“DC”，将主域控制器 dc1 关闭，尝试在客户机 win11-1 上使用域用户登录 jan16.cn 域，并且截取登录界面。

项目 6　子域的加入、域的删除

项目学习目标

1．掌握子域的作用。
2．掌握子域控制器的部署方法。
3．掌握额外域控制器的删除方法。

项目描述

jan16 公司为了满足业务拓展需求，需要在广州设立子公司，并且总公司和子公司之间通过 VPN 互联。

为了实现对子公司资源的统一管理，jan16 公司决定在广州的子公司中部署 gz.jan16.cn 子域，并且将部署在广州的额外域控制器降级处理。jan16 公司对子域的要求如下。

- 子域控制器名称：gzdc1。
- 子域名：gz.jan16.cn。
- 子域的简称：gz。
- 子域控制器的 IP 地址：192.168.1.11/24。

本项目的网络拓扑图如图 6-1 所示，计算机信息规划表如表 6-1 所示。

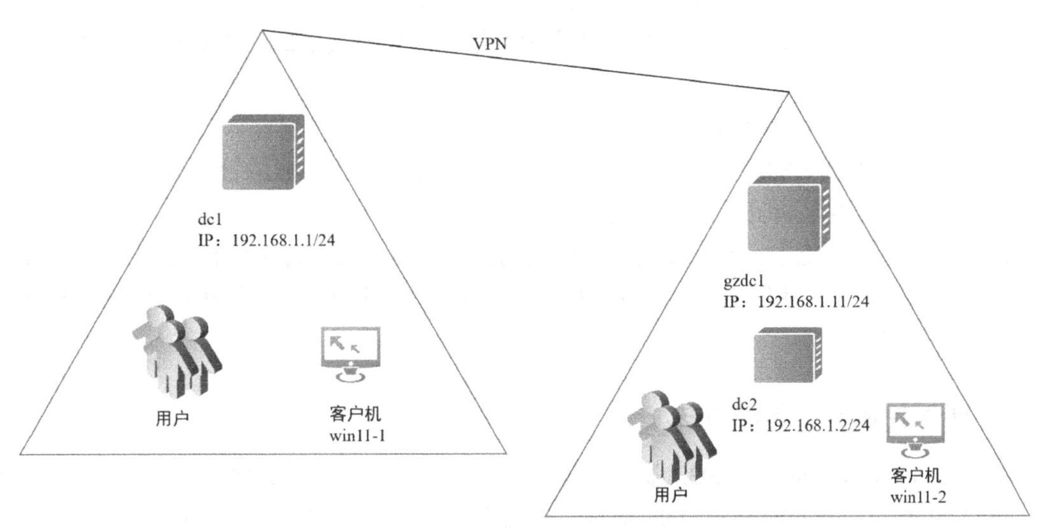

图 6-1　本项目的网络拓扑图

表 6-1　本项目的计算机信息规划表

计算机名称	VLAN 名称	IP 地址	操作系统	角色
dc1	VMnet1	192.168.1.1/24	Windows Server 2022	主域控制器
dc2	VMnet1	192.168.1.2/24	Windows Server 2022	额外域控制器
gzdc1	VMnet1	192.168.1.11/24	Windows Server 2022	子域控制器
win11-1	VMnet1	192.168.1.101/24	Windows 11	父域客户机
win11-2	VMnet1	192.168.1.102/24	Windows 11	子域客户机

项目分析

在本项目中，需要在广州设立子公司，实现对子公司资源的统一管理，因此需要将广州子公司中的一台 Windows Server 2022 服务器升级为广州子公司中的第一台域控制器。额外域控制器的删除，可以通过将广州子公司中的额外域控制器降级来实现。具体涉及以下工作任务。

（1）部署子域控制器。

（2）额外域控制器的删除。

相关知识

1. 子域的作用

在存在分支机构或子公司的域管理中，如果分支机构或子公司与总公司存在较大差别，并且资源管理是相对独立的，那么通常建议设立一个独立区域（子域）进行自主管理，也就是在现有域下创建一个子域，从而形成域树的逻辑结构。

需要创建子域的情况通常有以下几种。

- 一个已经从公司中分离出来的独立经营的子公司。
- 有些公司的部门或项目组有特殊的应用场景，需要与其他部门相对独立地运营。
- 出于对安全的考虑。

创建子域的优点主要有以下几方面。

- 便于管理子域中的用户和计算机，并且允许采用不同于父域的管理策略。
- 有利于对子域资源进行安全管理。

在父域和子域环境中，由于父域和子域之间会建立双向可传递的信任关系，因此在默认情况下，父域用户可以使用子域中的计算机，子域用户也可以使用父域中的计算机，如图 6-2 所示。

2. 子域控制器的部署方法

将一台 Windows Server 2022 服务器升级为子域控制器，首先需要为该服务器修改主机名，配置 IP 地址、子网掩码和 DNS 地址，然后在“服务器管理器”窗口中添加所需的角色和功能，最后在“Active Directory 域服务配置向导”窗口中将该服务器升级为子域控制器。

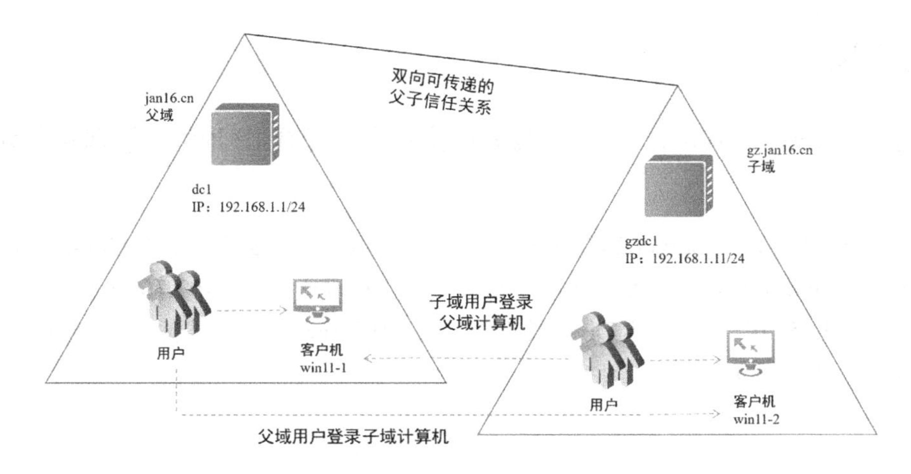

图 6-2　父域和子域之间的用户交互登录

域控制器也是 DNS 服务器，因此可以将首选 DNS 地址指向自己。由于子域控制器需要和父域控制器通信，因此需要将备选 DNS 地址指向最近的父域控制器。

3. 域控制器的删除

域控制器的删除可以通过将域控制器降级的方式实现，也就是将域服务从域控制器中删除，如果域内还有其他域控制器，则被删除的域控制器会被降级为该域的成员服务器；如果域内只有这一台域控制器，那么该域会被删除，这台域控制器会被降级为独立服务器；如果这台域控制器是全局编录服务器，则需要检查其所属站点内是否有其他全局编录服务器，如果没有，那么必须先设置另一台域控制器，将其作为全局编录服务器，否则会影响用户登录。

项目实施

任务 6-1　部署子域控制器

项目 6-任务 6-1

▶ 任务规划

将一台 Windows Server 2022 服务器升级为子域控制器，首先需要为该服务器修改主机名，配置 IP 地址和子网掩码，并且将首选 DNS 地址指向本身，将备用 DNS 地址指向父域控制器，然后在“服务器管理器”窗口中添加所需的角色和功能，最后在“Active Directory 域服务配置向导”窗口中将该服务器升级为子域服务器。主要操作步骤如下。

（1）为 Windows Server 2022 服务器修改主机名，配置 IP 地址、子网掩码和 DNS 地址等。

（2）将 Windows Server 2022 服务器 gzdc1 升级为子域控制器。

▶ 任务实施

1. 为 Windows Server 2022 服务器修改主机名，配置 IP 地址、子网掩码和 DNS 地址等

（1）将一台 Windows Server 2022 服务器的主机名修改为“gzdc1”，如图 6-3 所示。

（2）配置 Windows Server 2022 服务器 gzdc1 的“IP 地址”为“192.168.1.11”、“子网掩码”为“255.255.255.0”、“首选 DNS 服务器”为“192.168.1.11”、“备用 DNS 服务器”为“192.168.1.1”，如图 6-4 所示。

图 6-3　修改 Windows Server 2022 服务器的主机名

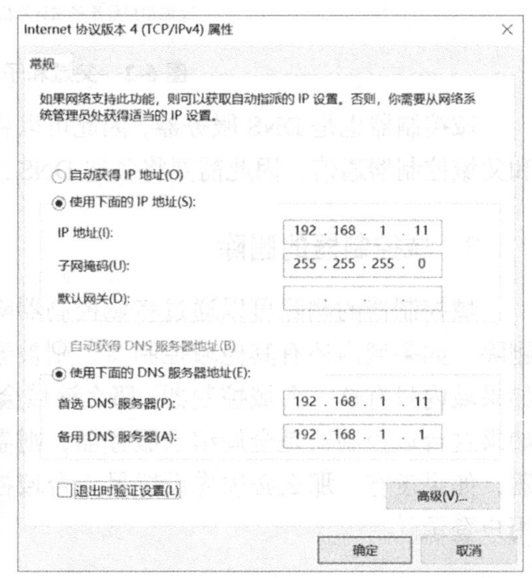

图 6-4　配置 Windows Server 2022 服务器 gzdc1 的 IP 地址、子网掩码和 DNS 地址

2. 将 Windows Server 2022 服务器 gzdc1 升级为子域控制器

（1）在 Windows Server 2022 服务器 gzdc1 中打开“服务器管理器”窗口，选择“添加角色和功能”选项，打开“添加角色和功能向导”窗口，在“选择服务器角色”界面的“角色”列表框中勾选“Active Directory 域服务”复选框，并且按照向导完成 Active Directory 域服务的安装。

（2）在“Active Directory 域服务”角色和所需的功能安装完成后，“服务器管理器”窗口中会出现一个黄色叹号，单击该黄色叹号，在弹出的下拉菜单中选择“将此服务器提升为域控制器”命令，如图 6-5 所示。

（3）打开“Active Directory 域服务配置向导”窗口，在“部署配置”界面中，在“选择部署操作”选区中选择“将新域添加到现有林”单选按钮，在“选择域类型”下拉列表中选择“子域”选项，在“父域名”文本框中输入“jan16.cn”，在“新域名”文本框中输入“gz”，单击“更改”按钮，在弹出的对话框中输入父域控制器的管理员用户“jan16\administrator”及相应的密码，在设置完成后，返回“部署配置”界面，单击“下一步”按钮，如图 6-6 所示。

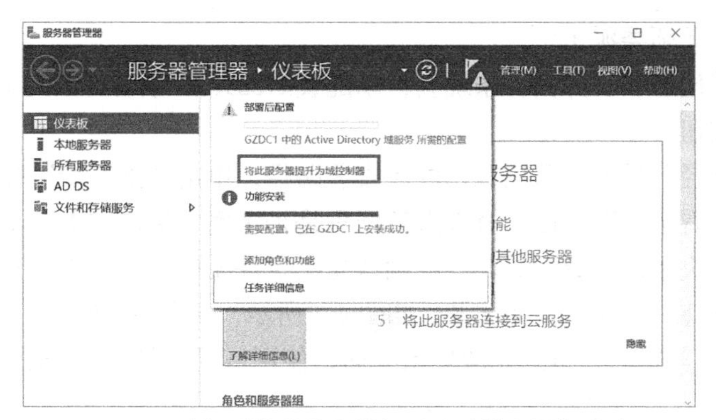

图 6-5　选择"将此服务器提升为域控制器"命令

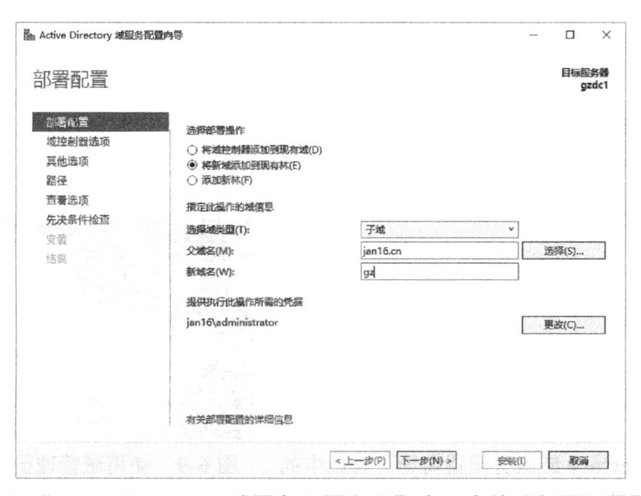

图 6-6　"Active Directory 域服务配置向导"窗口中的"部署配置"界面

（4）进入"域控制器选项"界面，在"域功能级别"下拉列表中选择 Windows Server 2016 选项，在"键入目录服务还原模式(DSRM)密码"选区中设置"密码"和"确认密码"，单击"下一步"按钮，如图 6-7 所示。

图 6-7　"Active Directory 域服务配置向导"窗口中的"域控制器选项"界面

（5）进入"DNS 选项"界面，直接单击"下一步"按钮（因为尚未创建 DNS 服务器，所以不能委派，也无须委派）。

（6）进入“其他选项”界面，系统会自动配置 NetBIOS 域名，因此采用默认参数设置，单击“下一步”按钮。

（7）进入“路径”界面，采用默认的域安装路径，单击“下一步”按钮。

（8）进入“查看选项”界面，查看选项配置是否正确，单击“下一步”按钮。

（9）进入“先决条件检查”界面，在确认先决条件无误后，单击“安装”按钮。

（10）进入“安装”界面，开始安装，如图 6-8 所示，在安装完成后，会自动重启计算机。

（11）在重启计算机后，进入系统登录界面，使用域管理员用户登录 gz.jan16.cn 子域，如图 6-9 所示。

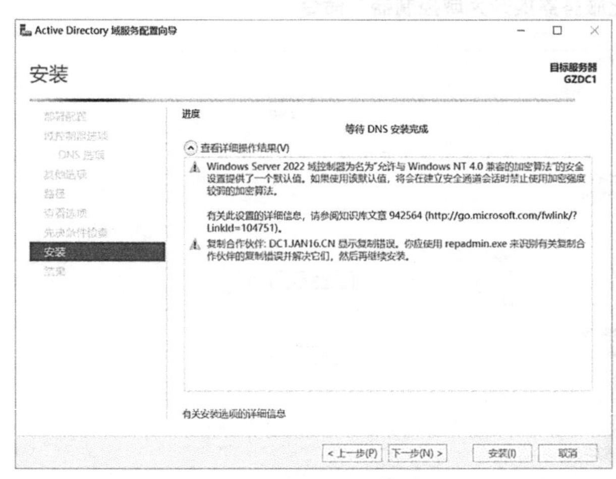

图 6-8 “Active Directory 域服务配置向导”窗口中的“安装”界面

图 6-9 使用域管理员用户登录 gz.jan16.cn 子域

▶ 任务验证

在主域控制器 dc1 中打开“服务器管理器”窗口，在菜单栏中选择“工具”→“Active Directory 域和信任关系”命令，打开“Active Directory 域和信任关系”窗口，查看父域和子域之间的信任关系，如图 6-10 所示。

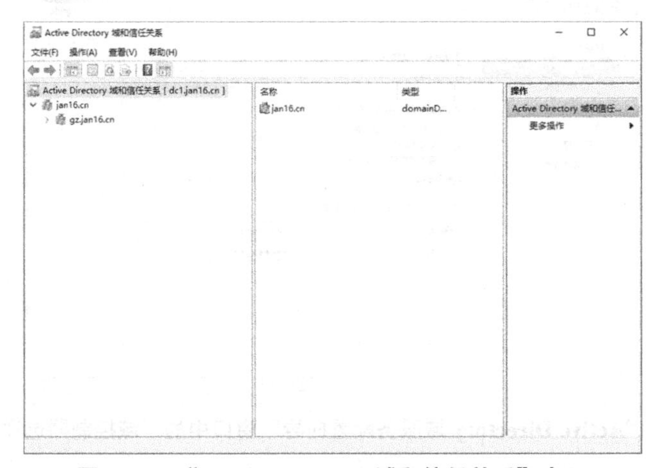

图 6-10 “Active Directory 域和信任关系”窗口

任务 6-2　额外域控制器的删除

项目 6-任务 6-2

▶ 任务规划

如果需要将额外域控制器删除，则需要先将其降级为成员服务器，再将其从域中删除。主要操作步骤如下。

（1）将额外域控制器 dc2 降级为成员服务器。

（2）将成员服务器 dc2 从域中删除。

▶ 任务实施

1. 将额外域控制器 dc2 降级为成员服务器

（1）在额外域控制器 dc2 中打开“服务器管理器”窗口，在菜单栏中选择“管理”→“删除角色和功能”命令，如图 6-11 所示。

（2）打开“删除角色和功能向导”窗口，在“删除服务器角色”界面中取消勾选“Active Directory 域服务”复选框，弹出“删除角色和功能向导”对话框，单击“删除功能”按钮，弹出第二个“删除角色和功能向导”对话框，单击“将此域控制器降级”超链接，如图 6-12 所示。

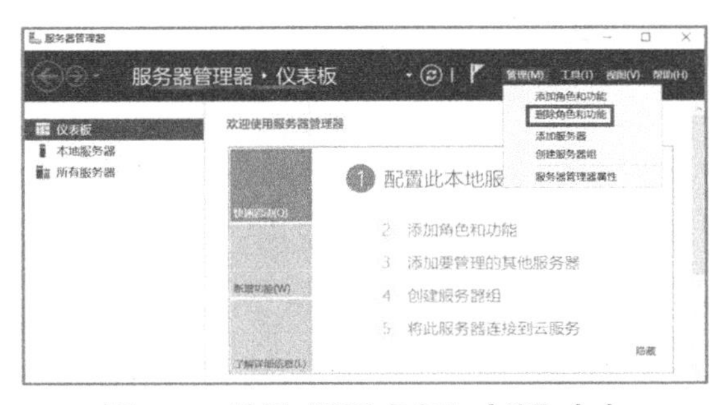

图 6-11　选择“删除角色和功能”命令

删除角色和功能向导

验证结果

验证过程发现你要从中删除功能的服务器存在问题。无法从所选服务器中删除所选功能。单击“确定”选择其他功能。

验证结果　服务器

dc2.jan16.cn

在删除 AD DS 角色之前，需要将 Active Directory 域控制器降级。

将此域控制器降级

确定

图 6-12　单击“将此域控制器降级”超链接

（3）打开“Active Directory 域服务配置向导”窗口，在“凭据”界面中勾选“强制删除此域控制器”复选框，单击“下一步”按钮，如图 6-13 所示。

（4）进入“警告”界面，勾选“继续删除”复选框，单击“下一步”按钮，如图 6-14 所示。

（5）进入“新管理员密码”界面，设置管理员用户的密码，单击“下一步”按钮。

（6）进入“查看选项”界面，查看选项配置是否正确，单击“降级”按钮。

（7）进入“降级”界面，进行降级处理，如图 6-15 所示。在降级处理完成后，系统会自动重启。

（8）在系统重启后，额外域控制器 dc2 就会变成一台域成员服务器。

2. 将成员服务器 dc2 从域中删除

在成员服务器 dc2 中右击“开始”图标，在弹出的快捷菜单中选择“系统”命令，打开“设置”窗口，在系统的“关于”界面中选择“重命名这台电脑”选项，弹出“系统属性”对话框，单击“更改”按钮，弹出“计算机名/域更改”对话框，选择“工作组”单选按钮，在下面的文本框中输入工作组名称，单击“确定”按钮。计算机会自动重启，此时，计算机 dc2 已从域中退出，重新加入工作组。

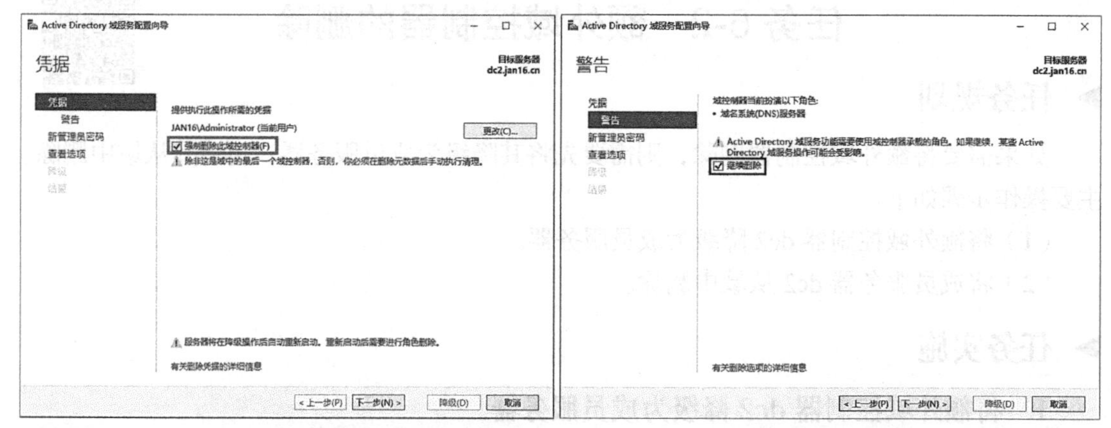

图 6-13 “Active Directory 域服务配置向导”窗口中的“凭据”界面　图 6-14 “Active Directory 域服务配置向导”窗口中的“警告”界面

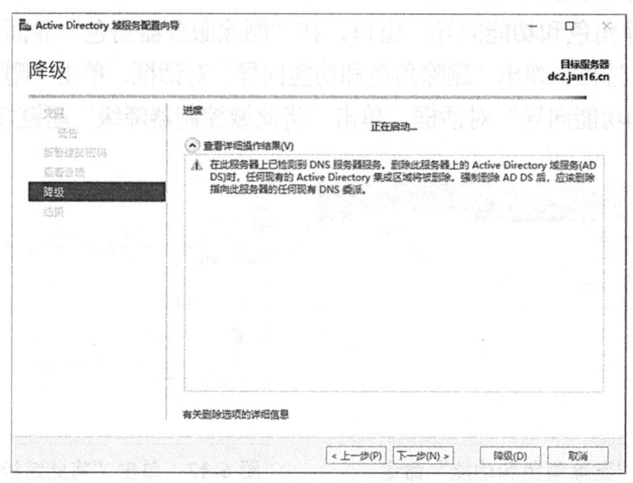

图 6-15 “Active Directory 域服务配置向导”窗口中的“降级”界面

► 任务验证

在计算机 dc2 中右击“开始”图标，在弹出的快捷菜单中选择“系统”命令，打开“设置”窗口，在系统的“关于”界面选择“重命名这台电脑”选项，弹出“系统属性”对话框，在“计算机名”选项卡中可以看到，计算机 dc2 隶属于工作组，如图 6-16 所示。

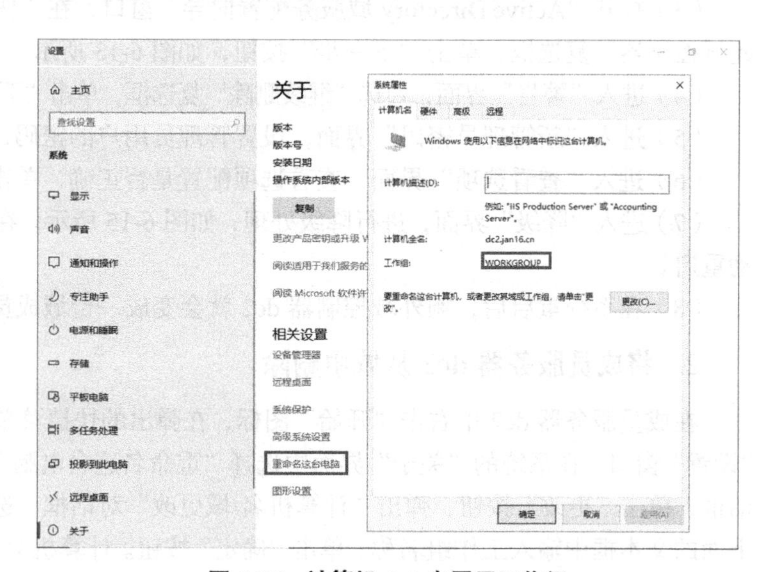

图 6-16 计算机 dc2 隶属于工作组

项目验证

项目 6-项目验证

1. 验证父域和子域之间的信任关系

（1）在子域控制器 gzdc1 中创建子域用户 user11。

（2）在父域客户机 win11-1 中使用子域用户 user11 登录 gz.jan16.cn 子域，如图 6-17 所示。

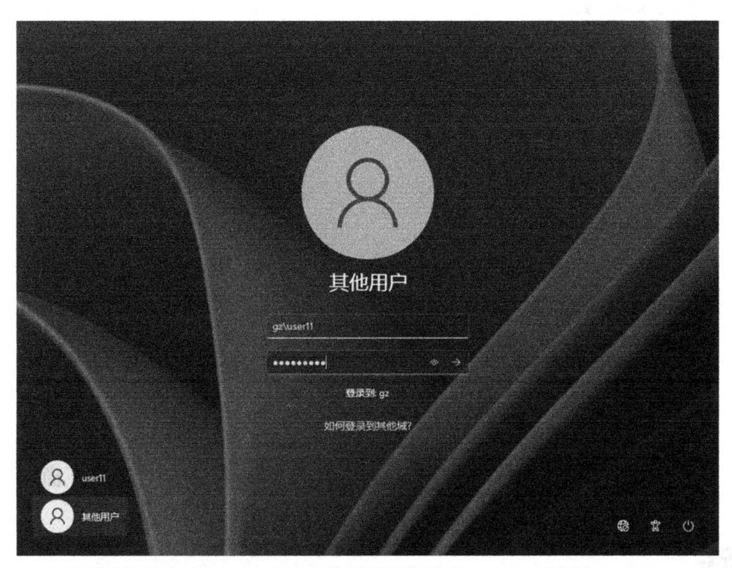

图 6-17　在父域客户机 win11-1 中使用子域用户 user11 登录 gz.jan16.cn 子域

（3）在父域客户机 win11-1 中使用子域用户 user11 成功登录 gz.jan16.cn 子域，验证了父域和子域之间会建立双向可传递的信任关系，如图 6-18 所示。

图 6-18　在父域客户机 win11-1 中使用子域用户 user11 成功登录 gz.jan16.cn 子域

2. 验证额外域控制器的删除

在主域控制器 dc1 中打开“服务器管理器”窗口，在菜单栏中选择“工具”→“Active Directory 用户和计算机”命令，打开“Active Directory 用户和计算机”窗口，在左侧的导航栏中选择 jan16.cn→Domain Controllers 选项，在右侧的列表框中可以看到 jan16.cn 域中的所有域控制器，可以发现，额外域控制器 dc2 已经被删除了，如图 6-19 所示。

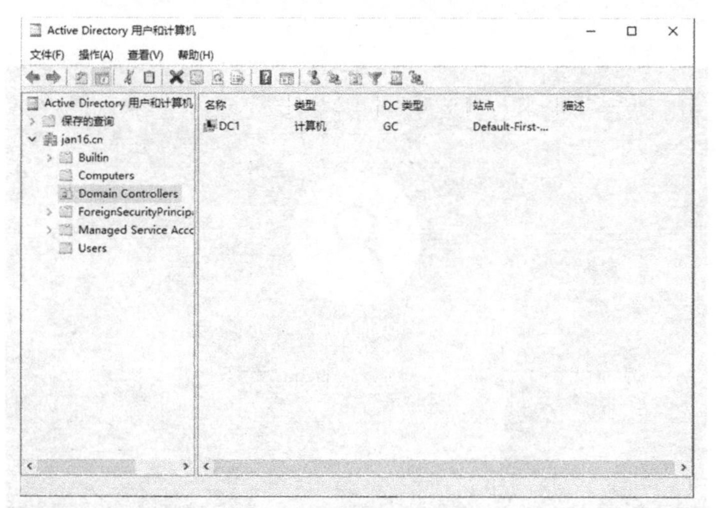

图 6-19 主域控制器 dc1 的“Active Directory 用户和计算机”窗口

练习与实践

一、理论题

1．在 Internet 的域名体系中，子域按照（　　）。（单选题）

A．按照从右到左越来越小的格式分 4 层排列

B．按照从右到左越来越小的格式分多层排列

C．按照从左到右越来越小的格式分 4 层排列

D．按照从左到右越来越小的格式分多层排列

2．创建子域的好处主要有（　　）。（多选题）

A．便于管理子域中的用户和计算机　　B．允许采用不同于父域的管理策略

C．有利于对子域资源进行安全管理　　D．子域可以不接受父域的管理

3．在将一台服务器提升为域控制器时，需要选择的文件系统类型为（　　）格式。（单选题）

A．FAT16　　B．FAT32　　C．NTFS　　D．exFAT

4．有 A、B、C 共 3 个域，以下说法正确的是（　　）。（单选题）

A．如果 A 域单向信任 B 域，那么 A 域可以访问 B 域中的资源

B．如果 A 域单向信任 B 域，那么 B 域可以访问 A 域中的资源

C．如果 A 域单向信任 B 域，B 域单向信任 C 域，那么 A 域单向信任 C 域

D．如果 A 域单向信任 B 域，B 域单向信任 C 域，那么 C 域单向信任 A 域

5. 在“Active Directory 域服务配置向导”窗口中，如果要部署子域控制器，则应该选择下列（　　）单选按钮。（单选题）

A. 将域控制器添加到现有域　　B. 将新域添加到现有林

C. 添加新林　　D. 添加辅助域控制器

二、项目实训题

1. 项目背景

某公司为了实现对子公司资源的统一管理，决定在广州子公司部署子域控制器 gzdc1，并且将部署在广州的额外域控制器 dc2 降级处理。

本实训项目的网络拓扑图如图 6-20 所示。

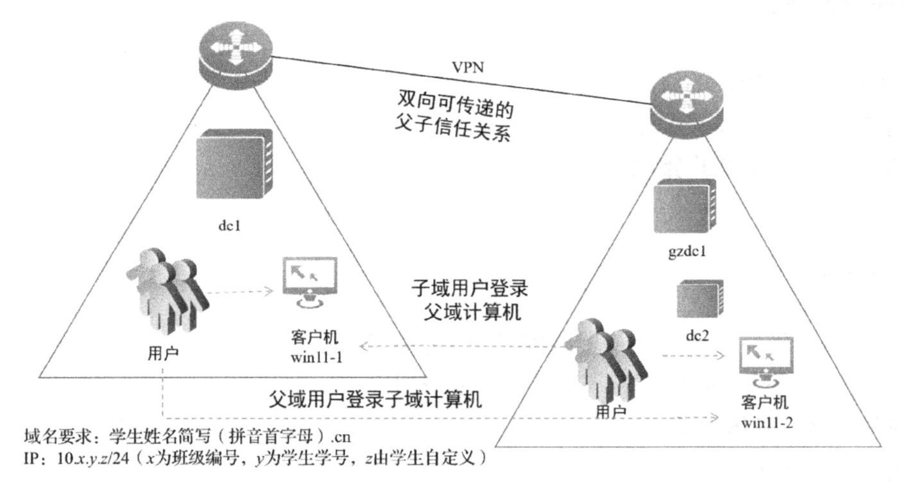

图 6-20　本实训项目的网络拓扑图

2. 项目要求

（1）创建子域控制器 gzdc1。

（2）在父域和子域中分别创建用户。

（3）使用父域用户测试登录子域客户机，并且截取测试结果。

（4）使用子域用户测试登录父域客户机，并且截取测试结果。

（5）将额外域控制器 dc2 降级处理，在主域控制器 dc1 中打开“Active Directory 用户和计算机”窗口，在左侧的导航栏中选择 jan16.cn→Domain Controllers 选项，并且截取相关界面。

模块 2 域用户与组的管理

项目 7 修改域用户的账户策略

项目学习目标

1. 掌握客户机用户的设置原则。
2. 掌握域用户的设置原则。
3. 掌握域用户的账户策略。

项目描述

jan16 公司已经使用域环境一段时间了，但是很多员工反映使用复杂密码非常麻烦，因此公司重新制定了一套密码策略，具体如下。

- 取消复杂密码限定。
- 密码长度不能少于 6 位。
- 密码使用期限无限制。
- 员工在输入密码错误 5 次后，会锁定用户的账户 30 分钟。

本项目的网络拓扑图如图 7-1 所示，计算机信息规划表如表 7-1 所示。

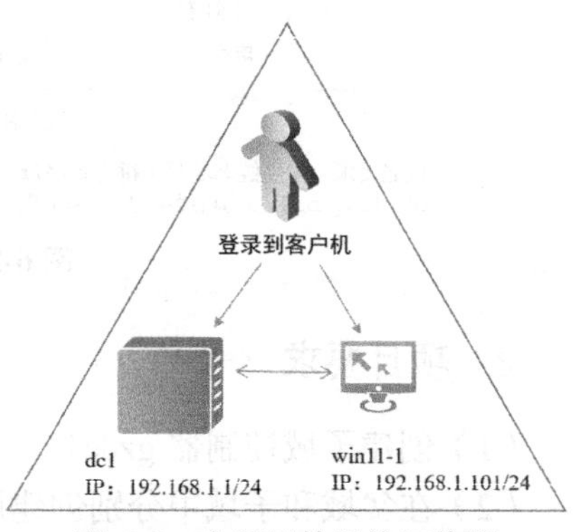

图 7-1 本项目的网络拓扑图

表 7-1 本项目的计算机信息规划表

计算机名称	VLAN 名称	IP 地址	操作系统
dc1	VMnet1	192.168.1.1/24	Windows Server 2022
win11-1	VMnet1	192.168.1.101/24	Windows 11

项目分析

本项目主要针对员工使用密码的习惯重新制定密码策略，针对公司提出的密码策略需求，域管理员可以通过在域控制器中配置组策略中的 Default Domain Policy，完成密码策略和账户锁定策略的配置，具体涉及以下工作任务。

（1）修改域用户的密码策略。
（2）修改域用户的账户锁定策略。

相关知识

1. 客户机用户的设置原则

要使用 Windows 操作系统，必须先输入有效的用户名和密码，在系统验证无误后才可以使用，并且在默认情况下可以访问和使用大部分资源。由此可见，用户对操作系统来说是非常重要的，而域用户更加重要，因为通过它可以访问域中的大部分计算机和资源。因此，要保证网络中的数据安全，需要先确保网络中的用户安全。

针对客户机用户，域管理员通常会进行以下处理。

- 只保留必需的用户，删除或禁用不使用的用户。
- 重命名敏感用户，如 Administrator、Guest 及在安装软件或服务时（如 IIS 和终端服务）自动创建的用户。
- 只为用户配置能完成工作的最小权限。
- 实施严格的密码策略，阻止对密码进行暴力攻击。

2. 域用户的设置原则

针对域用户，域管理员通常会对其密码进行以下处理。

- 禁止使用空密码。空密码在给用户带来方便的同时，也给恶意用户带来了便捷。
- 禁止使用与用户登录名相同或相关的密码，这类密码被破译的概率非常高。
- 禁止使用用户的个人信息作为密码。有很多用户习惯用生日、电话号码等个人信息作为密码，但用户的个人信息很容易被其他人知道，因此这类密码非常容易被破译。
- 禁止使用英文单词作为密码。各种密码破译软件中都有一个密码字典，如果你的系统允许别人任意次地猜测密码，那么这类密码是非常容易被破译的。
- 建议使用复杂的密码。复杂的密码至少要包括大写字母、小写字母、数字、特殊字符，是无意义的组合，并且默认密码长度不少于 8 位，如 1qez@WYX。此外，还需要定期修改密码。

3. 域用户的账户策略

在默认情况下，活动目录中的一个域只能使用一套密码策略，这套密码策略由 Default Domain Policy 进行统一管理。

如果一些企业需要针对不同的群体设置不同的密码策略，则需要启用多元化密码策略（要求采用 Windows Server 2008 R2 及更高的域功能级别）。多元化密码策略的部署方法将在后续项目中进行介绍。

账户锁定策略主要用于防止未经授权的用户通过多次尝试登录来获取访问权限。域的账户锁定策略主要涉及 3 个关键设置：账户锁定时间、账户锁定阈值、重置账户锁定计数器的时间。

项目实施

任务 7-1　修改域用户的密码策略

项目 7-任务 7-1

▶ 任务规划

针对本项目中公司提出的密码策略需求，域管理员可以通过修改 Default Domain Policy 中的密码策略进行相应的配置。主要操作步骤如下。

（1）在“组策略管理编辑器”窗口中配置密码策略。

（2）执行命令“gpupdate /force”，更新组策略。

▶ 任务实施

（1）在域控制器 dc1 中打开“服务器管理器”窗口，在菜单栏中选择“工具”→“组策略管理”命令，打开“组策略管理”窗口，在左侧的导航栏中展开 jan16.cn 节点，右击 Default Domain Policy 选项，在弹出的快捷菜单中选择“编辑”命令，如图 7-2 所示。

（2）打开“组策略管理编辑器”窗口，在左侧的导航栏中选择“计算机配置”→“策略”→“Windows 设置”→“安全设置”→“账户策略”→“密码策略”选项，即可在右侧的列表框中看到密码策略的修改项，如图 7-3 所示。

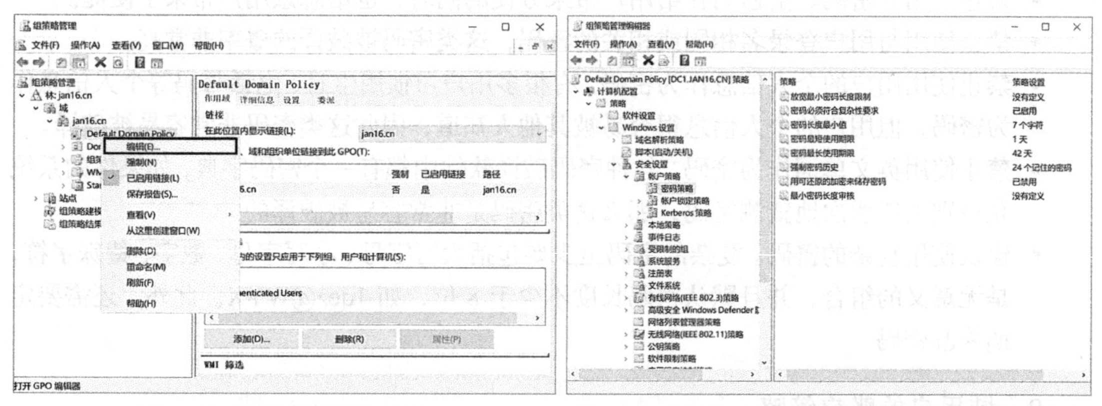

图 7-2　“组策略管理”窗口　　图 7-3　“组策略管理编辑器”窗口——密码策略

（3）双击“密码必须符合复杂性要求”选项，弹出“密码必须符合复杂性要求 属性”对话框，选择“说明”选项卡，可以看到该策略的详细信息，如图 7-4 所示。

（4）将“密码必须符合复杂性要求”设置为“已禁用”，将“密码长度最小值”设置为“6 个字符”，将“密码最短使用期限”和“密码最长使用期限”设置为“没有定义”，如图 7-5 所示。

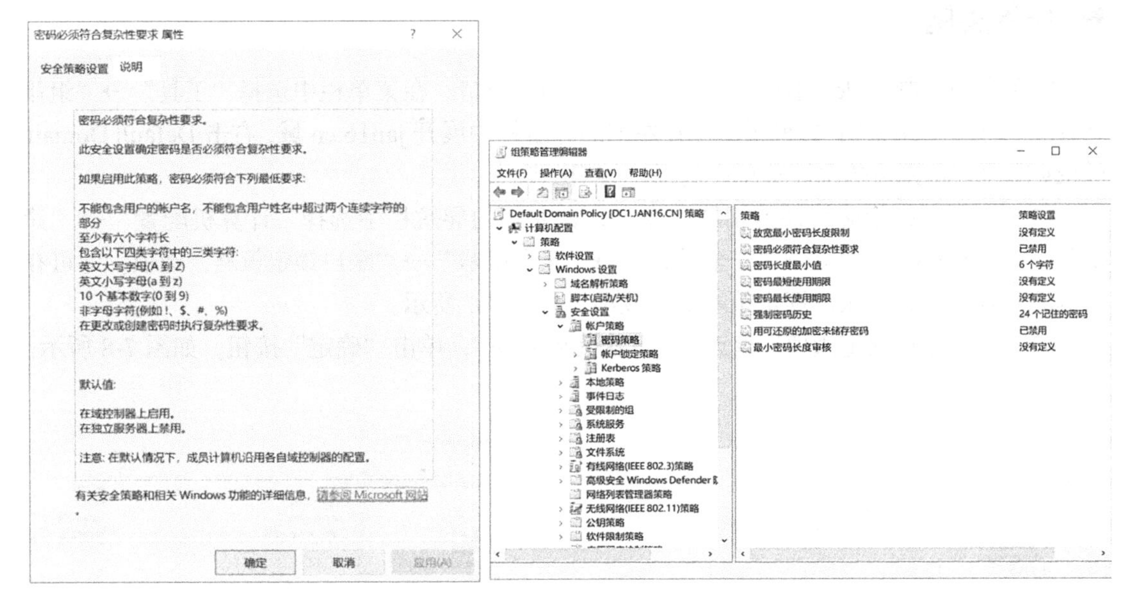

图 7-4　“密码必须符合复杂性要求 属性”对话框　　**图 7-5　修改密码策略**

（5）在通常情况下，活动目录的组策略会定期进行更新，如果要让刚设置的组策略立刻生效，则可以打开“命令提示符”窗口，执行命令“gpupdate /force”，更新组策略，如图 7-6 所示。

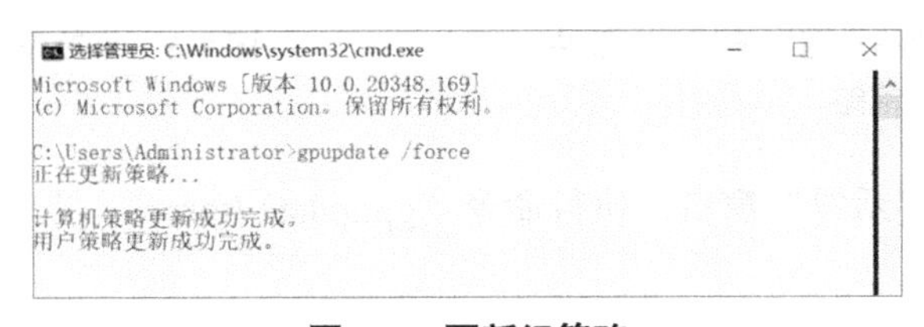

图 7-6　更新组策略

▶ 任务验证

打开“组策略管理编辑器”窗口，查看密码策略的相关设置是否正确。

任务 7-2　修改域用户的账户锁定策略

项目 7-任务 7-2

▶ 任务规划

针对本项目中公司提出的密码策略需求，域管理员可以通过修改组策略中的账户锁定策略进行相应的配置。主要操作步骤如下。

（1）在“组策略管理编辑器”窗口中配置账户锁定策略。

（2）执行命令“gpupdate /force”，更新组策略。

► 任务实施

（1）在域控制器 dc1 中打开“服务器管理器”窗口，在菜单栏中选择“工具”→“组策略管理”，打开“组策略管理”窗口，在左侧的导航栏中展开 jan16.cn 域，右击 Default Domain Policy 选项，在弹出的快捷菜单中选择“编辑”命令。

（2）打开“组策略管理编辑器”窗口，在左侧的导航栏中选择“计算机配置”→“策略”→“Windows 设置”→“安全设置”→“账户策略”→“账户锁定策略”选项，即可在右侧的列表框中看到账户锁定策略的修改项，如图 7-7 所示。

（3）将“账户锁定阈值”修改为“5 次无效登录”，单击“确定”按钮，如图 7-8 所示。

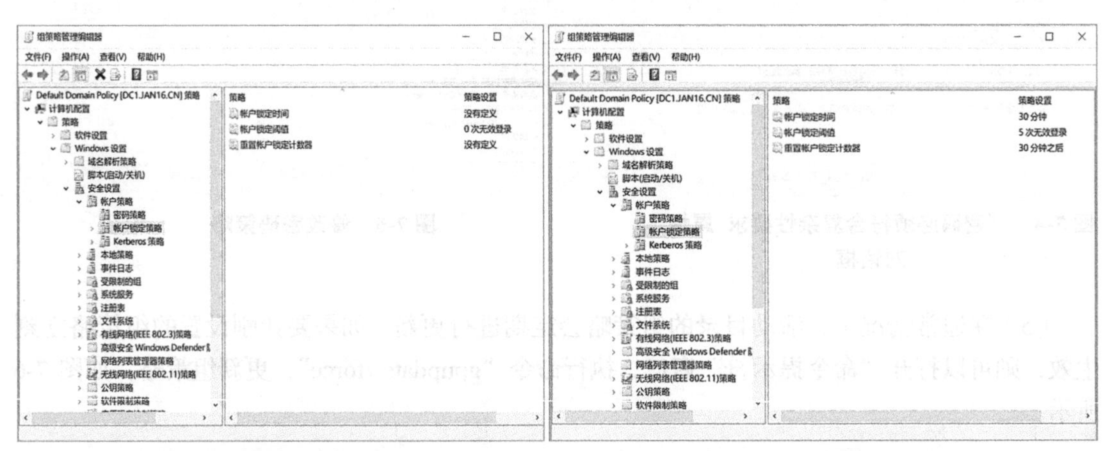

图 7-7 “组策略管理编辑器”窗口——账户锁定策略　　**图 7-8 修改账户锁定策略**

（4）打开“命令提示符”窗口，执行命令“gpupdate /force”，更新组策略。

► 任务验证

根据项目描述及分析，该项目要求在员工输入密码错误 5 次后，锁定用户的账户 30 分钟。打开“组策略管理编辑器”窗口，查看账户锁定策略的相关设置是否正确。

项目验证

项目 7-项目验证

1. 验证密码策略

在密码策略设置完成后，用户设置的密码长度不可以少于 6 位，无密码复杂性要求，密码可以随时修改。在域控制器 dc1 中打开“服务器管理器”窗口，在菜单栏中选择“工具”→“Active Directory 用户和计算机”命令，打开“Active Directory 用户和计算机”窗口，在左侧的导航栏中选择 jan16.cn→Users 选项，将 user01 用户的密码修改为“123456”，系统提示修改成功，如图 7-9 所示。

2. 验证账户锁定策略

在账户锁定策略设置完成后，在客户机 win11-1 中使用 user01 用户登录 jan16.cn 域，如果用户连续输入 5 次错误密码，那么该账户会被锁定 30 分钟，如图 7-10 所示。

图 7-9　修改 user01 用户的密码

图 7-10　账户被锁定

练习与实践

一、理论题

1. 为了加强公司中域的安全性，需要设置域安全策略。下列描述中与密码策略有关的是（　　）。（多选题）

A. 密码最长使用期限　　B. 锁定阈值 5 次

C. 密码必须符合复杂性要求　　D. 强制在使用期满后换密码

2. 你是一台 Windows Server 2022 计算机的管理员，出于对安全性的考虑，你希望用户在连续 3 次输入错误的密码后，将该用户的账户锁定，应该采取（　　）措施。（单选题）

A. 设置计算机账户策略中的账户锁定策略，设置“账户锁定阈值”为“3 次无效登录”

B. 设置计算机本地策略中的账户锁定策略，设置“账户锁定阈值”为“3 次无效登录”

C. 设置计算机本地策略中的安全选项，设置“账户锁定阈值”为“3 次无效登录”

D. 设置计算机账户策略中的密码策略，设置“账户锁定阈值”为“3 次无效登录”

3. 为了保证域账户的密码安全，在设置密码策略时，将“密码必须符合复杂性要求”设置为“已启用”，将“密码长度最小值”设置为“7 个字符”。下列密码满足要求的是（　　）。（单选题）

A. 12345678　　B. abc12345　　C. 123!@#abC　　D. password

4. 在 Windows Server 2022 操作系统中，（　　）策略是本地安全策略中没有的，它主要应用于域用户账户。（单选题）

A. 密码策略　　B. 账户锁定策略　　C. 本地策略　　D. Kerberos 策略

5. 为了提高域的安全性，域管理员的密码策略默认要求（　　）。（多选题）

A. 使用复杂的密码　　B. 密码长度不少于 8 位

C. 定期更改密码　　D. 禁止使用个人邮箱作为密码

二、项目实训题

1. 项目背景

某公司在使用域环境一段时间后，重新制定了一套密码策略，具体如下。

- 取消复杂密码限定。
- 密码长度不能少于 6 位。
- 密码使用期限无限制。
- 在员工输入 5 次错误密码后，会锁定用户的账户 30 分钟。

本实训项目的网络拓扑图如图 7-11 所示。

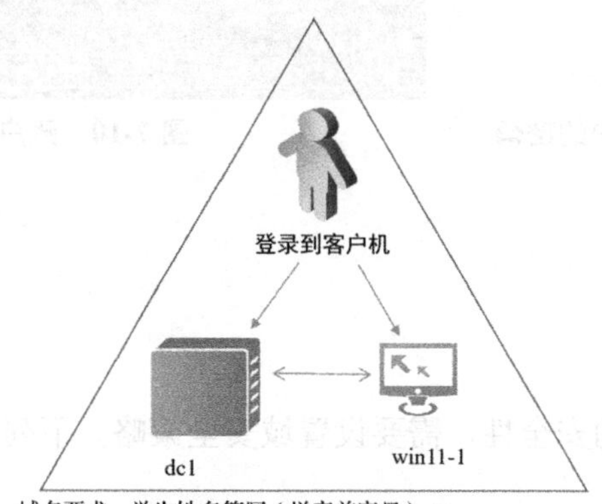

域名要求：学生姓名简写（拼音首字母）.cn
IP：10.*x*.*y*.*z*/24（*x*为班级编号，*y*为学生学号，*z*由学生自定义）

图 7-11　本实训项目的网络拓扑图

2. 项目要求

（1）配置用户的密码策略，并且截取配置结果。

（2）配置用户的账户锁定策略，并且截取配置结果。

（3）重置用户密码，并且登录域，截取用户的登录界面。

（4）尝试锁定用户的账户，使用域管理员对该账户进行解除锁定操作，并且截取操作结果。

项目 8　域用户的导出与导入

项目学习目标

1. 掌握域用户属性的配置方法。
2. 掌握域用户的导出方法。
3. 掌握批量导入域用户的方法。

项目描述

jan16 公司基于 Windows Server 2022 活动目录管理公司中的用户和计算机，已经将公司中的所有计算机都加入域，接下来需要根据人事部的公司员工名单为每位员工创建域用户，并且对这些域用户进行管理与维护。

由于公司有近千名员工，并且平均每月都有近百名新员工入职，域管理员经常需要花费大量的时间在域用户的管理上，因此域管理员希望可以通过导入的方式批量创建用户，从而提高工作效率。

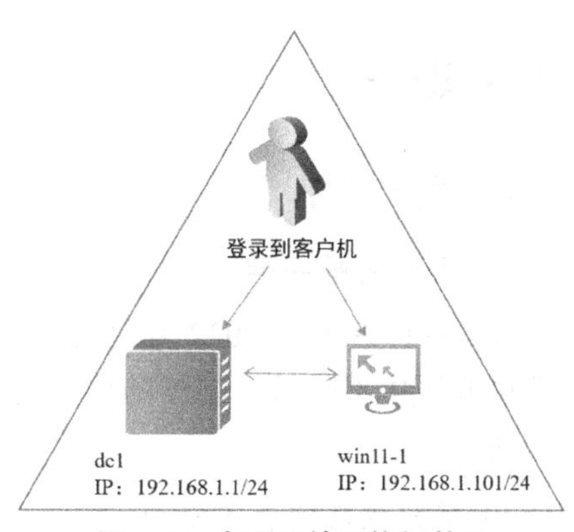

图 8-1　本项目的网络拓扑图

本项目的网络拓扑图如图 8-1 所示，计算机信息规划表如表 8-1 所示。

表 8-1　本项目的计算机信息规划表

计算机名称	VLAN 名称	IP 地址	操作系统
dc1	VMnet1	192.168.1.1/24	Windows Server 2022
win11-1	VMnet1	192.168.1.101/24	Windows 11

项目分析

对于员工流动性比较强的公司，不仅可以使用常规手段进行账户管理，还可以在创建新用户时，采用用户导入功能将用户导入域，然后通过批处理脚本批量修改用户的特定信息，如设置密码等。

在本项目中，可以利用 csvde 命令行工具导出和导入域用户，参考步骤如下。

（1）利用 csvde 命令行工具导出域用户（结果为 CSV 文件）。

（2）打开导出的 CSV 文件，根据公司的用户属性要求删除无关项，并且删除所有的用户记录，保存该文件，即可将该文件用作导入域用户的模板文件。

（3）将需要注册的用户信息按照要求填入模板文件的相应位置。

（4）利用 csvde 命令行工具导入域账户，新导入的域用户默认处于禁用状态。

（5）对批处理脚本中的操作对象进行相关设置，然后批量修改新用户的属性值（如密码），完成域用户的导入工作。

**注意：** 如果需要注册的域用户属于多个部门（在活动目录中一般表现为这些域用户属于多个组织单位），则可以先将这些需要注册的域用户全部导入一个新的组织单位中，在对相关属性进行设置后，再将其拖动到相应的组织单位中。

在本项目中，要完成域用户的导出与导入操作，涉及以下工作任务。

（1）管理域用户。

（2）批量导出域用户。

（3）批量导入域用户。

相关知识

1. 用户主名

1）用户的唯一性

Windows Server 2022 中的用户可以分为本地用户和域用户，本地用户位于工作组中的计算机或域中不是域控制器的计算机上，域用户位于域控制器上，这些用户在系统中必须是唯一的。

2）用户主名的相关知识

在登录域客户机时，可以使用本地用户登录本机，或者使用域用户登录域。域客户机的登录界面如图 8-2 所示。

图 8-2　域客户机的登录界面

可以在“用户名”文本框中输入“win11-1\tom”或“.\tom”（它们都表示使用当前域客户机的本地用户 tom），用于登录当前客户机；也可以在“用户名”文本框中输入“tom”或

“tom@jan16.cn”，用于登录 jan16.cn 域（默认登录 jan16.cn 域）。tom@jan16.cn 就是一个用户主名（用户主名=用户名@域名）。在操作系统界面中，用户主名又称为登录用户名。

使用用户主名可以方便地定位用户的位置。可以将用户主名作为用户的 Email 地址，用于与其他用户进行通信。

2. 域用户的属性

用户属性对话框中包含 18 个选项卡，默认只显示 13 个选项卡，如果要查看所有的选项卡，则可以在“Active Directory 用户和计算机”窗口的“查看”菜单中勾选“高级功能”命令。下面介绍几个常用选项卡的功能。

1）“常规”选项卡、“地址”选项卡、“电话”选项卡、“组织”选项卡

“常规”选项卡、“地址”选项卡、“电话”选项卡、“组织”选项卡主要用于设置用户的个人信息，以便域用户进行信息查询。

2）“账户”选项卡

“账户”选项卡主要用于设置用户的账户信息，如图 8-3[①]所示。

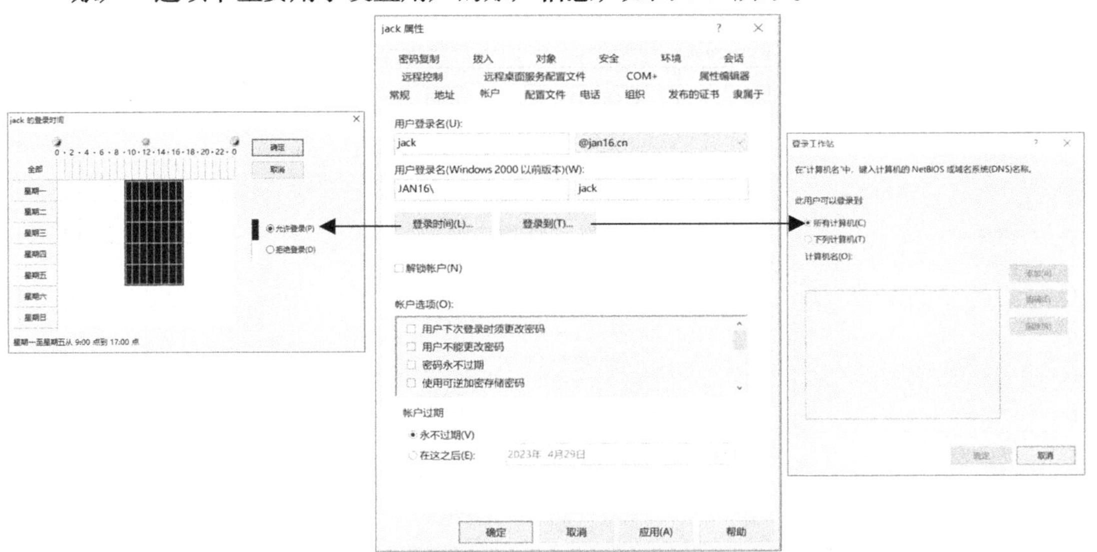

图 8-3　“账户”选项卡

“用户登录名”文本框：主要用于设置用户主名。

“登录时间”按钮：单击该按钮，可以在弹出的对话框中设置允许该用户登录域的时间段，灰色区域表示可以登录的时间，白色区域表示不可以登录的时间。图 8-3 中的设置表示公司仅允许用户 jack 在星期一至星期五的 9:00—17:00 登录域。

“登录到”按钮：单击该按钮，可以在弹出的“登录工作站”对话框中设置允许该用户使用的客户机。在默认情况下，用户可以从域中的所有客户机上登录域。这种设置在给用户带来方便的同时，也给域带来了安全隐患。可以在“登录工作站”对话框中选择“下列计算机”单选按钮，然后将允许该用户登录域的客户机添加到“计算机名”列表框中，单击“确定”

① 图中的“星期一至星期五从 9:00 点到 17:00 点”的正确写法应该为“星期一至星期五的 9:00—17:00”。

按钮。这样，该用户就只能使用“计算机名”列表框中的客户机登录域了。

“账户选项”列表框：主要用于设置用户密码的相关属性和用户的锁定属性。

3）“配置文件”选项卡

“配置文件”选项卡中包含“用户配置文件”选区和“主文件夹”选区，如图 8-4 所示。

①“用户配置文件”选区

“用户配置文件”选区主要用于定义域用户登录客户机时系统配置文件的路径和需要处理的脚本文件。

如果域管理员希望某个用户在登录客户机时处理一些特定的程序，则可以利用“登录脚本”功能。

②“主文件夹”选区

用户在首次登录客户机时，客户机会自动为该用户创建桌面、开始菜单等相关文件，这些文件通常存储于主文件夹 C:\Users\%SystemName%（注意：在 Windows 操作系统中，会将“User”显示为“用户”，“%SystemName%”是指当前登录用户）中，示例如图 8-5 所示。

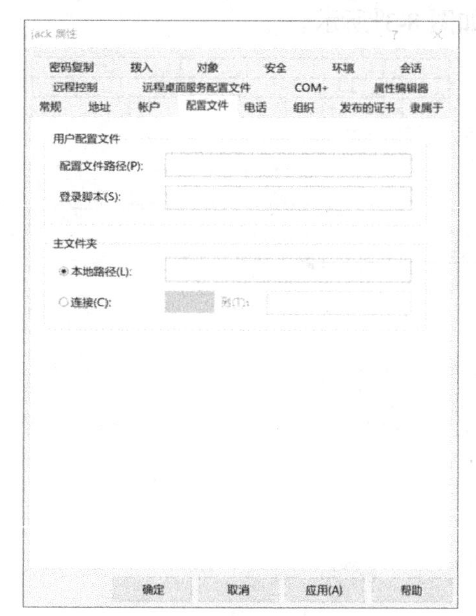

图 8-4 “配置文件”选项卡

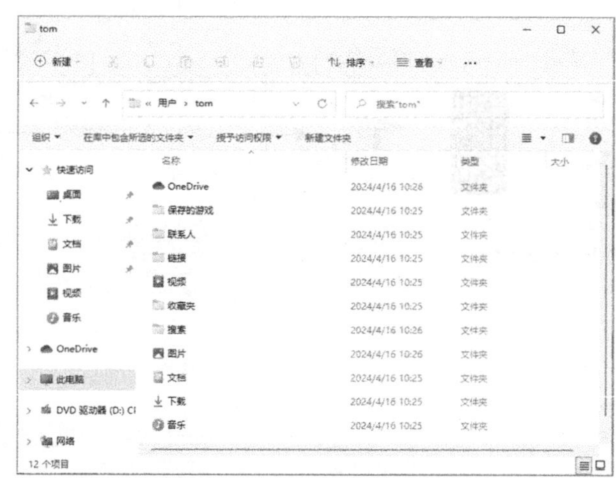

图 8-5 在客户机查看 tom 用户的主文件夹

“本地路径”文本框：主要用于设置配置文件的存储路径。

“连接”文本框：主要用于为用户设置网络磁盘，用户在登录客户机时，会自动将配置文件的存储路径映射到网络共享位置。

4）“隶属于”选项卡

“隶属于”选项卡主要用于设置用户属于哪些组的成员。在默认情况下，所有域用户都属于 Domain Users 组，如图 8-6 所示。单击“添加”按钮，可以将当前用户添加到特定的组中；选中某个组中的用户，然后单击“删除”按钮，可以将该用户从该组中删除。域的默认组如图 8-7 所示。

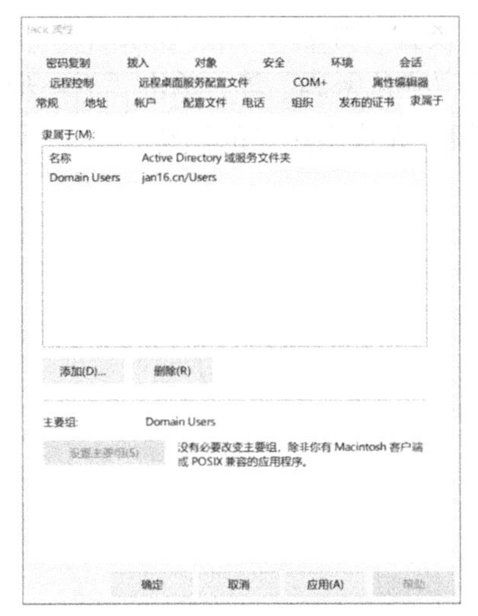

图 8-6　“隶属于”选项卡

图 8-7　域的默认组

5）“安全”选项卡

活动目录的大部分属性对话框（如文件夹的属性对话框）中都有“安全”选项卡。“安全”选项卡主要用于定义对象（如用户、文件夹等）的安全项，设置活动目录中的组或用户对当前用户的权限。

3. 域用户的创建

当有新的用户需要访问域中的资源时，需要创建一个新的用户，创建用户的方式主要有以下几种。

1）在“Active Directory 用户和计算机”窗口中按照向导创建用户

（1）在域控制器中打开“Active Directory 用户和计算机”窗口，在左侧的导航栏中展开 jan16.cn 节点，右击 Users 选项，在弹出的快捷菜单中选择“新建”→“用户”命令，如图 8-8 所示。

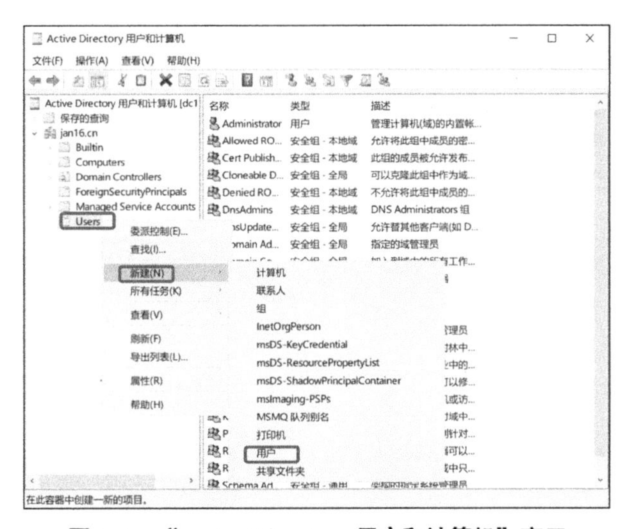

图 8-8　“Active Directory 用户和计算机”窗口

（2）弹出“新建对象-用户”对话框，在第一个界面中设置“姓名”“用户登录名”等，单击“下一步”按钮；在下一个界面中设置用户的“密码”“确认密码”等，单击“下一步”按钮，如图 8-9 所示；在最后一个界面中单击“完成”按钮，完成新用户的创建。

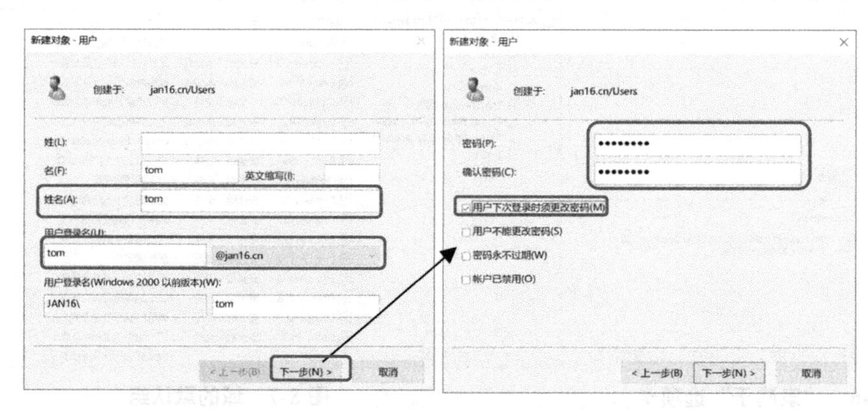

图 8-9 “新建对象-用户”对话框

2）通过复制命令创建用户

在域中，域管理员在创建用户时，需要为用户设置相应的属性信息，这些信息包括公共信息（如公司、部门、办公室、邮政编码等）和私有信息（如职务、姓名、手机号码、邮箱地址、家庭住址等）。通过复制命令可以让域管理员以一个用户为模板来创建新用户，并且为创建的新用户设置与被复制用户完全一致的公共信息，域管理员只需为新用户设置私有信息，从而节约新建用户的信息编辑时间。

假设市场部来了一位新员工，我们要为其创建一个新用户 jack，并且 jack 用户和 tom 用户的部门是一样的（jack 用户的个人信息已经输入完整），那么在创建 jack 用户时，可以右击 tom 用户，在弹出的快捷菜单中选择“复制”命令，然后按照向导提示完成新用户 jack 的创建。在 jack 用户创建完成后，从 tom 用户和 jack 用户的属性对话框中的“组织”选项卡可以看出，jack 用户复制了 tom 用户的“公司”属性和“部门”属性，“职务”属性因属于私有属性而没有被复制，如图 8-10 所示。

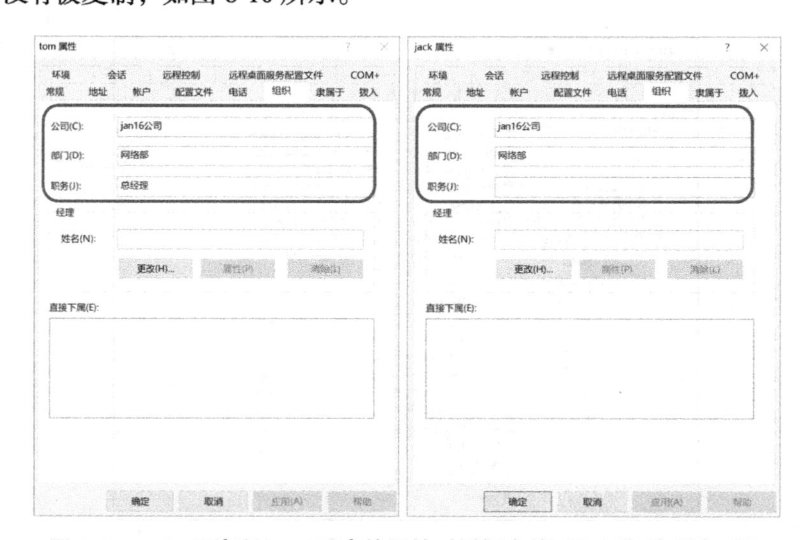

图 8-10 tom 用户和 jack 用户的属性对话框中的“组织”选项卡对比

3）使用 dsadd 命令创建用户

在“命令提示符”窗口中执行命令“dsadd /?”，可以查看 dsadd 命令的帮助信息。

在域控制器的“命令提示符”窗口中，可以使用 dsadd 命令创建用户。例如，要在 jan16.cn 域的 users 容器中创建一个新用户 tony，可以在“命令提示符”窗口中输入以下命令。

```
dsadd user cn=tony,ou=users,dc=jan16,dc=cn
```

在上述命令执行成功后，可以在“Active Directory 用户和计算机”窗口中看到刚刚创建的用户 tony，过程和结果如图 8-11 所示。在创建 tony 用户时，因为没有为该用户提供密码，所以该用户目前处于禁用状态，域管理员可以通过为该用户设置密码来启用该账户。

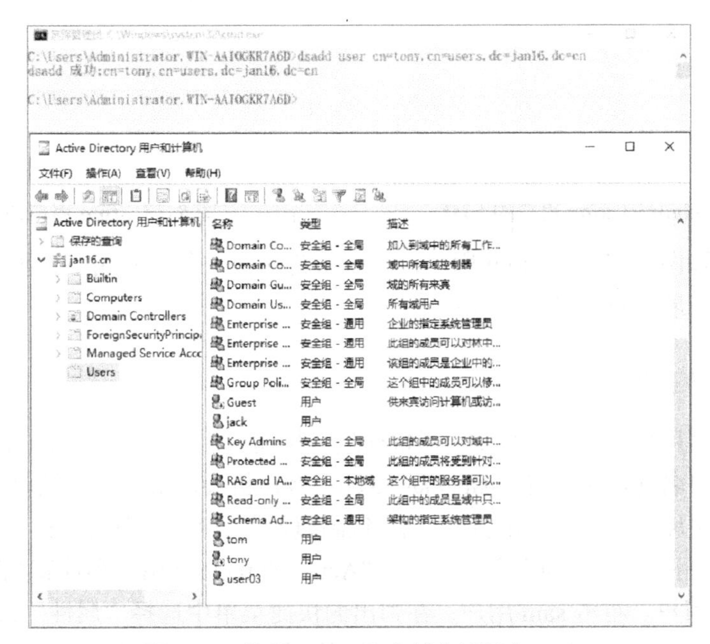

图 8-11　使用 dsadd 命令创建新用户 tony

4）使用 csvde 命令批量导入用户。

在本项目的任务 8-3 中将详细介绍如何使用 csvde 命令批量导入用户，此处不再赘述。

项目实施

任务 8-1　管理域用户

项目 8-任务 8-1

▶ 任务规划

要管理域用户，可以通过查看用户的 SID、用户主名、用户属性菜单等实现。

主要操作步骤如下。

（1）查看用户的 SID。

（2）查看用户主名。

► 任务实施

1. 查看用户的 SID

（1）在一台计算机上创建用户 administrator 和 tom，分别使用这两个用户登录计算机并执行命令“whoami /user”，可以发现这两个用户的 SID 是不同的，分别如图 8-12 和图 8-13 所示。

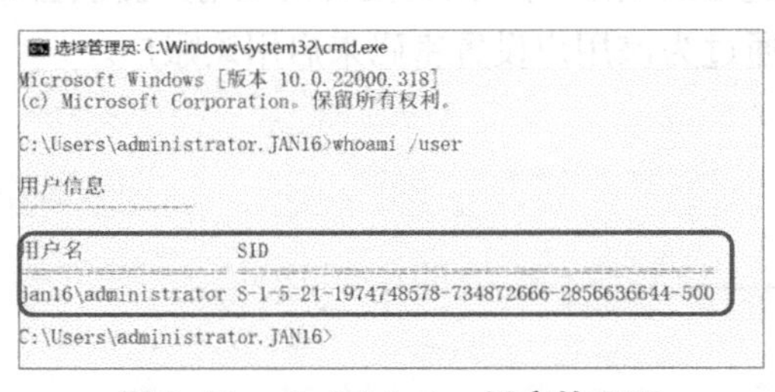

图 8-12　administrator 用户的 SID

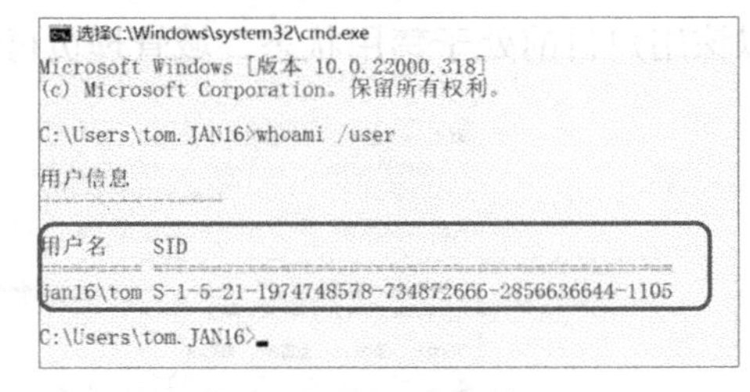

图 8-13　tom 用户的 SID

（2）首先删除图 8-13 中的 tom 用户，然后重新创建一个 tom 用户，再用新的 tom 用户登录 jan16.cn 域，最后查看自身的 SID。

2. 查看用户主名

为了方便管理用户，在域环境中，通常通过直接输入用户主名和密码来登录域。用户主名的格式为“用户名@域名”，如 sam@jan16.cn。客户机会向 jan16.cn 域验证 sam 用户的密码是否正确。在主域控制器 dc1 中打开“服务器管理器”窗口，在菜单栏中选择“工具”→“Active Directory 用户和计算机”命令，打开“Active Directory 用户和计算机”窗口，在 users 容器中添加 sam 用户。右击 sam 用户，在弹出的快捷菜单中选择“属性”命令，弹出“sam 属性”对话框，选择“账户”选项卡，可以看到用户主名（用户登录名），如图 8-14 所示。

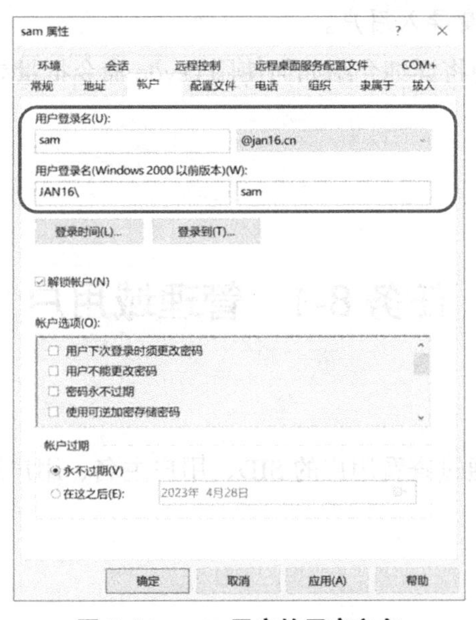

图 8-14　sam 用户的用户主名

► 任务验证

（1）对比被删除用户 tom 的 SID 和新建的同名用户 tom 的 SID，可以发现二者是不同的，如图 8-15 所示。

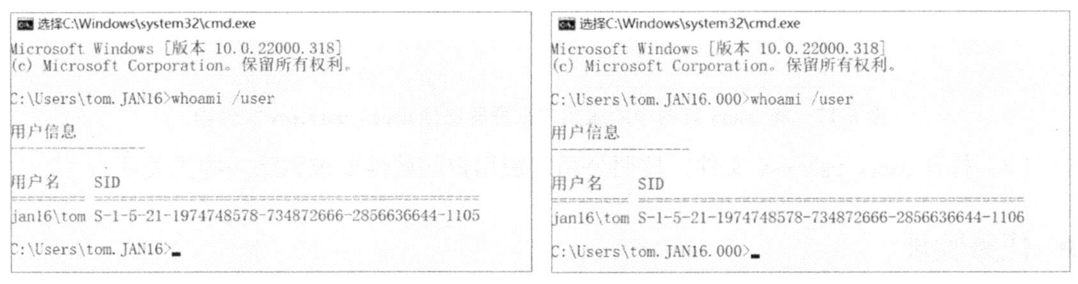

图 8-15　对比被删除用户 tom 的 SID 和新建同名用户 tom 的 SID

（2）在客户机上使用 sam 用户的用户主名 sam@jan16.cn 登录 jan16.cn 域，如图 8-16 所示。

图 8-16　使用用户主名 sam@jan16.cn 登录 jan16.cn 域的登录界面

任务 8-2　批量导出域用户

项目 8-任务 8-2

► 任务规划

针对本项目中公司提出的批量导出域用户的需求，域管理员可以使用 csvde 命令将域用户批量导出至 CSV 文件中。主要操作步骤如下。

（1）利用 csvde 命令将域用户批量导出至 CSV 文件中。

（2）修改域用户的属性信息。

► 任务实施

（1）在主域控制器 dc1 中打开“命令提示符”窗口，执行命令“csvde /?”，可以查看 csvde 命令的帮助信息。执行命令“csvde -d "cn=users,dc=jan16,dc=cn" -f d:\users_user.csv”，将 users 容器中的域用户批量导出到 users_user.csv 文件中，如图 8-17 所示。

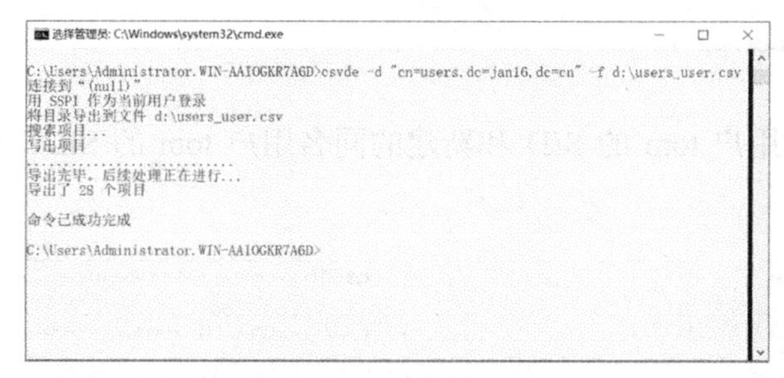

图 8-17　将 users 容器中的域用户批量导出到 users_user.csv 文件中

（2）打开 users_user.csv 文件，按照公司对域用户的属性要求删除一些无关项。

▶ 任务验证

在主域控制器 dc1 中打开 users_user.csv 文件，可以看到 users 容器中的所有域用户及其属性，如图 8-18 所示。

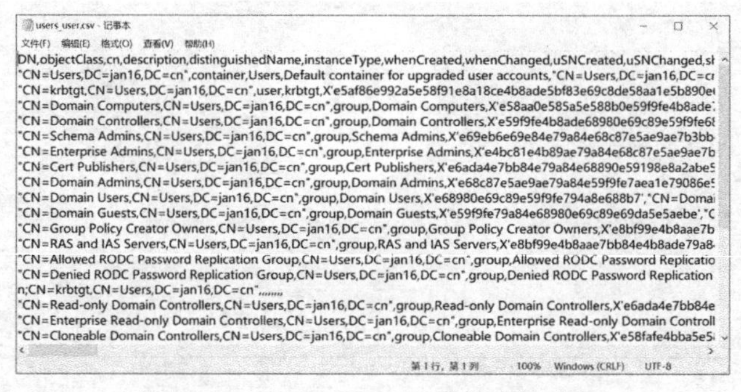

图 8-18　users_user.csv 文件中的内容

任务 8-3　批量导入域用户

项目 8-任务 8-3

▶ 任务规划

针对本项目中公司提出的批量导入域用户的需求，域管理员可以使用 csvde 命令批量导入域用户。因为在批量导入域用户时，没有为域用户提供密码，所以需要使用脚本批量修改域用户的密码。主要操作步骤如下。

（1）将需要注册的用户信息按要求填入模板文件的相应位置。

（2）使用 csvde 命令批量导入域用户。

（3）使用脚本批量修改域用户的密码。

▶ 任务实施

（1）在主域控制器 dc1 中，使用 Excel 打开并修改 users_user.csv 文件（删除无须输入的列、清空用户），将其作为导入的模板文件，然后填入新员工的相应信息（推荐使用 Excel 修改文件），如图 8-19 所示，该文件中的第 8 行为相应字段的说明。

（2）将修改好的 users_user.csv 文件保存为 user_upload_sample2023.csv 文件，该文件中的内容如图 8-20 所示。

	A	B	C	D	E	F	G	H	I
1	l	c	st	company	title	displayname	dn	samaccountname	objectclass
2	广州	cn	广东	JAN16	主管	张三	cn=zhang3,ou=network,dc=jan16,dc=cn	zhang3	user
3	广州	cn	广东	JAN16	员工	李四	cn=li4,ou=network,dc=jan16,dc=cn	li4	user
4	广州	cn	广东	JAN16	员工	王五	cn=wang5,ou=network,dc=jan16,dc=cn	wang5	user
5	广州	cn	广东	JAN16	员工	赵六	cn=zhao6,ou=network,dc=jan16,dc=cn	zhao6	user
6									
7									
8	市/县	国家/地区	省/自治区	公司	职称	显示名称	cn=用户,ou=组织单元,dc=二级域名,dc=一级域名	登录名	类型
9									

J	K	L	M	N	O	P	Q	R
description	pager	mail	wWWhomepage	useraccountcontrol	department	userprincipalname	mobile	info
网络部主管	70000	zhang3@jan16.cn	www.jan16.cn	514	活动目录	zhang3@jan16.cn	12345678	主管
网络部员工	70301	li4@jan16.cn	www.jan16.cn	514	活动目录	li4@jan16.cn	12345678	员工
网络部员工	70404	wang5@jan16.cn	www.jan16.cn	514	活动目录	wang5@jan16.cn	12345678	员工
网络部员工	70404	zhao6@jan16.cn	www.jan16.cn	514	活动目录	zhao6@jan16.cn	12345678	员工
描述	寻呼机	电子邮箱	网页	用户帐户属性	部门	UPN名称	移动电话	注释

图 8-19　修改公司员工信息

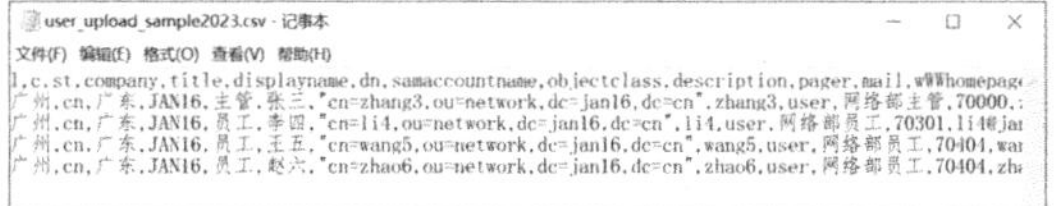

user_upload_sample2023.csv - 记事本

文件(F)　编辑(E)　格式(O)　查看(V)　帮助(H)

```
l,c,st,company,title,displayname,dn,samaccountname,objectclass,description,pager,mail,wWWhomepag
广州,cn,广东,JAN16,主管,张三,"cn=zhang3,ou=network,dc=jan16,dc=cn",zhang3,user,网络部主管,70000,
广州,cn,广东,JAN16,员工,李四,"cn=li4,ou=network,dc=jan16,dc=cn",li4,user,网络部员工,70301,li4@ja
广州,cn,广东,JAN16,员工,王五,"cn=wang5,ou=network,dc=jan16,dc=cn",wang5,user,网络部员工,70404,wa
广州,cn,广东,JAN16,员工,赵六,"cn=zhao6,ou=network,dc=jan16,dc=cn",zhao6,user,网络部员工,70404,zh
```

图 8-20　user_upload_sample2023.csv 文件中的内容

（3）打开“服务器管理器”窗口，在菜单栏中选择“工具”→“Active Directory 用户和计算机”命令，打开“Active Directory 用户和计算机”窗口，在左侧的导航栏中右击“jan16.cn”域，在弹出的快捷菜单中选择“新建”→“组织单位”命令，如图 8-21 所示，新建一个名称为 network 的组织单位。

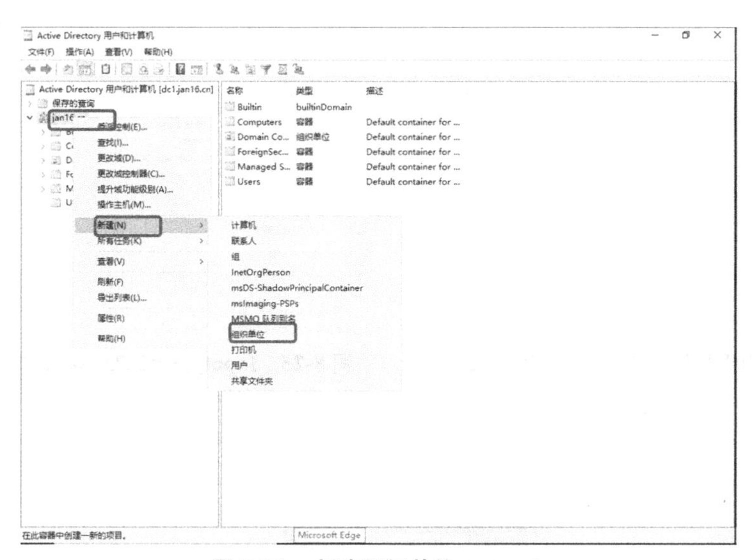

图 8-21　新建组织单位 network

（4）打开“运行”对话框，执行命令“cmd”，在打开的“命令提示符”窗口中执行命令“csvde -i -f d:\network_user.csv”，向主域控制器 dc1 中批量导入域用户，如图 8-22 所示。

（5）查看批量导入的域用户，如图 8-23 所示。

（6）批量导入的域用户没有设置密码，并且处于禁用状态。可以使用如图 8-24 所示的脚本批量修改域用户的密码并保存，从而生成新的脚本 Input_pwd2023.vbs。双击运行 Input_pwd2023.vbs 脚本，运行成功的效果如图 8-25 所示。

（7）打开“服务器管理器”窗口，在菜单栏中选择“工具”→“Active Directory 用户和计算机”命令，打开“Active Directory 用户和计算机”窗口，在左侧的导航栏中选择 jan16.cn→network 选项，然后在右侧的列表框中选中所有的用户并右击，在弹出的快捷菜单中选择“启用账户”命令，如图 8-26 所示。

```
选择管理员: C:\Windows\system32\cmd.exe
C:\Users\Administrator.WIN-AAIOGKR7A6D>csvde -i -f d:\user_upload_sample.csv
连接到 "(null)"
用 SSPI 作为当前用户登录
从 "d:\user_upload_sample.csv" 文件导入目录
加载条目.....
成功地修改了 4 个条目。

命令已成功完成

C:\Users\Administrator.WIN-AAIOGKR7A6D>
```

图 8-22　使用 csvde 命令向主域控制器中批量导入域用户

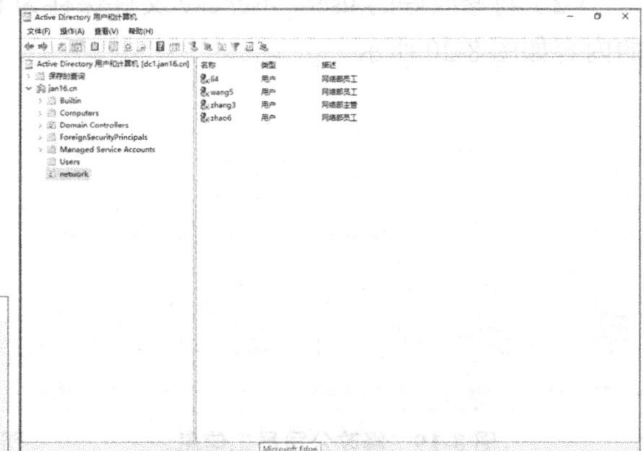

图 8-23　查看批量导入的域用户

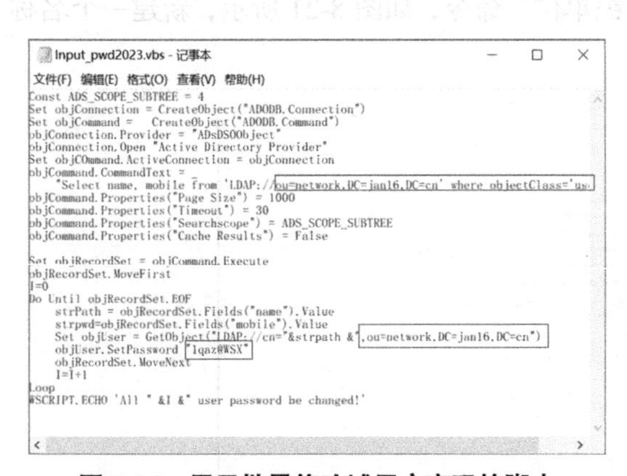

```
Const ADS_SCOPE_SUBTREE = 4
Set objConnection = CreateObject("ADODB.Connection")
Set objCommand =   CreateObject("ADODB.Command")
objConnection.Provider = "ADsDSOObject"
objConnection.Open "Active Directory Provider"
Set objCOmmand.ActiveConnection = objConnection
objCommand.CommandText = _
    "Select name, mobile from 'LDAP://ou=network,DC=jan16,DC=cn' where objectClass='us
objCommand.Properties("Page Size") = 1000
objCommand.Properties("Timeout") = 30
objCommand.Properties("Searchscope") = ADS_SCOPE_SUBTREE
objCommand.Properties("Cache Results") = False

Set objRecordSet = objCommand.Execute
objRecordSet.MoveFirst
I=0
Do Until objRecordSet.EOF
    strPath = objRecordSet.Fields("name").Value
    strpwd=objRecordSet.Fields("mobile").Value
    Set objUser = GetObject("LDAP://cn="&strpath &",ou=network,DC=jan16,DC=cn")
    objUser.SetPassword "1qaz@WSX"
    objRecordSet.MoveNext
    I=I+1
Loop
WSCRIPT.ECHO 'All " &I &" user password be changed!'
```

图 8-24　用于批量修改域用户密码的脚本

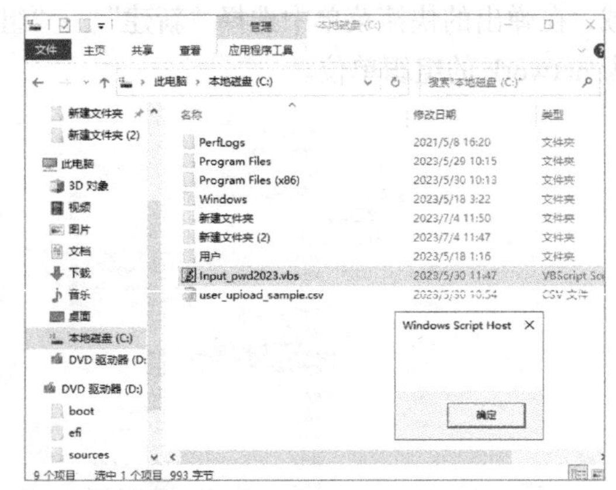

图 8-25　Input_pwd2023.vbs 脚本运行成功的效果

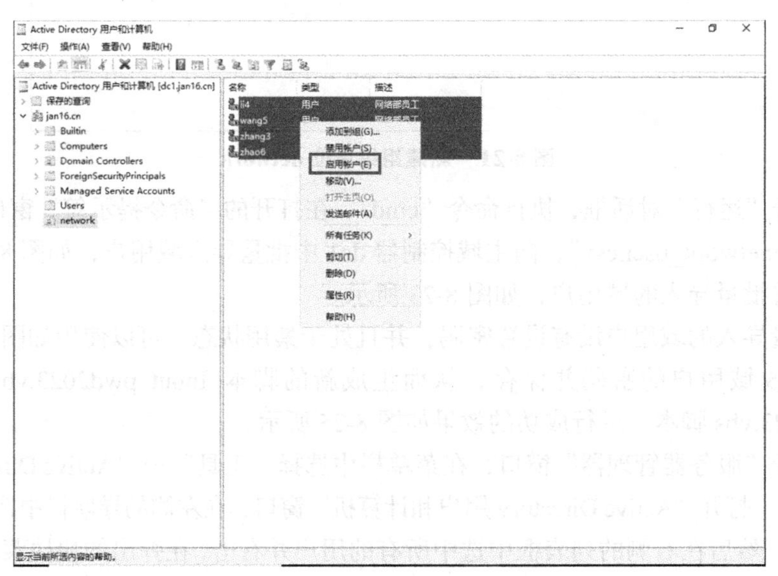

图 8-26　选择“启用账户”命令

（8）在 network 组织单位中的所有域用户都成功启用账户后，弹出“Active Directory 域服务”对话框，如图 8-27 所示。

图 8-27　“Active Directory 域服务”对话框

▶ 任务验证

（1）查看批量导入的域用户，如图 8-28 所示。

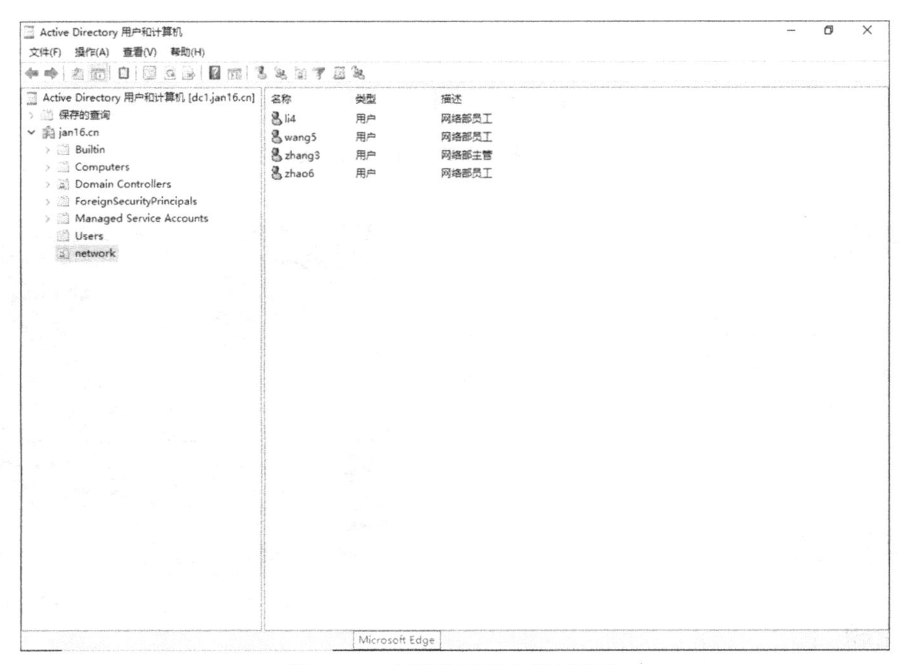

图 8-28　查看批量导入的域用户

（2）查看批量导入的域用户的属性，以域用户 zhang3 为例，其属性如图 8-29 所示。

项目 8-项目验证

图 8-29　查看批量导入的域用户 zhang3 的属性

 项目验证

在为批量导入的域用户修改密码后，就可以使用这些域用户登录域了。例如，使用 zhang3 用户登录 jan16 域，如图 8-30 所示。

图 8-30　使用 zhang3 用户登录 jan16 域

 练习与实践

一、理论题

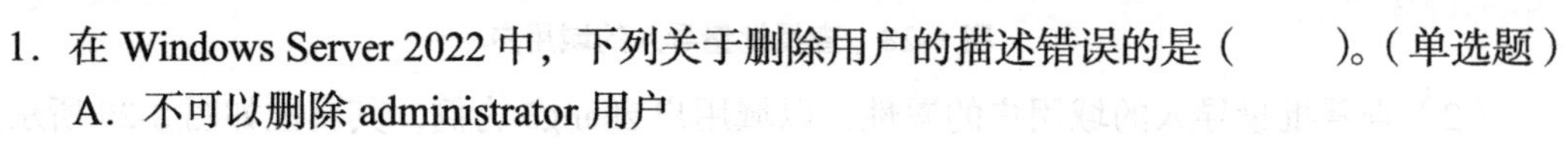

1．在 Windows Server 2022 中，下列关于删除用户的描述错误的是（　　）。（单选题）

A．不可以删除 administrator 用户

B．可以删除普通用户

C．在删除用户后，再创建一个同名的用户，该用户仍具有原用户的权限

D．在删除用户后，即使创建一个同名的用户，也不具有原用户的权限

2．使用用户主名可以方便地定位用户的位置，network.cn 域中的 user1 用户的用户主名可以用（　　）表示。（单选题）

A．user　　B．network@user1

C．user1@network.cn　　D．network.cn@user1

3．如果要使每个用户只能使用自己的计算机登录域，那么在设置域用户的属性时，可以通过（　　）实现。（单选题）

A．设置用户登录时间　　B．设置用户的个人信息

C．设置用户的权限　　D．指定用户登录域的计算机

4．在通过复制命令创建用户时，（　　）属性不会被复制。（单选题）

A．公司　　B．职务　　C．邮政编码　　D．部门

5．在导出的 CSV 文件中，表示用户职称的一项是（　　）。（单选题）

A．title　　B．st　　C．objectclass　　D．c

二、项目实训题

1．项目背景

某公司基于 Windows Server 2022 活动目录管理公司中的用户和计算机，已经将公司中的所有计算机加入域。因为公司中的员工较多，所以域管理员希望可以通过导入的方式批量创建、禁用、删除用户，从而提高工作效率。

本实训项目的网络拓扑图如图 8-31 所示。

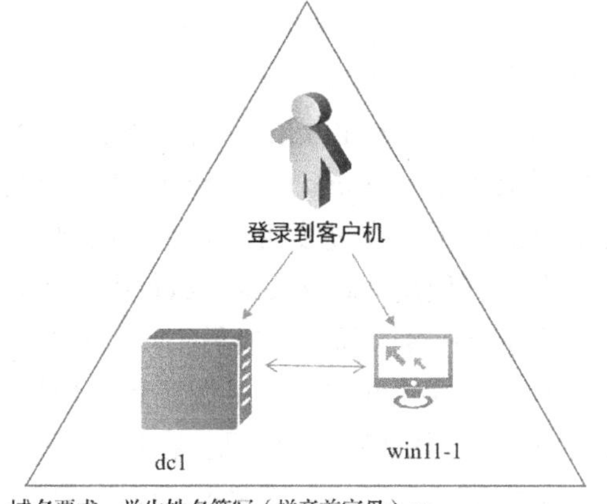

域名要求：学生姓名简写（拼音首字母）.cn
IP：10.*x*.*y*.*z*/24（*x*为班级编号，*y*为学生学号，*z*由学生自定义）

图 8-31　本实训项目的网络拓扑图

2．项目要求

（1）使用 csvde 命令批量导出域用户。

（2）修改 CSV 文件中的用户属性，截取 CSV 文件中的用户属性界面。

（3）使用 csvde 命令批量导入域用户（使用班级学生作为域用户），截取“Active Directory 用户和计算机”窗口中批量导入的域用户。

（4）使用脚本批量修改域用户的密码。

（5）批量启用域用户，截取域用户的属性界面及用户使用客户机登录域的界面。

项目 9　用户个性化登录、用户数据漫游

项目学习目标

1．掌握活动目录中用户主名的管理方法。

2．掌握用户配置文件的管理方法。

3．掌握用户数据漫游与强制漫游的配置方法。

项目描述

jan16 公司基于 Windows Server 2022 活动目录管理公司中的用户和计算机。公司员工在使用活动目录时提出了以下需求。

需求 1：因为业务拓展，jan16 公司合并了一家公司（network）。原 network 公司的员工已经习惯了使用 user@network.cn 登录公司的 network.cn 域，但在公司合并后，network.cn 域已经被删除了。在过渡期，为了方便原 network 公司的员工登录 jan16.cn 域，公司希望域管理员允许其使用 user@network.cn 账户登录 jan16.cn 域。

需求 2：客服部的普通员工习惯在桌面上（或我的文档中）存储工作日志，并且设置自己喜欢的个性化配置（如桌面背景、快捷方式等）。因为公司工作环境的特殊性，所以他们不能使用公司的特定计算机。在切换工作计算机后，他们需要重新进行个性化配置和复制工作文档。他们希望在切换计算机办公后，能够自动将桌面数据、个性化设置部署到新计算机上。

需求 3：公司希望给客服部的实习员工定制一套具有浓厚公司文化氛围的个性化桌面配置方案，让他们快速熟悉公司业务并适应新的工作环境。由于实习员工使用的计算机并不固定，因此公司希望他们在使用不同的计算机时，桌面配置方案能够保持不变，并且不允许用户更改。

本项目的网络拓扑图如图 9-1 所示，计算机信息规划表如表 9-1 所示。

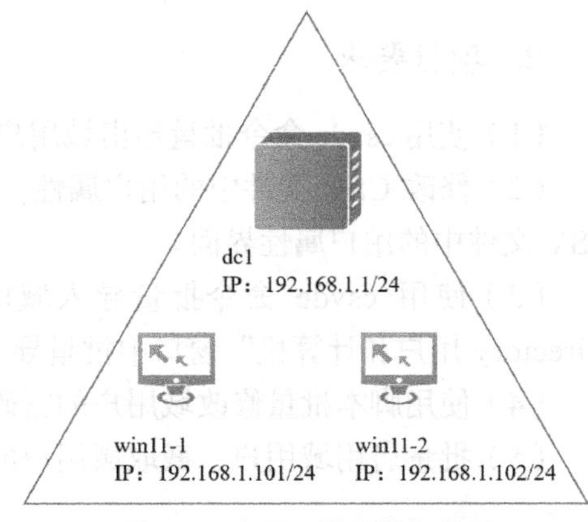

图 9-1　本项目的网络拓扑图

表 9-1 本项目的计算机信息规划表

计算机名称	VLAN 名称	IP 地址	操作系统
dc1	VMnet1	192.168.1.1/24	Windows Server 2022
win11-1	VMnet1	192.168.1.101/24	Windows 11
win11-2	VMnet1	192.168.1.102/24	Windows 11

项目分析

对于需求 1，管理员可以在林的根域服务器中注册 network.cn 域的 UPN 后缀，让原 network 公司的员工使用该后缀即可。

对于需求 2，可以将客服部的普通员工用户设置为漫游用户。这样，当客服部的普通员工用户登录不同的计算机时，可以将桌面数据、个性化设置自动部署到新计算机上。

对于需求 3，需要在需求 2 的基础上，将客服部的实习员工用户设置为强制漫游用户。这样，实习员工用户在切换计算机后，工作环境始终不会被改变。

综上所述，本项目涉及以下工作任务。

（1）设置 UPN 后缀，实现用户的个性化登录。

（2）将客服部的普通员工用户设置为漫游用户。

（3）将客服部的实习员工用户设置为强制漫游用户。

相关知识

1. 活动目录中用户主名的管理

活动目录用户在登录域时，需要进行身份验证，需要输入自己的用户主名（用户名@域名）与密码。如果企业搭建了邮件服务器，那么员工可以通过使用与用户主名同名的邮箱与外界进行联系。因此活动目录和 Exchange 的集成在企业中得到了普遍应用。

如果一些员工使用的是子域用户账户或林中另一棵树上的用户账户，那么他们会面临域用户账户过长或用户账户和邮件账户不同的问题。例如，在合并公司时，被合并公司的员工通常习惯采用原公司的邮件地址与其客户进行通信。因此，在活动目录中，可以通过设置 UPN 后缀增加用户常用的域名（如 network.com），然后在自己的用户名后应用该域名，形成新的用户主名（如 jack@network.com）。在活动目录数据库中，这个新的用户主名是原用户主名的一个别名（如 jack@network.com 是 jack@jan16.cn 的别名）。

综上所述，活动目录用户主名的后缀默认为当前域和根域的名称，添加其他域名既可以提供额外的登录名称并简化用户登录名，又可以保证用户名和电子邮件地址的一致性。

2. 用户配置文件的管理

1）用户配置文件中的内容

用户配置文件中定义了用户登录计算机时获得的工作环境，包括桌面设置、快捷方式、网络连接等。需要注意的是，用户配置文件不是一个独立的文件，它是由一系列文件和文件夹组成的。在用户第一次登录一台计算机后，该计算机会为该用户创建与配置有关的文件和文件夹，即用户配置文件。所有用户的配置文件都默认存储于系统分区下的“用户”文件夹中，每个用户的配置文件都有一个以自己的用户名命名的文件夹，如图 9-2 所示。

双击 jack 文件夹，可以进入 jack 用户的配置文件目录，如图 9-3 所示。

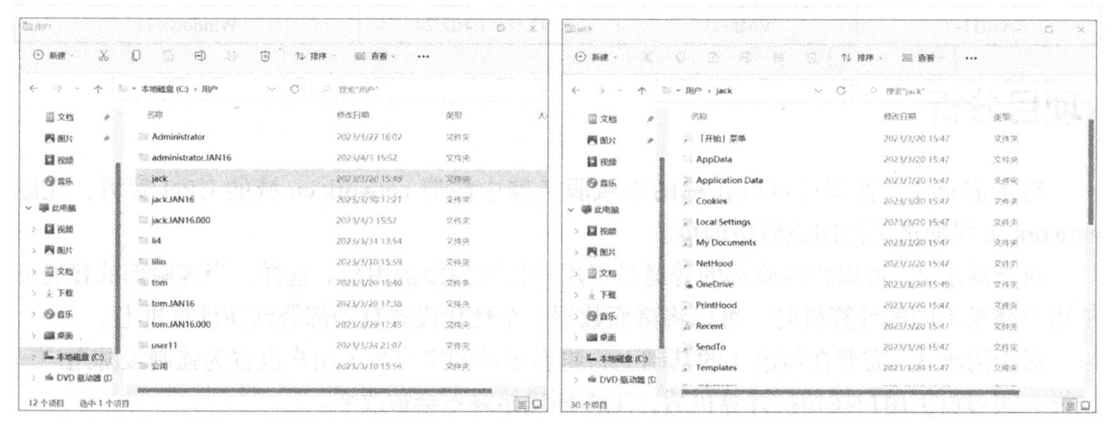

图 9-2　用户配置文件的存储目录　　　　**图 9-3　jack 用户的配置文件目录**

用户的配置文件目录下包括“桌面”文件夹、“链接”文件夹、“文档”文件夹等，还包括一些隐藏文件夹，如“「开始」菜单”文件夹、My Documents 文件夹、SendTo 文件夹等。这些文件夹中存储的是用户登录计算机时使用的工作环境，简要介绍如下。

- 「开始」菜单：存储用户登录后在“开始”菜单中看到的信息。
- Cookies：存储用户访问 Internet 时的 Cookies 信息。
- Local Settings：存储用户使用的临时文件和历史信息，如浏览器中的临时文件。
- My Documents：与用户桌面上的“我的文档”文件夹相同。
- SendTo：存储右键菜单的“发送到”菜单中的快捷项。
- 桌面：用户登录后存储在桌面上的文件和文件夹。
- NTUSER.dat：存储不能以文件形式直接存储的信息，如注册表信息。

2）用户配置文件的类型

①默认用户配置文件。

默认用户配置文件（Default User Profile）在用户第一次登录计算机时使用，所有对用户配置文件的修改都是在默认用户配置文件的基础上进行的。默认用户配置文件存储于%systemdrive%\Documents and Settings\Default Users 文件夹和 All Users 文件夹中。将这两个文件夹中的内容合并，可以生成用户的配置文件，并且将该配置文件存储于以用户名命名的文件夹中。

②本地用户配置文件。

存储在本地的配置文件称为本地用户配置文件（Local User Profile）。在用户第一次登录某台计算机时，系统就为该用户在这台计算机上创建了本地用户配置文件。之后，用户每次登录这台计算机，都会使用该配置文件配置用户的工作环境。如果用户登录另一台计算机，那么本地用户配置文件不会起作用。

一台计算机中可以有多个本地用户配置文件，分别对应多个曾经登录过该计算机的用户。用户配置文件不能直接编辑。要修改用户配置文件中的内容，需要先使用该用户登录这台计算机，再手动修改用户的工作环境，如桌面设置、快捷方式等，系统会自动将修改后的配置保存到用户配置文件中。

要查看当前计算机中有哪些用户配置文件，其操作步骤如下。

（1）右击任务栏中的“开始”图标，在弹出的快捷菜单中选择“系统”命令，打开“设置”窗口，在系统的“关于”界面中选择“高级系统设置”选项，弹出“系统属性”对话框，如图 9-4 所示。

（2）选择“高级”选项卡，在“用户配置文件”选区中单击“设置”按钮，弹出“用户配置文件”对话框，在该对话框中可以查看当前计算机中有哪些用户配置文件，如图 9-5 所示。

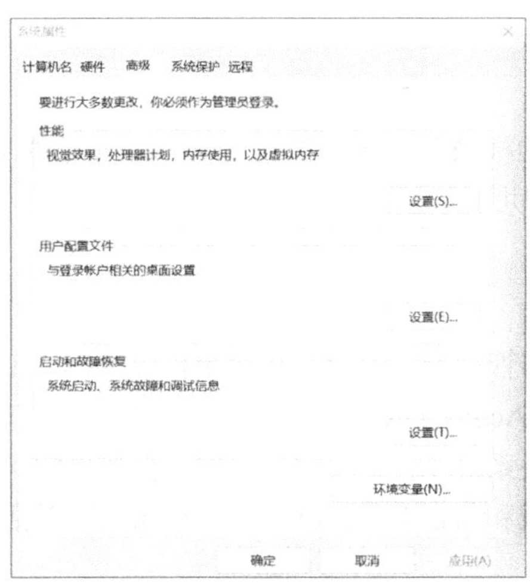
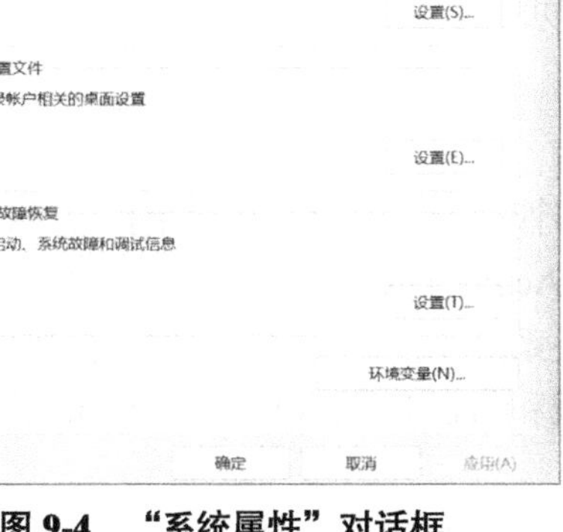

图 9-4　“系统属性”对话框

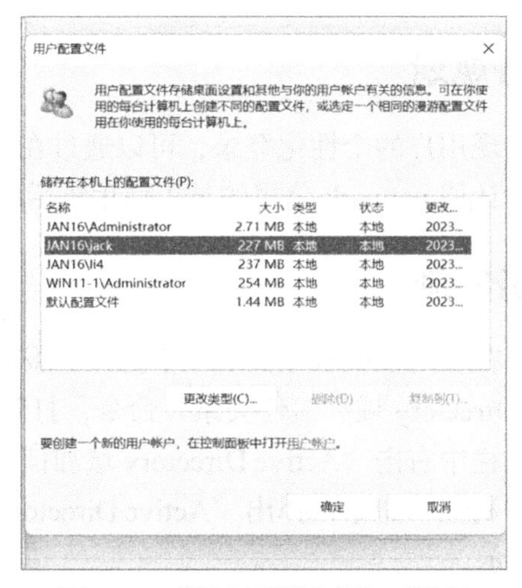

图 9-5　“用户配置文件”对话框

注意： 域用户配置文件的名称格式为“域名\用户名”，本地用户配置文件的名称格式为“计算机名\用户名”。图 9-5 中有两个 Administrator 用户，一个是域用户，一个是本地用户。

3. 漫游用户配置文件与强制漫游用户配置文件

如果一个用户需要经常登录域内的多台计算机，并且希望每次都得到相同的工作环境，则需要使用漫游用户配置文件。为了实现漫游用户配置文件的功能，需要将用户配置文件存储于网络上的文件服务器中，用户每次登录域内的计算机，都会从该文件服务器中读取其配置文件中的信息并配置用户的工作环境。在用户修改工作环境后，修改后的配置会在用户注销时自动保存到其在文件服务器上的配置文件中。这样，无论用户在哪台计算机上登录，都能使用相同的工作环境。

此外，我们可以根据需要，将漫游用户配置文件配置为强制漫游用户配置文件。这样，用户每次登录计算机，对工作环境所做的修改都不会保存到文件服务器上，在下次登录时仍然会使用原有的配置信息配置工作环境。在活动目录中，经常会将实习员工用户、公用用户等设置为强制漫游用户，以便统一工作环境。管理员将用户配置文件目录下的 NTUSER.dat 文件重命名为 NTUSER.man，即可将用户配置文件设置为强制漫游用户配置文件。

注意：漫游通常应用于用户使用同种类型的操作系统的情况下，如果用户经常切换不同的操作系统，那么当用户当前操作系统的桌面配置和存储在文件服务器中的桌面配置不一致时，当前操作系统会让该用户使用临时桌面，其间用户产生的用户数据也不会保存到文件服务器中。

项目实施

项目 9-任务 9-1

任务 9-1　设置 UPN 后缀，实现用户的个性化登录

► 任务规划

要实现用户的个性化登录，可以通过在林的根域服务器中注册 network.cn 域的 UPN 后缀，然后让原 network 公司的员工使用该后缀即可。

► 任务实施

（1）在林的根域服务器 dc1 中打开“服务器管理器”窗口，在菜单栏中选择“工具”→“Active Directory 域和信任关系”命令，打开“Active Directory 域和信任关系”窗口，在左侧的导航栏中右击“Active Directory 域和信任关系[dc1.jan16.cn]”选项，在弹出的快捷菜单中选择“属性”命令，弹出“Active Directory 域和信任关系[dc1.jan16.cn]属性”对话框，如图 9-6 所示。

（2）在“其他 UPN 后缀”文本框中输入个性化的 UPN 后缀 network.cn，然后单击“添加”按钮，将 UPN 后缀 network.cn 添加到下面的列表框中，如图 9-7 所示，单击“应用”按钮，即可关闭该对话框。

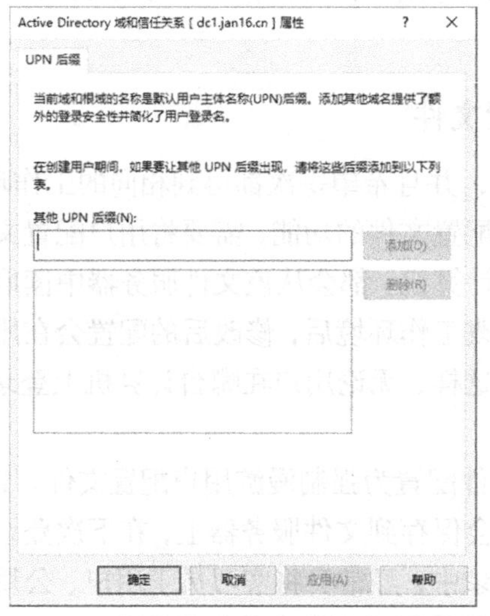

图 9-6　“Active Directory 域和信任关系[dc1.jan16.cn]属性”对话框

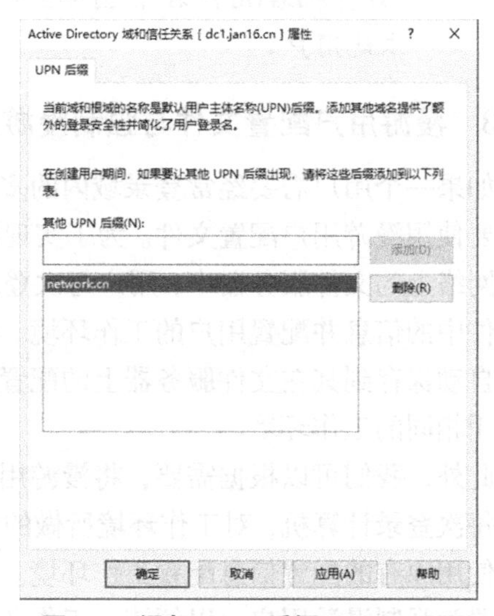

图 9-7　添加 UPN 后缀 network.cn

（3）返回“服务器管理器”窗口，在菜单栏中选择“工具”→“Active Directory 用户和计算机”命令，打开“Active Directory 用户和计算机”窗口，在左侧的导航栏中展开 jan16.cn→network 节点，找到 zhang3 用户并右击，在弹出的快捷菜单中选择“属性”命令，弹出“zhang3 属性”对话框，选择“账户”选项卡，可以看到，用户主名（用户登录名）的 UPN 后缀下拉列表中有两个选项，如图 9-8 所示。

（4）在 UPN 后缀下拉列表中选择 network.cn 选项，然后单击“确定”按钮，将 zhang3 用户的 UPN 后缀设置为 network.cn。

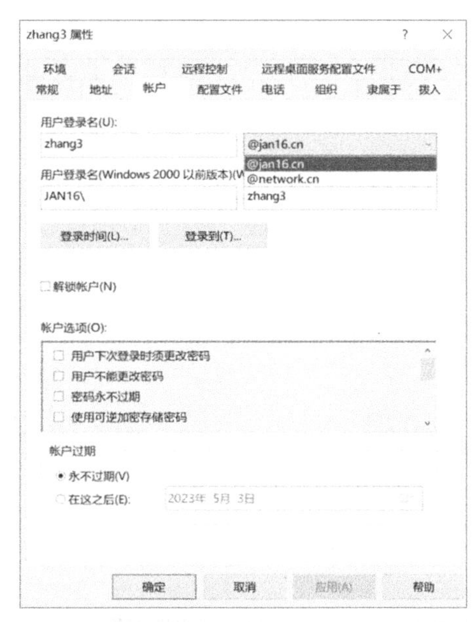

图 9-8　zhang3 用户的 UPN 后缀

▶ 任务验证

重新打开“zhang3 属性”对话框，查看用户主名（用户登录名）的 UPN 后缀。

任务 9-2　将客服部的普通员工用户设置为漫游用户

▶ 任务规划

项目 9-任务 9-2

将客服部的普通员工用户设置为漫游用户，具体步骤如下。

（1）在文件服务器中为客服部配置共享目录，在共享目录下为客服部的每个普通员工用户都建立个人目录，并且设置只允许普通员工用户对其个人目录进行读取/写入操作。

（2）在主域控制器 dc1 中打开“Active Directory 用户和计算机”窗口，为客服部的每个普通员工用户都设置“用户配置文件”路径，该路径为网络共享目录的个人目录地址。

▶ 任务实施

（1）在主域控制器 dc1 中创建一个名为“客服部”的共享目录，并且设置客服部的普通员工用户 tom 对该共享目录具有读取/写入权限，如图 9-9 所示。

（2）打开“服务器管理器”窗口，在菜单栏中选择“工具”→“Active Directory 用户和计算机”命令，打开“Active Directory 用户和计算机”窗口，在左侧的导航栏中展开 jan16.cn→network 节点，找到客服部的普通员工用户 tom 并右击，在弹出的快捷菜单中选择“属性”命令，弹出“tom 属性”对话框，选择“配置文件”选项卡，在“配置文件路径”文本框中输入“\\dc1.jan16.cn\客服部\tom”，如图 9-10 所示。

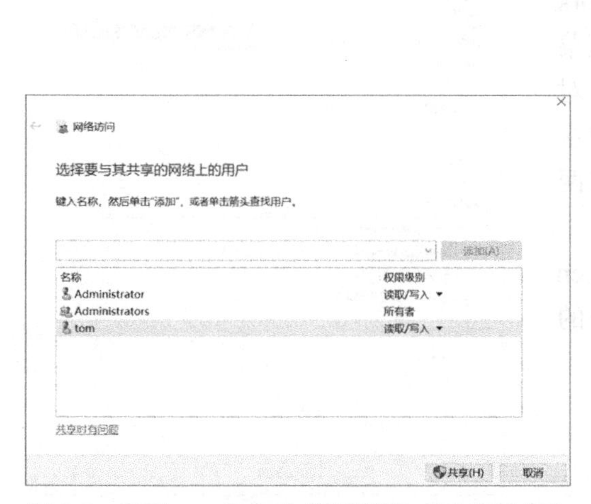

图 9-9　设置 tom 用户对“客服部”共享目录具有读取/写入权限

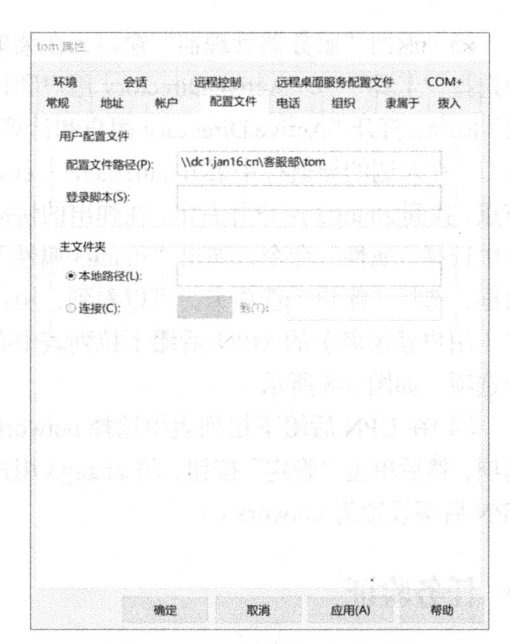

图 9-10　“tom 属性”对话框

► 任务验证

使用客服部的普通员工用户 tom 登录计算机，右击任务栏中的“开始”图标，在弹出的快捷菜单中选择“系统”命令，打开“设置”窗口，在系统的“关于”界面中选择“高级系统设置”选项，在打开的“用户账户控制”窗口中输入管理员用户的账户和密码，弹出“系统属性”对话框，在“用户配置文件”选区中单击“设置”按钮，弹出“用户配置文件”对话框，可以看到，tom 用户的“状态”为“漫游”，如图 9-11 所示。

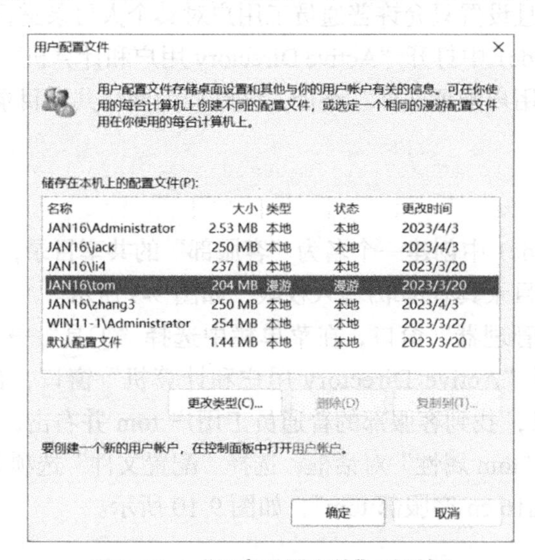

图 9-11　“用户配置文件”对话框

任务 9-3　将客服部的实习员工用户设置为强制漫游用户

项目 9-任务 9-3

▶ 任务规划

将用户设置为强制漫游用户的操作步骤与将用户设置为漫游用户的操作步骤类似，因此步骤（1）~（2）与任务 9-2 的“任务规划”中的步骤（1）~（2）相同，步骤（3）的具体操作如下：

把用户配置文件目录下的 NTUSER.dat 文件重命名为 NTUSER.man。实习员工用户在登录计算机后，可以在“用户配置文件”对话框中看到自己的用户类型为强制漫游用户。这样，即使用户登录不同的计算机，工作环境也不会发生改变。

▶ 任务实施

（1）将客服部的实习员工用户 jack 配置为漫游用户。

（2）为客服部的实习员工用户 jack 配置个性化桌面。

（3）将 jack 用户注销，使用除 jack 用户外的其他用户登录计算机，打开“命令提示符”窗口，执行命令“net use \\dc1.jan16.cn\客服部 /user:jan16.cn\jack 1qaz@WSX”，使用 jack 用户访问“客服部”共享目录，如图 9-12 所示。

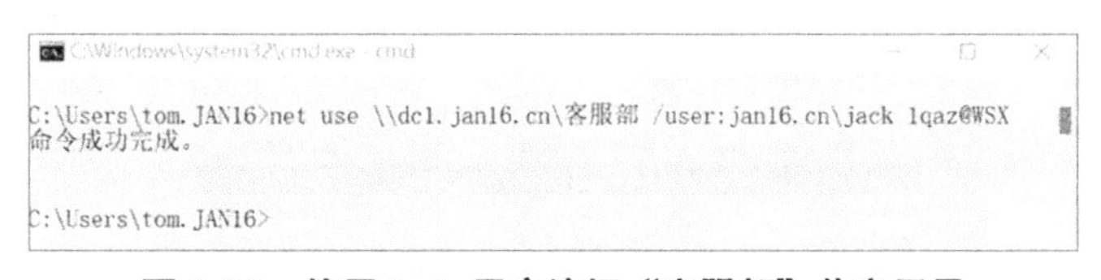

图 9-12　使用 jack 用户访问“客服部”共享目录

（4）在计算机中打开“这台电脑”窗口，在“查看”菜单中单击“选项”按钮，弹出“文件夹选项”对话框，在“查看”选项卡中取消勾选“隐藏受保护的操作系统文件（推荐）”复选框，选择“显示隐藏的文件、文件夹和驱动器”单选按钮，取消勾选“隐藏已知文件类型的扩展名”复选框，如图 9-13 所示。

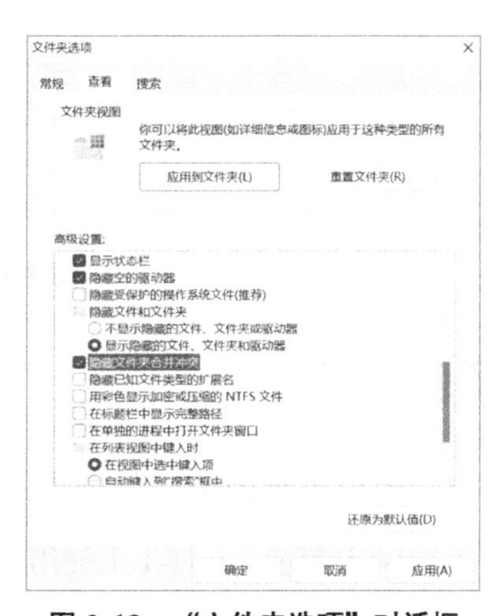

图 9-13　“文件夹选项”对话框

（5）在计算机上右击“开始”图标，在弹出的快捷菜单中选择“运行”命令，弹出“运行”对话框，执行命令“\\dc1.jan16.cn\”，访问“\\dc1.jan16.cn\客服部”共享目录，打开 jack.V6 文件夹，将 NTUSER.dat 文件重命名为 NTUSER.man，如图 9-14 所示。

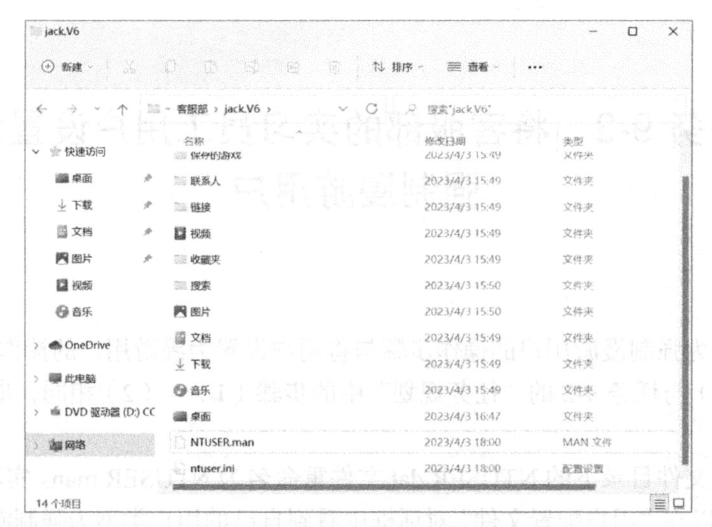

图 9-14　修改用户配置文件

▶ 任务验证

使用实习员工用户 jack 登录计算机，打开“用户配置文件”对话框，可以看到，jack 用户的“类型”为“强制”，如图 9-15 所示。

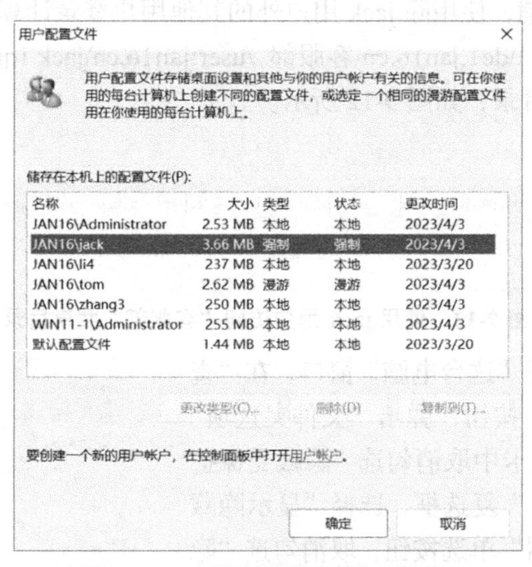

图 9-15　“用户配置文件”对话框

项目验证

项目 9-项目验证

1. 验证用户的个性化登录是否实现

（1）在计算机 win11-1 上使用用户主名 zhang3@network.cn 登录 jan16.cn 域，如图 9-16 所示。

（2）实现用户的个性化登录，结果如图 9-17 所示。

图 9-16　使用用户主名 zhang3@network.cn 登录 jan16.cn 域

图 9-17　实现用户的个性化登录

2. 验证客服部的普通员工用户是否被设置为漫游用户

（1）使用客服部的普通员工用户 tom 登录计算机，打开“用户配置文件”对话框，可以看到，tom 用户的“状态”为“漫游”，如图 9-18 所示。

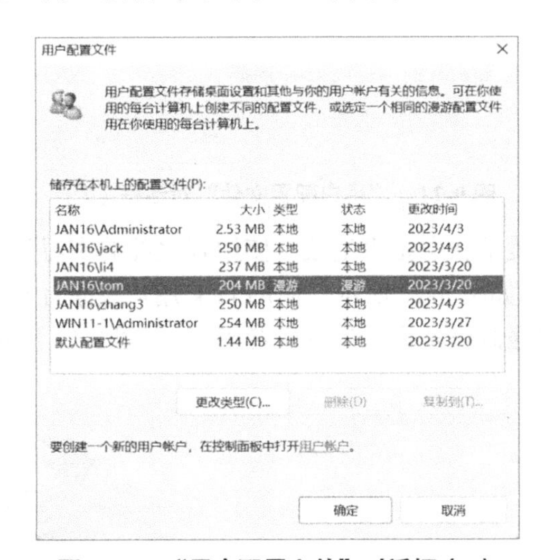

图 9-18　“用户配置文件”对话框（1）

（2）验证用户的漫游状态是否生效。使用客服部的普通员工用户 tom 登录计算机 win11-1 并修改桌面背景，如图 9-19 所示；使用 tom 用户登录计算机 win11-2，可以看到，桌面背景已被修改，如图 9-20 所示。

3. 验证客服部的实习员工用户是否被设置为强制漫游用户

（1）使用客服部的实习员工用户 jack 登录计算机，打开“用户配置文件”对话框，可以看到，jack 用户的“状态”为“强制”，如图 9-21 所示。

图 9-19　修改桌面背景（1）

图 9-20　桌面背景被修改

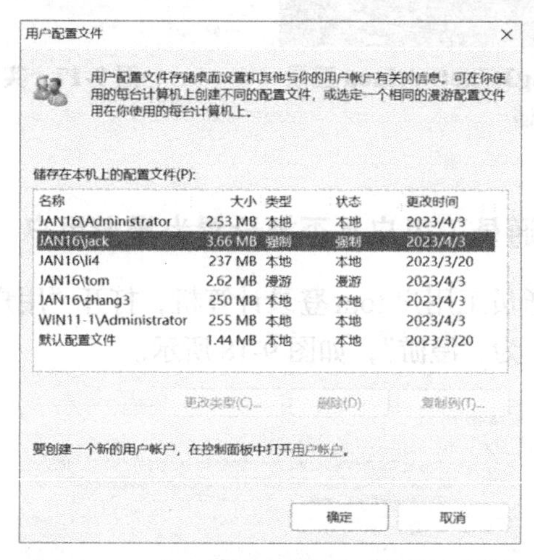

图 9-21　“用户配置文件”对话框（2）

（2）验证用户的强制漫游状态是否生效。使用客服部的实习员工用户 jack 登录计算机 win11-1 并修改桌面背景，如图 9-22 所示；使用 jack 用户登录计算机 win11-2，可以看到，桌面背景没有被修改（被强制恢复为默认桌面背景），如图 9-23 所示。

图 9-22　修改桌面背景（2）

图 9-23　桌面背景没有被修改

练习与实践

一、理论题

1.（　　）不是域用户的配置文件类型。（单选题）

A. 漫游　　B. 临时　　C. 强制　　D. 本地

2．漫游用户的默认用户配置文件应该在域的（　　）中存储。（单选题）
　　A．域控制器　　B．文件服务器　　C．备份服务器　　D．打印服务器

3．在活动目录中，用户数据漫游是指（　　）。（单选题）
　　A．在同一个域内的不同计算机之间切换
　　B．在不同的数据中心之间切换
　　C．在不同的应用系统之间切换
　　D．在不同的网络之间切换

二、项目实训题

1. 项目背景

某公司基于 Windows Server 2022 活动目录管理公司中的用户和计算机。公司员工在使用活动目录时提出了以下 3 个需求。

需求 1：因为业务拓展，所以公司合并了一家公司（network）。在过渡期，为了方便原 network 公司的员工登录公司域，公司希望域管理员允许其使用 user@network.cn 登录公司域。

需求 2：针对公司中的大部分普通员工，公司希望他们在切换计算机办公时可以自动将桌面数据、个性化设置部署到新计算机上。

需求 3：针对公司中的实习员工，公司希望定制一份具有浓厚公司文化氛围的个性化桌面配置方案，确保他们使用不同的计算机时，桌面配置方案保持不变。

本实训项目的网络拓扑图如图 9-24 所示。

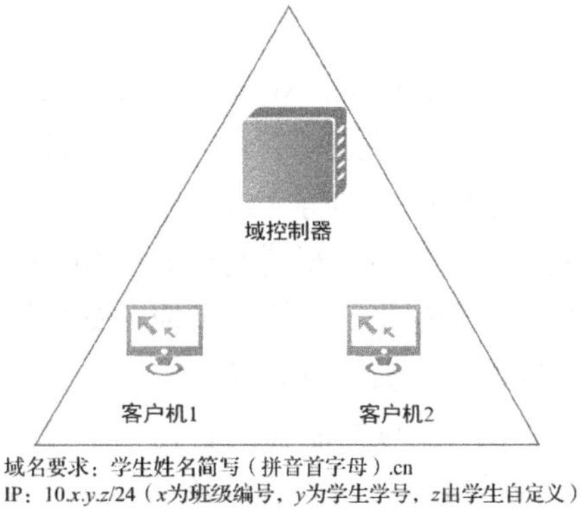

域控制器
客户机1
客户机2

域名要求：学生姓名简写（拼音首字母）.cn
IP：10.*x*.*y*.*z*/24（*x*为班级编号，*y*为学生学号，*z*由学生自定义）

图 9-24　本实训项目的网络拓扑图

2. 项目要求

（1）在林的根域服务器 dc1 上注册 network.cn 的 UPN 后缀，使原 network 公司的员工可以使用 user@network.cn 登录公司域。截取 Active Directory 域和信任关系的属性对话框，以及用户使用 user@network.cn 登录公司域的界面。

（2）在域控制器 dc1 中新建一个用户，将其配置为漫游用户。使用该用户登录计算机，截取“用户配置文件”对话框，验证用户的漫游状态已生效并截取验证结果。

（3）在域控制器 dc1 中新建一个用户，将其配置为强制漫游用户。使用该用户登录计算机，截取“用户配置文件”对话框，验证用户的强制漫游状态已生效并截取验证结果。

项目 10　将域成员设置为客户机的管理员

项目学习目标

1．掌握域中的内置组、预定义组和特殊组的管理方法。
2．掌握域成员计算机中组账户的管理方法。
3．掌握域成员计算机中用户账户的管理方法。
4．掌握用户权限最小化原则的应用方法。

项目描述

jan16 公司基于 Windows Server 2022 活动目录管理公司中的用户和计算机。网络部的部分员工负责对域进行管理与维护，部分员工负责对公司服务器群（如 Web 服务器、FTP 服务器、数据库服务器等）进行管理与维护，部分员工负责对业务部门的计算机进行管理与维护。网络管理与维护的分工越来越细，域管理员应该如何赋予员工域操作权限，以便匹配其工作职责？

案例 1：域控制器的备份与还原工作由张工负责，域管理员应该如何合理地给张工赋予工作权限？

案例 2：李工是软件测试组的员工，经常安装相关软件并配置测试环境，需要获得其工作计算机的管理权限，域管理员应该如何处理？

本项目的网络拓扑图如图 10-1 所示，计算机信息规划表如表 10-1 所示。

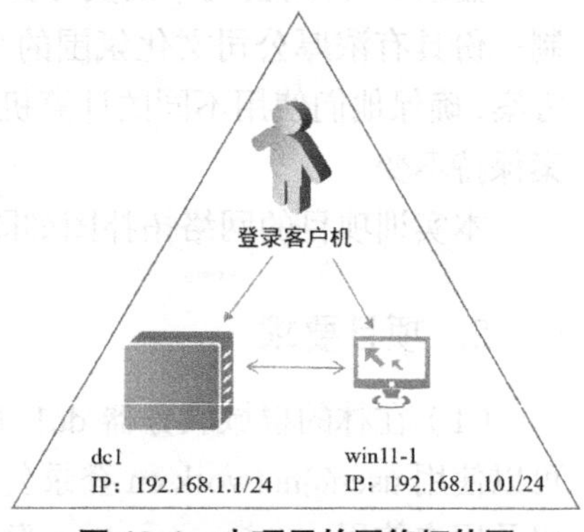

图 10-1　本项目的网络拓扑图

表 10-1　本项目的计算机信息规划表

计算机名称	VLAN 名称	IP 地址	操作系统
dc1	VMnet1	192.168.1.1/24	Windows Server 2022
win11-1	VMnet1	192.168.1.101/24	Windows 11

项目分析

在为用户授权时，应该遵循“权限最小化”原则，因此需要熟悉域控制器和域成员计算机内置组的权限，以便将域成员计算机加入相应的组来提升其权限。

对于案例 1，张工负责域控制器的备份与还原工作。域控制器的备份与还原属于域控制器的工作范畴，因此应该将张工的域用户账户加入域控制器中内置的域备份还原组 Backup Operators（要进行域控制器的备份与还原，需要安装 Windows Server Backup 功能）。

对于案例 2，李工需要获得其工作计算机的管理权限，属于域成员计算机的工作范畴，因此应该将李工的域账户加入其工作计算机的本地管理员组 Administrators。

以上两个案例涉及的工作任务如下。

（1）将普通域用户加入域备份还原组。

（2）将普通域用户加入客户机的管理员组。

拓展：

- 假设黄工既负责域控制器的网络配置，又负责域控制器的性能监测，域控制器中没有对应的内置组，则可以将黄工的域用户账户加入 Network Configuration Operators 组和 Performance Log Users 组。
- 假设网络部有多名员工负责维护域成员计算机，那么可以在每台域成员计算机上为这些用户重复授权，但是如果有员工离职或新任职，那么仍然需要重复这些操作。改进的方法是，首先在域控制器中创建一个全局组，然后将所有员工加入这个全局组，最后在域成员计算机上给这个全局组授权。如果有员工离职或新任职，则只需在这个全局组中删除或添加相关员工的信息。

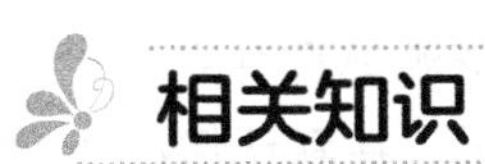

相关知识

1. 域中内置组、预定义组和特殊组的管理

在 Windows Server 2022 中，组是一个非常重要的概念。用户账户主要用于标识网络中的用户，组主要用于组织用户账户。利用组可以将具有相同特点及属性的用户账户组织在一起，以便管理员进行管理。当网络中的用户数量非常多时，给每个用户授予资源访问权限的工作会非常繁杂，而具有相同身份的用户的资源访问权限通常也相同，因此可以将具有相同身份的用户加入一个逻辑实体，并且为该逻辑实体授予资源访问权限，从而减少工作量，简化对资源的管理。这个逻辑实体就是组。

组具有以下特点。

- 组是用户账户的逻辑集合，删除组并不会将组内的用户账户删除。
- 在将一个用户账户加入一个组后，该用户账户就会获得该组所拥有的全部权限。
- 一个用户账户可以是多个组的成员。
- 在特定情况下，组是可以嵌套的，即组中可以包含其他组。

在域中，可以将组分为 3 类：内置组、预定义组和特殊组。

1）内置组

内置组位于 Builtin 容器中，如图 10-2 所示。这些内置组都是域本地安全组，可以给用户提供预定义的权利和权限。用户不能修改内置组的权限设置。当需要某个用户执行管理任务时（授权），只需将该用户账户加入相应的内置组。下面简要介绍几个较为常用的内置组。

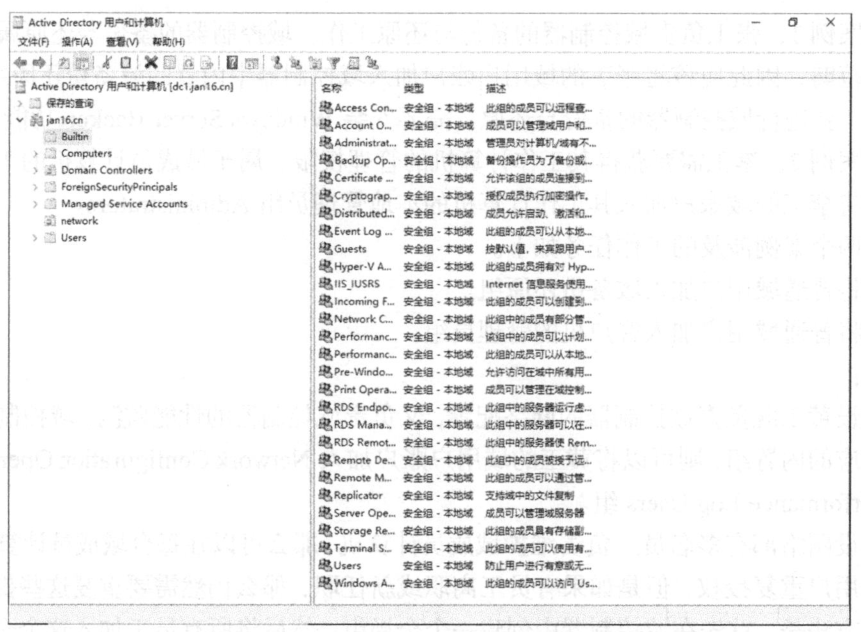

图 10-2　“Active Directory 用户和计算机”窗口的 Builtin 容器中的内置组

- Account Operators（用户账户操作员组）：该组中的成员可以创建、删除和修改用户账户的隶属组，但是不能修改 Administrators 组和 Account Operators 组。
- Administrators（管理员组）：该组中的成员对域控制器及域中的所有资源都具有完全控制权限，并且可以根据需要为其他用户授予相应的权利和访问权限。在默认情况下，Administrator 账户、Domain Admins 组和 Enterprise Admins 组是该组中的成员。因为该组中的成员可以完全控制域控制器，所以在向该组中添加用户账户时要谨慎。
- Backup Operators（备份操作员组）：该组中的成员可以备份和还原域控制器中的文件，不管是否有该文件的访问权限。这是因为执行备份任务的权限要高于所有文件权限。但该组中的成员不能更改文件的安全设置。
- Guests（来宾组）：该组中的成员只能执行授权任务，以及访问为其分配了访问权限的资源。该组中的成员具有一个在登录时创建的临时配置文件，在注销时，该配置文件会被删除。来宾用户账户 Guest 是该组中的默认成员。
- Network Configuration Operators（网络配置操作员组）：该组中的成员可以更改 TCP/IP 配置。
- Performance Log Users（性能日志用户组）：该组中的成员可以从本地服务器和远程客户端管理性能计数器、收集性能日志。
- Print Operators（打印机操作员组）：该组中的成员可以管理打印机和打印队列。
- Server Operators（服务器操作员组）：该组中的成员只可以共享磁盘资源和在域控制器中备份和恢复文件。
- Users（用户组）：该组中的成员可以执行一些常见任务，如运行应用程序、使用网络打印机等。该组中的成员不能共享目录和创建本地打印机等。在默认情况下，Domain Users 用户账户和 Authenticated Users 用户账户是该组中的成员。因此，在域中创建的所有用户账户都会成为该组中的成员。

2）预定义组

在域创建完成后，打开“Active Directory 用户和计算机”窗口，可以看到在 Users 容器中创建了预定义组，如图 10-3 所示。下面简要介绍几个较为常用的预定义组。

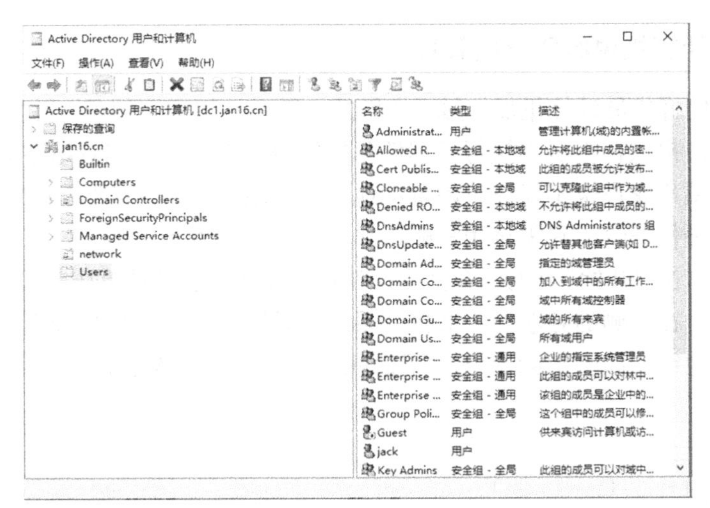

图 10-3　“Active Directory 用户和计算机”窗口的 Users 容器中的预定义组

- Domain Admins（域管理员组）：Windows Server 2022 会自动将预定义组 Domain Admins 添加到内置组 Administrators 中，因此域管理员可以在域中的任意一台计算机上执行管理任务。Administrator 账户默认是该组中的成员。
- Domain Guests（域来宾组）：Windows Server 2022 会自动将预定义组 Domain Guests 添加到内置组 Guests 中，Guest 账户默认是该组中的成员。
- Domain Users（域用户组）：Windows Server 2022 自动将自定义组 Domain Users 添加到了内置组 Users 中。新建的域用户账户都默认是该组中的成员。

3）特殊组

Windows Server 2022 服务器中还有一些特殊组，这些组中没有特定的成员关系，但是它们可以在不同的时间代表不同的用户，这取决于用户采取哪种方式访问计算机，访问什么资源。在进行组管理时，特殊组不可见，但是在给资源分配权限时会使用它们。

- Anonymous Logon（匿名登录组）：该组中的成员是没有经过身份验证的用户账户。
- Authenticated Users（已认证的用户组）：该组中的成员是合法的用户账户。使用 Authenticated Users 组可以防止匿名访问特定的资源。Authenticated Users 组中不包括 Guest 账户。
- Everyone（每人组）：该组中的成员是访问当前计算机的所有用户账户，如 Authenticated Users 组和 Guests 组中的用户账户，因此在给 Everyone 组分配权限时要特别注意。
- Creator Owner（创建所有者组）：该组中的成员是创建和取得所有权的用户账户。
- Interactive（交互组）：该组中的成员是当前登录计算机或通过远程桌面连接登录域的所有用户账户。
- Network（网络组）：该组中的成员是通过网络连接登录域的所有用户账户。

- Terminal Server Users（终端服务器用户组）：当以应用程序服务器模式安装终端服务器时，该组中的成员是使用终端服务器登录域的任意用户账户。
- Dialup（拨号组）：该组中的成员是当前进行拨号连接的用户账户。

2. 域成员计算机中组账户的管理

在域内，即使将成员计算机加入域，它们的内置本地组也会保留，并且依托这些内置本地组为域用户账户提供在本机上执行管理任务的权限。与域中的内置组中的用户账户一样，成员计算机中的用户账户也不能修改内置本地组的权限设置。当需要用户账户在本地计算机上执行相应的管理任务时，只需将用户账户加入相应的内置本地组。

在任务栏中右击“开始”图标，在弹出的快捷菜单中选择“计算机管理”命令，打开“计算机管理”窗口，在左侧的导航栏中选择“系统工具”→“本地用户和组”→“组”选项，可以查看内置本地组，如图 10-4 所示。下面就其中几个较为常用的组做简要介绍。

图 10-4　域成员计算机中的内置本地组

- Administrators（管理员组）：该组中的成员具有对域客户机的完全控制权限，并且可以为其他用户分配权限。Administrators 组中的成员如图 10-5 所示，Domain Admins 组是该组中的默认成员，而域管理员是 Domain Admins 组中的成员，因此，域管理员默认具有所有域成员计算机的管理权限。
- Users（用户组）：该组中的成员只可以执行被授权的任务，只能访问具有访问权限的资源。Users 组中的成员如图 10-6 所示，Domain Users 组是该组中的默认成员，而域用户是 Domain Users 组中的默认成员，因此，域用户默认具有使用域成员计算机的权限。

3. 域成员计算机中用户账户的管理

域控制器负责管理域用户账户和域组账户，没有本地用户账户和本地组账户。域成员计算机有本地用户账户和本地组账户，为了管理方便，域管理员通常会将成员计算机的本地用户账户回收，仅允许员工以域用户账户的身份在客户机上登录 jan16.cn 域。

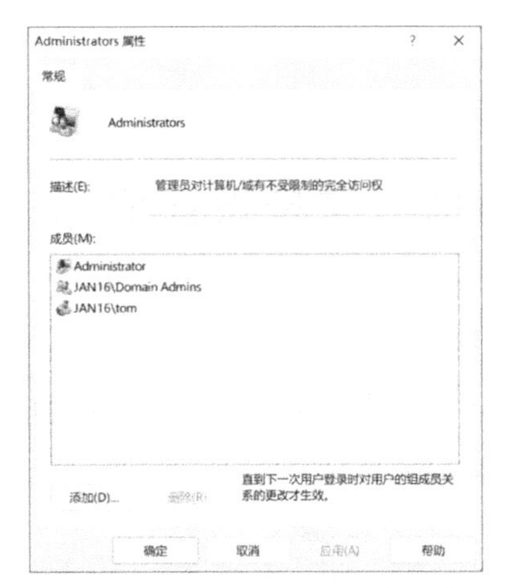

图 10-5　Administrators 组中的成员

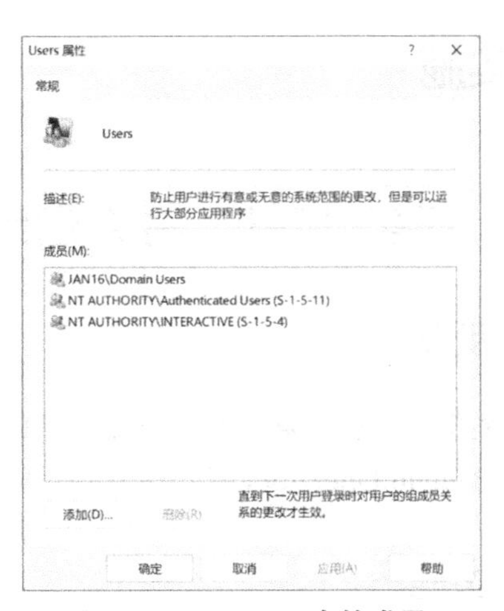

图 10-6　Users 组中的成员

4. 用户权限最小化原则的应用

1）域控制器的用户权限

域控制器中的内置组预先为用户定义了与之匹配的操作域控制器的具体权限，新建的域用户都是 Domain Users 组中的默认成员，该组中的成员可以执行一些常见任务，如运行应用程序、使用网络打印机等，但不能共享目录、修改计算机配置等。

如果要让域用户拥有更多的权限，则可以将其添加到拥有对应权限的组中。例如，网络部员工用户 tom 经常需要备份域控制器中的文件，可以将域用户 tom 添加到 Backup Operators 组中，从而满足 tom 用户的工作需求。

注意： 不能将 tom 用户加入 Domain Admins 组，因为该组不仅具有域控制器的备份与还原权限，还具有域用户的添加与删除、域控制器的安全部署与配置等权限。如果将 tom 用户加入该组，则可能会给域的管理带来混乱，影响公司域的正常运作，甚至造成信息外泄等严重后果。因此，在为域用户授权时，应该遵从权限最小化原则，在权限上避免员工非法操作。

2）域成员计算机的用户权限

与域控制器的用户权限类似，域成员计算机的用户权限也是由内置组预先定义的，如果域用户需要域成员计算机拥有更多的操作权限，则需要将该域用户加入相应的域成员计算机中的内置组。

注意： 域控制器中内置组的权限范围是所有的域控制器，因此，如果将域用户加入域控制器中的内置组，那么该域用户获取的权限可以作用于所有的域控制器，但这些权限不能作用于域成员计算机；如果将域用户加入 Domain Admins 组，那么该域用户获取的权限不仅可以作用于所有的域控制器，还可以作用于域成员计算机。

域成员计算机中内置组的权限范围是本机。因此，如果一个域用户需要拥有多台域成员计算机的特定权限，则需要将该域用户加入这些域成员计算机中的相应内置组来授权。

项目实施

任务 10-1　将普通域用户加入域备份还原组

项目 10-任务 10-1

▶ 任务规划

对于案例 1，张工需要负责域控制器的备份与还原工作，所以需要将张工对应的域用户账户加入 Backup Operators 组。

▶ 任务实施

（1）在主域控制器 dc1 中打开“服务器管理器”窗口，在菜单栏中选择“工具”→“Active Directory 用户和计算机”命令，打开“Active Directory 用户和计算机”窗口，在 Users 容器中新建用户 zhang3。

（2）右击 zhang3 用户，在弹出的快捷菜单中选择“属性”命令，弹出“zhang3 属性”对话框，选择“隶属于”选项卡，单击“添加”按钮，在弹出的“选择组”对话框中查找并选中 Backup Operators 组，单击“确定”按钮，将该组添加到“隶属于”列表框中，表示将 zhang3 用户添加到 Backup Operators 组中，如图 10-7 所示。

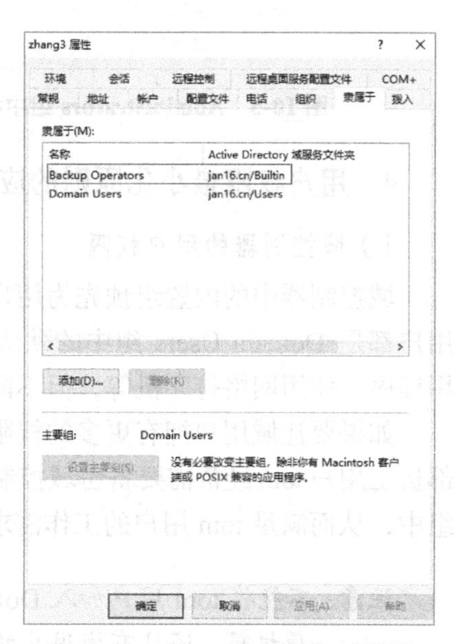

图 10-7　“zhang3 属性”对话框

▶ 任务验证

在主域控制器 dc1 中打开“服务器管理器”窗口，在菜单栏中选择“工具”→“Active Directory 用户和计算机”命令，打开“Active Directory 用户和计算机”窗口，在 Builtin 容器中右击 Backup Operators 组，在弹出的快捷菜单中选择“属性”命令，弹出“Backup Operators 属性”对话框，可以查看 Backup Operators 组中的成员，如图 10-8 所示。

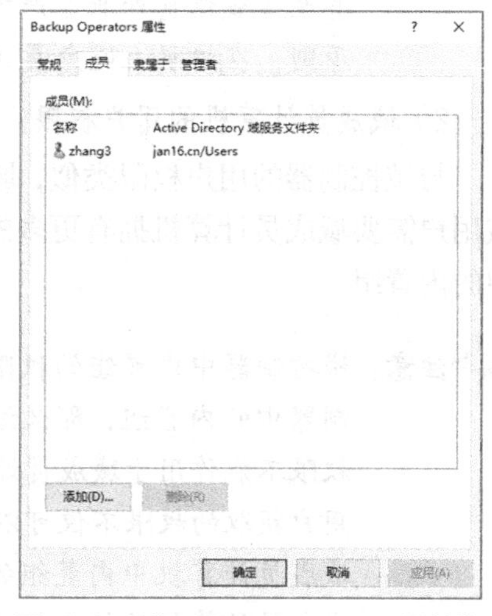

图 10-8　“Backup Operators 属性”对话框

任务 10-2　将普通域用户加入客户机的管理员组

▶ 任务规划

项目 10-任务 10-2

对于案例 2，李工需要获得其工作计算机的管理权限，因此应该将李工的域用户账户加入其工作计算机的 Administrators 组。

▶ 任务实施

（1）在主域控制器 dc1 中打开“服务器管理器”窗口，在菜单栏中选择“工具”→“Active Directory 用户和计算机”命令，打开“Active Directory 用户和计算机”窗口，在 Users 容器中新建用户 li4。

（2）使用域管理员用户 Administrator 登录客户机 win11-1，在任务栏中右击“开始”图标，在弹出的快捷菜单中选择“计算机管理”命令，打开“计算机管理”窗口，在左侧的导航栏中选择“系统工具”→“本地用户和组”→“组”选项，在右侧的列表框中找到并右击 Administrators 组，在弹出的快捷菜单中选择“属性”命令，弹出“Administrators 属性”对话框，单击“添加”按钮，在弹出的“选择组”对话框中找到并选中 li4 用户，单击“确定”按钮，将 li4 用户添加到“成员”列表框中，表示将 li4 用户添加到客户机 win11-1 的 Administrators 组中，如图 10-9 所示。

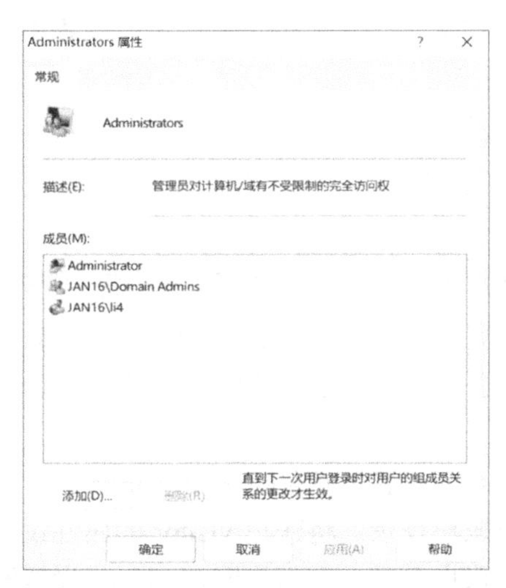

图 10-9　“Administrators 属性”对话框

▶ 任务验证

在客户机 win11-1 中打开“计算机管理”窗口，在左侧的导航栏中选择“系统工具”→“本地用户和组”→“组”选项，在右侧的列表框中找到并右击 Administrators 组，在弹出的快捷菜单中选择“属性”命令，弹出“Administrators 属性”对话框，查看“成员”列表框中是否有 li4 用户，如果有，则表示已经将 li4 用户添加到 Administrators 组中了。

项目验证

项目 10-项目验证

（1）使用域用户账户 tom 登录客户机 win11-1，尝试修改网卡信息，如图 10-10 所示。

（2）使用李工的用户账户 li4 登录客户机 win11-1，可以直接进行网卡配置，如图 10-11 所示。

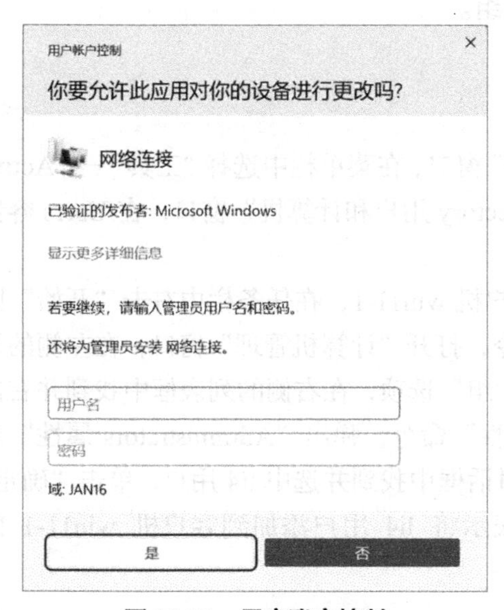

图 10-10　用户账户控制

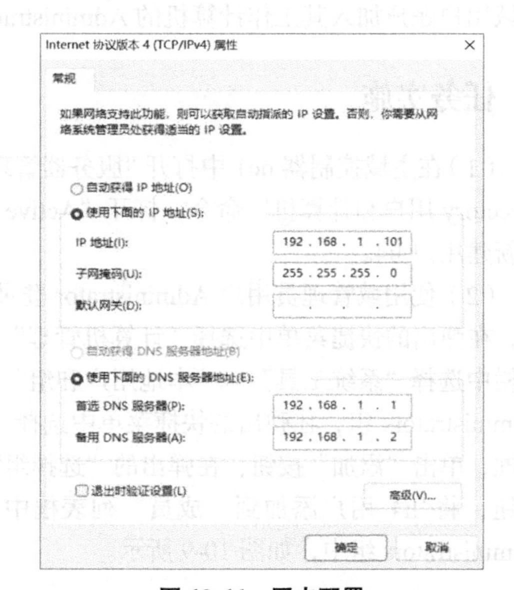

图 10-11　网卡配置

练习与实践

一、理论题

1．有一台操作系统为 Windows Server 2022 的计算机，管理员在该计算机上建立了一个普通用户账户 visitor 供来宾使用，并且为其配置了相应的权限。在经过一段时间后，发现使用以前的密码无法登录，此时（　　），才能使用用户账户 visitor 登录域且其他设置都不变。（单选题）

A．删除用户账户 visitor，重新创建同名用户账户

B．使用管理员用户账户登录，将账户 visitor 的属性设置为用户不能更改密码

C．使用管理员用户账户登录，重新为账户 visitor 设置密码

D．只有账户 visitor 可以修改自己的密码，忘记密码相当于该账户被禁用

2．有一台操作系统为 Windows Server 2022 的计算机，在其 NTFS 分区中有一个共享目录，用户 xiaoli 对该共享目录的共享权限为读取，但是他在通过网络访问该共享目录时收到拒绝访问的提示，可能的原因是（　　）。（单选题）

A．用户账户 xiaoli 不属于 everyone 组

B．用户账户 xiaoli 不是该文件的所有者

C．用户账户 xiaoli 没有相应的共享权限

D．用户账户 xiaoli 没有相应的 NTFS 权限

3．你是公司的网络管理员，公司处在单域环境中，服务器和客户机的操作系统分别是 Windows Server 2022 和 Windows 11。某用户在登录时，收到提示信息“你的账户已经被禁用。请和你的管理员联系”。为了解决该问题，你应该（　　）。（单选题）

A．删除该账户，然后重新建立账户

B．利用“Active Directory 用户和计算机”工具，取消用户账户锁定

C．利用“Active Directory 用户和计算机”工具，启用此用户账户

D．将该用户添加到 Domain Users 组中

4．小王负责管理一个 Windows Server 2022 域，一个用户需要出差两个月，为了提高网络的安全性，在这两个月中，小王应该（　　）。（单选题）

A．将该用户的账户删除，在该用户出差回来后，再为他创建一个新账户

B．在用户属性中将该用户的账户禁用，在该用户出差回来后，再启用该账户

C．将该用户从所属的组中全部删除，在该用户出差回来后，再将其加入原来的组

D．将该用户的一切权限全部删除，在该用户出差回来后，再重新为其赋予相应的权限

5．以下域内置组只出现在域控制器中的有（　　）。（多选题）

A．Domain Admins 组　　B．Domain Users 组

C．Domain Replicators 组　　D．Domain Guests 组

二、项目实训题

1．项目背景

某公司基于 Windows Server 2022 活动目录管理公司中的用户和计算机。因为网络管理与维护的分工越来越细，所以网络管理员希望由张工负责域控制器的备份与还原工作，由李工负责客户机的管理工作。

本实训项目的网络拓扑图如图 10-12 所示。

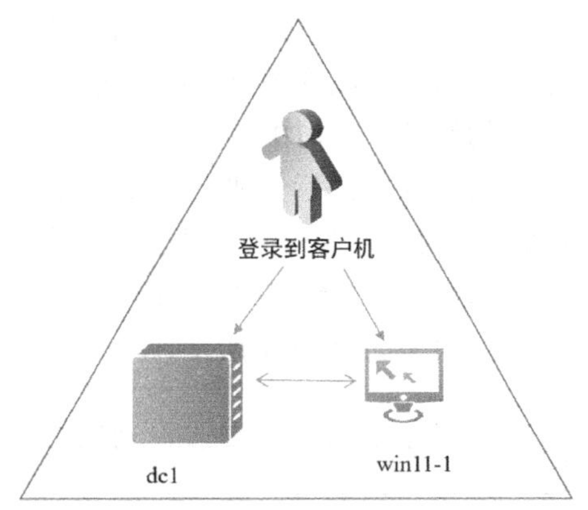

图 10-12　本实训项目的网络拓扑图

2．项目要求

（1）将张工对应的域用户账户加入 Backup Operators 组，截取 Backup Operators 组的属性界面。

（2）将李工对应的域用户账户加入客户机的 Administrators 组，截取客户机的 Administrators 组的属性界面。

（3）使用李工对应的域用户账户登录客户机，尝试进行网卡配置，截取该界面。

项目 11　管理将计算机加入域的权限

项目学习目标

1. 掌握普通域用户将计算机加入域的权限管理方法。
2. 掌握普通域用户将特定计算机加入域的权限管理方法。
3. 掌握域控制器和客户机之间的信任关系。

项目描述

jan16 公司基于 Windows Server 2022 活动目录管理公司中的用户和计算机，公司仅允许加入域的计算机访问公司的网络资源，但是在运行和维护的过程中出现了以下问题。

问题 1：网络部发现有一些员工使用了个人计算机，并且通过自己的域用户授权将个人计算机加入了公司域。在公司使用未经管理部验证的计算机会给公司网络带来安全隐患，公司要求禁止普通域用户授权将计算机加入域，只能由域管理员授权将计算机加入域。

问题 2：分公司有一台计算机需要加入域，但是分公司没有域管理员，应该怎么办？

问题 3：公司中有一台客户机在半年前因故障送修，在取回后开机，域用户始终无法登录域（客户机与域控制器之间的通信正常）。

本项目的网络拓扑图如图 11-1 所示，计算机信息规划表如表 11-1 所示。

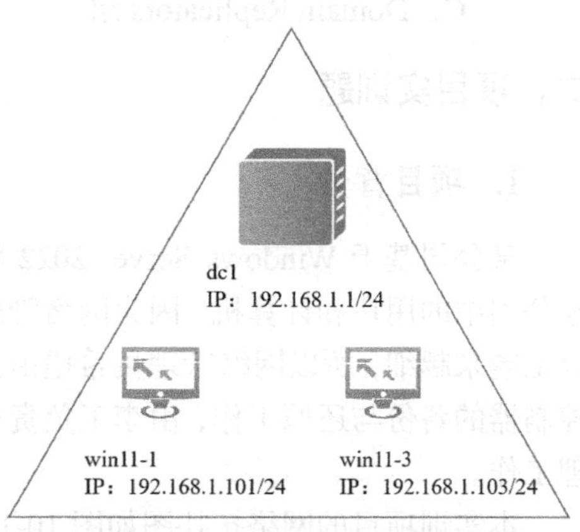

图 11-1　本项目的网络拓扑图

表 11-1　本项目的计算机信息规划表

计算机名称	VLAN 名称	IP 地址	操作系统
dc1	VMnet1	192.168.1.1/24	Windows Server 2022
win11-1	VMnet1	192.168.1.101/24	Windows 11
win11-3	VMnet1	192.168.1.103/24	Windows 11

项目分析

对于问题 1，公司可以限制普通域用户将计算机加入域的权限。

对于问题 2，域管理员可以首先获得要加入域的计算机的名称和使用该计算机的域用户，然后在域控制器中创建计算机用户，最后授权该用户可以将该计算机加入域，分公司的员工使用该域用户，即可将计算机加入域。

对于问题 3，如果一台客户机因故长时间未登录域，那么这台客户机的计算机账户会过期。在域环境中，域控制器和客户机会定期更新契约，并且基于该契约建立安全通道。如果契约过期并完全失效，则会导致域控制器和客户机之间的信任关系被破坏。如果要修复它们之间的信任关系，那么首先在活动目录中删除该客户机的计算机账户，然后将该客户机的管理员账户退出域，最后将该客户机的管理员账户重新加入域。

具体涉及的工作任务如下。

（1）限制普通域用户将计算机加入域的权限。

（2）授权域用户将计算机加入域。

（3）修复域控制器和客户机之间的信任关系。

相关知识

1. 普通域用户将计算机加入域的权限

在默认情况下，一个普通域用户最多可以将 10 台计算机加入域，这有可能导致普通域用户将外部计算机加入域，存在不可预知的安全隐患。将普通域用户允许加入域的计算机数量由 10 改为 0，即可限制该域用户将计算机加入域的权限。

2. 普通域用户将指定计算机加入域的权限

在限制了普通域用户将计算机加入域的权限后，域管理员可以授权普通域用户将指定的计算机加入域。例如，要将一台名为 sqlserver2 的计算机加入活动目录的“网络部”组织单位，域管理员可以在“Active Directory 用户与计算机”窗口中找到“网络部”组织单位，在其右键菜单中选择“新建”→“计算机”命令，弹出“新建对象-计算机”对话框，如图 11-2 所示。将“计算机名”设置为“sqlserver2”，将“用户或组”设置为“jan16.cn/Users/jack”（授权普通域用户 jack），这样 jack 用户就可以将该客户机加入域了。在将 sqlserver2 计算机加入域后，jack 用户的委派工作就结束了。

图 11-2　“新建对象-计算机”对话框

3. 域控制器和客户机之间的信任关系

如果客户机长时间未登录域，那么域控制器和客户机之间的信任关系会被破坏。例如，客户机超过 30 天没有登录域，会导致安全通道密码发生变化，需要重置安全通道密码。在这种情况下，通常需要将该计算机从域中退出，再将其重新加入域。

项目实施

项目 11-任务 11-1

任务 11-1 限制普通域用户将计算机加入域的权限

► 任务规划

限制普通域用户将计算机加入域的权限，需要将普通域用户允许加入域的计算机数量由 10 改为 0。

► 任务实施

（1）在域控制器 dc1 中打开“服务器管理器”窗口，在菜单栏中选择“工具”→“ADSI 编辑器”命令，打开“ADSI 编辑器”窗口，在左侧的导航栏中右击“ADSI 编辑器”选项，在弹出的快捷菜单中选择“连接到”命令，如图 11-3 所示。

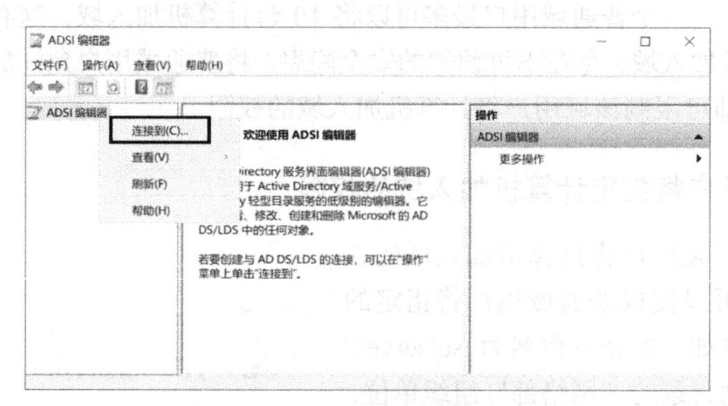

图 11-3 “ADSI 编辑器”窗口

（2）弹出“连接设置”对话框，采用默认参数设置，单击“确定”按钮，会在“ADSI 编辑器”窗口左侧导航栏中的“ADSI 编辑器”选项下出现“默认命名上下文[dc1.jan16.cn]”选项，如图 11-4 所示。

（3）单击“默认命名上下文[dc1.jan16.cn]”选项，将其展开，右击“DC=jan16,DC=cn”选项，在弹出的快捷菜单中选择“属性”命令，弹出“DC=jan16,DC=cn 属性”对话框，在“属性编辑器”选项卡的“属性”列表框中找到 ms-DS-MachineAccountQuota 选项，如图 11-5 所示。

（4）将 ms-DS-MachineAccountQuota 选项的值由 10 改为 0，将普通域用户允许加入域的计算机数量设置为 0 台。这样，普通域用户就不可以将计算机加入域了。

图 11-4　“ADSI 编辑器”窗口——“默认命名上下文 [dc1.jan16.cn]”选项

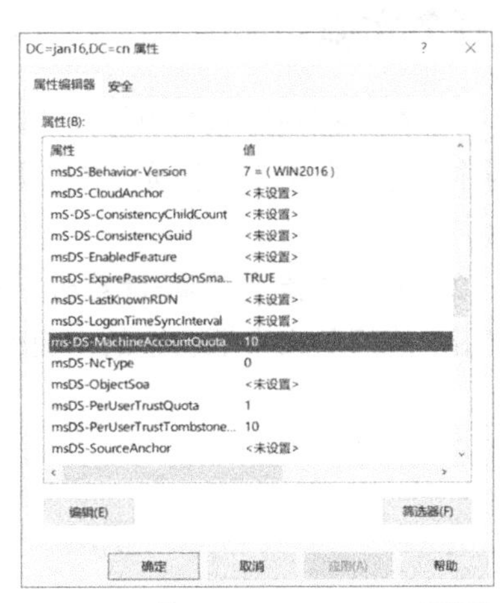

图 11-5　“DC=jan16,DC=cn 属性”对话框

▶ 任务验证

在主域控制器 dc1 中打开“DC=jan16,DC=cn 属性”对话框，在“属性编辑器”选项卡的“属性”列表框中可以看到 ms-DS-MachineAccountQuota 选项的值为 0，表示普通域用户允许加入域的计算机数量为 0 台，也就是说，普通域用户将计算机加入域的权限被限制了，如图 11-6 所示。

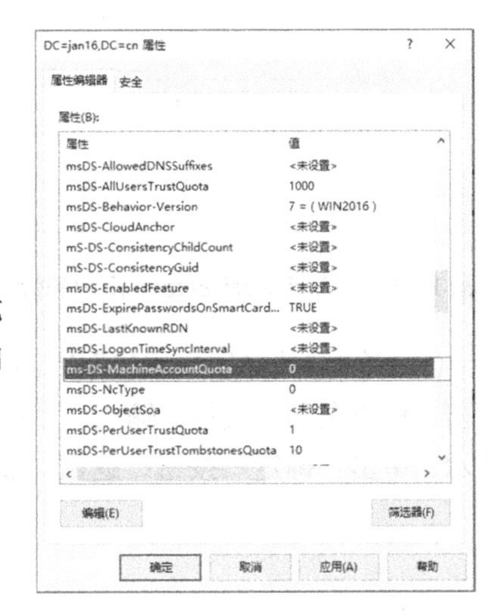

图 11-6　查看普通域用户将计算机加入域的计算机数量

任务 11-2　授权域用户将计算机加入域

项目 11-任务 11-2

▶ 任务规划

假设业务部有一台名为 win11-3 的计算机，该计算机是分配给域用户 jack 使用的。现在需要将计算机 win11-3 加入域，公司决定授权 jack 用户将该计算机加入域。

▶ 任务实施

（1）在域控制器 dc1 中打开“Active Directory 用户和计算机”窗口，在左侧的导航栏中找到并右击“业务部”选项，在弹出的快捷菜单中选择“新建”→“计算机”命令，如图 11-7 所示。

（2）弹出“新建对象-计算机”对话框，在“计算机名”文本框中输入“win11-3”，单击“用户或组”文本框右边的“更改”按钮，如图 11-8 所示。

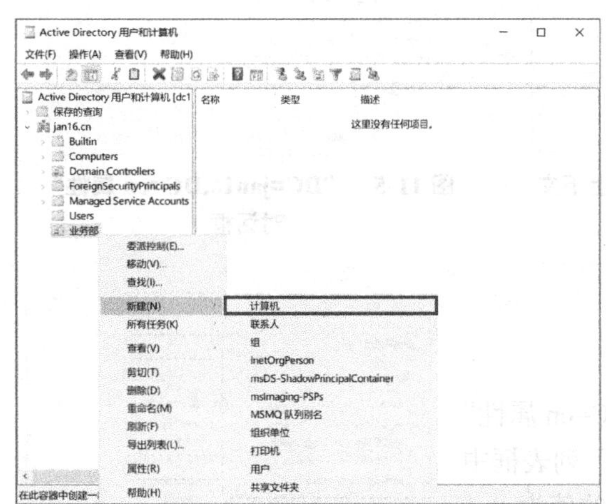

图 11-7 “Active Directory 用户和计算机”窗口

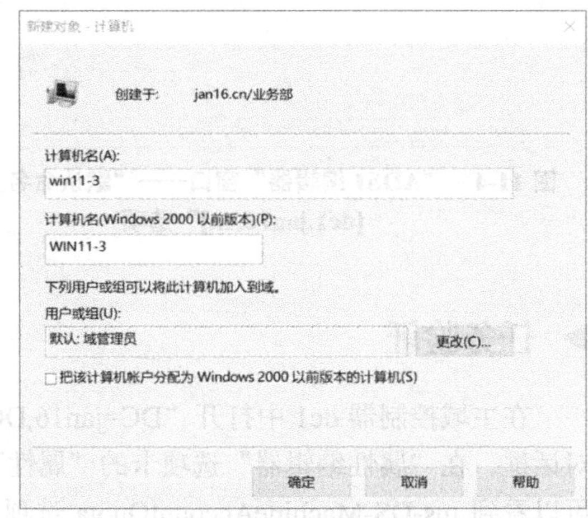

图 11-8 “新建对象-计算机”对话框（1）

（3）弹出“选择用户或组”对话框，在文本框中输入 jack 用户的用户主名 jack@jan16.cn，单击“检查名称”按钮，输入的“jack@jan16.cn”会变为“jack(jack@jan16.cn)”，如图 11-9 所示；单击“确定”按钮，返回“新建对象-计算机”对话框，如图 11-10 所示。

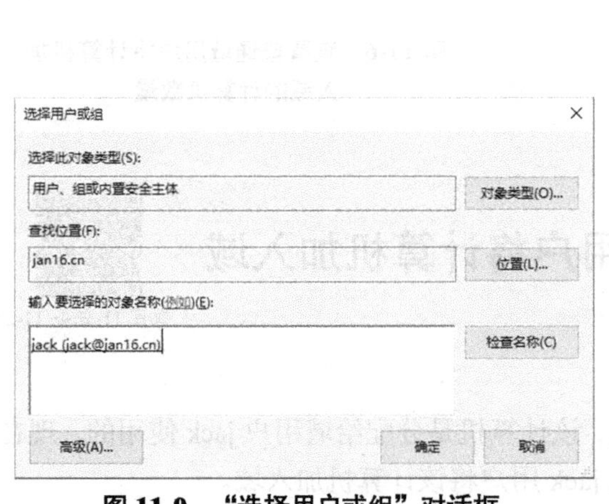

图 11-9 “选择用户或组”对话框

图 11-10 “新建对象-计算机”对话框（2）

（4）在“Active Directory 用户和计算机”窗口的“业务部”容器中右击计算机对象 win11-3，在弹出的快捷菜单中选择“属性”命令，弹出“win11-3 属性”对话框，查看该对话框中的“常规”选项卡和“操作系统”选项卡，如图 11-11 所示。计算机对象 win11-3 目前为预注册，它的很多信息还不完整，在将计算机 win11-3 加入域后，域控制器会根据客户机信息自动进行完善。

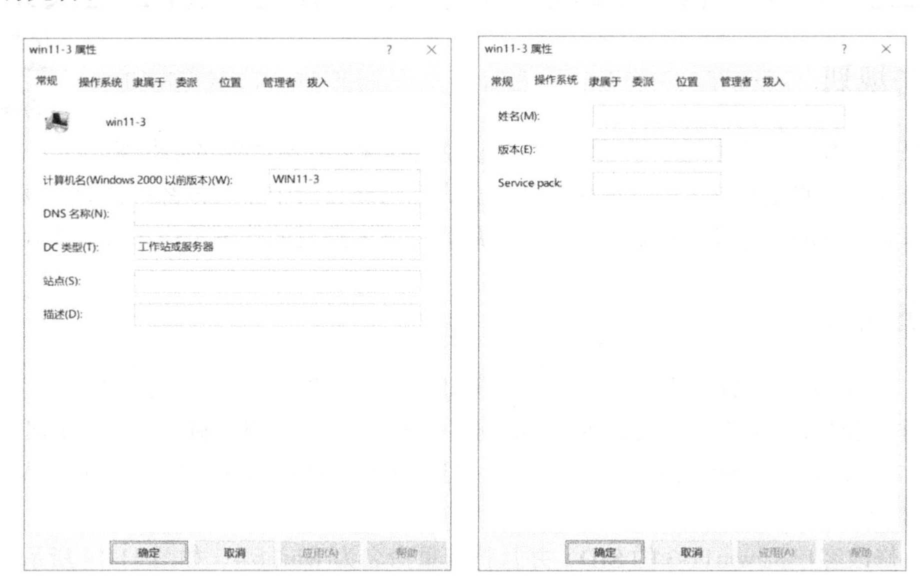

图 11-11　“win11-3 属性”对话框中的“常规”选项卡和“操作系统”选项卡（1）

► 任务验证

使用域用户 jack 将计算机 win11-3 加入域，系统提示“成功加入到域”，此时普通域用户 jack 并不受普通域用户允许将计算机加入域的数量属性的限制。在将计算机 win11-3 成功加入域后，“win11-3 属性”对话框中的“常规”选项卡和“操作系统”选项卡如图 11-12 所示，其客户机相关信息已经由域控制器自动完善。

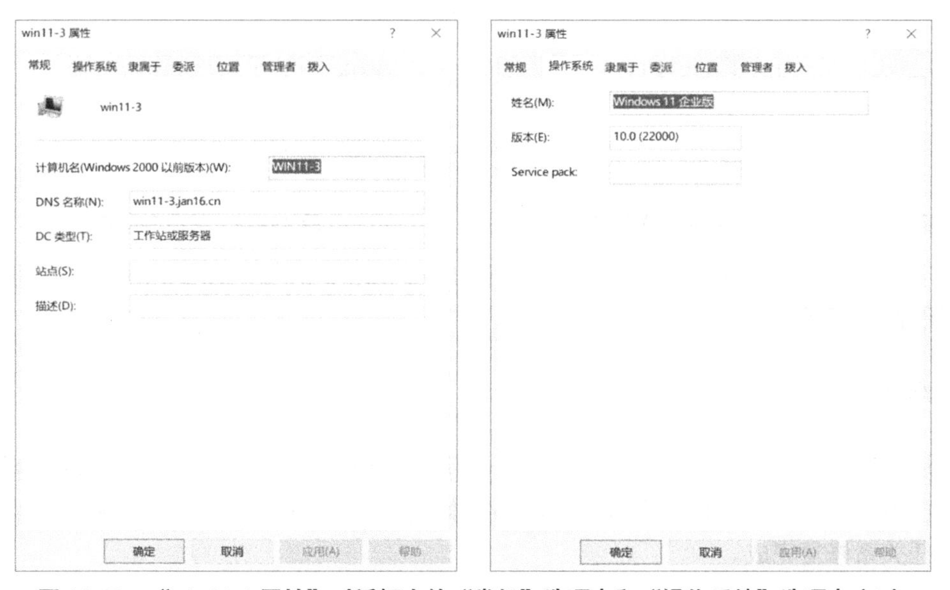

图 11-12　“win11-3 属性”对话框中的“常规”选项卡和“操作系统”选项卡（2）

任务 11-3　修复域控制器和客户机之间的信任关系

项目 11-任务 11-3

▶ 任务规划

如果一台客户机长时间未登录域，那么域控制器和客户机之间的信任关系会被破坏。要修复它们之间的信任关系，首先在活动目录中删除该客户机的计算机账户，然后将该客户机的本地管理员账户退出域，最后将该客户机的管理员账户重新加入域。

▶ 任务实施

（1）在客户机 win11-3 中打开“设置”窗口，选择“系统”→“关于”选项，单击“域或工作组”超链接，弹出“系统属性”对话框，单击“更改”按钮，弹出“计算机名/域更改”对话框，在“隶属于”选区中选择“工作组”单选按钮，将客户机从域中退出并加入工作组，如图 11-13 所示。

（2）修改客户机 win11-3 的 SID，并且将其重命名为 win11-4，如图 11-14 所示。

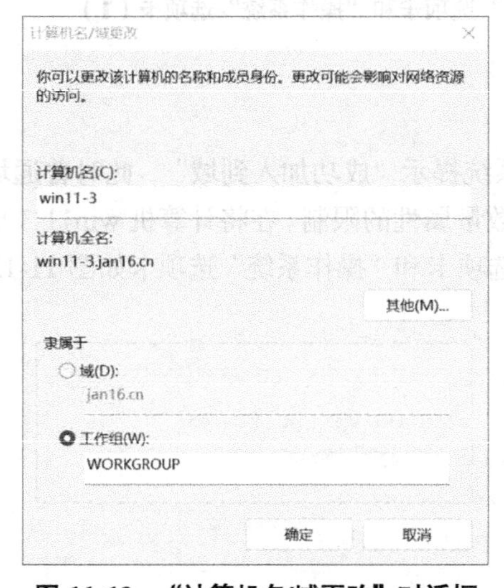

图 11-13　“计算机名/域更改”对话框

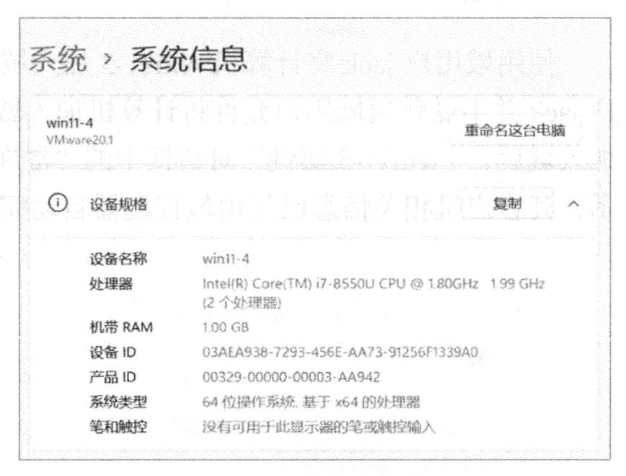

图 11-14　重命名客户机

（3）将重命名后的客户机 win11-4 加入 jan16.cn 域，此时域控制器和客户机之间的信任关系已经修复完成。

▶ 任务验证

在域控制器 dc1 中打开“Active Directory 用户和计算机”窗口，在 Computers 容器中可以看到已经加入 jan16.cn 域的计算机 win11-4，如图 11-15 所示。至此，域控制器和客户机之间的信任关系修复完成。

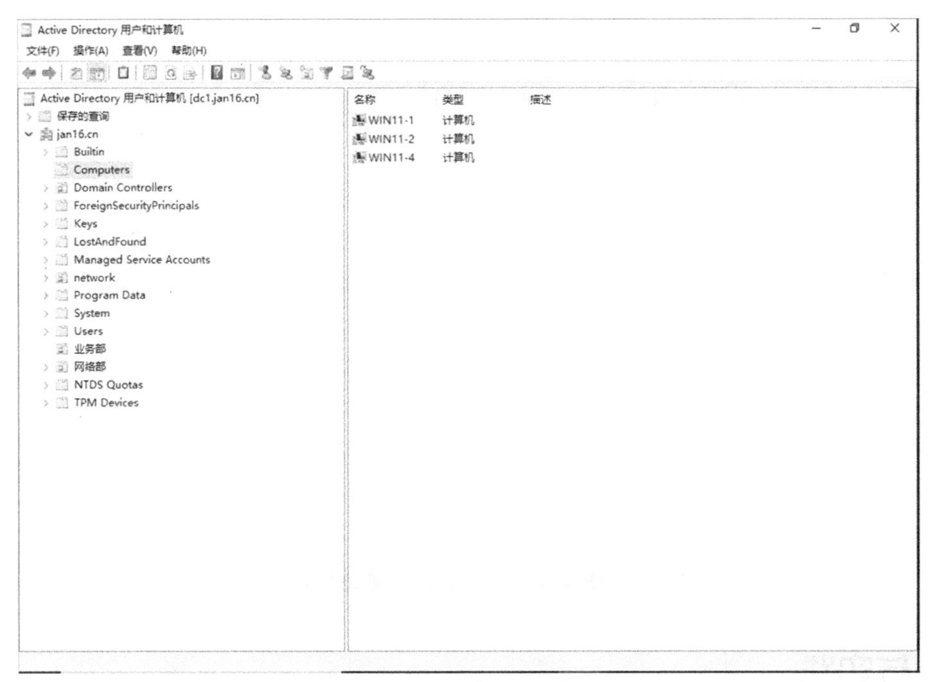

图 11-15　将客户机重新加入域

项目验证

项目 11-项目验证

1. 验证普通域用户将计算机加入域的权限

（1）使用普通域用户 tom 将一台计算机加入 jan16.cn 域，操作失败，并且弹出“计算机名/域更改”对话框，提示“已超出此域所允许创建的计算机账户的最大值”，如图 11-16 所示。

（2）使用普通域用户 jack 将计算机加入 jan16.cn 域，操作成功，并且弹出“计算机名/域更改”对话框，提示“欢迎加入 jan16.cn 域。”，如图 11-17 所示。

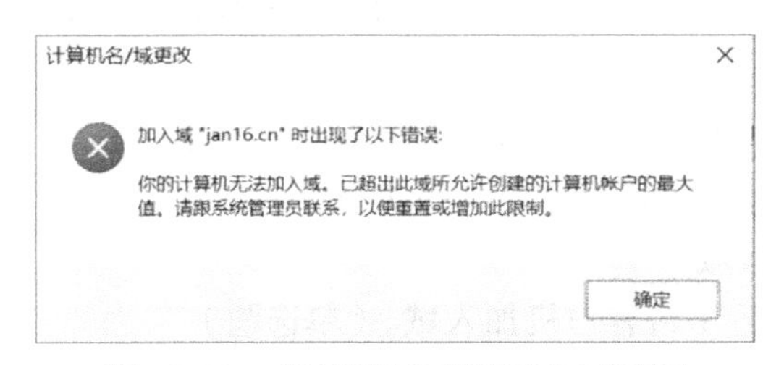

图 11-16　“计算机名/域更改”对话框（操作失败）

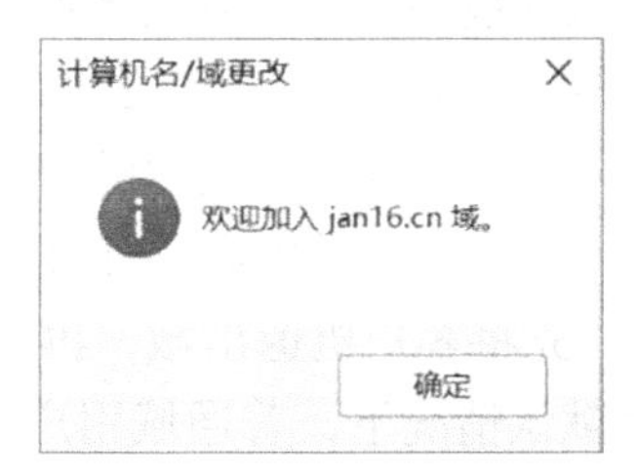

图 11-17　“计算机名/域更改”对话框（操作成功）

2. 验证域控制器和客户机之间的信任关系

在客户机 win11-4 中使用域用户 jack 登录 jan16.cn 域，登录成功，如图 11-18 所示，表示域控制器和客户机 win11-4 之间的信任关系已经修复。

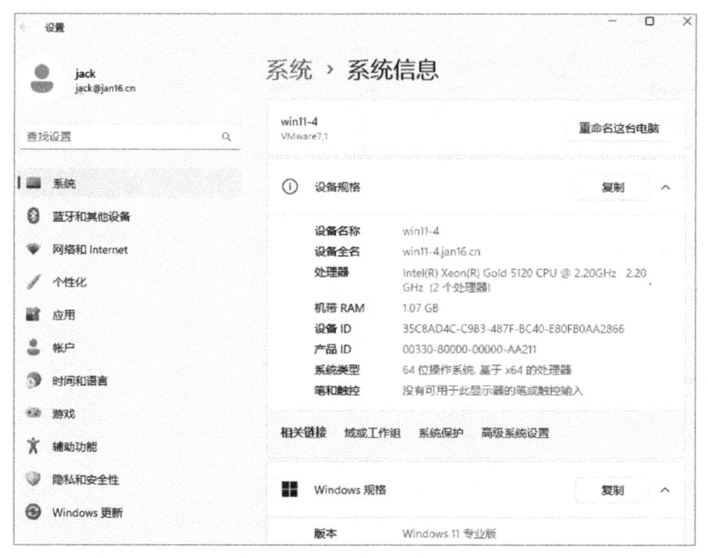

图 11-18　使用域用户 jack 成功登录 jan16.cn 域

练习与实践

一、理论题

1. 在将计算机加入域时，需要拥有足够的权限来执行操作的用户是（　　）。（单选题）

A. 域管理员　　B. 本地管理员　　C. 计算机所有者

2. 在域环境中，在将计算机和用户加入域后，可以实现的安全管理是（　　）。（单选题）

A. 集中控制和管理权限　　B. 禁止所有未授权的用户访问资源

C. 强制实施复杂的密码策略　　D. 禁用所有网络服务和端口

3. 在域环境中，限制普通域用户将计算机加入域的权限，可以（　　）。（单选题）

A. 提高数据安全性和完整性　　B. 减少系统维护和管理成本

C. 增强用户工作效率和体验　　D. 支持多种操作系统和应用程序

4. 在域环境中，如果域控制器和客户机之间的信任关系出现问题，那么为了进行修复，可以采取的措施有（　　）。（多选题）

A. 重置域管理员用户的密码　　B. 重新启动域控制器和客户机

C. 检查网络设置和信任证书的状态　　D. 执行命令“netdom resetpwd”

E. 先将客户机退出域，再将其重新加入域

5. 在默认情况下，普通域用户可以将（　　）台客户机加入域。（单选题）

A. 1　　B. 5　　C. 10　　D. 20

二、项目实训题

1. 项目背景

某公司基于 Windows Server 2022 活动目录管理公司中的用户和计算机，公司在运行与维护的过程中，希望解决以下问题。

- 限制普通域用户将计算机加入域的权限。
- 授权域用户将特定计算机加入域。
- 修复域控制器和客户机之间的信任关系。

本实训项目的网络拓扑图如图 11-19 所示。

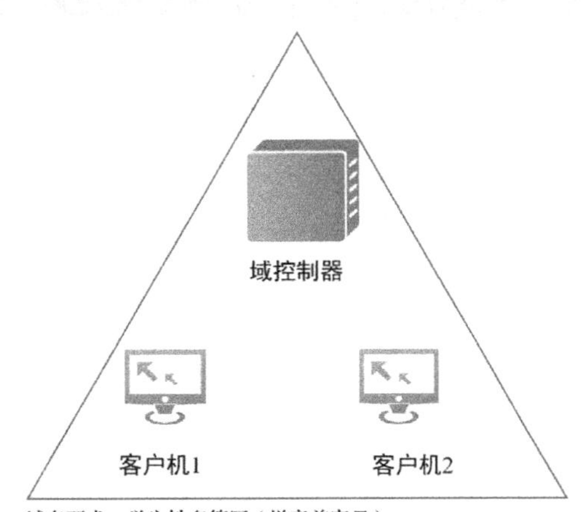

图 11-19　本实训项目的网络拓扑图

2. 项目要求

（1）限制普通域用户将计算机加入域的权限，需要将普通域用户允许加入域的计算机数量由 10 台改为 0 台，截取相关界面。

（2）使用域用户将一台客户机加入域，截取相关界面。

（3）域管理员授予特定域用户将客户机（win11-xy）加入域的权限，并且进行以下测试。

步骤 1：使用特定域用户（学生姓名简写）将客户机（win11-xy）加入域。

步骤 2：使用特定域用户（学生姓名简写）将客户机（其他计算机）加入域。

截取将上述两台计算机加入域的关键界面，然后对相关结果进行对比，并且简要叙述不同或相同的原因。

项目 12　组的管理与 AGUDLP 原则

项目学习目标

1. 掌握组的类型。
2. 掌握组的作用域。
3. 掌握 AGUDLP 原则。
4. 掌握 AGUDLP 原则的应用。

项目描述

jan16 公司目前正在实施某项工程，该工程需要总公司工程部和分公司工程部协同创建一个共享目录，以便总公司工程部和分公司工程部共享数据。jan16 公司决定在子域控制器 gzdc1 中临时创建一个共享目录，并且通过分配权限，使总公司工程部和分公司工程部的员工用户对该共享目录具有读取/写入权限。

本项目的网络拓扑图如图 12-1 所示，计算机信息规划表如表 12-1 所示。

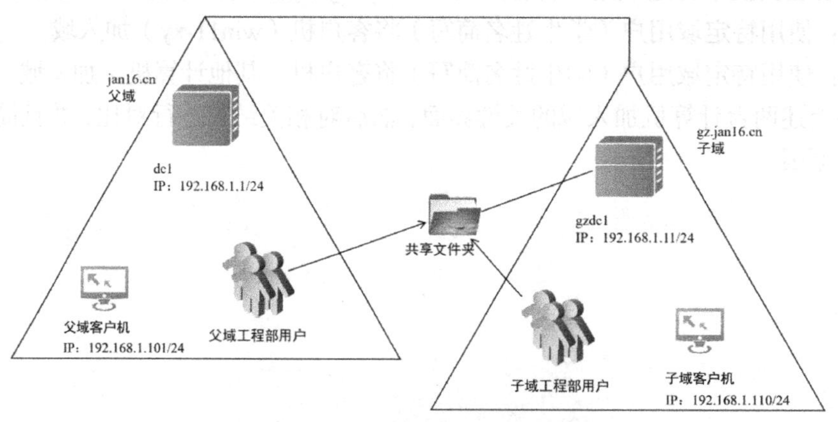

图 12-1　本项目的网络拓扑图

表 12-1　本项目的计算机信息规划表

计算机名称	VLAN 名称	IP 地址	操作系统
dc1	VMnet1	192.168.1.1/24	Windows Server 2022
gzdc1	VMnet1	192.168.1.11/24	Windows Server 2022
父域客户机	VMnet1	192.168.1.101/24	Windows 11
子域客户机	VMnet1	192.168.1.110/24	Windows 11

项目分析

总公司工程部和分公司工程部的用户对本项目创建的共享目录有写入和删除权限。因此，需要在总公司和分公司分别创建工程部员工用户，在子域控制器上创建共享目录，并且根据项目要求为工程部员工用户授权，具体方案如下。

（1）在总公司的主域控制器 dc1 和分公司的子域控制器 gzdc1 中分别创建相应的工程部员工用户。

（2）在总公司的主域控制器 dc1 中创建全局组“工程全局组 1”，并且将总公司工程部的用户加入该全局组；在分公司的子域控制器 gzdc1 中创建全局组“工程全局组 2”，并且将分公司工程部的用户加入该全局组。

（3）在总公司的主域控制器 dc1（林根）中创建通用组“工程通用组 1”，并且将“工程全局组 1”和“工程全局组 2”加入该组。

（4）在分公司的子域控制器 gzdc1 中创建本地域组“工程本地域组 2”，并且将“工程通用组 1”加入该组。

（5）创建共享目录“工程部共享目录”，配置“工程本地域组 2”对该共享目录具有读取/写入权限。

在实施该方案后面临的问题及解决方法。

问题 1：总公司工程部员工的新增或减少：总公司管理员直接对工程部员工用户（工程全局组 1）进行的加入与退出操作。

问题 2：分公司工程部员工的新增或减少：分公司管理员直接对工程部员工用户（工程全局组 2）进行的加入与退出操作。

在本项目中，需要了解组的相关知识，并且结合项目要求进行权限分配，具体涉及以下工作任务。

（1）了解通讯组和安全组之间的区别。

（2）区分组的作用域。

（3）通过授权获得域用户对域内共享目录的访问权限。

相关知识

1. 组的类型

活动目录中有两种组：通讯组和安全组。

- 通讯组：存储用户的联系方式，用于进行批量用户之间的通信，如群发邮件、开视频会议等，它没有安全特性，不可用于授权。
- 安全组：具备通讯组的全部功能，用于为用户和计算机分配权限，是 Windows Server 2022 活动目录的标准安全主体。

2. 组的作用域

组的作用域是指组的工作范围。在域中，根据组的作用域，可以将组分为 3 种：本地域组（DL）、全局组（G）和通用组（U）。组的作用域与管理者如图 12-2 所示。

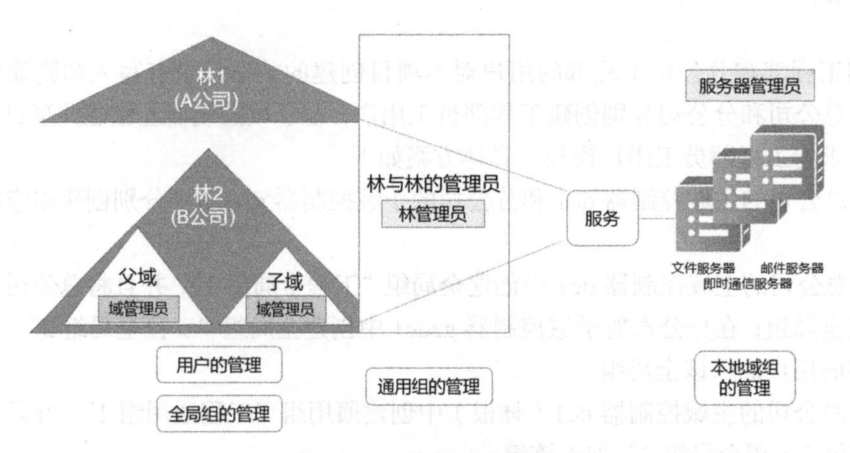

图 12-2　组的作用域与管理者

1）本地域组

作用域：本域及子域。

管理者：域管理员和域中的服务器管理员。

成员：所有用户账户和组账户。

2）全局组

作用域：所有域。

管理者：域管理员。

成员：本域中的所有用户账户和组账户。

3）通用组

作用域：所有域和林。

管理者：林管理员。

成员：相同林中的所有用户账户和组账户。

3. AGUDLP 原则

在 AGUDLP 原则中，A 表示用户账户，G 表示全局组，U 表示通用组，DL 表示本地域组，P 表示资源权限。

假设公司中有两个域，分别为 B 域和 C 域，它们都隶属于 A 林，B 域中的 5 个财务人员和 C 域中的 3 个财务人员都需要访问 C 域的文件共享服务器中的 FINA 文件夹。在这种情况下，可以在 C 域中创建一个本地域组 DLc。因为 DLc 组中的成员可以来自所有的域，所以将 8 个财务人员的用户账户都加入 DLc 组，并且将 FINA 文件夹的访问权授予 DLc 组。这样做的坏处是什么呢？因为 DLc 组在 C 域中，所以管理权属于 C 域，如果要在 B 域中增加一个财务人员，那么只能通知 C 域管理员，由其对 DLc 组中的成员进行修改。事实上事情远没有这么简单，这需要两个域中的工作人员相互协调，落实到具体操作，还需要有具体的申请和审批流程，总体效率较低。

这时我们改变一下，首先在 B 域和 C 域中各创建一个全局组，分别为 Gb 组和 Gc 组，然后在 C 域中创建一个本地域组 DLc，再将 Gb 组和 Gc 组都加入 C 域中的 DL 组，最后将 FINA 文件夹的访问权授予 DLc 组。这样，Gb 组和 Gc 组就都有权访问 FINA 文件夹了（组嵌套与权限继承）。这时，Gb 组由 B 域管理员管理，Gc 组由 C 域管理员管理，B 域管理员将 B 域中 5 个财务人员的用户账户加入 Gb 组，C 域管理员将 C 域中 3 个财务人员的用户账户加入 Gc 组，任务就完成了。后续如果有人员调整，那么 B 域管理员和 C 域管理员直接对自己的组成员用户账户进行管理即可，这就是 AGDLP 原则。

当共享资源与访问的用户不在同一个林中时，因为全局组无法跨域加入本地域组，所以需要先将全局组加入林中的通用组，再将通用组跨域加入共享资源所在的本地域组，这就是 AGUDLP 原则。AGUDLP 原则的结构如图 12-3 所示，操作和位置如图 12-4 所示。

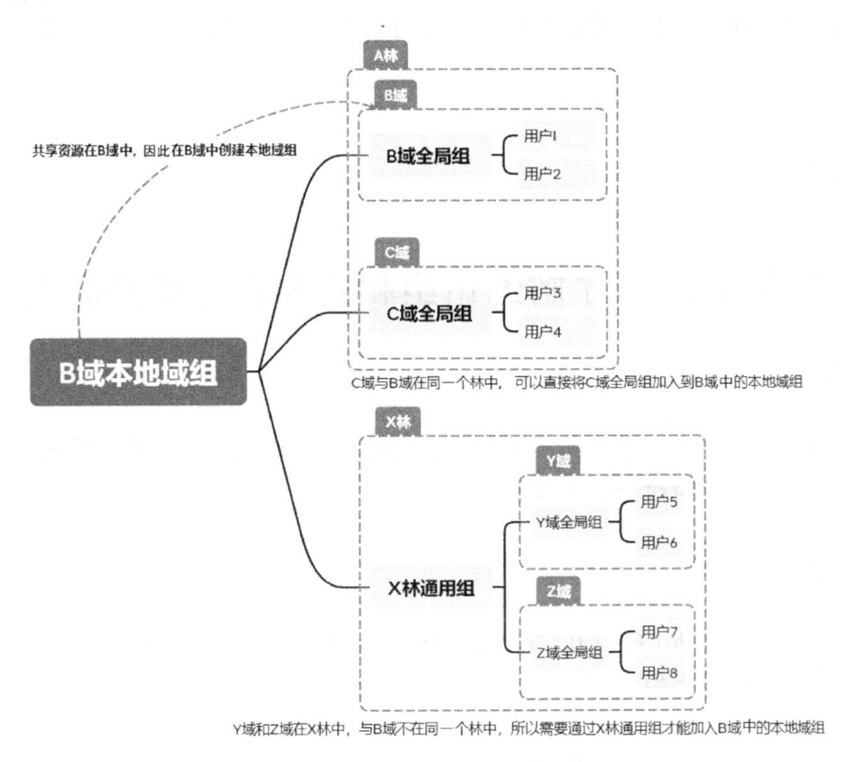

图 12-3　AGUDLP 原则的结构

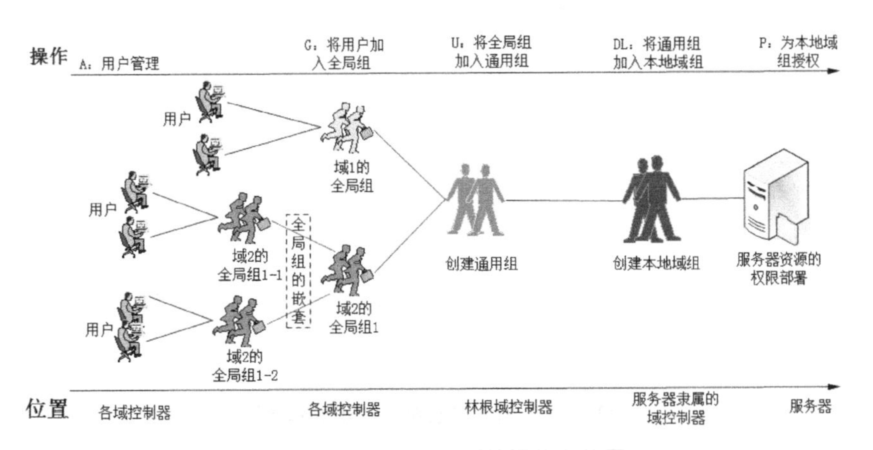

图 12-4　AGUDLP 原则的操作和位置

综上所述，我们可以将 AGDLP 原则和 AGUDLP 原则总结如下。

AGDLP 原则：首先将用户账户加入全局组，然后将全局组加入本地域组，最后为本地域组分配资源权限。AGDLP 原则适用于单林环境，通过为本地域组授权，实现对全域用户的授权。

AGUDLP 原则：首先将用户账户加入全局组，然后将全局组加入通用组，再将通用组加入本地域组，最后为本地域组分配资源权限。AGUDLP 原则适用于多林环境，通过为本地域组授权，实现对全林用户的授权。

对于具有相同权限的多个用户，只需将其添加到组中并给组授权。

或许每个网络管理员都有自己独特的方法为用户授权，但大量成功的实践案例证明了，无论是在单域环境中，还是在多域环境中，采用 AGUDLP 原则的方案都可以非常高效地进行日常管理工作。

项目实施

任务 12-1　了解通讯组和安全组之间的区别

项目 12-任务 12-1

▶ 任务规划

本任务首先创建一个通讯组和一个安全组，然后在域中创建一个共享目录，最后测试该共享目录能否为这两个组授予访问权限。

▶ 任务实施

（1）在主域控制器 dc1 中打开“Active Directory 用户和计算机”窗口，创建一个组织单位，将其命名为“组的类型”，如图 12-5 所示。

图 12-5　创建组织单位“组的类型”

（2）在“组的类型”组织单位中创建一个通讯组 tongxun 和一个安全组 anquan，如图 12-6 所示。

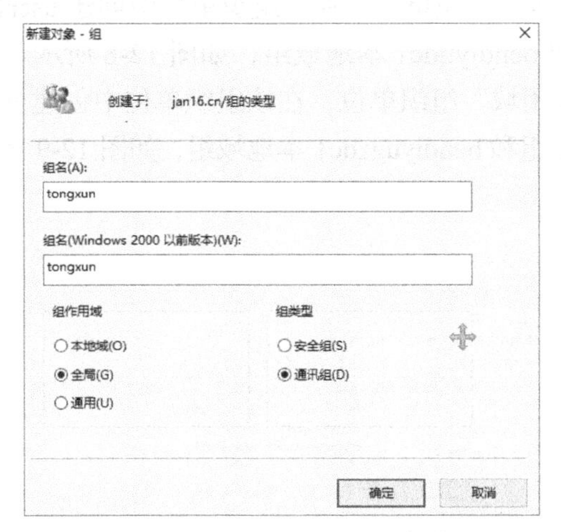

图 12-6　创建通讯组 tongxun 和安全组 anquan

（3）在主域控制器 dc1 的“文件资源管理器”窗口中创建一个共享目录“组的类型”。

▶ 任务验证

（1）在主域控制器 dc1 的共享目录“组的类型”中为 tongxun 组授予访问权限，由于通讯组没有安全特性，因此无法对该共享目录授权。

（2）在主域控制器 dc1 的共享目录“组的类型”中为 anquan 组授予访问权限，结果如图 12-7 所示。

图 12-7　在共享目录“组的类型”中为 anquan 组授予访问权限

任务 12-2　区分组的作用域

项目 12-任务 12-2

▶ 任务规划

本任务通过创建本地域组、全局组和通用组，测试不同组的作用域。

▶ 任务实施

（1）在主域控制器 dc1 中创建“组的作用域”组织单位，在该组织单位中创建 user1 用户、quanjudc1 全局组、tongyongdc1 通用组和 bendiyudc1 本地域组，如图 12-8 所示。

（2）在子域控制器 gzdc1 中创建“组的作用域”组织单位，在该组织单位中创建 user2 用户、quanjugzdc1 全局组、tongyonggzdc1 通用组和 bendiyugzdc1 本地域组，如图 12-9 所示。

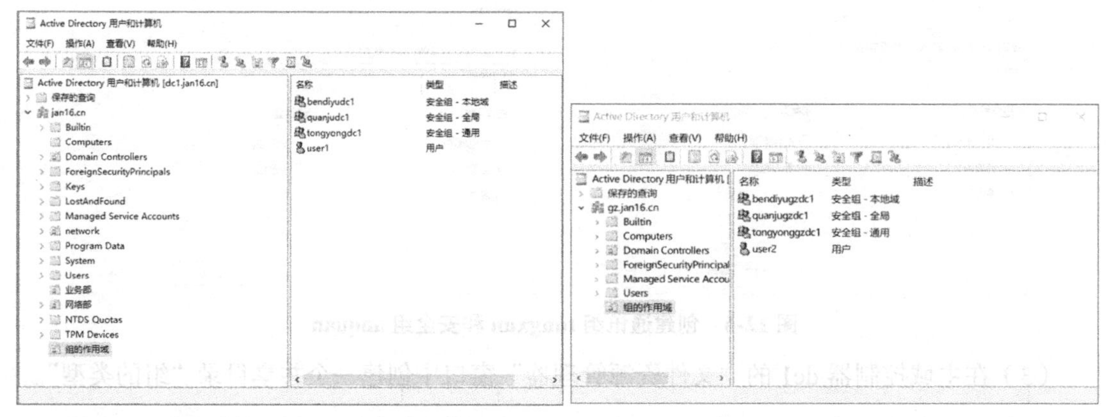

图 12-8　在主域控制器 dc1 中创建用户及组　　**图 12-9　在子域控制器 gzdc1 中创建用户及组**

▶ 任务验证

（1）在主域控制器 dc1 中将 user1 用户和 user2 用户加入全局组 quanjudc1，其中，user1 用户可以被加入 quanjudc1 全局组，而 user2 用户无法被加入 quanjudc1 全局组。在完成以上操作后，quanjudc1 全局组中的成员如图 12-10 所示。

（2）在子域控制器 gzdc1 中将 user1 用户和 user2 用户加入 quanjugzdc1 全局组，其中，user2 用户可以被加入 quanjugzdc1 全局组，而 user1 用户无法被加入 quanjugzdc1 全局组。在完成以上操作后，quanjugzdc1 全局组中的成员如图 12-11 所示。

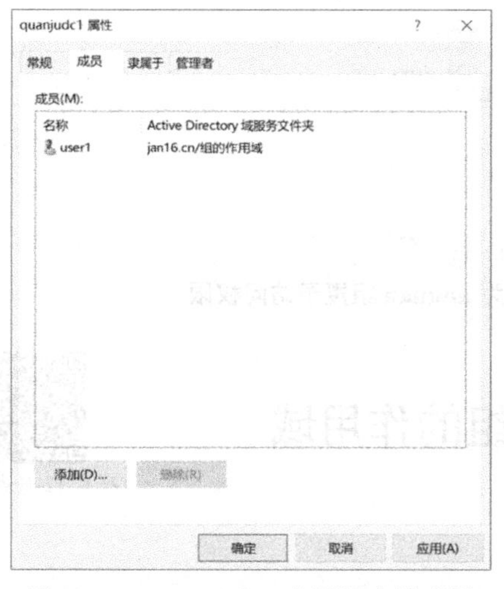

图 12-10　quanjudc1 全局组中的成员

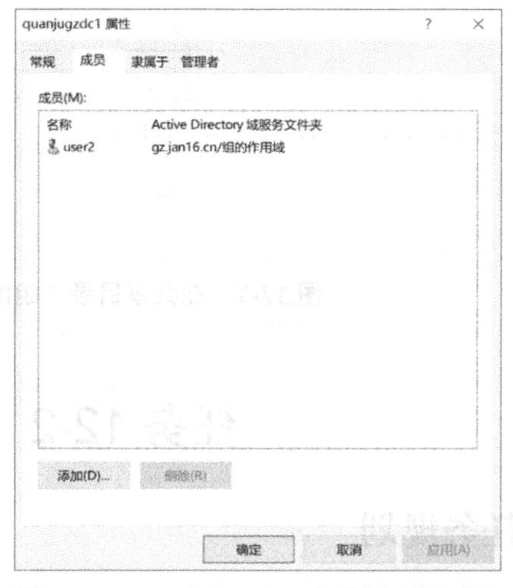

图 12-11　quanjugzdc1 全局组中的成员

（3）将 user1 用户、user2 用户、quanjudc1 全局组、quanjugzdc1 全局组加入 tongyongdc1 通用组和 tongyonggzdc1 通用组。在完成以上操作后，tongyongdc1 通用组和 tongyonggzdc1 通用组中的成员如图 12-12 所示。

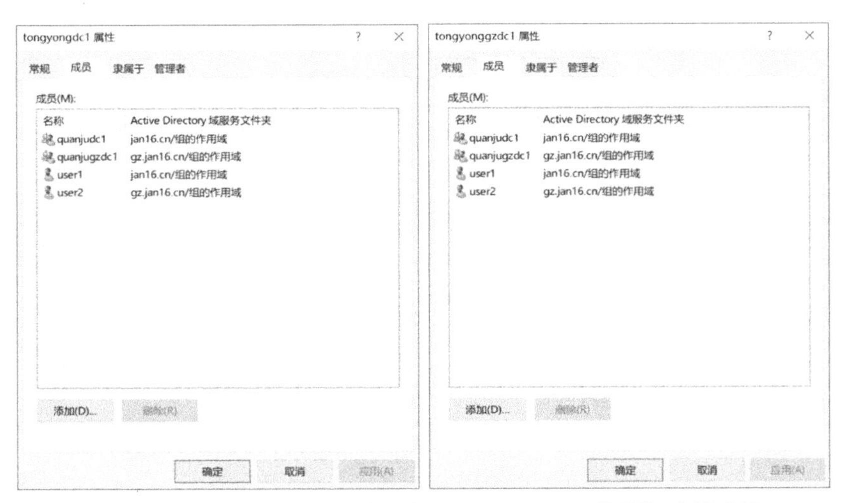

图 12-12　tongyongdc1 通用组和 tongyonggzdc1 通用组中的成员

（4）将 user1 用户、user2 用户、quanjudc1 全局组、quanjugzdc1 全局组、tongyongdc1 通用组、tongyonggzdc1 通用组分别加入 bendiyudc1 本地域组和 bendiyugzdc1 本地域组。在完成以上操作后，bendiyudc1 本地域组和 bendiyugzdc1 本地域组中的成员如图 12-13 所示。

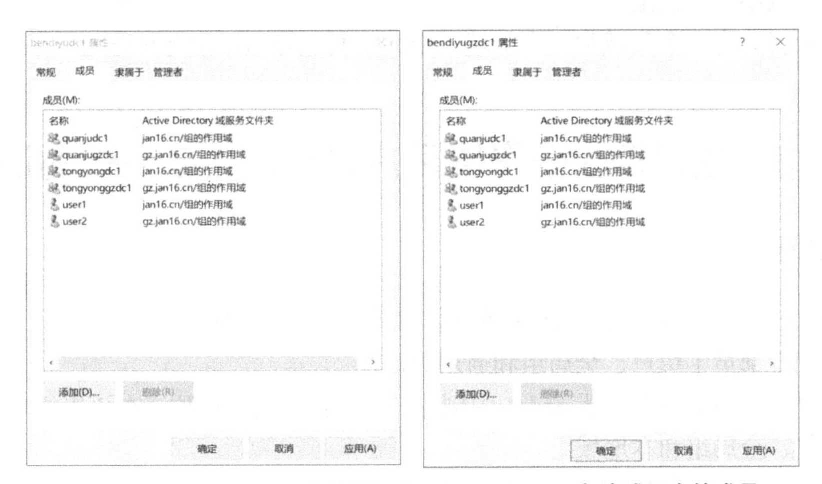

图 12-13　bendiyudc1 本地域组和 bendiyugzdc1 本地域组中的成员

根据以上验证操作可知，全局组中的成员可以是本域中的所有用户账户和组账户，通用组和本地域组中的成员可以是跨域添加所有用户账户和组账户。

由于本项目中只有一个父域和一个子域，因此不再进行本地域组跨林添加用户账户和组账户的验证。

（5）在主域控制器 dc1 中创建共享目录“共享目录 1”，分别测试 quanjudc1 全局组、quanjugzdc1 全局组、tongyongdc1 通用组、tongyonggzdc1 通用组、bendiyudc1 本地域组、bendiyugzdc1 本地域组对该共享目录的权限，结果如图 12-14 所示。

（6）在子域控制器 gzdc1 中创建共享目录“共享目录 2”，分别测试 quanjudc1 全局组、quanjugzdc1 全局组、tongyongdc1 通用组、tongyonggzdc1 通用组、bendiyudc1 本地域组、bendiyugzdc1 本地域组对该共享目录的权限，结果如图 12-15 所示。

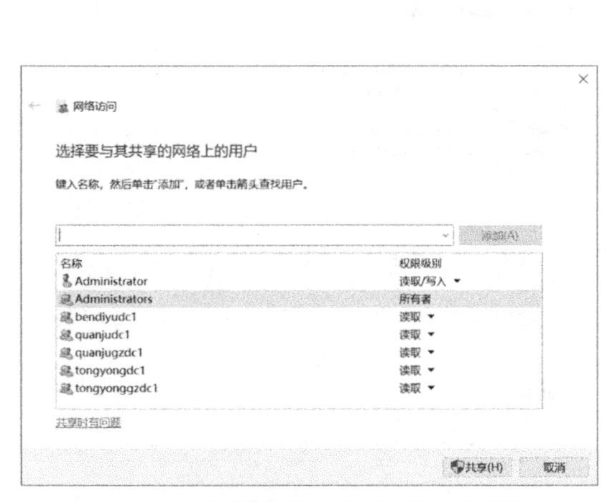

图 12-14　各组对“共享目录 1”的共享权限

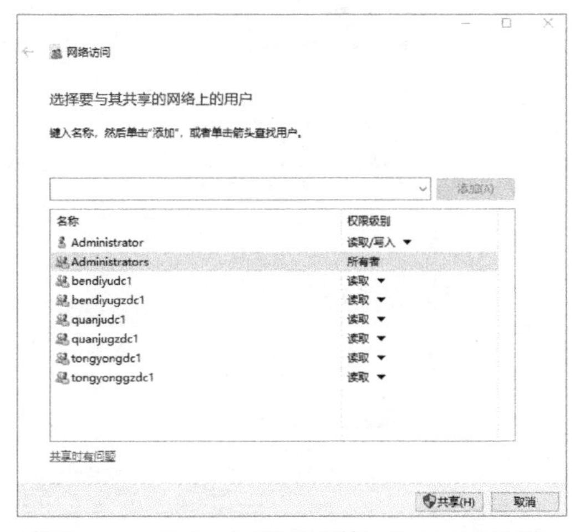

图 12-15　各组对“共享目录 2”的共享权限

根据以上验证操作可知，本地域组的作用域是本域及子域，全局组和通用组的作用域是所有域，在子域中创建的全局组和通用组可以在父域中分配权限，而在子域中创建的本地域组不可以在父域中分配权限。

由于本项目只有一个父域和一个子域，因此不再进行通用组跨林分配权限的验证。

任务 12-3　通过授权获得域用户对域内共享目录的访问权限

▶ 任务规划

项目 12-任务 12-3

（1）在总公司的主域控制器 dc1 中创建“工程部”组织单位，在该组织单位中创建工程部员工用户、全局组和通用组。

（2）在分公司的子域控制器 gzdc1 中创建“工程部”组织单位，在该组织单位中创建工程部员工用户、全局组和本地域组。

（3）将总公司的工程部员工用户和分公司的工程部员工用户分别加入相应的全局组。

（4）将总公司和分公司的全局组加入总公司的通用组。

（5）将总公司的通用组加入分公司的本地域组。

（6）在分公司的子域控制器 gzdc1 中创建共享目录“工程部共享目录”，并且配置分公司的本地域组对该共享目录具有读取/写入权限。

▶ 任务实施

（1）在总公司的主域控制器 dc1 中创建“工程部”组织单位，在该组织单位中创建工程部员工用户 gongcheng1、全局组“工程全局组 1”、通用组“工程通用组 1”，如图 12-16 所示。

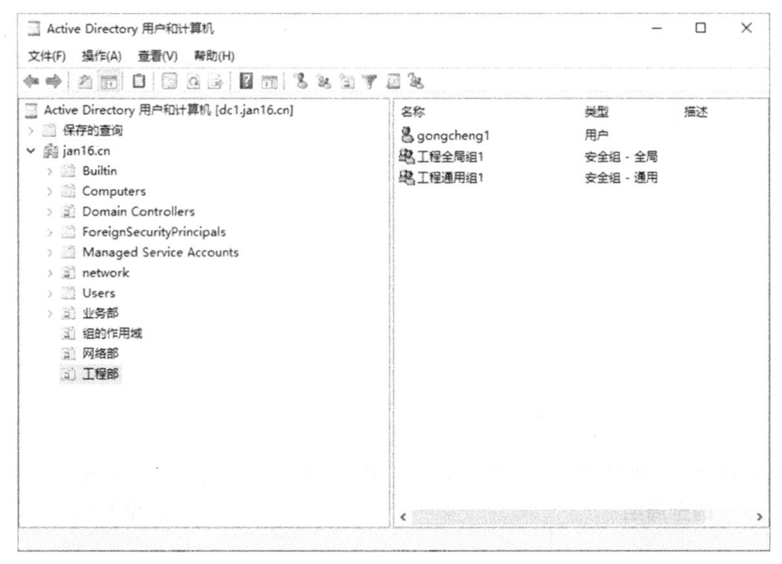

图 12-16　在主域控制器 dc1 的“工程部”组织单位中创建用户和组

（2）在分公司的子域控制器 gzdc1 中创建“工程部”组织单位，在该组织单位中创建工程部员工用户 gongcheng2、全局组“工程全局组 2”、本地域组“工程本地域组 2”，如图 12-17 所示。

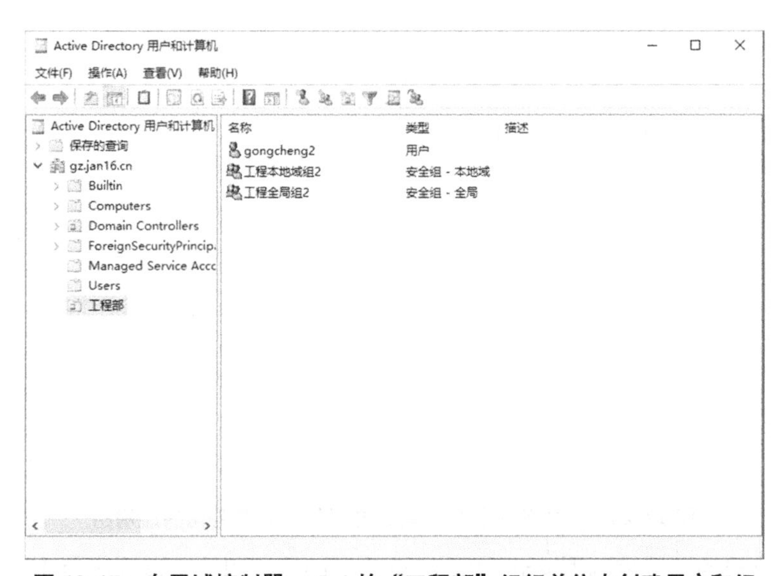

图 12-17　在子域控制器 gzdc1 的“工程部”组织单位中创建用户和组

（3）在总公司的主域控制器 dc1 中，将总公司的工程部员工用户 gongcheng1 加入总公司的全局组“工程全局组 1”，如图 12-18 所示。

（4）在分公司的子域控制器 gzdc1 中，将分公司的工程部员工用户 gongcheng2 加入分公司的全局组“工程全局组 2”，如图 12-19 所示。

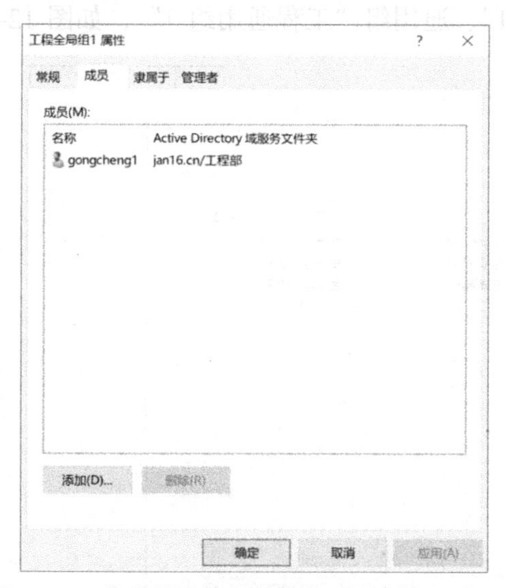

图 12-18　将总公司的工程部员工用户加入总公司的全局组

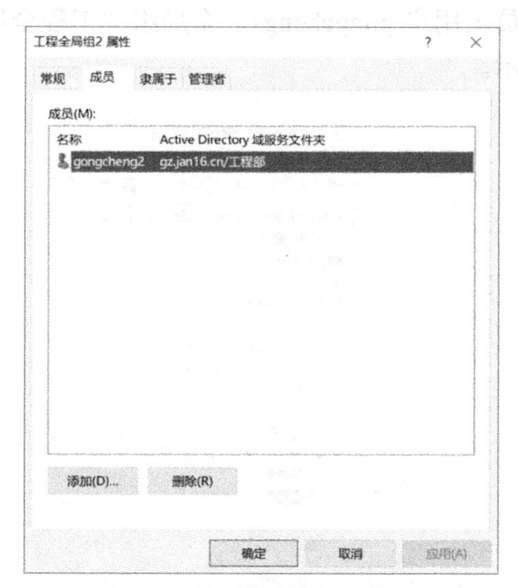

图 12-19　将分公司的工程部员工用户加入分公司的全局组

（5）在总公司的主域控制器 dc1 中，将总公司的全局组“工程全局组 1”和分公司的全局组“工程全局组 2”加入总公司的通用组“工程通用组 1”，如图 12-20 所示。

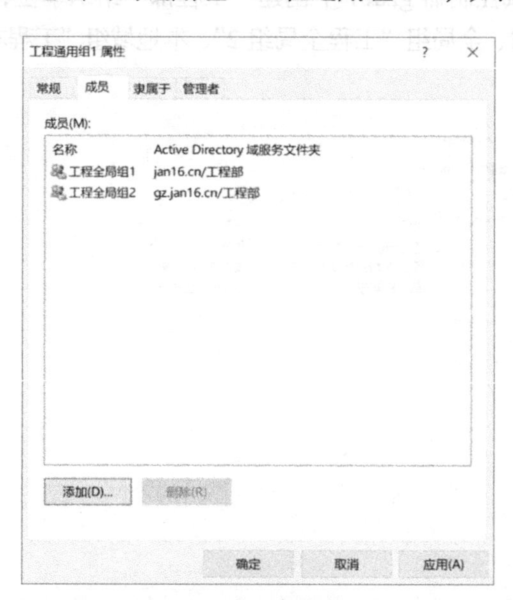

图 12-20　将总公司和分公司的全局组加入总公司的通用组

（6）在分公司的子域控制器 gzdc 中，将总公司的通用组“工程通用组 1”加入分公司的本地域组“工程本地域组 2”，如图 12-21 所示。

（7）在分公司的子域控制器 gzdc1 中创建共享目录“工程部共享目录”，并且配置分公司的本地域组“工程本地域组 2”对该共享目录具有读取/写入权限。如图 12-22 所示。

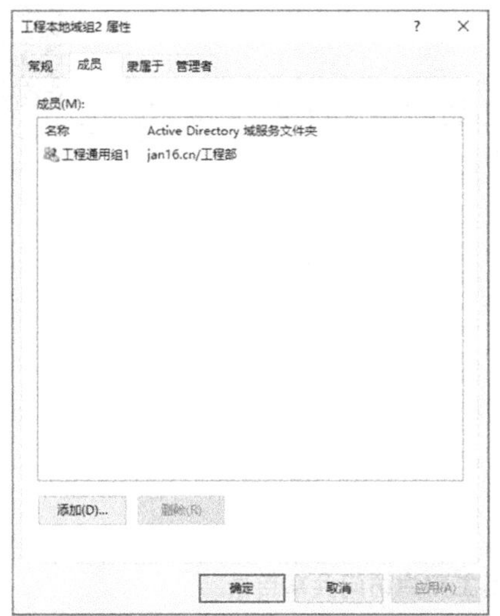

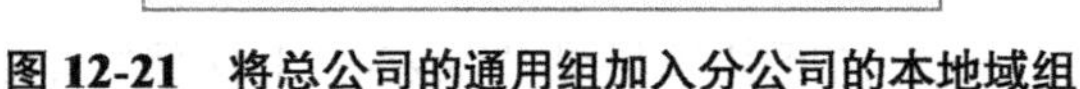
图 12-21　将总公司的通用组加入分公司的本地域组

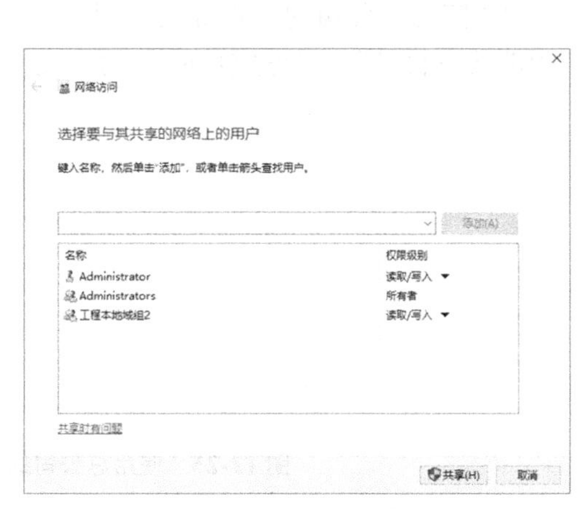

图 12-22　文件共享

► 任务验证

（1）在分公司的子域控制器 gzdc1 中打开“工程部共享目录 属性”对话框，在“共享”选项卡中可以看到，共享目录“工程部共享目录”已共享成功，如图 12-23 所示。

（2）使用总公司的域用户 user1 访问共享目录“\\gzdc1\工程部共享目录”，提示没有访问权限，因为 user1 用户不是工程部员工用户，如图 12-24 所示。

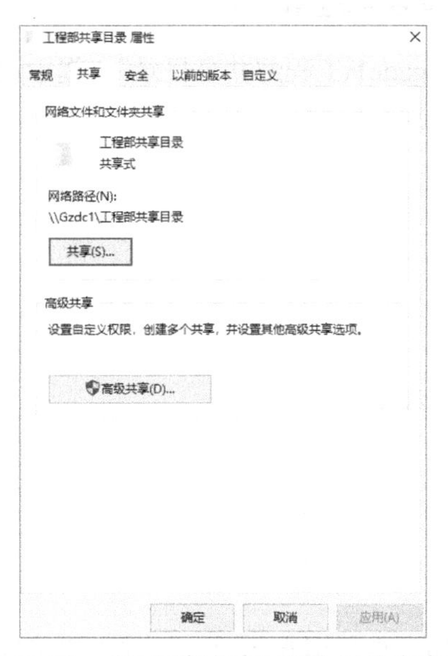

图 12-23　“工程部共享目录”已共享成功

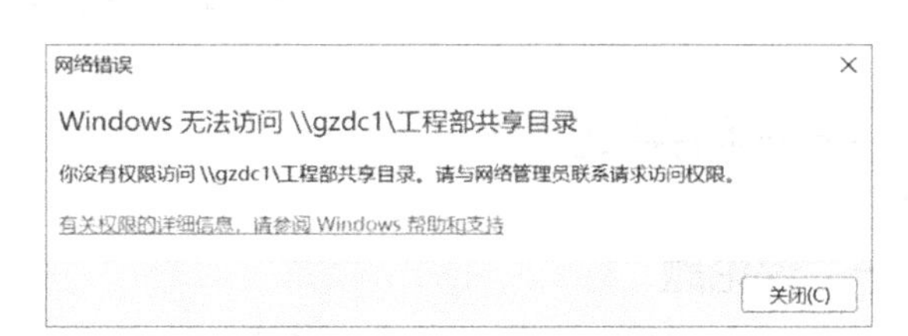

图 12-24　提示没有访问权限

项目验证

项目 12-项目验证

（1）使用总公司的工程部员工用户 gongcheng1 访问共享目录“\\gzdc1\工程部共享目录”，能够成功读取/写入文件，如图 12-25 所示。

图 12-25　使用总公司的工程部员工用户访问共享目录

（2）使用分公司的工程部员工用户 gongcheng2 访问共享目录“\\gzdc1\工程部共享目录”，能够成功读取/写入文件，如图 12-26 所示。

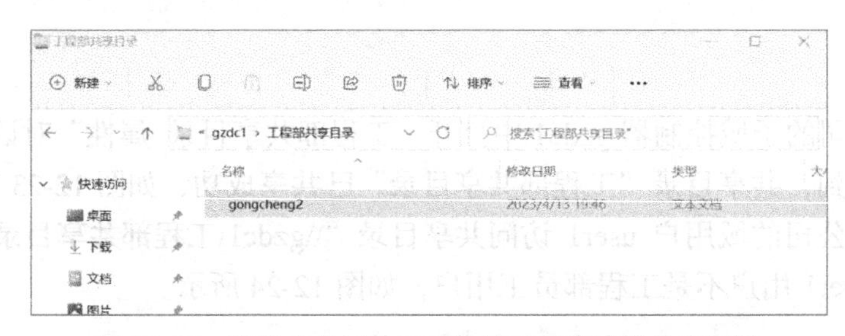

图 12-26　使用分公司的工程部员工用户访问共享目录

（3）使用总公司的域用户 user2 访问共享目录“\\gzdc1\工程部共享目录”，提示没有访问权限，因为 user2 用户不是工程部员工用户，如图 12-27 所示。

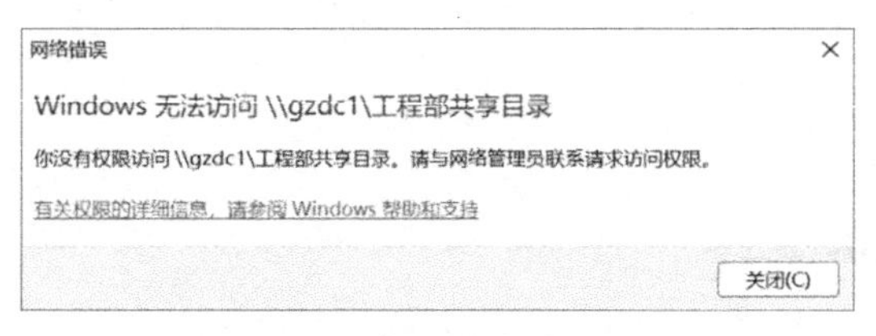

图 12-27　提示没有访问权限

练习与实践

一、理论题

1．在 NTFS 文件系统中，如果一个共享文件夹的共享权限和 NTFS 权限发生了冲突，那么以下说法正确的是（　　）。（单选题）

A．共享权限优先 NTFS 权限　　　　B．系统会认定最少的权限

C．系统会认定最多的权限　　　　　D．以上都不是

2. 假设公司中有两个域，分别是 A 域和 B 域，共享文件夹位于 B 域的子域，如果 A 域中的用户需要访问 B 域子域的共享目录，那么根据 AGUDLP 原则，应该将 A 域中的用户加入（　　）组。（单选题）

A. 全局组　　B. 通用组　　C. 本地域组　　D. 安全组

3. 在 AGUDLP 原则中，通用组的管理者是（　　）。（单选题）

A. 林管理员　　B. 域管理员

C. 域内的服务器管理员　　D. 林管理员/域管理员

4. 在活动目录中有两种类型的组，分别为（　　）。（单选题）

A. 通讯组、安全组　　B. 全局组、本地域组

C. 通用组、本地域组　　D. 全局组、通用组

5. 在活动目录中创建的新用户，默认隶属于（　　）组。（单选题）

A. Domain Users　B. Administrators　C. Power Users　D. Guests

二、项目实训题

1. 项目背景

某公司正在实施某项工程，该工程需要总公司工程部和分公司工程部协同创建一个共享目录，以便总公司工程部和分公司工程部共享数据。公司决定在子域控制器中临时创建一个共享目录，并且通过分配权限，使总公司工程部和分公司工程部的员工用户对该共享目录具有读取/写入权限。

本实训项目的网络拓扑图如图 12-28 所示。

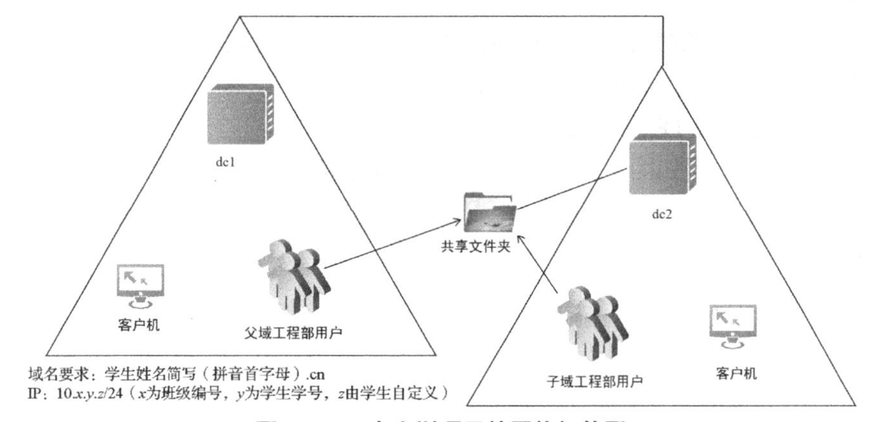

图 12-28　本实训项目的网络拓扑图

2. 项目要求

（1）在子域控制器中创建共享目录。

（2）在总公司和分公司中分别创建相应的用户。

（3）配置 AGUDLP 权限，截取所有组中的成员界面。

（4）分别使用总公司和分公司的工程部员工用户登录客户机，访问共享目录，测试用户权限并截取测试结果。

项目 13 AGUDLP 项目实战

项目学习目标

1. 掌握 AGUDLP 原则。
2. 掌握 AGUDLP 原则的应用。

项目描述

jan16 公司目前正在进行集团办公自动化项目的开发。该项目由总公司的软件组和分公司的软件组共同研发，由总公司的业务组负责进行需求调研，由分公司的销售组负责进行前期的推广宣传。为了保障该项目的良好运转，总公司决定在一台成员服务器上安装 FTP 服务，将其作为 FTP 服务器，用于进行数据共享和网站发布。因此，公司在 FTP 服务器的 FTP 站点根目录下创建了两个子目录："数据共享"和"网站发布"，并且部署以下权限。

- 允许总公司和分公司的软件组写入、删除和读取"数据共享"目录和"网站发布"目录。
- 允许总公司的业务组写入、删除和读取"数据共享"目录。
- 允许分公司的销售组读取"网站发布"目录。
- 不允许用户修改 FTP 主目录。

本项目的网络拓扑图如图 13-1 所示，计算机信息规划表如表 13-1 所示。

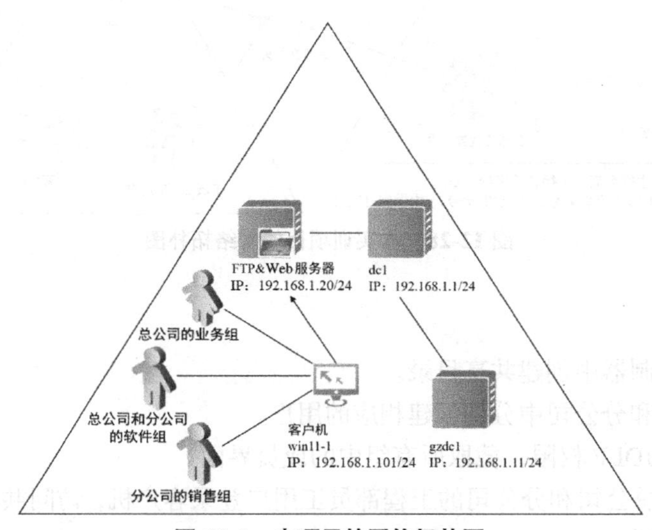

图 13-1 本项目的网络拓扑图

表 13-1　本项目的计算机信息规划表

计算机名称	VLAN 名称	IP 地址	操作系统
dc1	VMnet1	192.168.1.1/24	Windows Server 2022
gzdc1	VMnet1	192.168.1.11/24	Windows Server 2022
FTP&Web 服务器	VMnet1	192.168.1.20/24	Windows Server 2022
win11-1	VMnet1	192.168.1.101/24	Windows 11

项目分析

本项目需要在 FTP 服务器上安装 Internet 文件共享服务，供公司的业务组、软件组和销售组使用，使其协同完成集团办公自动化项目。要完成该项目，需要解决以下两个问题。

1. 组的创建和管理

由于 Internet 文件共享服务涉及多个部门不同类型的权限，因此应该根据 AGUDLP 原则创建和管理组。

2. 权限的分配

在 NTFS 文件系统中配置和部署 FTP 服务时，FTP 服务的访问权限由 FTP 站点的权限和发布目录的 NTFS 权限共同决定（双权限）。因此，在配置 FTP 服务的访问权限时，一般遵循 FTP 站点权限最大化、NTFS 权限最小化原则，也就是在 FTP 权限中给予“读取”和“写入”权限，在 FTP 站点目录及其子目录中授予最小化的 NTFS 权限。

在本项目中，FTP 服务的访问权限如下。

（1）在 FTP 站点根目录中授予“读取”和“写入”权限。

（2）在 FTP 站点主目录中为“业务组”、“软件组”和“销售组”授予“读取”权限（满足项目描述中的第 4 个要求）。

（3）对 FTP 站点的“数据共享”目录，配置 NTFS 权限如下。

- 禁用 NTFS 权限的继承性，并且删除所有账户的权限。
- 为“软件组”授予“完全控制”权限。
- 为“业务组”授予“完全控制”权限。

（4）对 FTP 站点的“网站发布”目录，配置 NTFS 权限如下。

- 禁用 NTFS 权限的继承性，并且删除所有账户的权限。
- 为“软件组”授予“完全控制”权限。
- 为“销售组”授予“读取和执行”、“列出文件夹内容”和“读取”权限。

根据以上项目分析，本项目涉及以下工作任务。

（1）根据 AGUDLP 原则创建和管理组。

（2）配置 Web 服务和 FTP 服务。

（3）配置目录的权限。

相关知识

本项目的相关知识可以参考项目 12。

项目实施

任务 13-1　根据 AGUDLP 原则创建和管理组

项目 13-任务 13-1

▶ 任务规划

根据 AGUDLP 原则，分别创建 3 个组织单位：软件组、业务组、销售组。

▶ 任务实施

根据 AGUDLP 原则，在主域控制器 dc1 中创建 3 个组织单位，分别为软件组、业务组、销售组；在子域控制器 gzdc1 中创建 2 个组织单位，分别为软件组和销售组。

1. 软件组

（1）在总公司的主域控制器 dc1 和分公司的子域控制器 gzdc1 中分别创建“软件组”组织单位。

（2）在总公司的主域控制器 dc1 的“软件组”组织单位中创建全局组“软件总公司全局组”，并且将总公司的软件组员工用户 software1 和 software2 加入该全局组。在完成以上操作后，“软件总公司全局组”中的成员如图 13-2 所示。

（3）在分公司的子域控制器 gzdc1 的“软件组”组织单位中创建全局组“软件分公司全局组”，并且将分公司的软件组员工用户 software3 和 software4 加入该全局组。在完成以上操作后，“软件分公司全局组”中的成员如图 13-3 所示。

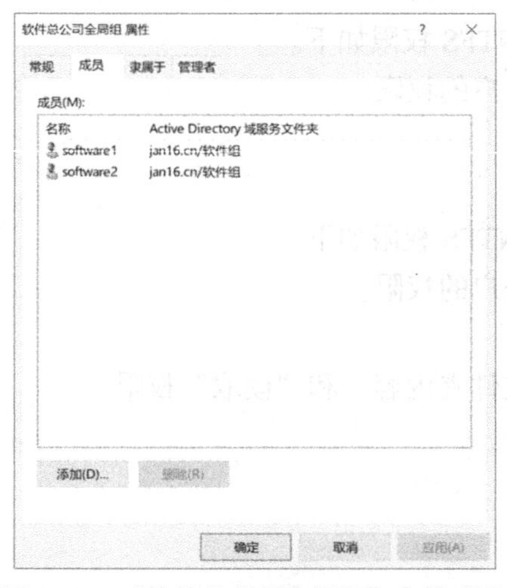

图 13-2　“软件总公司全局组”中的成员

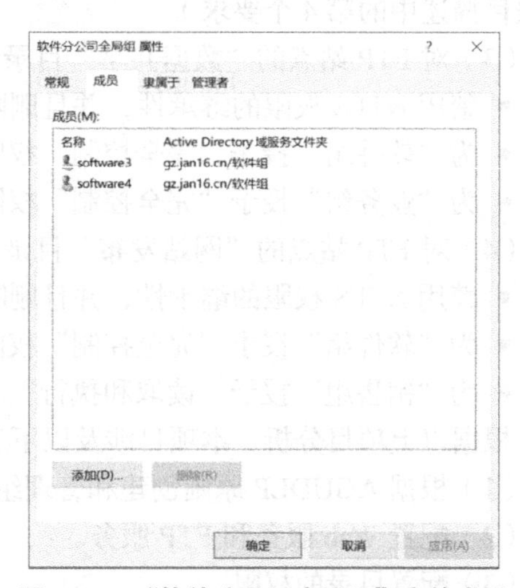

图 13-3　“软件分公司全局组”中的成员

（4）在总公司的主域控制器 dc1 的“软件组”组织单位中创建通用组“软件通用组”，并且将“软件总公司全局组”和“软件分公司全局组”加入该通用组。在完成以上操作后，“软件通用组”中的成员如图 13-4 所示。

（5）在总公司的主域控制器 dc1 的“软件组”组织单位中创建本地域组“软件本地域组”，并且将“软件通用组”加入该本地域组。在完成以上操作后，“软件本地域组”中的成员如图 13-5 所示。

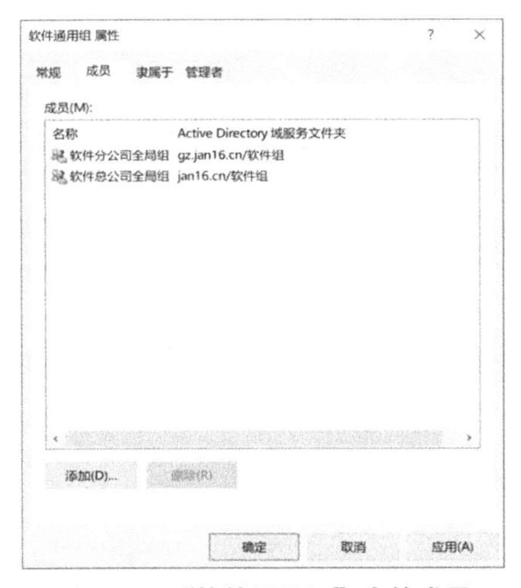

图 13-4　“软件通用组”中的成员

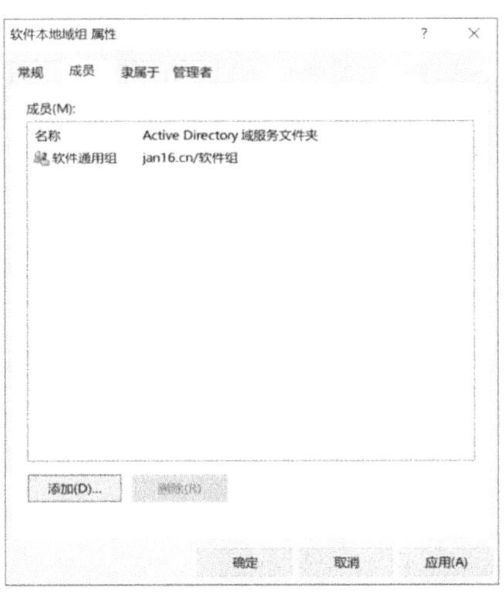

图 13-5　“软件本地域组”中的成员

2. 业务组

（1）在总公司的主域控制器 dc1 中创建“业务组”组织单位。

（2）在总公司的主域控制器 dc1 的“业务组”组织单位中创建全局组“业务总公司全局组”，并且将总公司的业务组员工用户 operation1 和 operation2 加入该全局组。在完成以上操作后，“业务总公司全局组”中的成员如图 13-6 所示。

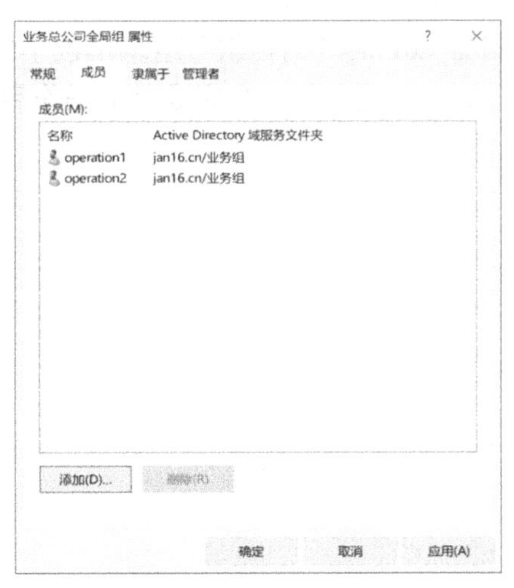

图 13-6　“业务总公司全局组”中的成员

（3）在总公司的主域控制器 dc1 的“业务组”组织单位中创建通用组“业务通用组”，并且将“业务总公司全局组”加入该通用组。在完成以上操作后，“业务通用组”中的成员如图 13-7 所示。

（4）在总公司的主域控制器 dc1 的“业务组”组织单位中创建本地域组“业务本地域组”，并且将“业务通用组”加入该本地域组。在完成以上操作后，“业务本地域组”中的成员如图 13-8 所示。

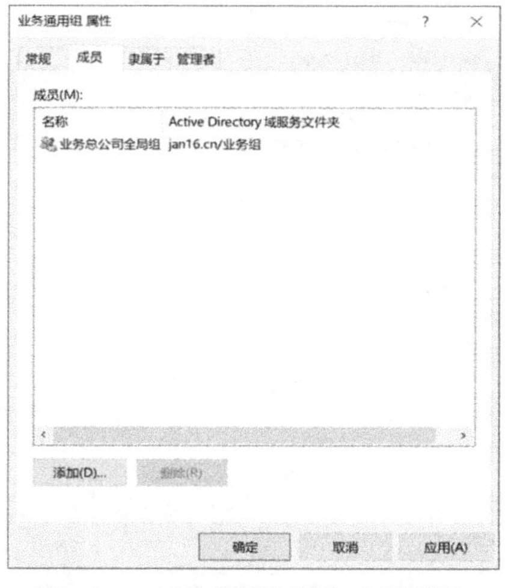

图 13-7 “业务通用组”中的成员

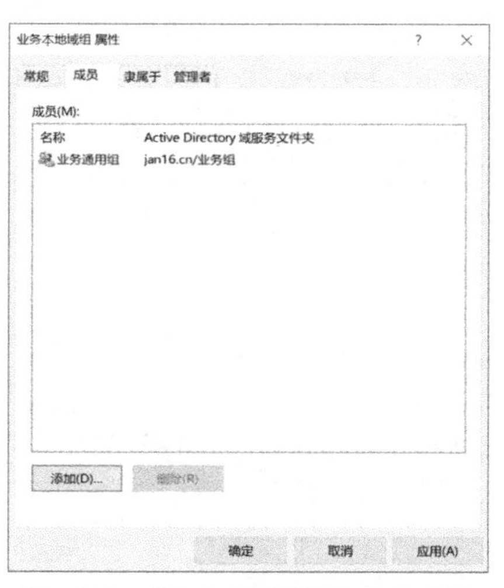

图 13-8 “业务本地域组”中的成员

3. 销售组

（1）在总公司的主域控制器 dc1 和分公司的子域控制器 gzdc1 中分别创建相应的“销售组”组织单位。

（2）在分公司的子域控制器 gzdc1 的“销售组”组织单位中创建全局组“销售分公司全局组”，并且将分公司的销售组员工用户 sell1 和 sell2 加入该全局组。在完成以上操作后，“销售分公司全局组”中的成员如图 13-9 所示。

（3）在总公司的主域控制器 dc1 的“销售组”组织单位中创建通用组“销售通用组”，并且将“销售分公司全局组”加入该通用组。在完成以上操作后，“销售通用组”中的成员如图 13-10 所示。

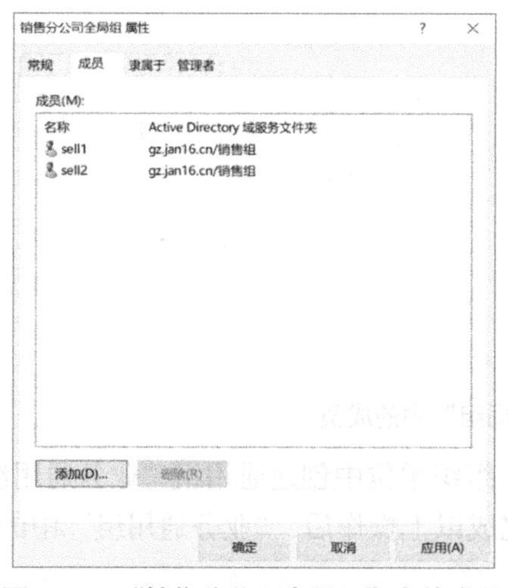

图 13-9 “销售分公司全局组”中的成员

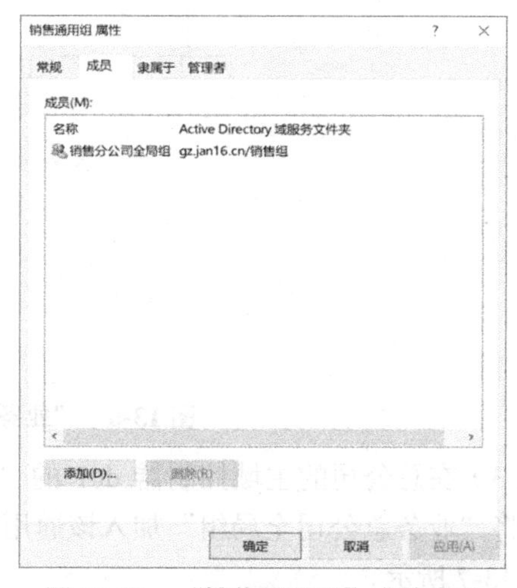

图 13-10 “销售通用组”中的成员

（4）在总公司的主域控制器 dc1 的“销售组”组织单位中创建本地域组“销售本地域组”，并且将“销售通用组”加入该本地域组。在完成以上操作后，“销售本地域组”中的成员如图 13-11 所示。

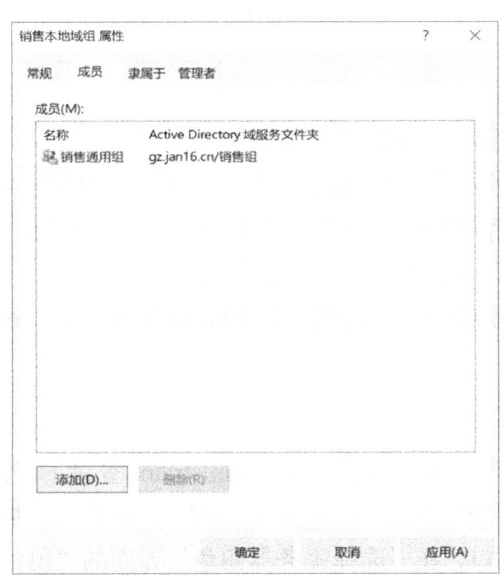

图 13-11　“销售本地域组”中的成员

▶ 任务验证

确认已根据 AGUDLP 原则创建和管理组。组与成员之间的隶属关系如表 13-2 所示。

表 13-2　组与成员之间的隶属关系

域	组织单位	组	成员
jan16.cn	软件组	软件本地域组	软件通用组
		软件通用组	软件总公司全局组 软件分公司全局组
		软件总公司全局组	software1 software2
	业务组	业务本地域组	业务通用组
		业务通用组	业务总公司全局组
		业务总公司全局组	operation1 operation2
	销售组	销售本地域组	销售通用组
		销售通用组	销售分公司全局组
gz.jan16.cn	软件组	软件分公司全局组	software3 software4
	销售组	销售分公司全局组	sell1 sell2

任务 13-2　配置 Web 服务和 FTP 服务

项目 13-任务 13-2

▶ 任务规划

根据项目描述和项目分析，本任务的规划如下。

（1）在 FTP&Web 服务器中添加 Web 服务器角色和 FTP 服务器角色。

（2）在 FTP&Web 服务器的磁盘中创建 FTP 根目录，并且在 FTP 根目录下创建两个子目录，分别为“数据共享”目录和“网站发布”目录。

（3）在 FTP&Web 服务器中分别创建一个 FTP 站点和一个 Web 站点。

▶ 任务实施

（1）使用域控制器管理员用户 jan16.cn\administrator 登录 FTP&Web 服务器。

（2）在成员服务器中打开“服务器管理器”窗口，选择“添加角色和功能”选项，打开“添加角色和功能向导”窗口，在“选择服务器角色”界面的“角色”列表框中勾选“基本身份验证”复选框；在“选择角色服务”界面的“角色服务”列表框中勾选“FTP 服务器”复选框，如图 13-12 所示。

图 13-12　“添加角色和功能向导”窗口

（3）在 C 盘（或其他任意盘符）中创建 FTP 目录，并且在 FTP 目录下创建“数据共享”目录和“网站发布”目录。

（4）在“服务器管理器”窗口的菜单栏中选择“工具”→“Internet Information Server (IIS)管理器”命令，打开“Internet Information Server (IIS)管理器”窗口，在左侧的导航栏中找到并右击“网站”选项，在弹出的快捷菜单中选择“添加 FTP 站点”命令，弹出“添加 FTP 站点”对话框，在“站点信息”界面中设置“FTP 站点名称”和“物理路径”，单击“下一步”按钮，如图 13-13 所示。

（5）进入“绑定和 SSL 设置”界面，在“绑定”选区中设置“IP 地址”，在 SSL 选区中选择“无 SSL”单选按钮，单击“下一步”按钮，如图 13-14 所示。

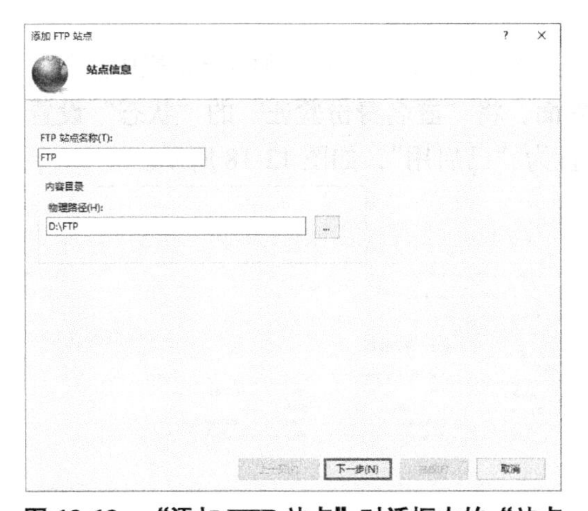

图 13-13　“添加 FTP 站点”对话框中的“站点信息”界面

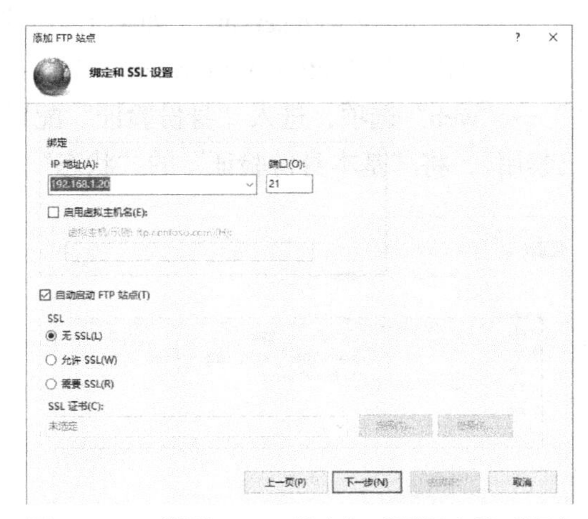

图 13-14　“添加 FTP 站点”对话框中的“绑定和 SSL 设置”界面

（6）根据业务需求权限最大化原则，部署 FTP 站点权限为读取和写入（因为这里的业务需求权限为读取和写入）。进入“身份验证和授权信息”界面，在“身份验证”选区中勾选“基本”复选框；在“授权”选区的“允许访问”下拉列表中选择“所有用户”选项，在“权限”下勾选“读取”和“写入”复选框，单击“完成”按钮，如图 13-15 所示。

（7）返回“Internet Information Server(IIS)管理器”窗口，在左侧的导航栏中找到并右击“网站”选项，在弹出的快捷菜单中选择“添加网站”命令，弹出“添加网站”对话框，设置“网站名称”、“物理路径”和“IP 地址”，单击“确定”按钮，如图 13-16 所示。

图 13-15　“添加 FTP 站点”对话框中的“身份验证和授权信息”界面

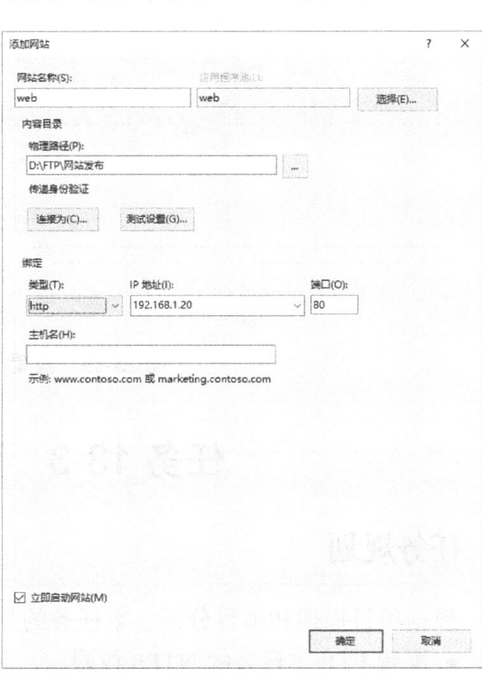

图 13-16　“添加网站”对话框

（8）在“D:\FTP\网站发布”目录下创建一个 index.html 文件，将其作为网站首页文件，网页内容为“ftp & web server”，如图 13-17 所示。

（9）再次返回“Internet Information Server(IIS)管理器”窗口，在左侧的导航栏中选择“网站”→“web”选项，进入“身份验证”配置界面，将“匿名身份验证”的“状态”设置为“已禁用”，将“基本身份验证”的“状态”设置为“已启用”，如图 13-18 所示。

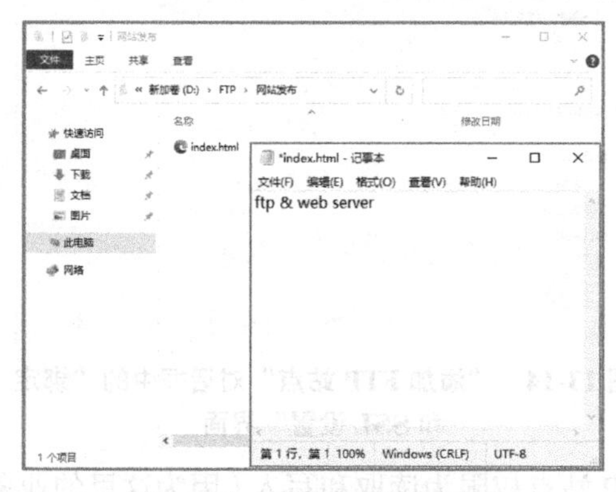

图 13-17　“发布网站”目录

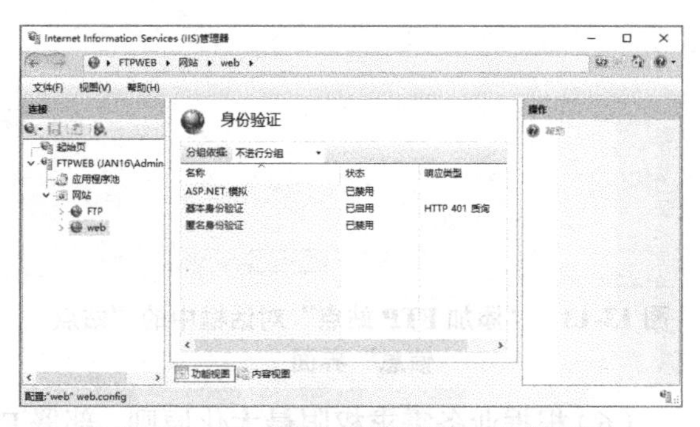

图 13-18　将“基本身份验证”的“状态”设置为“已启用”

▶ 任务验证

在“Internet Information Server (IIS)管理器”窗口中，可以看到已经创建的 FTP 站点和 Web 站点，如图 13-19 所示。

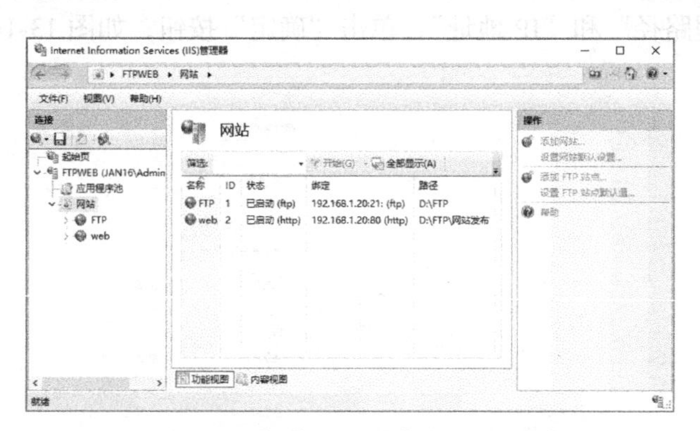

图 13-19　查看 FTP 站点和 Web 站点

任务 13-3　配置目录的权限

项目 13-任务 13-3

▶ 任务规划

根据项目描述和项目分析，本任务的规划如下。

- 配置 FTP 主目录的 NTFS 权限。
- 配置“数据共享”目录的 NTFS 权限。
- 配置“网站发布”目录的 NTFS 权限。

► 任务实施

（1）在“Internet Information Server(IIS)管理器”窗口中右击 FTP 站点，在弹出的快捷菜单中选择“属性”命令，弹出“FTP 属性”对话框，设置 FTP 主目录的 NTFS 权限，将“软件本地域组”、“业务本地域组”和“销售本地域组”的权限设置为允许读取、拒绝写入和删除（避免用户误操作或恶意操作），示例如图 13-20 所示。

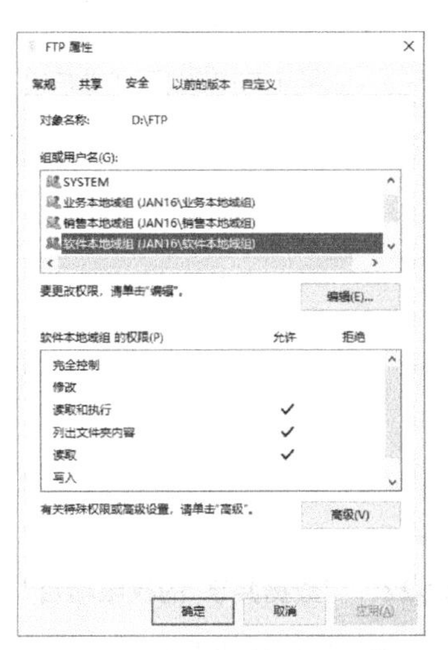

图 13-20　FTP 主目录的 NTFS 权限设置

注意：读取权限包括“读取和执行”、“列出文件夹内容”和“读取”。

（2）右击“数据共享”目录，在弹出的快捷菜单中选择“属性”命令，弹出“数据共享 属性”对话框，选择“安全”选项卡，配置“数据共享”目录的 NTFS 权限，如图 13-21 所示。

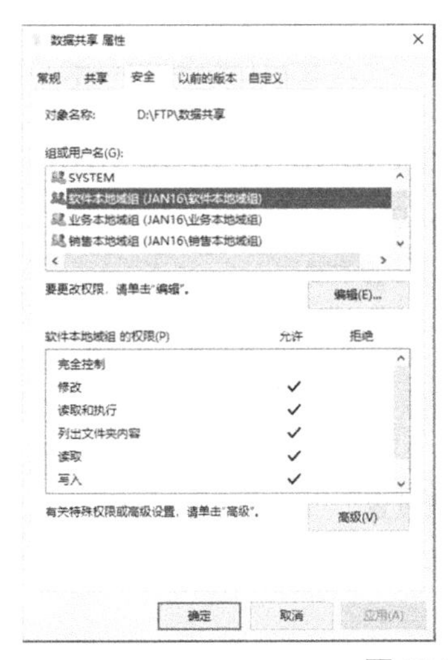

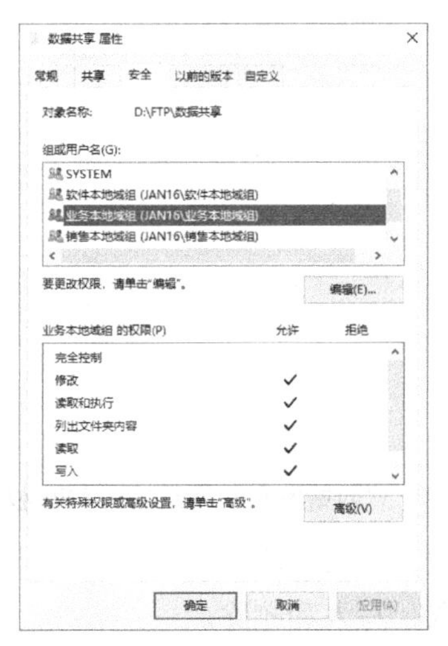

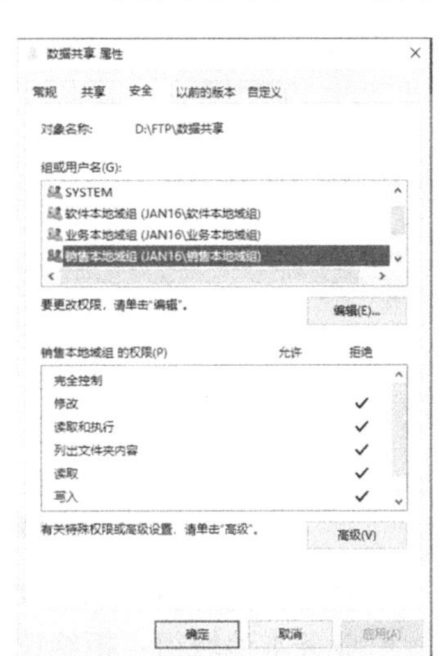

图 13-21　“数据共享”目录的 NTFS 权限设置

- 软件本地域组：允许读取、写入和删除。
- 业务本地域组：允许读取、写入和删除。
- 销售本地域组：拒绝读取、写入和删除。

注意：单击“高级”按钮，打开“数据共享的高级安全设置”窗口，在“权限条目”列表框中选中组，单击“查看”按钮，可以打开“数据共享 的权限项目”窗口，在该窗口中可以设置相应组的权限。其中，“删除”权限选项在NTFS高级权限中，需要单击右侧的“显示高级权限”超链接才可以设置，如图13-22所示。

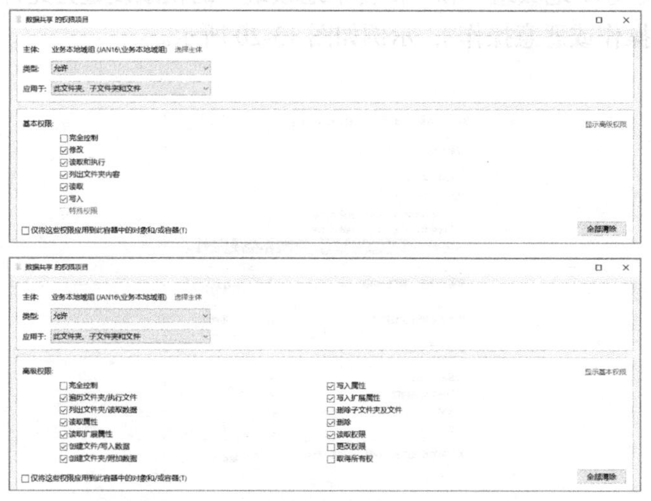

图 13-22 “数据共享 的权限项目”窗口

（3）右击“网站发布”目录，在弹出的快捷菜单中选择“属性”命令，弹出“网站发布 属性”对话框，选择“安全”选项卡，配置“网站发布”目录的NTFS权限，如图13-23所示。

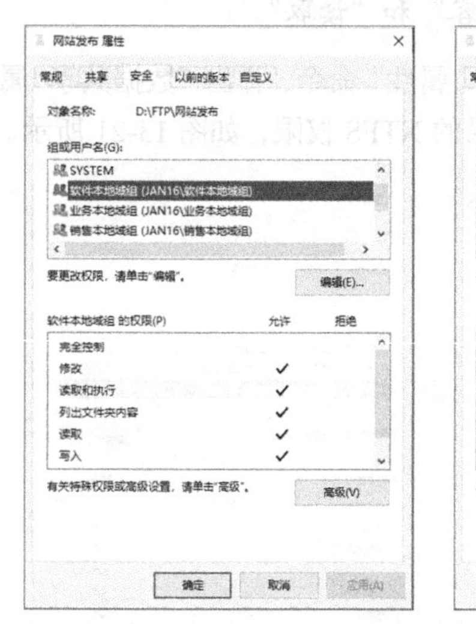
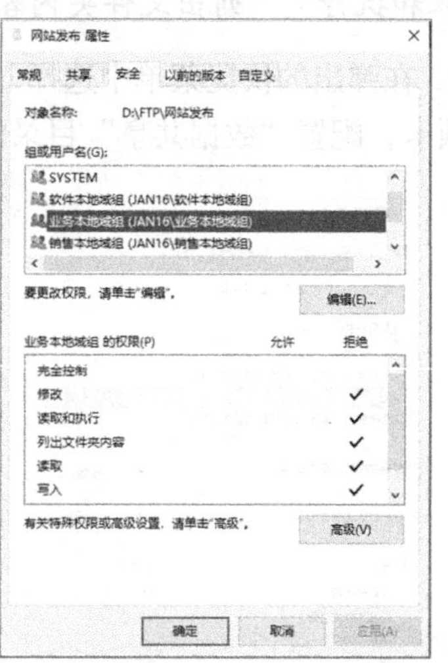
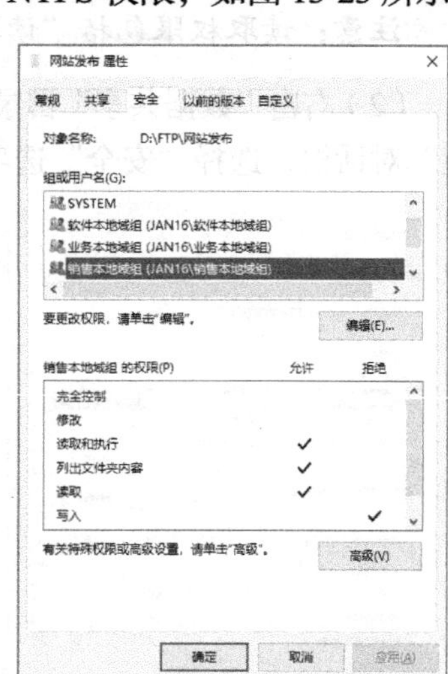

图 13-23 “网站发布”目录的 NTFS 权限设置

- 软件本地域组：允许读取、写入和删除。
- 业务本地域组：拒绝读取、写入和删除。
- 销售本地域组：允许读取，拒绝写入和删除。

▶ 任务验证

（1）在“数据共享”目录上右击，在弹出的快捷菜单中选择“属性”命令，弹出“数据

共享 属性”对话框，选择“安全”选项卡，单击“高级”按钮，打开“数据共享的高级安全设置”窗口，查看各组的权限，如图 13-24 所示。

（2）在“网站发布”目录上右击，在弹出的快捷菜单中选择“属性”命令，弹出“网站发布 属性”对话框，选择“安全”选项卡，单击“高级”按钮，打开“网站发布的高级安全设置”窗口，查看各组的权限，如图 13-25 所示。

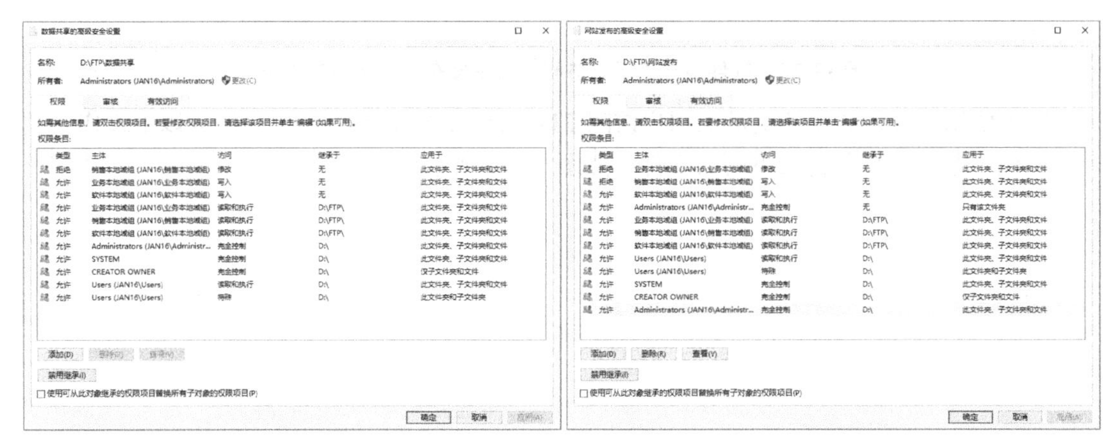

图 13-24　“数据共享的高级安全设置”窗口　　图 13-25　“网站发布的高级安全设置”窗口

项目验证

项目 13-项目验证

（1）使用总公司和分公司的软件组员工用户访问 FTP 站点和 Web 站点，可以完成以下操作。

- 向“数据共享”目录下写入文件，如图 13-26 所示。

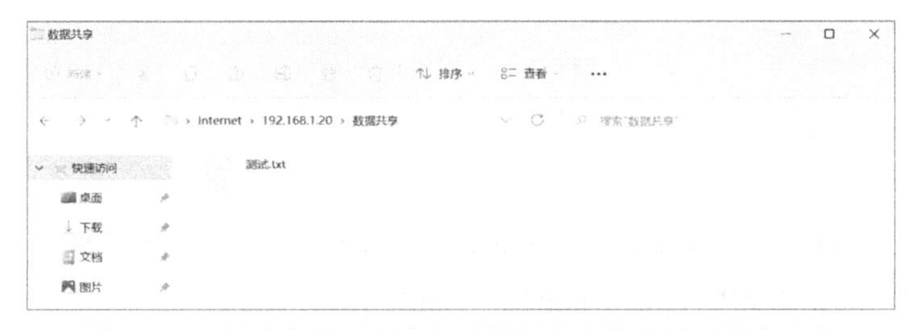

图 13-26　软件组员工用户向“数据共享”目录下写入文件

- 向“网站发布”目录下写入文件，如图 13-27 所示。

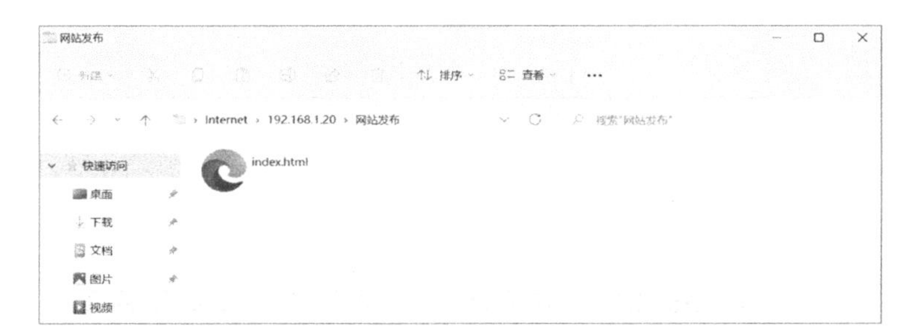

图 13-27　软件组员工用户向“网站发布”目录下写入文件

- 能够访问“网站发布”目录下的网页，如图 13-28 所示。

图 13-28　软件组员工用户访问“网站发布”目录下的网页

（2）使用总公司的业务组员工用户访问 FTP 站点和 Web 站点，可以完成以下操作。

- 向“数据共享”目录下写入文件，如图 13-29 所示。

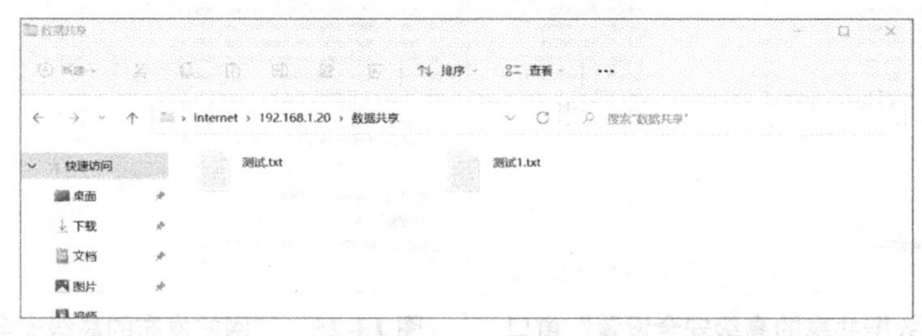

图 13-29　业务组员工用户向“数据共享”目录下写入文件

- 不能读取“网站发布”目录下的文件夹，如图 13-30 所示。

图 13-30　业务组员工用户不能读取“网站发布”目录下的文件夹

- 不能访问“网站发布”目录下的网页，如图 13-31 所示。

图 13-31　业务组员工用户不能访问“网站发布”目录下的网页

（3）使用分公司的销售组员工用户访问 FTP 站点和 Web 站点，可以完成以下操作。

- 读取“网站发布”目录下的文件，但不能写入和删除文件，分别如图 13-32 和图 13-33 所示。

图 13-32　销售组员工用户不能向“网站发布”目录下写入文件

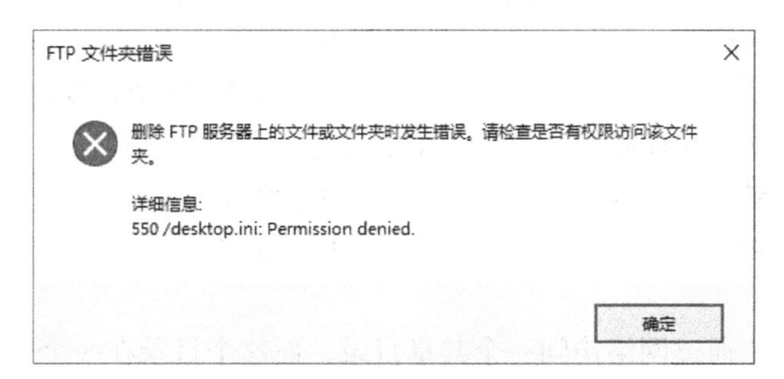

图 13-33　销售组员工用户不能在“网站发布”目录下删除文件

- 不能读取“数据共享”目录下的文件，如图 13-34 所示。

图 13-34　销售组员工用户不能读取“数据共享”目录下的文件

- 能够访问“网站发布”目录下的网页，如图 13-35 所示。

图 13-35　销售组员工用户能够访问“网站发布”目录下的网页

练习与实践

一、理论题

1．下面（　　）中的账户不是 Windows Server 2022 域中的组账户。（单选题）

A．全局组　　B．本地域组　　C．通用组　　D．本地组

2．在分配 FTP 服务的访问权限时，一般遵循（　　）原则。（多选题）

A．FTP 站点权限最大化　　B．FTP 站点权限最小化

C．NTFS 权限最大化　　D．NTFS 权限粒度化

3．常用的标准 NTFS 权限有（　　）。（多选题）

A．完全控制　　B．修改

C．读取和执行　　D．读取

E．写入

4．如果一个账户通过网络访问一个共享目录，而这个目录在一个 NTFS 分区中，那么该用户最终得到的权限是（　　）。（单选题）

A．对该目录的共享权限和 NTFS 权限中最严格的权限

B．对该目录的共享权限和 NTFS 权限的累加权限

C．对该目录的 NTFS 权限

D．对该目录的共享权限

二、项目实训题

1．项目背景

某公司目前正在进行集团办公自动化项目的开发。该项目由总公司的软件组和分公司的软件组共同研发，由总公司的业务组负责进行需求调研，由分公司的销售组负责进行前期的推广宣传。为了保障该项目的良好运转，总公司决定在一台成员服务器上安装 FTP 服务，将其作为 FTP 服务器，用于进行数据共享和网站发布（总公司为父域，分公司为子域，成员服务器架设在总公司）。

本实训项目的网络拓扑图如图 13-36 所示。

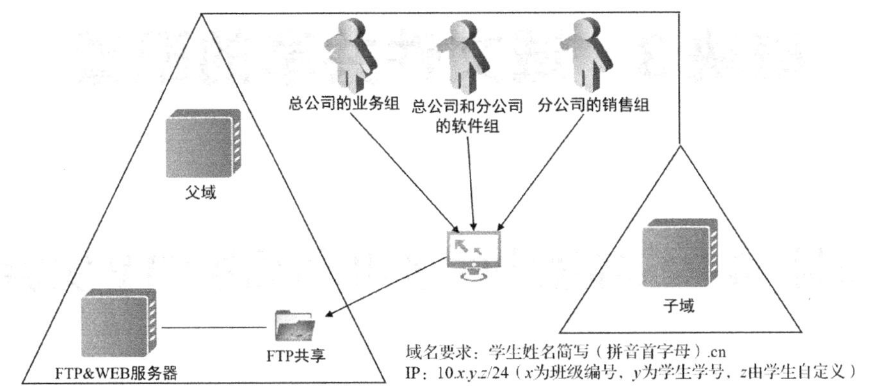

图 13-36　本实训项目的网络拓扑图

2. 项目要求

（1）根据 AGUDLP 原则，在总公司和分公司中创建所需的用户和组，将用户加入相应的组，截取各组中的成员界面。

（2）在 FTP 服务器中创建两个目录，分别为“数据共享”目录和“网站发布”目录，截取 FTP 站点。

（3）FTP 服务允许软件组员工用户对“数据共享”目录和“网站发布”目录具有写入、删除和读取权限，截取“数据共享 属性”对话框和“网站发布 属性”对话框中的“安全”选项卡。

（4）允许业务组写入、删除和读取“数据共享”目录，截取“数据共享 属性”对话框中的“安全”选项卡。

（5）允许销售组读取“网站发布”目录，截取“网站发布 属性”对话框中的“安全”选项卡。

（6）查看 FTP 服务对两个目录的权限。

（7）分别用业务组、软件组、销售组用户访问 FTP 站点，验证权限设置是否正确，截取相关结果。

模块 3　域文件共享的配置

项目 14　域环境中的多用户隔离 FTP 实验

项目学习目标

1. 掌握隔离用户 FTP 站点和非隔离用户 FTP 站点。
2. 掌握域环境中隔离用户 FTP 站点的原理。
3. 掌握磁盘配额技术的应用方法。

项目描述

jan16 公司在搭建好域环境后，业务组因为工作需求，需要在服务器中存储相关的业务数据，但是业务组希望各个用户目录之间相互隔离（仅允许访问自己的目录，无法访问他人的目录），每个业务员允许使用的 FTP 空间大小均为 100MB。因此，公司决定使用活动目录中的 FTP 隔离来实现该应用。

本项目的网络拓扑图如图 14-1 所示，计算机信息规划表如表 14-1 所示。

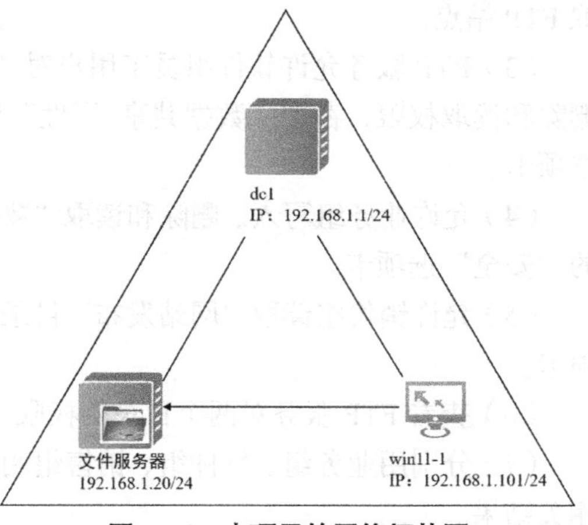

图 14-1　本项目的网络拓扑图

表 14-1　本项目的计算机信息规划表

计算机名称	VLAN 名称	IP 地址	操作系统
dc1	VMnet1	192.168.1.1/24	Windows Server 2022
文件服务器	VMnet1	192.168.1.20/24	Windows Server 2022
win11-1	VMnet1	192.168.1.101/24	Windows 11

项目分析

在本项目中，首先需要在文件服务器中安装 FTP 服务；然后建立基于域的隔离用户 FTP 站点，用于使各个用户目录之间相互隔离；最后使用磁盘配额技术为用户分配 FTP 空间。具体涉及以下工作任务。

（1）安装 FTP 服务。
（2）配置基于域的隔离用户 FTP 站点。
（3）配置磁盘配额。

相关知识

1. 隔离用户 FTP 站点和非隔离用户 FTP 站点

FTP 站点分为隔离用户 FTP 站点和非隔离用户 FTP 站点。

域用户在访问非隔离用户 FTP 站点时，会进入相同的 FTP 主目录。

对于隔离用户 FTP 站点，Windows Server 2022 提供了差异化的 FTP 主目录服务，FTP 站点会根据用户身份进入不同的 FTP 主目录，也就是为每个用户都提供独立的 FTP 访问空间，并且不允许用户之间互相访问各自的 FTP 主目录。

2. 域环境中的多用户隔离 FTP 站点

在域环境中创建多用户隔离的 FTP 站点的步骤如下。

（1）创建一个 FTP 服务账户，并且允许该服务账户读取域用户的信息。

（2）创建一个域环境中的多用户隔离 FTP 站点，并且根据提示输入上一步创建的 FTP 服务账户。

（3）为 FTP 站点创建一个主目录，在该主目录下为每个域用户都创建子目录，并且为其分配相关的权限。

（4）在 AD DS 数据库中为各个域用户设置 FTP 的主目录和子目录。

3. 磁盘配额技术

系统管理员可以对用户使用的磁盘空间进行配额限制，被限制的用户只能使用最大配额范围内的磁盘空间，这种限制用户使用磁盘空间容量的技术称为磁盘配额技术。使用磁盘配额技术，可以避免因某个用户过度使用磁盘空间而降低磁盘空间利用率，也可以在空间租用服务中限制用户的最大租用空间。

在 Windows 操作系统（Windows 2000 及更高版本）中，磁盘配额技术可以在 NTFS 文件系统中使用，系统管理员可以利用 NTFS 卷的磁盘配额技术跟踪并控制磁盘空间的使用情况。在配置磁盘配额时，可以设置两个值：磁盘配额限制和磁盘配额警告级别。例如，可以将用户的磁盘配额限制设置为 500MB，将磁盘配额警告级别设置为 450MB。在这种情况下，用户可以在 NTFS 卷中存储不超过 500MB 的文件。如果用户在 NTFS 卷中存储的文件超过 450MB，那么磁盘配额系统中会形成告警标识，并且通过事件记录通知管理员。

只要使用 NTFS 文件系统将 NTFS 卷格式化，就可以在本地卷、网络卷及可移动驱动器配置磁盘配额。在配置磁盘配额时，不能进行文件限制，防止超过其配额限制。例如，如果一个 50MB 的文件在压缩后为 40MB，那么 Windows 操作系统会按照最初 50MB 的文件大小计算磁盘配额限制。此外，Windows 操作系统会跟踪压缩文件夹的使用情况，并且根据压缩的大小计算磁盘配额限制。例如，如果一个 500MB 的文件夹在压缩后为 300MB，那么 Windows 操作系统会将磁盘配额限制计算为 300MB。

如果不想限制用户对磁盘空间的使用额度，但希望记录每个用户的磁盘空间使用情况，那么 Windows 操作系统只需启用磁盘配额功能，无须为用户设置默认的磁盘配额限制，Windows 操作系统会从启动磁盘配额功能的时间节点开始，自动跟踪和记录用户的磁盘空间使用情况。

项目实施

任务 14-1 安装 FTP 服务

项目 14-任务 14-1

▶ 任务规划

在本任务中，需要使用域控制器管理员用户登录文件服务器，并且在文件服务器中为 Web 服务器(IIS)安装角色服务、添加 FTP 站点。

▶ 任务实施

（1）使用域控制器管理员用户 jan16.cn\administrator 登录文件服务器。

（2）在文件服务器中打开“服务器管理器”窗口，选择“添加角色和功能”选项，打开“添加角色和功能向导”窗口，在“选择角色服务”界面的“角色服务”列表框中勾选“FTP 服务器”复选框，如图 14-2 所示。

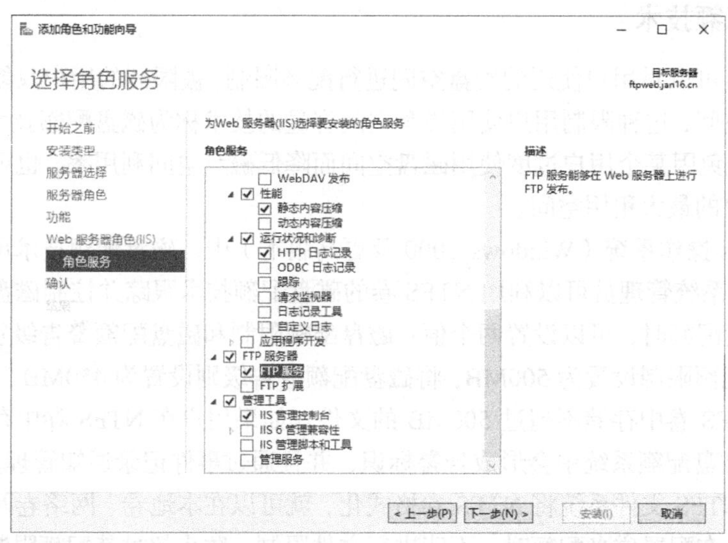

图 14-2 “添加角色和功能向导”窗口中的“选择角色服务”界面

（3）在 D 盘（或其他任意盘符）中创建主目录 FTP_SALES，在该目录下分别创建用户名对应的文件夹 sales1 和 sales2，如图 14-3 所示。

图 14-3　创建主目录及其下的用户文件夹

（4）在文件服务器中打开“服务器管理器”窗口，在菜单栏中选择“工具”→“Internet Information Server(IIS)管理器”命令，打开“Internet Information Server(IIS)管理器”窗口，在左侧的导航栏中找到并右击“网站”选项，在弹出的快捷菜单中选择“添加 FTP 站点”命令，弹出“添加 FTP 站点”对话框，在“站点信息”界面中设置“FTP 站点名称”和“物理路径”，单击“下一步”按钮，如图 14-4 所示。

（5）进入“绑定和 SSL 设置”界面，在“绑定”选区中设置“IP 地址”，在 SSL 选区中选择“无 SSL”单选按钮，单击“下一步”按钮，如图 14-5 所示。

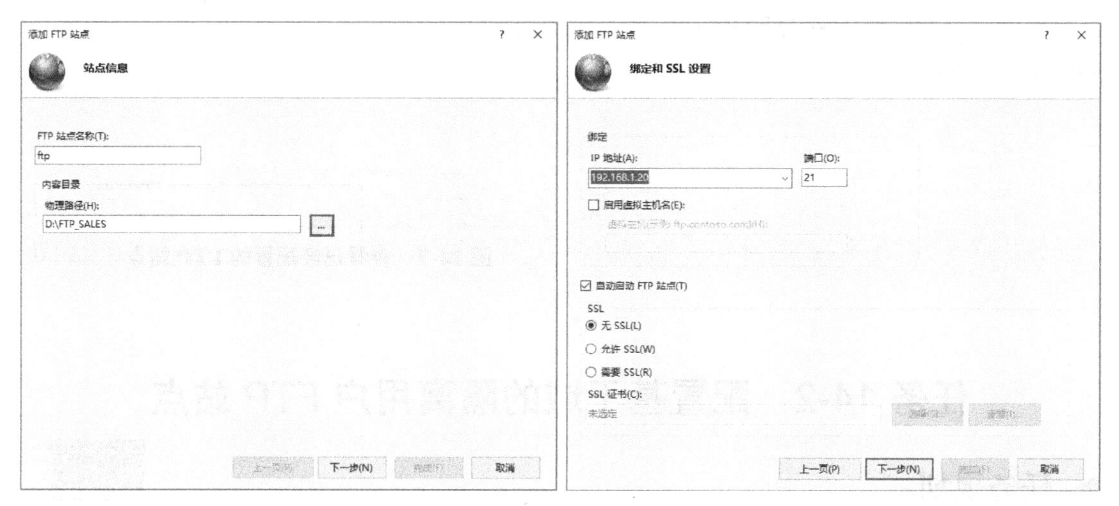

图 14-4　“添加 FTP 站点”对话框中的“站点信息”界面

图 14-5　“添加 FTP 站点”对话框中的“绑定和 SSL 设置”界面

（6）进入“身份验证和授权信息”界面，在“身份验证”选区中勾选“匿名”和“基本”复选框；在“授权”选区的“允许访问”下拉列表中选择“所有用户”选项，在“权限”下勾选“读取”和“写入”复选框，单击“完成”按钮，如图 14-6 所示。

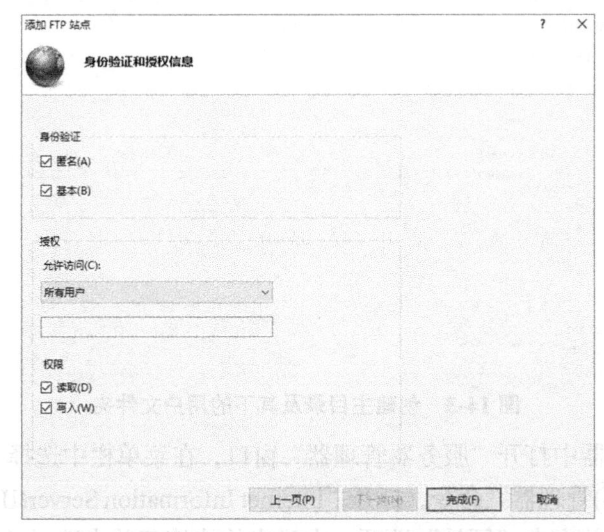

图 14-6 “添加 FTP 站点”对话框中的“身份验证和授权信息”界面

▶ 任务验证

在按照以上操作过程完成 FTP 服务的安装及 FTP 站点的搭建后，在文件服务器中查看已经配置的FTP站点，如图 14-7 所示。

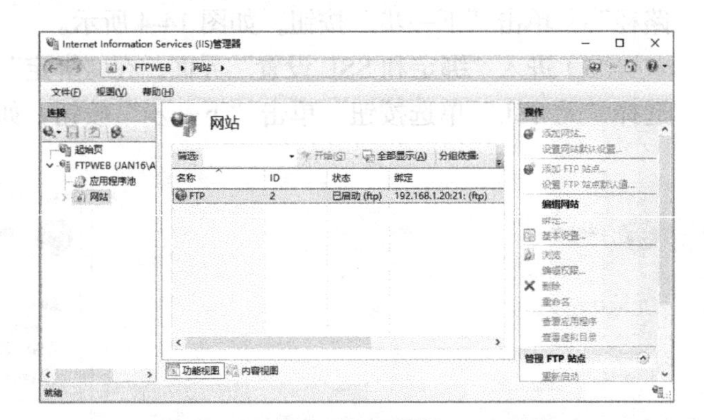

图 14-7 查看已经配置的 FTP 站点

任务 14-2 配置基于域的隔离用户 FTP 站点

项目 14-任务 14-2

▶ 任务规划

（1）创建业务部组织单位及用户。

（2）配置隔离用户 FTP 站点。

▶ 任务实施

（1）在域控制器 dc1 中打开“服务器管理器”窗口，在菜单栏中选择“工具”→“Active Directory 用户和计算机”命令，打开“Active Directory 用户和计算机”窗口，创建一个名为 sales 的组织单位，在 sales 组织单位中创建用户 sales1、sales2 和 master（FTP 服务用户），如图 14-8 所示。

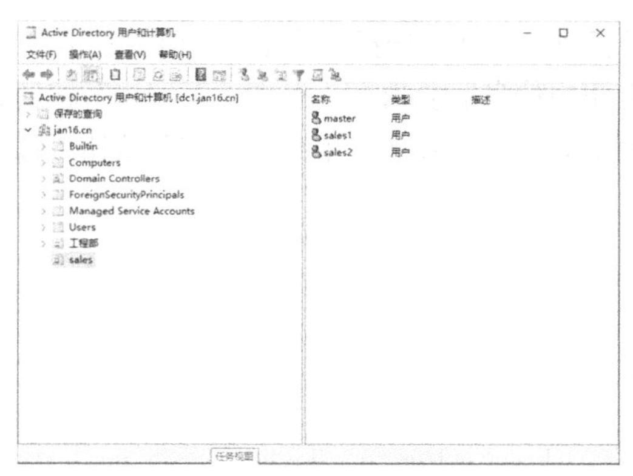

图 14-8　创建组织单位及用户

（2）右击 sales 组织单位，在弹出的快捷菜单中选择“委派控制”命令，弹出“控制委派向导”对话框，单击“下一步”按钮，进入“用户或组”界面，单击“添加”按钮，如图 14-9 所示，弹出“选择用户、计算机或组”对话框，在“输入对象名称来选择（示例）”文本域中输入“master”，单击“确定”按钮，如图 14-10 所示；返回“控制委派向导”对话框中的“用户或组”界面，在“选定的用户和组”列表框中会显示“master(master@jan16.cn)”，表示添加委派控制的用户 master，单击“下一步”按钮，如图 14-11 所示。

图 14-9　“控制委派向导”对话框中的“用户或组”界面（1）

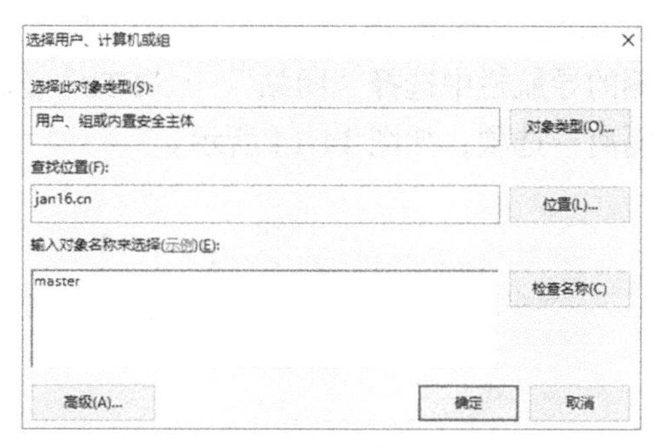

图 14-10　“选择用户、计算机或组”对话框

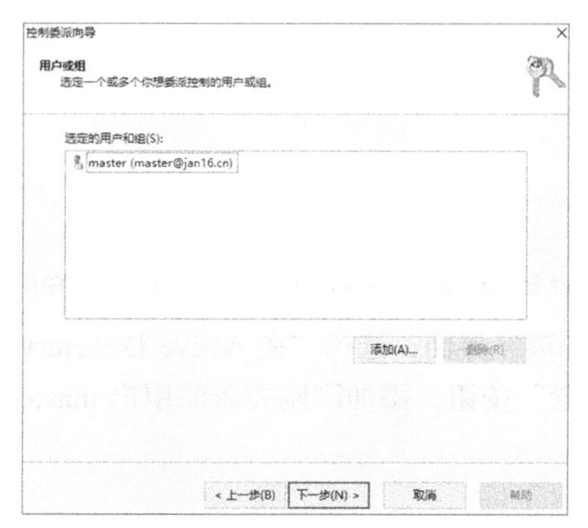

图 14-11　“控制委派向导”对话框中的“用户或组”界面（2）

（3）进入“要委派的任务”界面，选择“委派下列常见任务”单选按钮，并且在下面的列表框中勾选“读取所有用户信息”复选框，单击“下一步”按钮，如图 14-12 所示。

（4）进入“完成控制委派向导”界面，单击“完成”按钮，如图 14-13 所示。

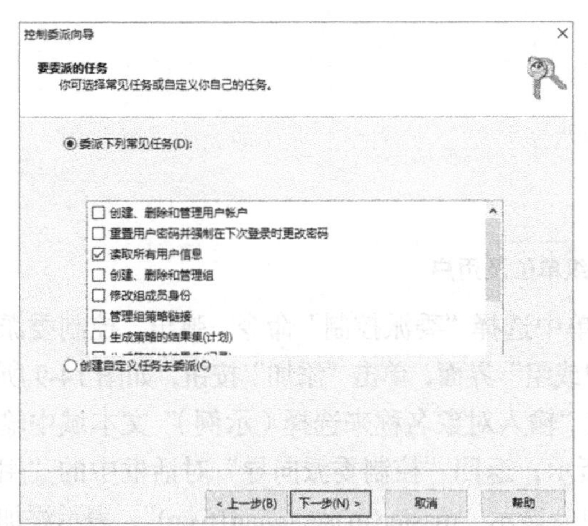

图 14-12 “控制委派向导”对话框中的“要委派的任务”界面

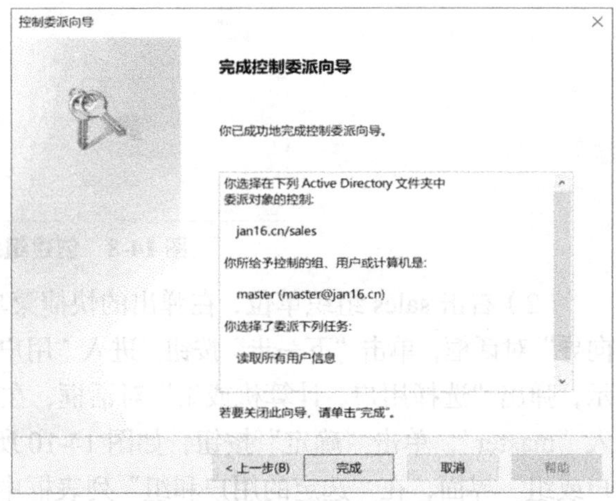

图 14-13 “控制委派向导”对话框中的“完成控制委派向导”界面

（5）在文件服务器中打开“服务器管理器”窗口，在菜单栏中选择“工具”→“Internet Information Server(IIS)管理器”命令，打开“Internet Information Server(IIS)管理器”窗口，在左侧的导航栏中选择“网站”→“FTP”选项，在右侧的“FTP 主页”界面中选择“FTP 用户隔离”选项，如图 14-14 所示。

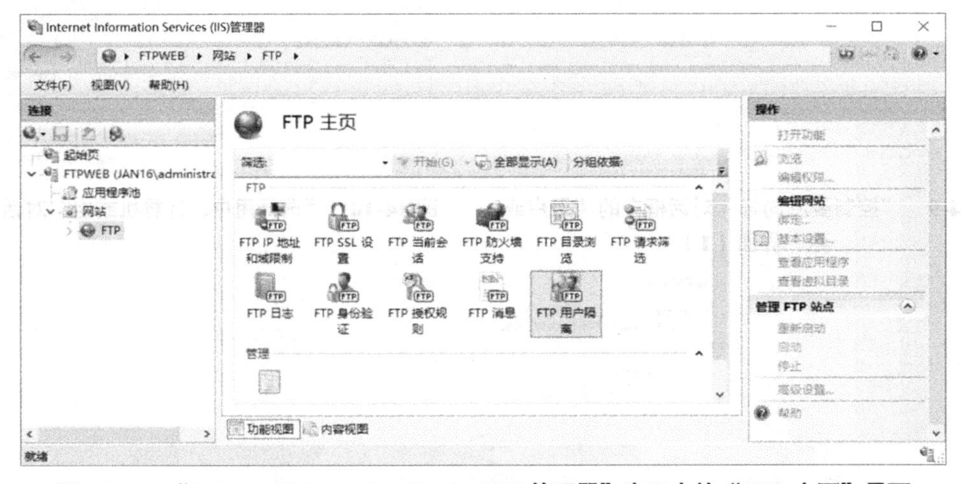

图 14-14 “Internet Information Server(IIS)管理器”窗口中的“FTP 主页”界面

（6）进入“FTP 用户隔离”界面，选择“在 Active Directory 中配置的 FTP 主目录”单选按钮，单击下面的“设置”按钮，添加刚刚委派的用户 master，单击“应用”按钮，如图 14-15 所示。

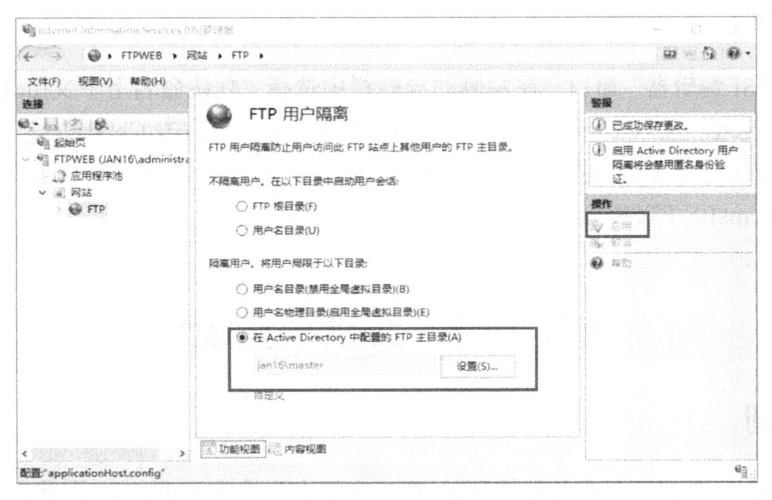

图 14-15　“Internet Information Server(IIS)管理器”窗口中的“FTP 用户隔离”界面

（7）在域控制器 dc1 中打开“服务器管理器”窗口，在菜单栏中选择“工具”→“ADSI 编辑器”命令，打开“ADSI 编辑器”窗口，在左侧的导航栏中右击“ADSI 编辑器”选项，在弹出的快捷菜单中选择“连接到”命令，打开“连接设置”界面，采用默认参数设置，单击“确定”按钮，返回“ADSI 编辑器”窗口，在左侧的导航栏中选择“默认命名上下文[dc1.jan16.cn]”→“DC=jan16,DC=cn”→“OU=sales”选项，在右侧的列表框中右击 CN=sales1 选项（sales1 用户），在弹出的快捷菜单中选择“属性”命令，弹出“CN=sales1 属性”对话框，修改 msIIS-FTPDir 选项，该选项主要用于设置用户对应的 FTP 主目录，如图 14-16 所示；修改 msIIS-FTPRoot 选项，该选项主要用于设置用户对应的 FTP 根目录。

图 14-16　修改隔离用户属性

注意：用户的 FTP 主目录必须是 FTP 根目录的子目录。

（8）使用同样的方法对 sales2 用户进行配置。

▶ 任务验证

打开“ADSI 编辑器”窗口，在左侧的导航栏中选择“默认命名上下文[dc1.jan16.cn]”→“DC=jan16,DC=cn”→“OU=sales”选项，在右侧的列表框中右击 CN=sales1 选项（sales1 用户），在弹出的快捷菜单中选择“属性”命令，弹出“CN=sales1 属性”对话框，检查 msIIS-FTPDir 选项和 msIIS-FTPRoot 选项的设置是否正确。

任务 14-3　配置磁盘配额

项目 14-任务 14-3

▶ 任务规划

在本任务中，要求每个业务员使用的 FTP 空间大小均为 100MB，因此，需要在文件服务器中配置磁盘配额，以便控制用户存储数据的磁盘空间。

▶ 任务实施

在文件服务器中打开“此电脑”窗口，在任意一个磁盘（以 E 盘为例）图标上右击，在弹出的快捷菜单中选择“属性”命令，弹出相应的属性对话框，此处为“新加卷（E:）属性”对话框，选择“配额”选项卡，勾选“启用配额管理”和“拒绝将磁盘空间给超过配额限制的用户”复选框，选择“将磁盘空间限制为”单选按钮并将其值设置为 100MB，将“将警告等级设为”的值设置为 90MB，勾选“用户超出配额限制时记录事件”和“用户超出警告等级时记录事件”复选框，单击“应用”按钮，如图 14-17 所示。

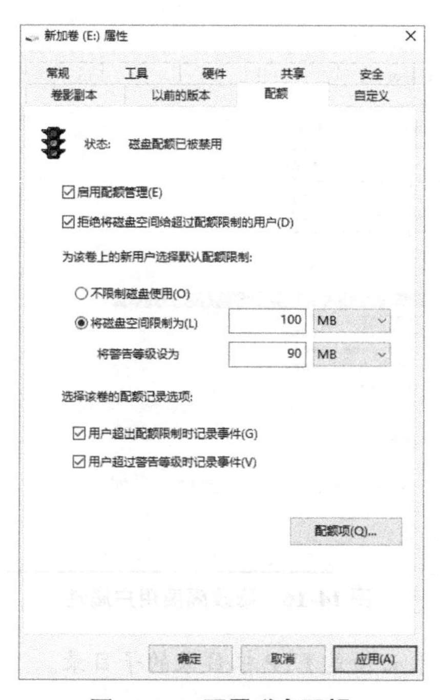

图 14-17　配置磁盘配额

▶ 任务验证

在文件服务器中打开“此电脑”窗口，在 D 盘图标上右击，在弹出的快捷菜单中选择“属性”命令，弹出“新加卷（D:）属性”对话框，选择“配额”选项卡，单击“配额项”按钮，打开“新加卷（D:）的配额项”窗口，在该窗口中可以查看用户的磁盘配额，如图 14-18 所示。

新加卷 (D:) 的配额项

配额(Q)　编辑(E)　查看(V)　帮助(H)

状态	名称	登录名	使用量	配额限...	警告等级	使用的...
正常		BUILTIN\Administrators	83 KB	无限制	无限制	暂缺
正常		NT AUTHORITY\SYSTEM	20.02 MB	无限制	无限制	暂缺
正常	software1	software1@jan16.cn	2 KB	无限制	无限制	暂缺
正常	sales1	sales1@jan16.cn	374.82 MB	无限制	无限制	暂缺
正常	sales2	sales2@jan16.cn	89.34 MB	100 MB	90 MB	89

图 14-18　查看用户的磁盘配额

项目验证

项目 14-项目验证

1. 验证隔离用户 FTP 站点的功能

分别使用 sales1 用户和 sales2 用户访问 FTP 站点，FTP 站点会根据用户身份进入不同的 FTP 主目录，sales1 用户和 sales2 用户访问 FTP 站点的结果如图 14-19 所示。

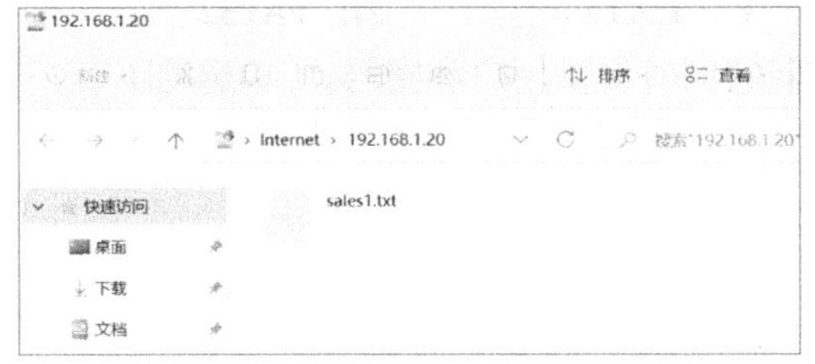

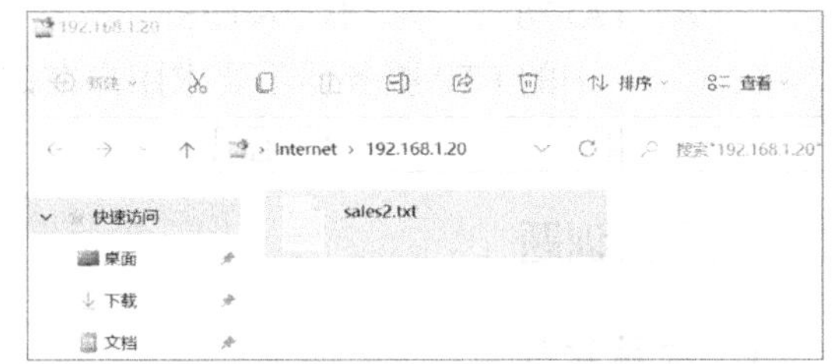

图 14-19　sales1 用户和 sales2 用户访问 FTP 站点的结果

2. 验证磁盘配额功能

当 sales1 用户上传的文件大小超过 100MB 时，会上传失败并给出相应的提示，如图 14-20 所示。

图 14-20　提示上传失败

练习与实践

一、理论题

1. FTP 站点的域名为 ftp.gdcp.com、IP 地址为 192.168.1.21，如果将 TCP 端口改为 2121，那么用户在 IE 浏览器的地址栏中输入（　　）后，即可访问该站点。（单选题）

A．ftp://192.168.1.21:2121　　B．ftp://ftp.gdcp.com/2121

C．ftp://192.168.1.21　　D．ftp://ftp.gdcp.com

2．在 NTFS 文件系统中，（　　）可以限制用户对磁盘的使用量。（单选题）

A．活动目录　　B．磁盘配额　　C．文件加密　　D．稀松文件支持

3．下列关于磁盘配额技术的描述不正确的是（　　）。（单选题）

A．磁盘配额技术可以限制用户在磁盘中的使用空间

B．磁盘配额技术可以限制用户在磁盘中存储的文件数

C．磁盘配额技术不可以同时限制磁盘使用空间及文件数

D．磁盘配额技术不可以限制管理员用户对磁盘的使用

4．以下哪些文件系统支持磁盘配额？（　　）（多选题）

A．FAT16　　B．NTFS　　C．EXT2　　D．FAT32

5．（　　）的 FTP 服务器不要求用户在访问它们时提供用户和密码。（单选题）

A．匿名　　B．独立　　C．共享　　D．专用

二、项目实训题

1. 项目背景

某公司在搭建好域环境后，业务组因工作需求，需要在服务器中存储相关的业务数据，但是业务组希望各个用户目录之间相互隔离（仅允许访问自己的目录，无法访问他人的目录），每个业务员允许使用的 FTP 空间大小均为 100MB。因此，公司决定通过活动目录中的 FTP 隔离来实现该应用。

本实训项目的网络拓扑图如图 14-21 所示。

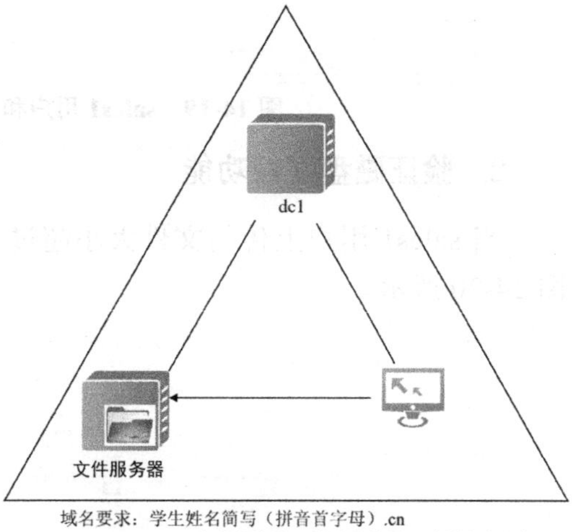

dc1

文件服务器

域名要求：学生姓名简写（拼音首字母）.cn

IP：10.*x*.*y*.*z*/24（*x*为班级编号，*y*为学生学号，*z*由学生自定义）

图 14-21　本实训项目的网络拓扑图

2. 项目要求

（1）为域用户 jack 和 tom 配置隔离用户 FTP 站点，查看 FTP 站点的属性，截取“ADSI 编辑器”窗口中的用户属性界面。

（2）测试不同用户访问 FTP 站点的效果，截取测试结果。

（3）配置磁盘配额，截取磁盘属性对话框中的“配额”选项卡。

（4）分别使用 jack 用户和 tom 用户测试磁盘配额功能，截取测试结果。

项目 15　DFS 的配置与管理（独立根目录）

项目学习目标

1. 掌握 DFS 的概念。
2. 掌握基于独立根目录的 DFS 的作用。
3. 掌握网络驱动器的映射。

项目描述

jan16 公司中有多台成员服务器，每台服务器中都有 1～2 个共享目录。员工经常访问多个不同的共享目录，会降低工作效率。公司决定采用 DFS（Distributed File System，分布式文件系统）技术将所有的共享目录链接在一起，从而使员工能够快捷地访问所有的共享目录。通过类似于 FTP 的虚拟目录，将多台服务器中的共享目录链接到一个公共共享目录下，使用户可以通过一个公共共享目录浏览和访问所有的共享目录。

本项目的网络拓扑图如图 15-1 所示，计算机信息规划表如表 15-1 所示。

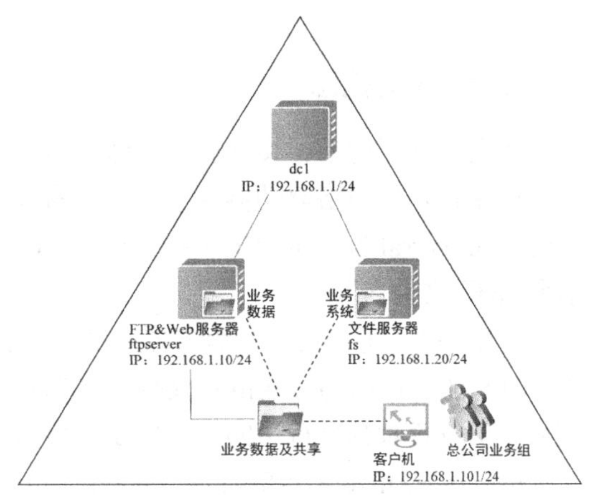

图 15-1　本项目的网络拓扑图

表 15-1　本项目的计算机信息规划表

计算机名称	VLAN 名称	IP 地址	操作系统
dc1	VMnet1	192.168.1.1/24	Windows Server 2022
ftpserver	VMnet1	192.168.1.10/24	Windows Server 2022
fs	VMnet1	192.168.1.20/24	Windows Server 2022
客户机	VMnet1	192.168.1.101/24	Windows 11

项目分析

在本项目中，需要为公司中所有文件共享服务器的共享目录建立逻辑链接。员工通过访问这个逻辑链接，可以快速查看和访问公司中的所有共享目录。因此，通过创建基于独立根目录的 DFS，将多台服务器的共享目录链接到一个公共共享目录下，即可完成本项目。

根据本项目的网络拓扑图，完成本项目的基本步骤如下。

（1）在 ftpserver 成员服务器中创建共享目录“业务数据”，并且根据 AGUDLP 原则配置该共享目录的权限。

（2）在 fs 成员服务器中创建共享目录“业务系统”，并且根据 AGUDLP 原则配置该共享目录的权限。

（3）在 ftpserver 成员服务器中启动 DFS。

（4）在 ftpserver 成员服务器中创建独立根目录“业务数据及共享”。

（5）在独立根目录“业务数据及共享”下链接共享目录“业务数据”和“业务系统”。

（6）在客户机中，将独立根目录“业务数据及共享”映射为网络驱动器。

以上基本步骤主要涉及两个工作任务。

（1）基于独立根目录配置 DFS。

（2）映射网络驱动器。

相关知识

1. DFS 的概念

在大部分环境中，共享资源存储于多台服务器的各个共享目录下。要访问共享资源，用户或程序必须将网络驱动器映射到共享资源所在的服务器中，或者指定共享资源的通用命名规则（Universal Naming Convention，UNC）路径，如“\\服务器名\共享名”“\\服务器名\共享名\路径\文件名”。

使用 DFS，可以将一台服务器中的某个共享点作为存储于其他服务器中的共享资源的宿主。DFS 能以透明的方式链接文件服务器和共享目录，然后将其映射到单个层次结构中，以便从一个位置对其进行访问。用户要查找所需的信息，无须访问网络中的多个位置，只需访问\\DfsServer\Dfsroot 共享目录。用户在访问该共享目录下的共享资源时，会被重定向到包含共享资源的网络位置。这样，用户只需要知道 DFS 根目录，就可以访问所有相关的共享资源了。

DFS 提供了一个访问点和一个逻辑树结构。通过 DFS 可以将同一个网络的不同计算机中的共享目录组织起来，形成一个单独的、有逻辑的、层次式的共享文件系统。用户在访问共享资源时，不需要知道它们的实际物理位置，因为分布在多台服务器中的共享资源在用户面前如同在网络中的同一个位置。

DFS 是一个树状结构，包含一个根目录和一个或多个 DFS 链接。要建立 DFS，需要先建立 DFS 根，再在每个 DFS 根下创建一个或多个 DFS 链接，每个 DFS 链接都可以指向网络中的一个共享目录，如图 15-2 所示。

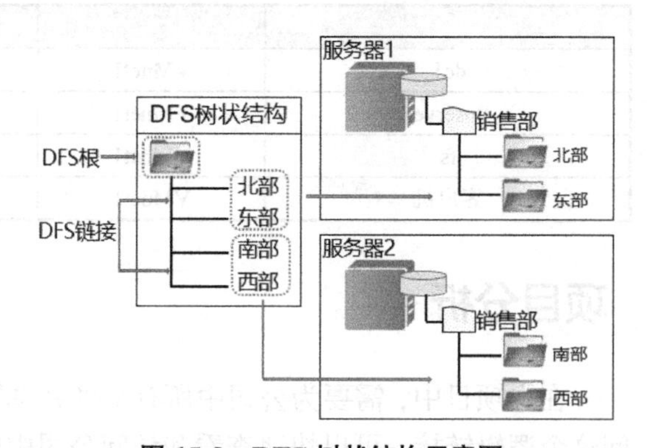

图 15-2　DFS 树状结构示意图

2. 基于独立根目录的 DFS 的作用

基于独立根目录的 DFS 的目录配置信息存储于主服务器中，访问 DFS 根或 DFS 链接的路径使用主服务器名称作为开头。独立的根目录只有一个根目标，没有根级别的容错。因此，当根目标不可用时，整个 DFS 命名空间都不可访问。

3. 映射网络驱动器

通过映射网络驱动器，可以将局域网的一台计算机中的共享目录变为另一台计算机中的一个逻辑驱动器符，映射后的计算机可以通过访问该驱动器符访问该共享目录，既方便用户访问网络共享目录，又提高了访问效率。

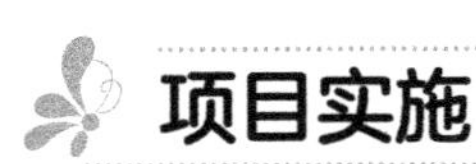

项目实施

任务 15-1　基于独立根目录配置 DFS

项目 15-任务 15-1

▶ 任务规划

创建基于独立根目录的 DFS，将多台服务器的共享目录链接到一个公共目录下，即可完成本任务。

（1）在 ftpserver 成员服务器中创建共享目录“业务数据”，并且根据 AGUDLP 原则配置该共享目录的权限。

（2）在 fs 成员服务器中创建共享目录“业务系统”，并且根据 AGUDLP 原则配置该共享目录的权限。

（3）在 ftpserver 成员服务器中启动 DFS。

（4）在 ftpserver 成员服务器中创建独立根目录“业务数据及共享”。

（5）在 ftpserver 成员服务器中的独立根目录“业务数据及共享”下链接共享目录“业务数据”和“业务系统”。

▶ 任务实施

（1）在 ftpserver 成员服务器中创建共享目录“业务数据”，如图 15-3 所示。根据 AGUDLP 原则，配置“业务数据”共享目录的权限（参考项目 12 中的相关操作）。

（2）在 fs 成员服务器中创建共享目录“业务系统”，如图 15-4 所示。根据 AGUDLP 原则，配置“业务系统”共享目录的权限（参考项目 12 中的相关操作）。

（3）使用管理员用户 jan16.cn\administrator 登录 ftpserver 成员服务器。

（4）在“服务器管理器”窗口中选择“添加角色和功能”选项，打开“添加角色和功能向导”窗口，在“选择服务器角色”界面的“角色”列表框中勾选“DFS 命名空间”复选框并添加相应的功能，如图 15-5 所示。

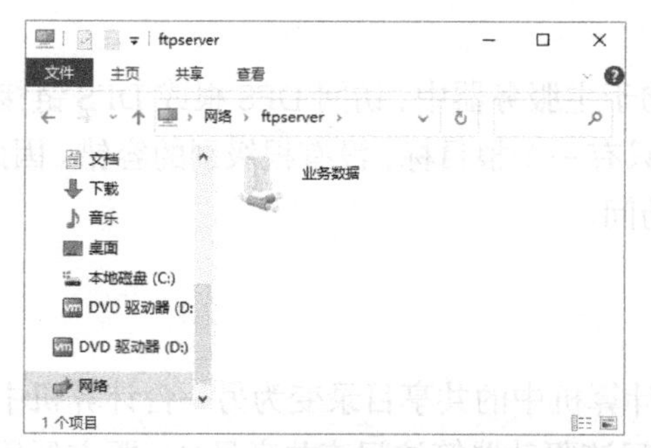

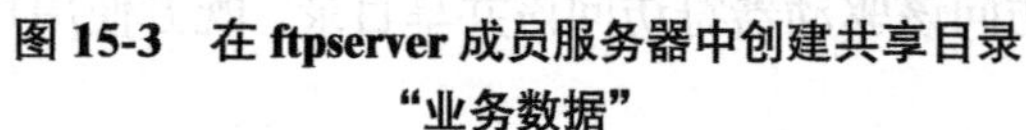
图 15-3　在 ftpserver 成员服务器中创建共享目录“业务数据”

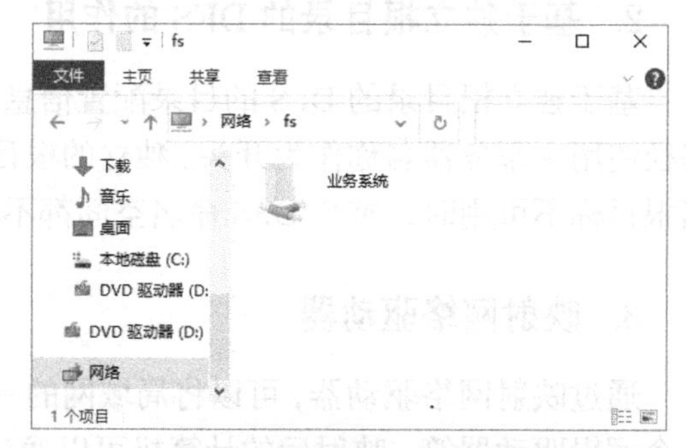

图 15-4　在 fs 成员服务器中创建共享目录“业务系统”

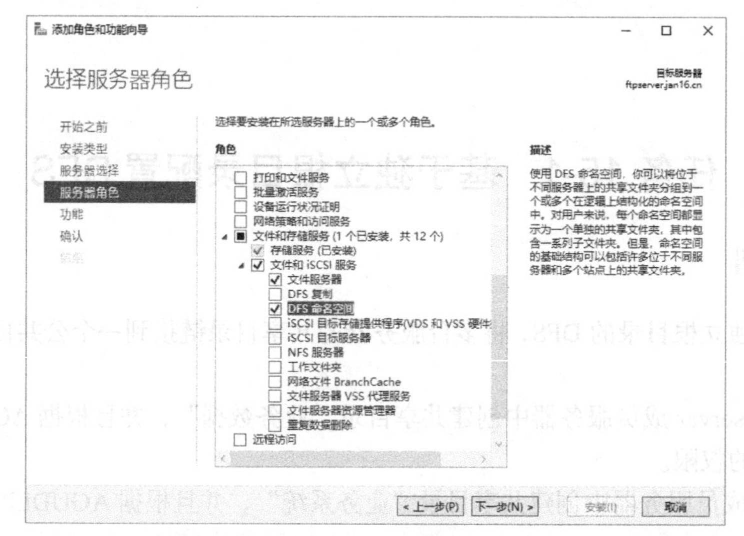

图 15-5　“添加角色和功能向导”窗口中的“选择服务器角色”界面

（5）在“服务器管理器”窗口的菜单栏中选择“工具”→“DFS Management”命令，打开“DFS 管理”窗口，在左侧的导航栏中右击“DFS 管理”选项，在弹出的快捷菜单中选择“新建命名空间”命令，打开“新建命名空间向导”窗口，在“命名空间服务器”界面中，将“服务器”设置为“ftpserver”，单击“下一步”按钮；进入“命名空间名称和设置”界面，将“名称”设置为“业务数据及共享”，单击“下一步”按钮；进入“命名空间类型”界面，选择“独立命名空间”单选按钮，单击“下一步”按钮；进入“复查设置并创建命名空间”界面，如图 15-6 所示。

（6）单击“创建”按钮，创建独立根目录“业务数据及共享”，右击该根目录，在弹出的快捷菜单中选择“新建文件夹”命令，如图 15-7 所示。

（7）弹出“新建文件夹”对话框，将“名称”设置为“业务数据”，在“文件夹目标”文本域下单击“添加”按钮，弹出“添加文件夹目标”对话框，设置“文件夹目标的路径”为“\\FTPSERVER\业务数据”，表示在独立根目录“业务数据及共享”下链接共享目录“业务数据”，单击“确定”按钮，返回“新建文件夹”对话框，发现文件夹路径已被加入“文件夹目标”列表框，单击“确定”按钮，完成“业务数据”文件夹的创建，如图 15-8 所示。

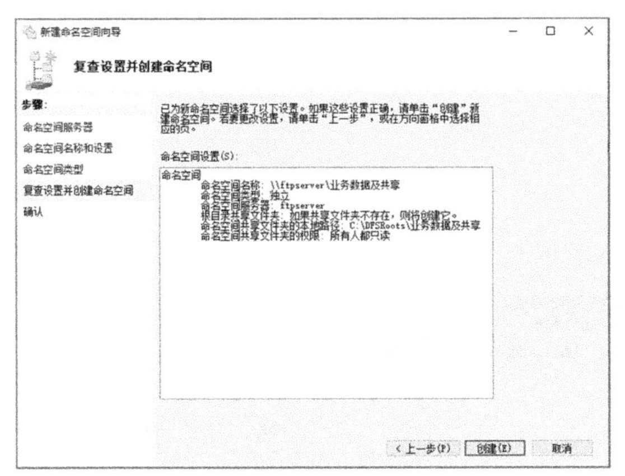

图 15-6　“新建命名空间向导”窗口中的“复查设置并创建命名空间”界面

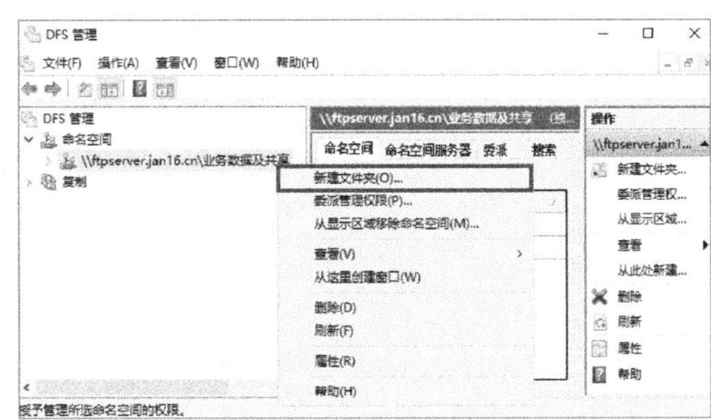

图 15-7　选择“新建文件夹”命令

图 15-8　“业务数据”文件夹的创建

（8）使用相同的方法，在独立根目录“业务数据及共享”下链接共享目录“业务系统”，并且完成“业务系统”文件夹的创建，如图 15-9 所示。

图 15-9 “业务系统”文件夹的创建

► 任务验证

在 ftpserver 成员服务器中打开“DFS 管理”窗口，可以看到，已经在独立根目录“业务数据及共享”下链接了共享目录“业务系统”和“业务数据”，如图 15-10 所示。

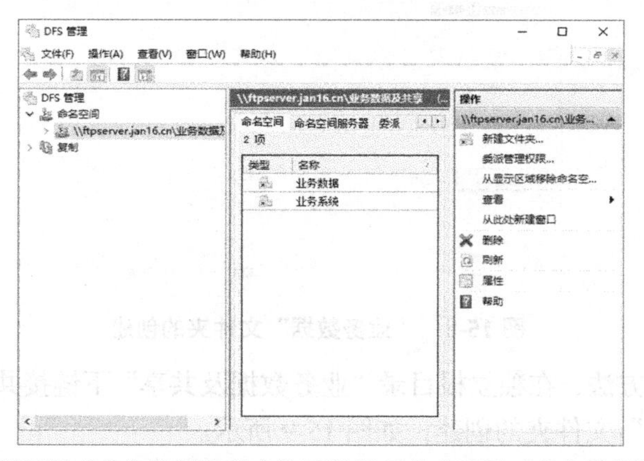

图 15-10 在独立根目录“业务数据及共享”下链接了共享目录“业务数据”和“业务系统”

项目 15-任务 15-2

任务 15-2　映射网络驱动器

▶ 任务规划

在本任务中，需要在客户机中映射网络驱动器，方便用户快速访问 DFS 根目录。在完成 DFS 站点共享后，只需在客户机中映射网络驱动器，选择驱动器号，输入资源路径。

▶ 任务实施

在客户机中打开“文件资源管理器”窗口，右击“网络”选项，在弹出的快捷菜单中选择“显示更多选项”→“映射网络驱动器”命令，弹出“映射网络驱动器”对话框，将“驱动器”设置为“Z”（可以在相应的下拉列表中选择驱动器号），将“文件夹”设置为共享目录的网络路径（可以单击“浏览”按钮，选择共享目录的网络路径），如图 15-11 所示。

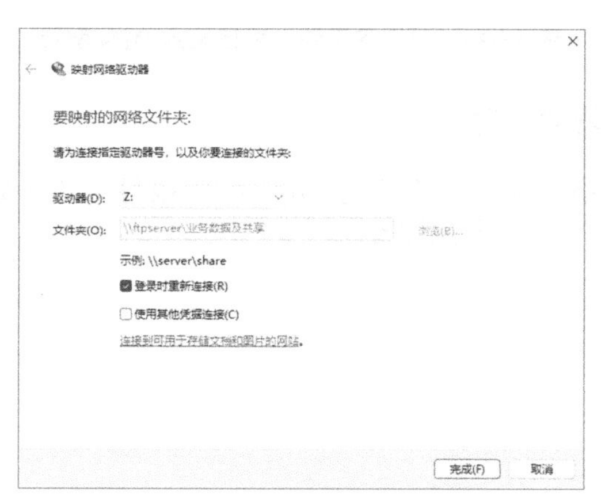

图 15-11　“映射网络驱动器”对话框

▶ 任务验证

在客户机中查看网络驱动器，确认在客户机中成功映射了网络驱动器，如图 15-12 所示。

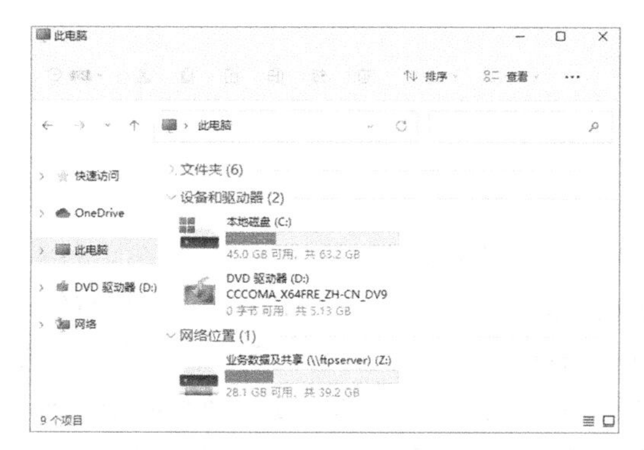

图 15-12　查看网络驱动器

项目验证

项目 15-项目验证

1. 验证基于独立根目录的 DFS 配置

在 ftpserver 成员服务器中创建独立根目录“业务数据及共享”，分别链接 ftpserver 成员服务器中的共享目录“业务数据”和 fs 成员服务器中的共享目录“业务系统”。在客户机中访问 DFS 独立根目录“业务数据及共享”，如图 15-13 所示。

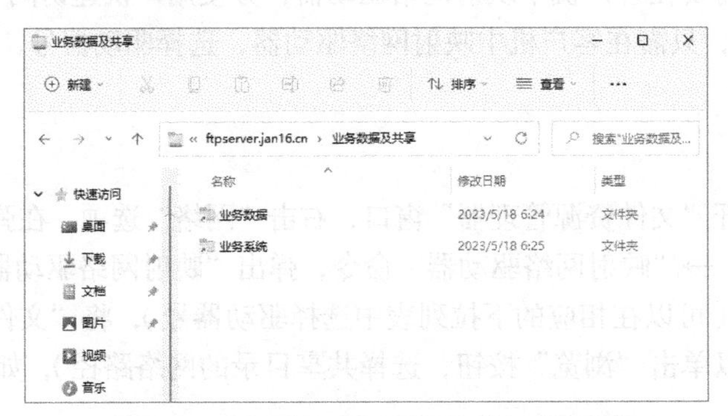

图 15-13　验证基于独立根目录的 DFS 配置

2. 验证网络驱动器的映射

在客户机中使用网络驱动器快速访问 DFS 独立根目录“业务数据及共享”，结果如图 15-14 所示。

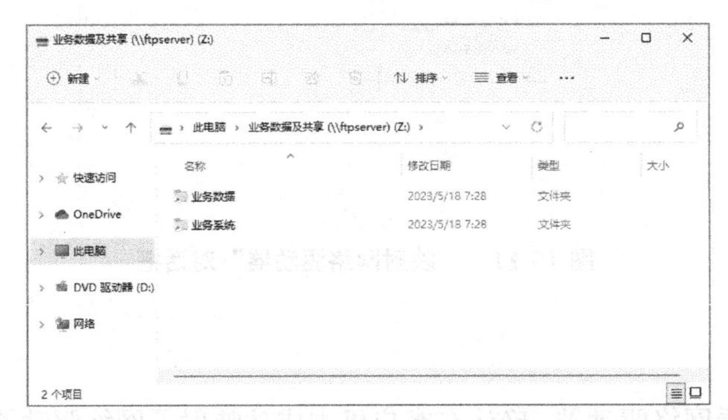

图 15-14　验证网络驱动器的映射

练习与实践

一、理论题

1．独立根目录是（　　）。（单选题）

A．一个独立的文件系统　　B．一个独立的域名系统

C．一个独立的应用程序　　D．一个独立的根目录服务

2．在以下 DFS 访问模式中，可以将所有文件分发到所有服务器上的是（　　）。（单选题）

A．集中式 DFS　B．分布式 DFS　C．并行 DFS

3.（　　）不是 DFS 设计原则之一。（单选题）

A．分布式透明性　B．负载均衡　C．可用性　D．可扩展性

4．使用（　　）命令可以将网络驱动器映射到远程计算机中的共享文件夹。（单选题）

A．net use　B．tcp/ip　C．ping　D．ipconfig

5．在 Windows 操作系统中，可以（　　）查看已经映射的网络驱动器列表。（单选题）

A．使用 net view 命令　B．在“文件资源管理器”窗口中

C．使用 ipconfig 命令　D．使用 ping 命令

6. 基于独立根目录的 DFS 可以实现的功能是（　　）。（单选题）

A．提高系统性能和可扩展性　B．提供文件共享和协作功能

C．自动备份和恢复数据　D．对数据进行加密保护

二、项目实训题

1. 项目背景

某公司中有多台成员服务器，每台服务器中都有 1～2 个共享目录。员工经常访问多个不同的共享目录，会降低工作效率。公司决定采用 DFS 技术将所有的共享目录链接在一起，从而使员工能够快捷地访问所有的共享目录。通过类似于 FTP 的虚拟目录，将多台服务器中的共享目录链接到一个公共共享目录下，使用户可以通过一个公共共享目录浏览和访问所有的共享目录。

本实训项目的网络拓扑图如图 15-15 所示。

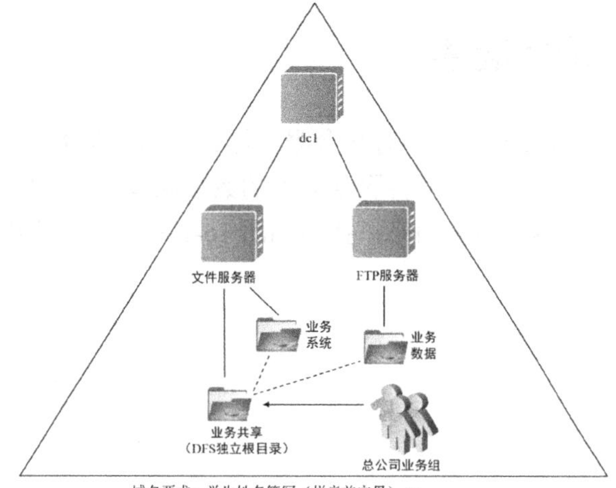

图 15-15　本实训项目的网络拓扑图

2. 项目要求

（1）在 FTP 服务器中创建共享目录“业务系统”，并且根据 AGUDLP 原则配置该共享目录的权限。

（2）在文件服务器中创建共享目录“业务数据”，并且根据 AGUDLP 原则配置该共享目录的权限。

（3）在 FTP 服务器中启动 DFS。

（4）在 FTP 服务器中创建独立根目录“业务共享”。

（5）在独立根目录“业务共享”下链接共享目录“业务系统”和“业务数据”，截取 DFS 命名空间界面。

（6）在客户机中将独立根目录映射为网络驱动器，截取相关界面。

（7）使不同的用户访问两个共享目录，截取相关界面。

项目 16　DFS 的配置与管理（域根目录）

项目学习目标

1. 基于域根目录的 DFS 的作用。
2. 基于独立根目录的 DFS 和基于域根目录的 DFS 之间的区别。

项目描述

jan16 公司中有两台服务器，这两台服务器中存储着公司日常运营所需的大量数据。公司要求实现这两台服务器中的数据同步，并且实现文件共享服务的负载均衡。

本项目的网络拓扑图如图 16-1 所示，计算机信息规划表如表 16-1 所示。

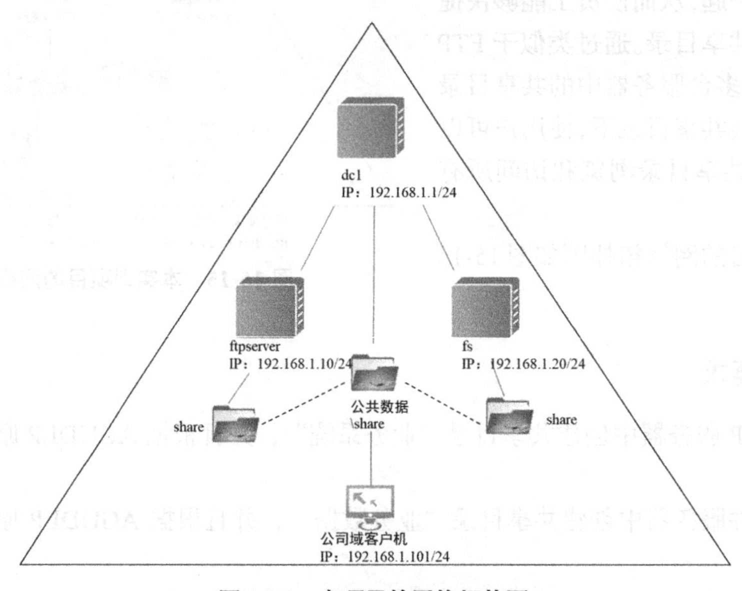

图 16-1　本项目的网络拓扑图

表 16-1　本项目的计算机信息规划表

计算机名称	VLAN 名称	IP 地址	操作系统
dc1	VMnet1	192.168.1.1/24	Windows Server 2022
ftpserver	VMnet1	192.168.1.10/24	Windows Server 2022
fs	VMnet1	192.168.1.20/24	Windows Server 2022
公司域客户机	VMnet1	192.168.1.101/24	Windows 11

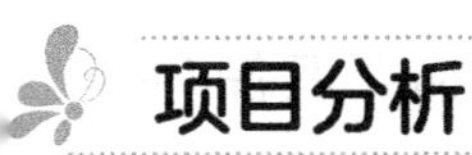

项目分析

本项目通过在域控制器中创建 DFS 根目录，并且在该 DFS 根目录下创建一个共享目录，实现基于域根目录的 DFS 的配置。使 DFS 根目录下的共享目录链接两台服务器中的共享目录，并且配置两台服务器中的数据同步（DFS 复制）。本项目涉及的工作任务为基于域根目录配置 DFS。

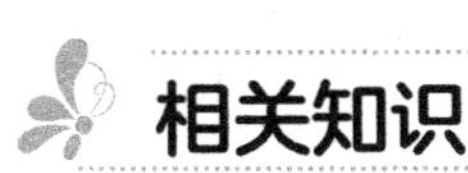

相关知识

1. 基于域根目录的 DFS 的作用

域根目录将 DFS 根存储于多台域控制器或成员服务器中，将 DFS 的拓扑结构存储于活动目录中。因此，可以在活动目录中的多个 DFS 服务器之间进行复制，提供容错功能。此外，由于每台 DFS 服务器中存储的数据都是相同的，因此域客户机可以根据就近原则，选择最近的一台 DFS 服务器使用，从而提高 DFS 的访问效率。

2. 基于独立根目录的 DFS 和基于域根目录的 DFS 之间的区别

DFS 有两种类型：基于独立根目录的 DFS（简称独立 DFS）和基于域根目录的 DFS（简称域 DFS）。

独立 DFS 的根和拓扑结构存储于单台计算机中，不提供容错功能，没有根目录级的 DFS 共享目录，只支持一级 DFS 链接。

域 DFS 的根存储于多个域控制器和成员服务器中，域 DFS 的拓扑结构存储于活动目录中，因此可以在活动目录的各个主域控制器之间进行复制，提供容错功能，可以有根目录级的 DFS 共享目录，可以有多级 DFS 链接。

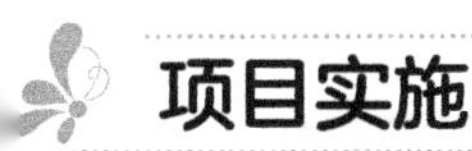

项目实施

任务　基于域根目录配置 DFS

项目 16-任务 16-1

▶ 任务规划

在本任务中，通过创建基于域根目录的 DFS，将多台服务器中的共享目录链接到 DFS 根目录下，可以完成 DFS 的配置，并且实现文件共享服务的负载均衡。

▶ 任务实施

（1）在 ftpserver 服务器中创建共享目录 share，并且配置该共享目录为“Everyone”具备“读取/写入”权限，如图 16-2 所示。

（2）在 fs 服务器中创建共享目录 share，并且配置该共享目录为“Everyone”具备“读取/写入”权限。

（3）在域控制器 dc1 中打开“服务器管理器”窗口，选择“添加角色和功能”选项，打开“选择角色和功能向导”窗口，在“选择服务器角色”界面的“角色”列表框中勾选“DFS 复制”和“DFS 命名空间”复选框，并且添加相应的功能，如图 16-3 所示。

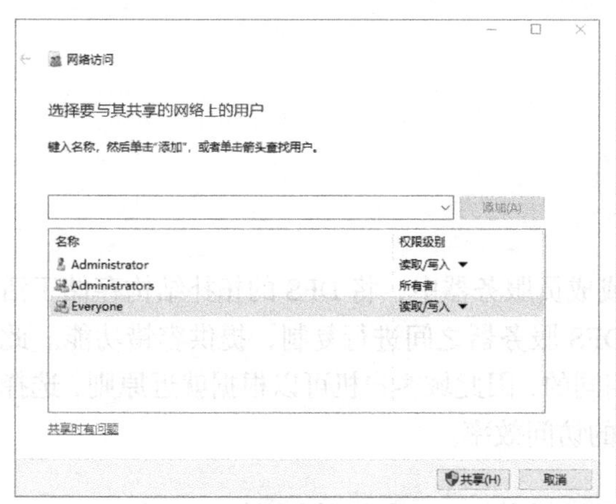

图 16-2　配置 share 共享目录为“Everyone”具备“读取/写入”权限

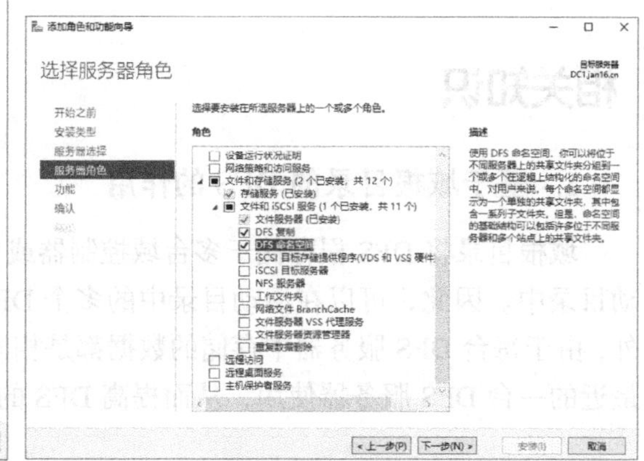

图 16-3　“添加角色和功能向导”窗口中的“选择服务器角色”界面（1）

（4）分别打开 ftpserver 和 fs 服务器的“服务器管理器”窗口，选择“添加角色和功能”选项，打开“添加角色和功能向导”窗口，在“选择服务器角色”界面的“角色”列表框中勾选“DFS 复制”复选框，并且添加相应的功能，如图 16-4 所示。

（5）在域控制器 dc1 中打开“服务器管理器”窗口，在菜单栏中选择“工具”→“DFS Management”命令，打开“DFS 管理”窗口，在左侧的导航栏中右击“DFS 管理”选项，在弹出的快捷菜单中选择“新建命名空间”命令，如图 16-5 所示。

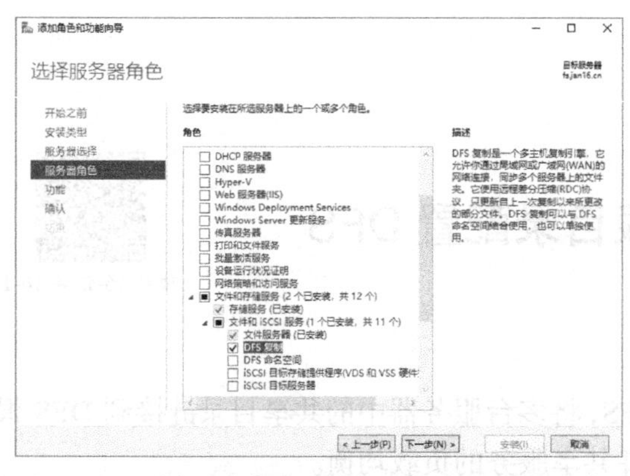

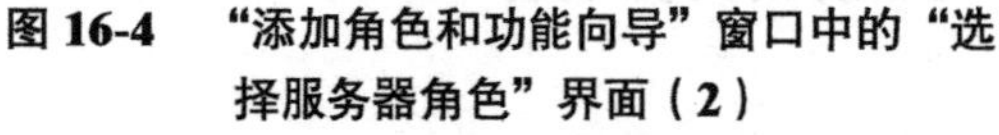

图 16-4　“添加角色和功能向导”窗口中的“选择服务器角色”界面（2）

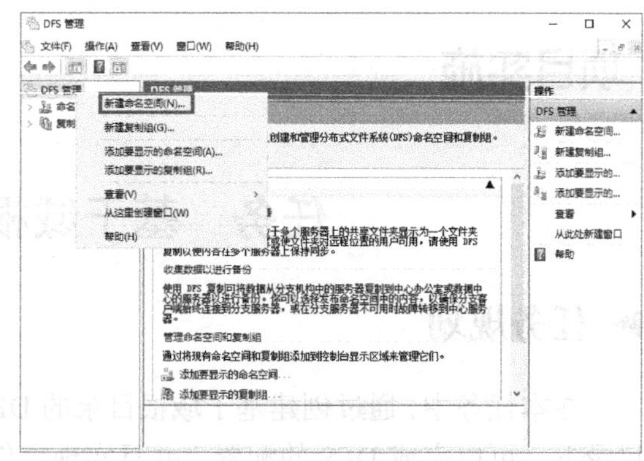

图 16-5　“DFS 管理”窗口

（6）打开“新建命名空间向导”窗口，在“命名空间服务器”界面中，将“服务器”设置为“dc1”，单击“下一步”按钮，如图 16-6 所示。

（7）进入“命名空间名称和设置”界面，将“名称”设置为“公共数据”，单击“下一步”按钮，如图 16-7 所示。

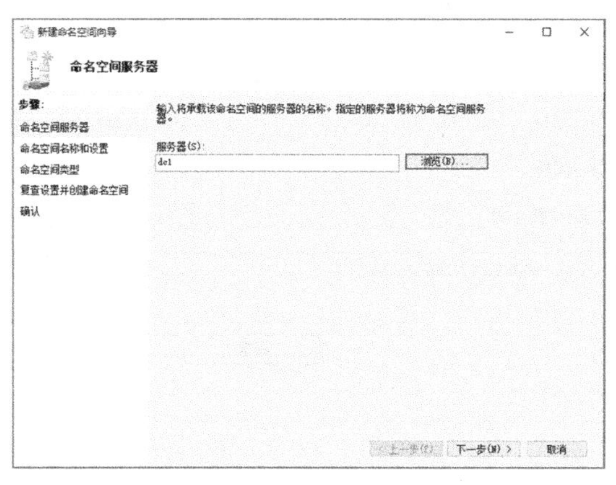

图 16-6　“新建命名空间向导”窗口中的“命名空间服务器”界面

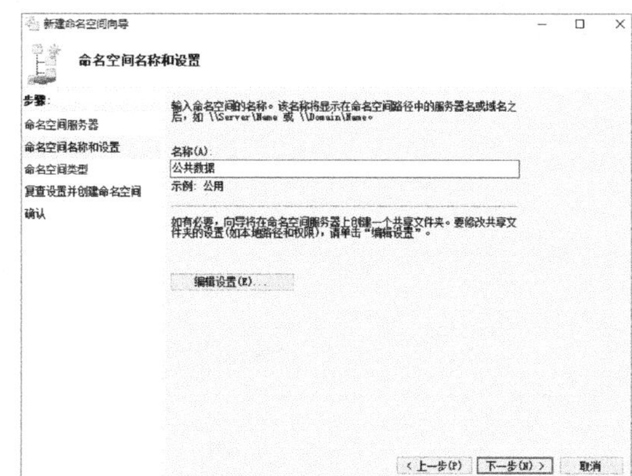

图 16-7　“新建命名空间向导”窗口中的“命名空间名称和设置”界面

（8）进入“命名空间类型”界面，选择“基于域的命名空间”单选按钮，单击“下一步”按钮，如图 16-8 所示。

（9）进入“复查设置并创建命名空间”界面，在确认命名空间设置无误后，单击“创建”按钮，如图 16-9 所示，完成命名空间的创建。

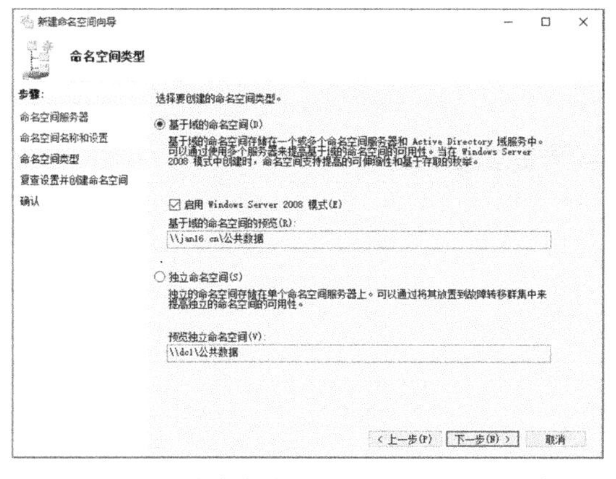

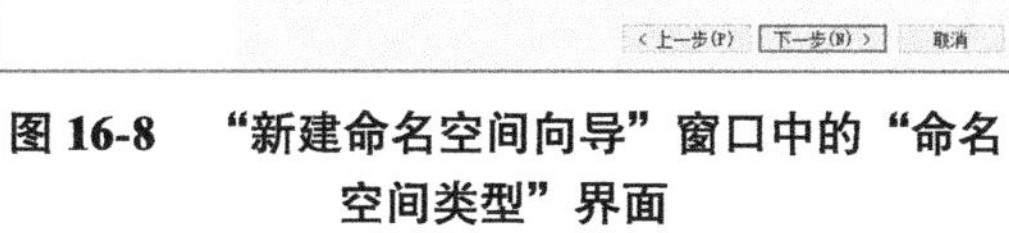

图 16-8　“新建命名空间向导”窗口中的“命名空间类型”界面

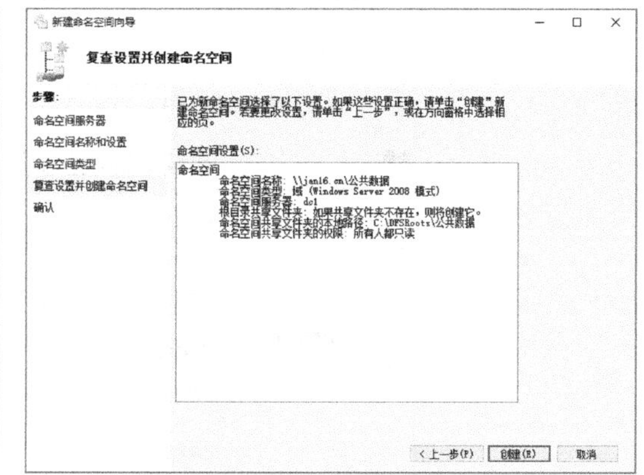

图 16-9　“新建命名空间向导”窗口中的“复查设置并创建命名空间”界面

（10）右击根目录“\\jan16.cn\公共数据”，在弹出的快捷菜单中选择“新建文件夹”命令，弹出“新建文件夹”对话框，将“名称”设置为“share”，在“文件夹目标”文本域下单击“添加”按钮，弹出“添加文件夹目标”对话框，将“文件夹目标的路径”设置为“\\fs\share”，单击“确定”按钮，将“\\fs\share”添加到“文件夹目标”文本域中，再次单击“添加”按钮，弹出“添加文件夹目标”对话框，将“文件夹目标的路径”设置为“\\ftpserver\share”，单击“确定”按钮，将“\\ftpserver\share”添加到“文件夹目标”文本域中，在“新建文件夹”对话框中单击“确定”按钮，弹出“复制”对话框，如图 16-10 所示。

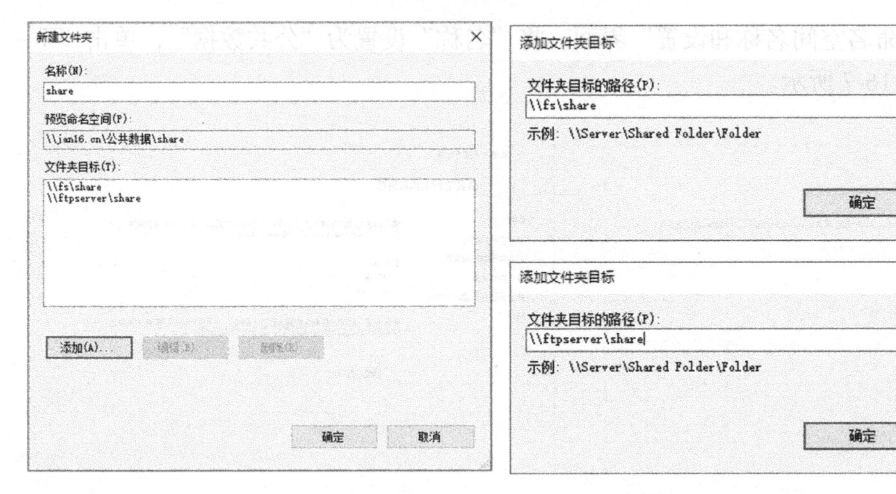

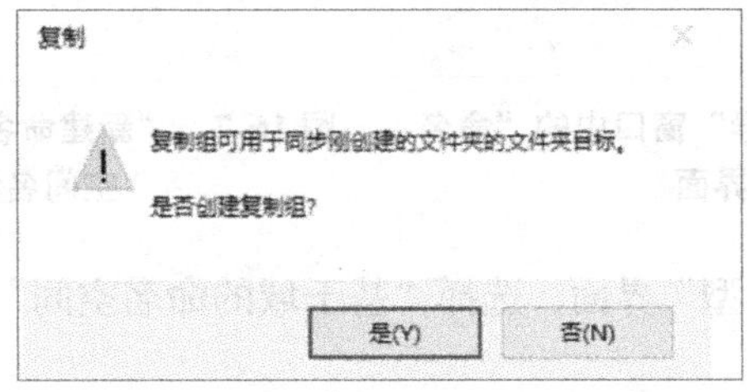

图 16-10 新建文件夹

（11）在“复制”对话框中单击“是”按钮，打开“复制文件夹向导”窗口，根据需要进行相关的参数设置，这里采用默认参数设置，如图 16-11 所示。

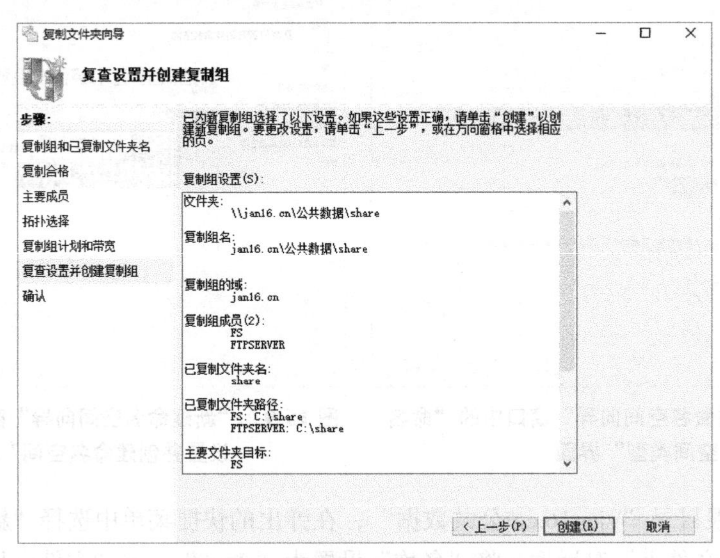

图 16-11 “复制文件夹向导”窗口

▶ 任务验证

在域控制器 dc1 中打开“DFS 管理”窗口，查看“命名空间”和“复制”的相关信息，如图 16-12 和图 16-13 所示。

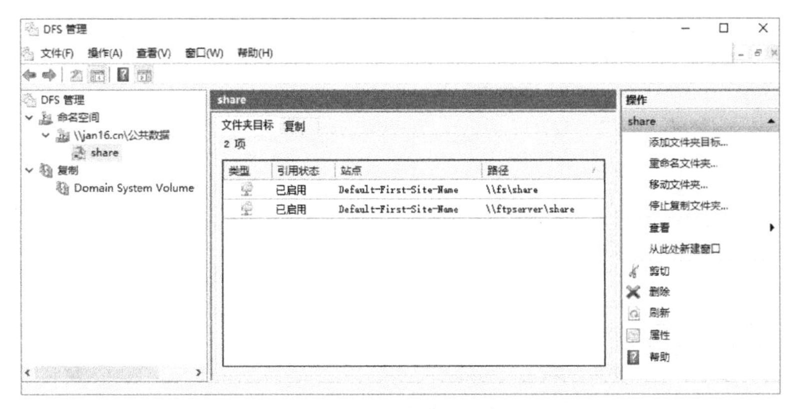

图 16-12　查看“命名空间”的相关信息

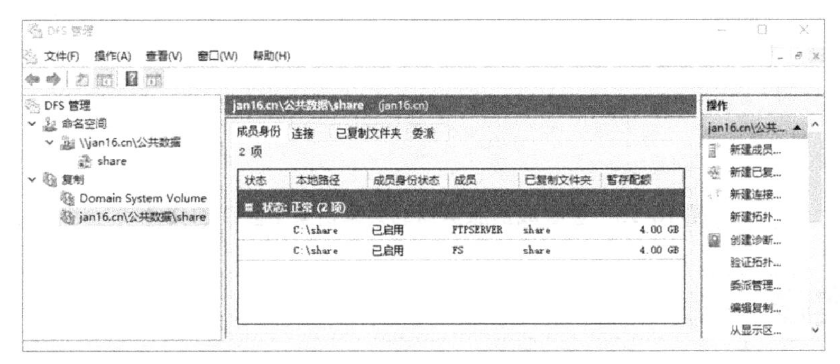

图 16-13　查看“复制”的相关信息

项目 16 项目验证

项目验证

（1）在等待一段时间后，两台成员服务器 ftpserver 和 fs 中的文件复制成功（预计 5 分钟左右）。此时，使用客户机访问 DFS 共享目录“\\jan16.cn\公共数据\share”并上传一个新的文件 test，如图 16-14 所示。

图 16-14　使用客户机访问 DFS 共享目录并上传文件

（2）此时，两个成员服务器 ftpserver 和 fs 的共享目录 share 下都复制了 test 文件，如图 16-15 所示。

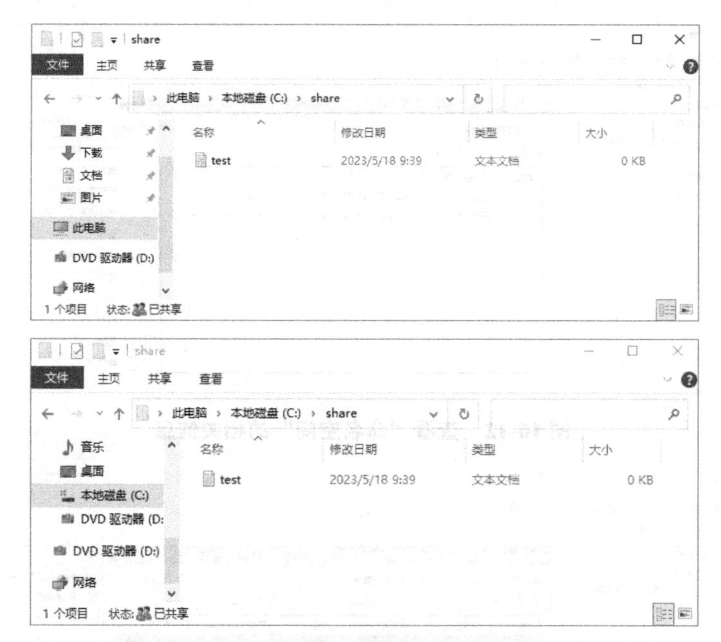

图 16-15　查看成员服务器的共享目录下复制的文件

练习与实践

一、理论题

1．DFS 中的（　　）操作可以提高文件访问速度。（单选题）

A．定期清除缓存　　B．启用文件复制

C．压缩文件大小　　D．访问网络文件

2．DFS 中的元素包括（　　）。（多选题）

A．命名空间　　B．空间名　　C．根目录　　D．目标节点

3．下面描述符合独立 DFS 的有（　　）。（多选题）

A．根和拓扑结构存储于单台计算机中

B．不提供容错功能

C．提供容错功能

D．没有根目录级的 DFS 共享目录

E．可以有根目录级的 DFS 共享目录

F．只支持一级 DFS 链接

二、项目实训题

1．项目背景

某公司中有两台服务器，这两台服务器中存储着公司日常运营所需的大量数据。公司要求实现这两台服务器中的数据同步，并且实现文件共享服务的负载均衡。

本实训项目的网络拓扑图如图 16-16 所示。

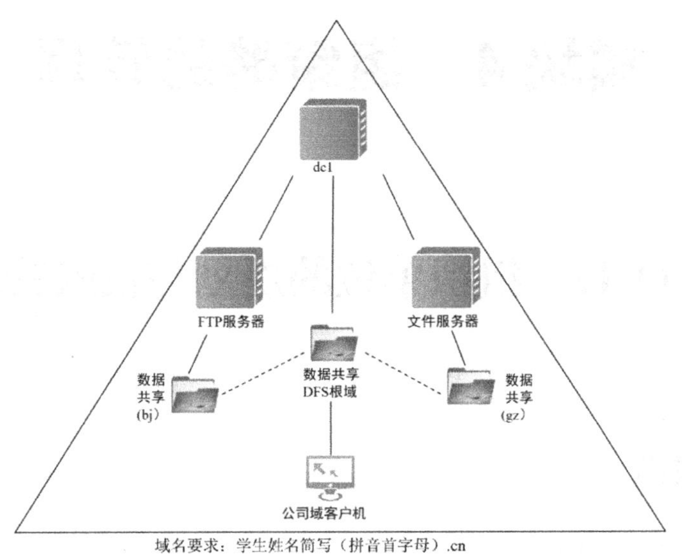

域名要求：学生姓名简写（拼音首字母）.cn
IP：10.*x*.*y*.*z*/24（*x*为班级编号，*y*为学生学号，*z*由学生自定义）

图 16-16　本实训项目的网络拓扑图

2. 项目要求

（1）在 FTP 服务器中创建共享目录，并且配置该共享目录的权限。

（2）在文件服务器中创建共享目录，并且配置该共享目录的权限。

（3）在域控制器中添加“DFS 复制”和“DFS 命名空间”角色和相应的功能。

（4）在域控制器中新建一个命名空间，将其作为根目录，在其下新建一个文件夹，并且使其链接 FTP 服务器和文件服务器中创建的共享目录。

（5）域控制器中打开“DFS 管理”窗口，查看命名空间的文件夹目标，并且截取相关界面。

模块 4　组策略的管理

项目 17　组织单位的规划与权限管理

项目学习目标

1．掌握组织单位的功能。
2．掌握组织单位与组账户之间的区别。
3．掌握组织单位与活动目录中其他容器之间的区别。
4．能够完成组织单位的常规管理任务。

项目描述

jan16 公司的生产部员工流动性非常强，生产部主管用户 product_master 经常需要向活动目录管理员用户申请注册和注销员工用户信息，活动目录管理员用户和生产部主管用户都希望能将生产部员工用户的管理权限下放，减少频繁的申请流程。

本项目的网络拓扑图如图 17-1 所示，计算机信息规划表如表 17-1 所示。

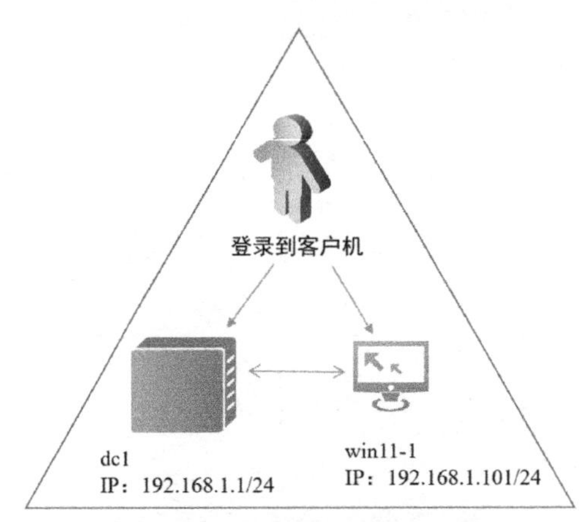

图 17-1　本项目的网络拓扑图

表 17-1　本项目的计算机信息规划表

计算机名称	VLAN 名称	IP 地址	操作系统
dc1	VMnet1	192.168.1.1/24	Windows Server 2022
win11-1	VMnet1	192.168.1.101/24	Windows 11

项目分析

（1）在域控制器中创建“生产部”组织单位，并且在该组织单位下创建相关的用户。

（2）可以通过委派控制，将“生产部”组织单位的用户管理权限委派给生产部主管用户 product_master。

（3）生产部主管用户将“生产部”组织单位中的用户操作全部写入日志，并且以周报表的形式向活动目录管理员用户和企业主管用户备案。

本项目具体涉及以下两个工作任务。

（1）在域控制器中将用户管理权限委派给生产部主管用户。

（2）在客户机中安装 RSAT。

相关知识

1. 组织单位的功能

通过前序项目的实践可以知道：组织单位一般与公司的行政管理部门相对应，是一个活动目录对象的容器。在组织单位中可以有用户账户、组账户、计算机、打印机、共享目录、子组织单位等对象，组织单位是活动目录中最小的管理单元。

如果一个公司中有上千名员工，那么该公司的管理通常会设立领导层、各管理层，利用分层管理将管理权限下放，从而减少每个管理人员需要管理的事情，提高整个公司的管理水平。当域中的对象非常多时，也需要进行管理权限的下放，如果所有权限都集中在域管理员身上，假如每天有 20 个用户因为忘记密码而无法登录域，并且通知域管理员需要更改密码，那么域管理员的管理任务和日常工作会变得十分繁杂。这时，如果适当地将一些管理权限下放，就可以减轻域管理员的工作负担，从而提高管理效率。组织单位是用户和计算机的容器，并且组织单位允许嵌套，因此可以使用组织单位建立一个与企业机构（部门）对应的树形结构的组织单位，并且对一些权限进行适当的委派管理，从而缓解域管理员的工作压力，并且更加科学、有效地对活动目录进行管理。

2. 组织单位与组账户之间的区别

组织单位和组账户都是活动目录对象，其相同点是，都是基于管理的目的创建的；不同的是，组账户中的对象类型是有限的，而组织单位中不仅包括用户账户和组账户，还可以包括计算机、打印机、联系人等其他活动目录对象。因此，组织单位中可以管理的活动目录资源更多，其作用也更大。

创建组账户的目的主要是给某个 NTFS 分区中的资源授予全新的权限，而创建组织单位的主要目的是委派管理权限。此外，可以对组织单位设置组策略，对组织单位中的资源进行严格的管理，而组账户是没有这个功能的。

在删除一个组账户时，只是删除了该组账户中包含的用户账户之间的逻辑关系，其中包含的用户账户不会被删除。在删除一个组织单位时，其中包含的一切活动目录对象都会被删除。

3. 组织单位与活动目录中其他容器之间的区别

在安装活动目录后，打开“Active Directory 用户和计算机”窗口，可以看到活动目录中有很多容器，如 Builtin、Computers 和 Users 等，如图 17-2 所示，并且每个容器中都有一些活动目录对象。

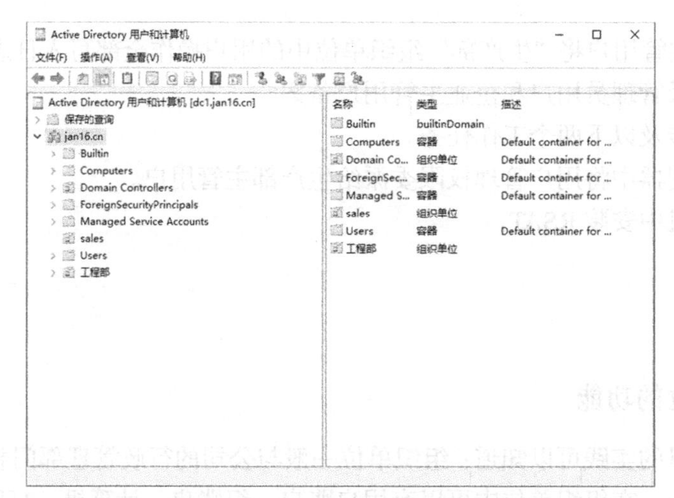

图 17-2 “Active Directory 用户和计算机”窗口（1）

图 17-2 中只列出了活动目录中的基本容器。打开“Active Directory 用户和计算机”窗口，在“查看”菜单中勾选“高级功能”命令，可以查看活动目录中的所有容器，如图 17-3 所示。

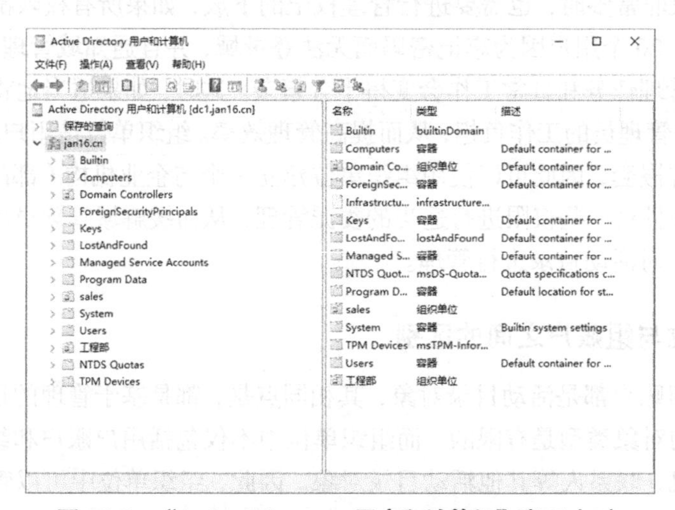

图 17-3 “Active Directory 用户和计算机”窗口（2）

组织单位与活动目录中的其他容器不同，其他容器中只能包含活动目录对象，并且不能对其进行组策略配置。普通容器是在创建活动目录时自动创建的，而组织单位是管理员手动创建的。

注意：普通容器和组织单位的图标不同，普通容器的图标是一个文件夹，而组织单位的图标是文件夹中有一本书。

4. 组织单位的常规管理任务

组织单位的常规管理任务包括设置组织单位的常规信息、管理者、对象、安全性及组策略等。

1）设置组织单位的常规信息

当活动目录中的组织单位非常多时，尤其在组织单位的嵌套层数比较多时，设置组织单位的属性信息有助于在活动目录中查找对象。例如，对于“生产部”组织单位，可以通过设置组织单位的常规信息，帮助用户在活动目录中查找对象。右击“生产部”组织单位，在弹出的快捷菜单中选择“属性”命令，弹出“生产部 属性”对话框，默认选择“常规”选项卡，在该选项卡中设置“生产部”组织单位的常规信息，如图 17-4 所示。

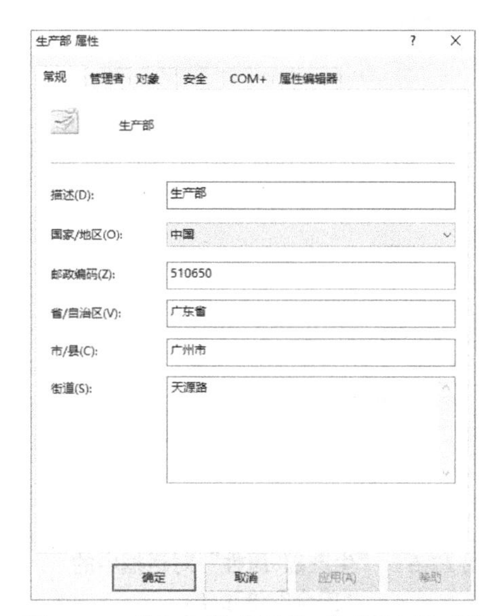

图 17-4　“生产部 属性”对话框中的“常规”选项卡

2）设置组织单位的安全性

在组织单位的属性对话框的“安全”选项卡中，可以添加、删除组或用户名，也可以设置当前组织单位的权限。

下面仍然以“生产部”组织单位为例进行讲解。在“生产部 属性”对话框中选择“安全”选项卡，在“组或用户名”列表框中显示组和用户名称，在“Everyone 的权限”列表框中显示相应的权限，如图 17-5 所示。就像给 NTFS 分区中的文件或文件夹设置 NTFS 权限一样，在此可以设置哪些用户账户或组账户对该组织单位有什么权限。

组织单位的权限分为标准权限和特殊权限，其中标准权限有以下 7 种。

- 安全控制：可以对组织单位进行任何操作。
- 读取：可以读取组织单位的相关信息。
- 写入：可以修改组织单位的相关信息。
- 创建所有子对象：可以在组织单位中创建所有子对象。
- 删除所有子对象：可以在组织单位中删除所有子对象。
- 生成策略的结果集（计划）：对组织单位进行生成组策略结果集操作（正在计划）。
- 生成策略的结果集（记录）：对组织单位进行生成组策略结果集操作（正在记录日志）。

在“生产部 属性”对话框的“安全”选项卡中单击“高级”按钮，打开“生产部的高级安全设置”窗口，可以查看相关的高级权限设置，其中有 3 个选项卡，分别是“权限”选项卡、“审核”选项卡和“有效访问”选项卡，如图 17-6 所示。

- “权限”选项卡。在该选项卡中可以查看哪些用户对当前组织单位具有什么权限，在“权限项目”列表框中选中一条权限，然后单击“编辑”按钮，即可查看并编辑所有的特殊权限，如图 17-7 所示。

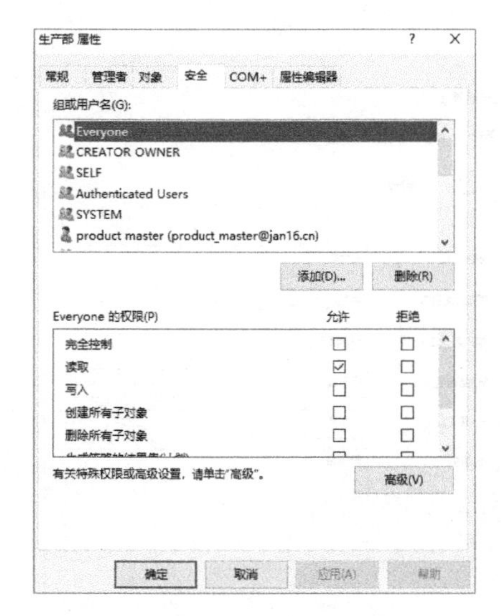

图 17-5 “生产部 属性”对话框中的“安全”选项卡

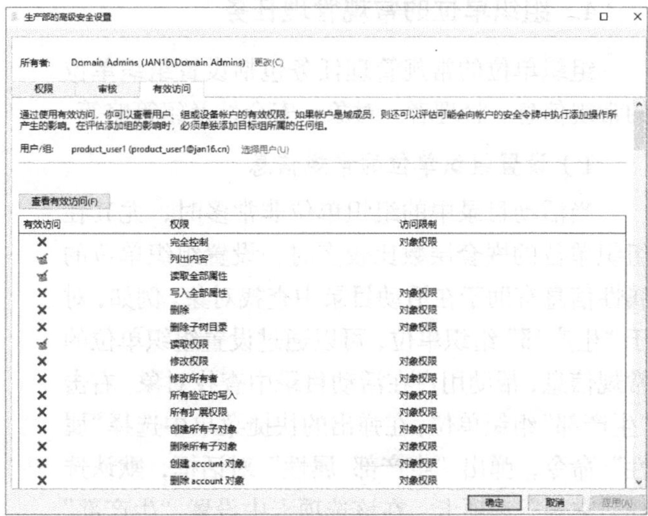

图 17-6 “生产部的高级安全设置”窗口

图 17-7 查看并编辑所有的特殊权限

- “审核”选项卡。在该选项卡中可以查看哪些用户对当前组织单位的哪些操作记录会被审核记录下来，单击“添加”按钮，可以添加要审核的用户；单击“编辑”按钮，可以编辑要审核的操作。审核记录存储于事件查看器的“安全”日志中。
- “有效访问”选项卡。用户对组织单位的权限是累加的，如果一个用户属于多个组，而这些组都被授予了对组织单位的权限，那么这个用户对组织单位的权限应该是这些权限的累加。但是有一个例外，拒绝权限是不被累加的，而且其优先级最高。

3）组织单位的移动与删除

当活动目录中的组织单位对应的实际部门发生变动时，需要在活动目录中移动、删除相关的组织单位。需要注意的是，组织单位的删除会导致相关活动目录对象的删除。因此，如果不想删除组织单位中的活动目录对象，应该先将这些活动目录对象迁移到其他组织单位中。

4）组织单位的委派控制

在活动目录中，如果需要将组织单位的管理权限下放，则可以通过组织单位的委派控制，将组织单位的相关操作委托给指定用户，从而使该用户具备该组织单位的指定权限。

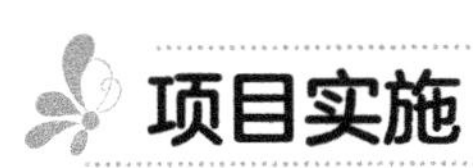

项目 17-任务 17-1

任务 17-1　在域控制器中将用户管理权限委派给生产部主管用户

▶ 任务规划

在域控制器 dc1 中创建“生产部”组织单位，并且在该组织单位中创建用户 product_user1、product_user2、product_master，通过委派控制将“生产部”组织单位的用户管理权限委派给生产部主管用户 product_master。

▶ 任务实施

（1）在域控制器 dc1 中打开“Active Directory 用户和计算机”窗口，创建“生产部”组织单位，并且在该组织单位中创建用户 product_master、product_user1 和 product_user2，如图 17-8 所示。

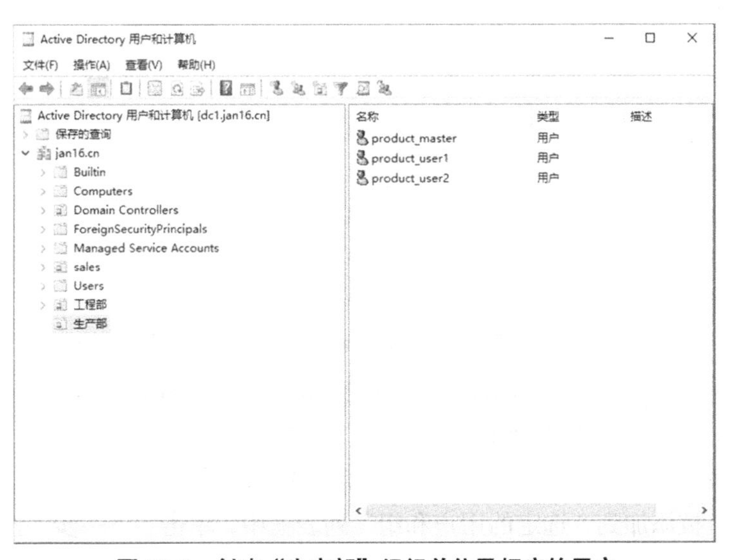

图 17-8　创建“生产部”组织单位及相应的用户

（2）右击“生产部”组织单位，在弹出的快捷菜单中选择“委派控制”命令，如图 17-9 所示。

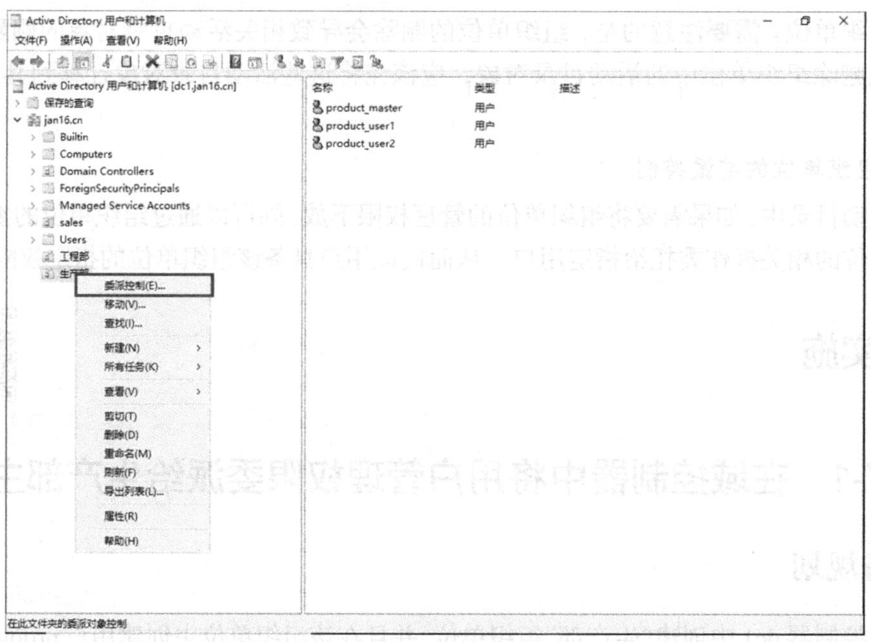

图 17-9　选择“委派控制”命令

（3）弹出“控制委派向导”对话框，单击“下一步”按钮，进入“用户或组”界面，单击“添加”按钮，如图 17-10 所示。

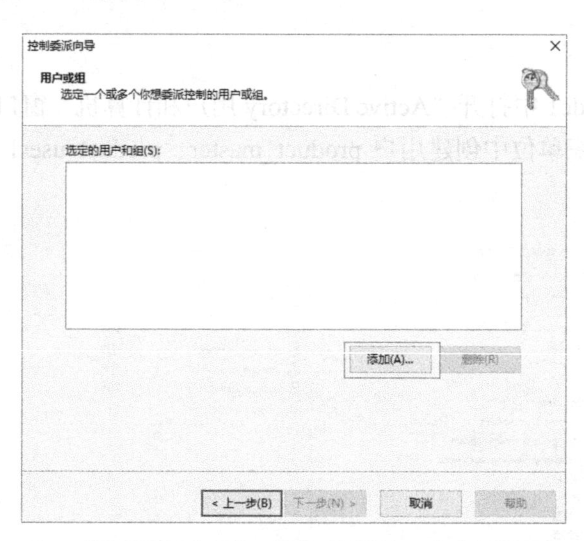

图 17-10　“控制委派向导”对话框中的“用户或组”界面（1）

（4）弹出“选择用户、计算机或组”对话框，在“输入对象名称来选择（示例）”文本域中输入“product_master”，单击“确定”按钮，如图 17-11 所示。

（5）返回“控制委派向导”对话框中的“用户或组”界面，可以看到，生产部主管用户 product_master 已被添加到“选定的用户和组”列表框中，单击“下一步”按钮，如图 17-12 所示。

（6）进入“要委派的任务”界面，勾选“创建、删除和管理用户账户”复选框，单击“下一步”按钮，如图 17-13 所示。

（7）进入“完成控制委派向导”界面，单击“完成”按钮，如图 17-14 所示。

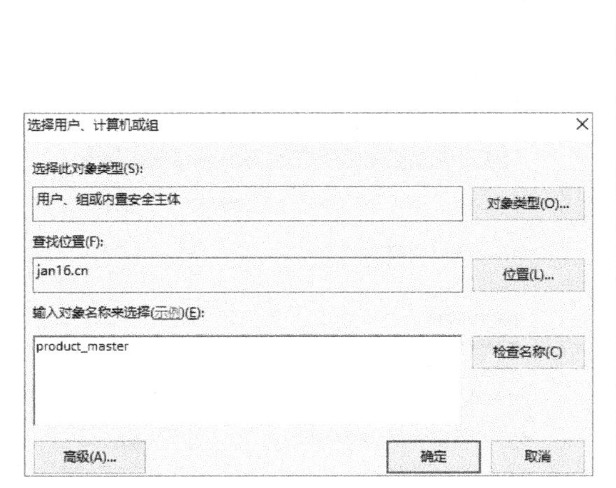

图 17-11　“选择用户、计算机或组”对话框

图 17-12　“控制委派向导”对话框中的“用户或组”界面（2）

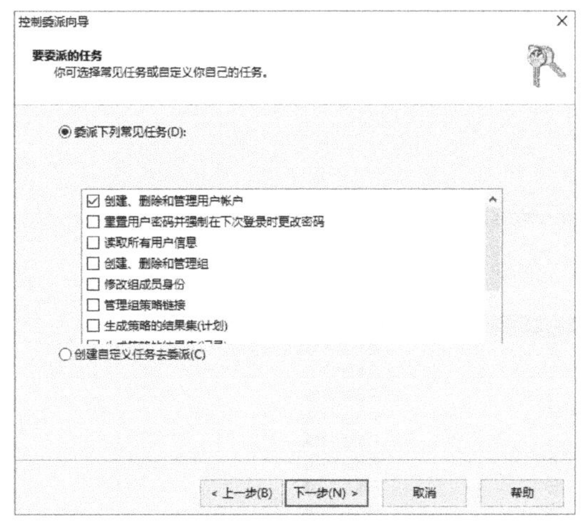

图 17-13　“控制委派向导”对话框中的“要委派的任务”界面

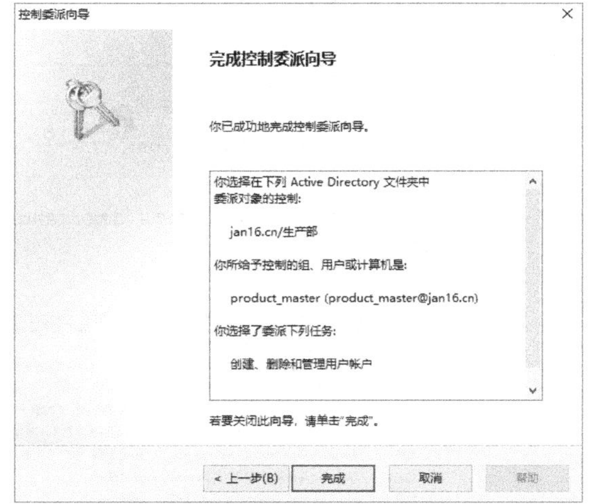

图 17-14　“控制委派向导”对话框中的“完成控制委派向导”界面

▶ 任务验证

（1）查看委派权限。在域控制器 dc1 中打开“Active Directory 用户和计算机”窗口，在“查看”菜单中勾选“高级功能”命令，如图 17-15 所示。

（2）右击“生产部”组织单位，在弹出的快捷菜单中选择“属性”命令，弹出“生产部属性”对话框，选择“安全”选项卡，单击“高级”按钮，如图 17-16 所示。

（3）打开“生产部的高级安全设置”窗口，找到并双击 product_master 用户，如图 17-17 所示，可以查看该用户对“生产部”组织单位的权限，如图 17-18 所示。

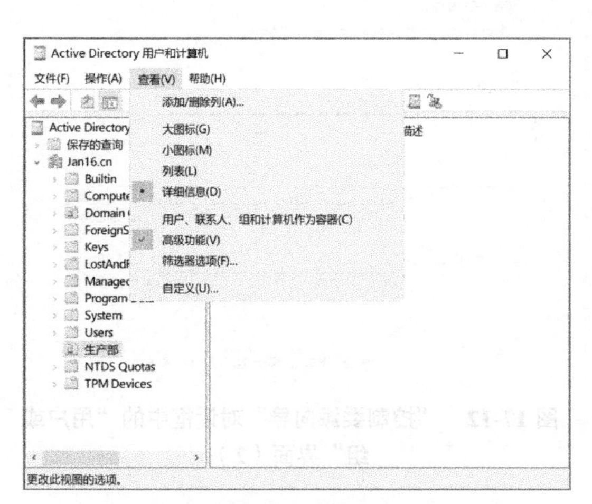

图 17-15　勾选“高级功能”命令

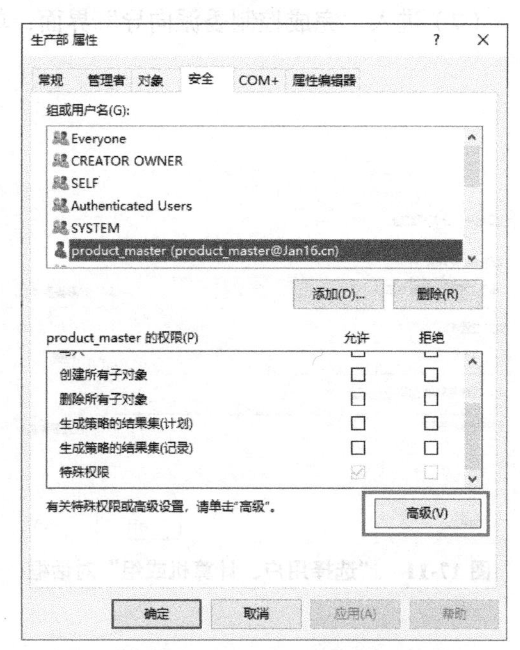

图 17-16　单击“高级”按钮

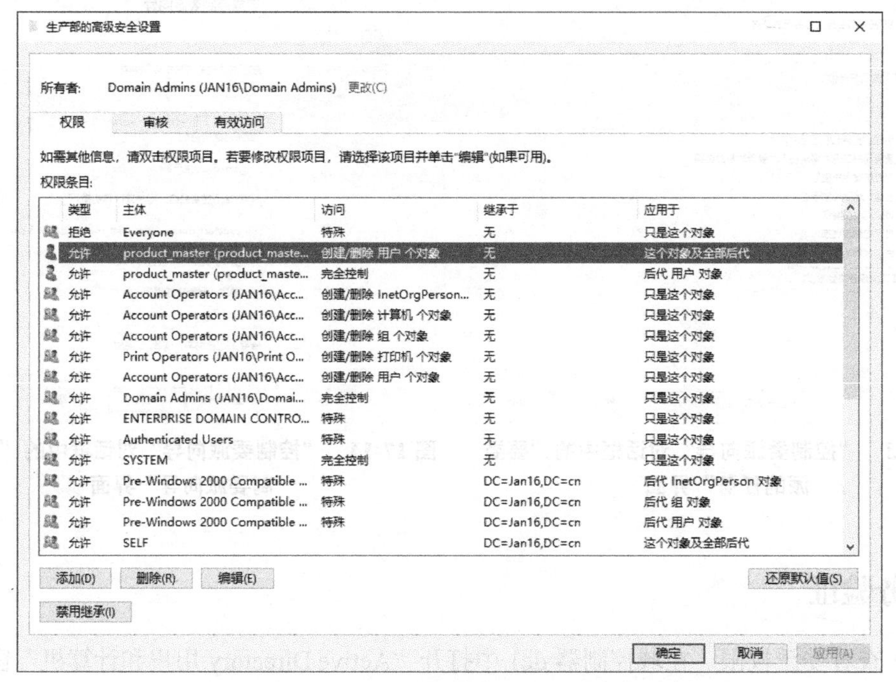

图 17-17　“生产部的高级安全设置”窗口

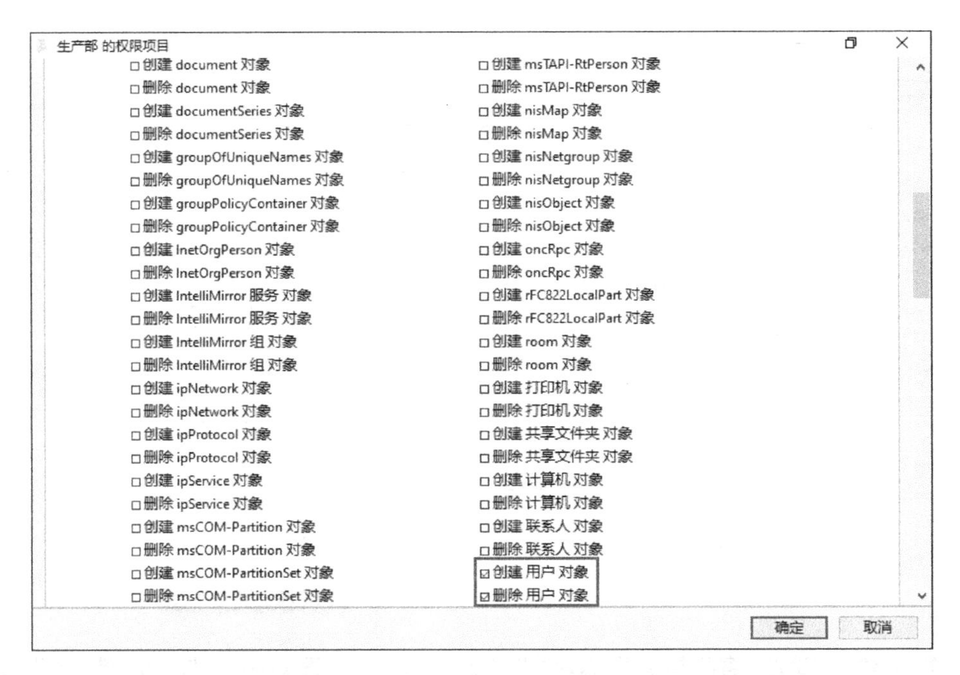

图 17-18　查看 product_master 用户对“生产部”组织单位的权限

任务 17-2　在客户机中安装 RSAT

项目 17-任务 17-2

▶ 任务规划

在客户机中安装 RSAT（远程服务器管理工具），并且使用生产部主管用户 product_master 登录客户机，实现对生产部员工用户的管理。

▶ 任务实施

（1）使用计算机管理员身份登录客户机 win11-1，右击“开始”图标，在弹出的快捷菜单中选择“设置”命令，打开“设置”窗口，选择“应用”→“可选功能”选项，进入“可选功能”界面，如图 17-19 所示。

（2）单击“添加可选功能”右侧的“查看功能”按钮，打开“添加可选功能”面板，分别勾选“RSAT:Active Directory 域服务和轻型目录服务工具”、“RSAT:DNS 服务器工具”和“RSAT:服务器管理器”复选框，如图 17-20 所示。返回“设置”窗口中的“可选功能”界面，可以看到 RSAT 已安装，如图 17-21 所示。

图 17-19 "设置"窗口中的"可选功能"界面　　图 17-20 "添加可选功能"面板

图 17-21 RSAT 已安装

▶ 任务验证

使用生产部主管用户 jan16\product_master 登录客户机 win11-1，右击"开始"图标，在弹出的快捷菜单中选择“所有应用”命令，显示所有应用列表，选择“Windows 工具”选项，打开“Windows 工具”窗口，可以看到“Active Directory 用户和计算机”已安装，如图 17-22 所示。

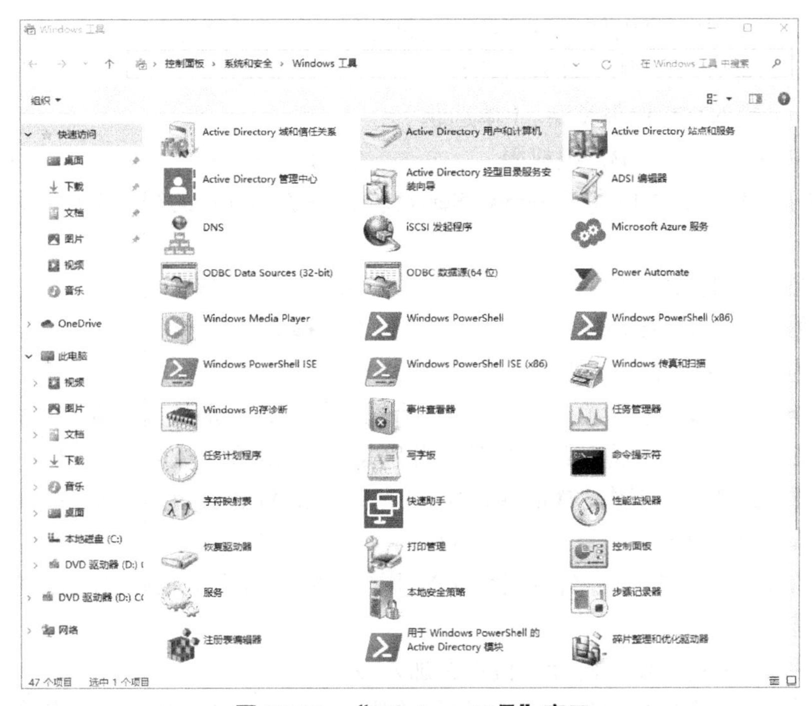

图 17-22　“Windows 工具”窗口

项目验证

项目 17 项目验证

使用生产部主管用户登录客户机 win11-1，打开“Active Directory 用户和计算机”窗口，查看“生产部”组织单位的相关信息。生产部主管用户 product_master 可以在“生产部”组织单位中创建域用户或删除域用户，这里删除 product_user2 用户，创建 product_user3 用户，如图 17-23 所示。

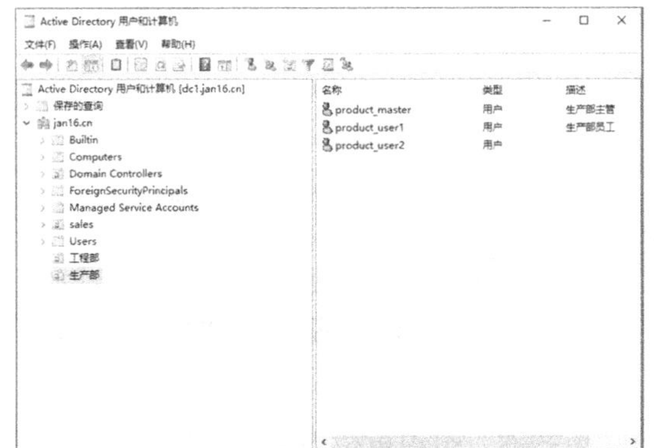

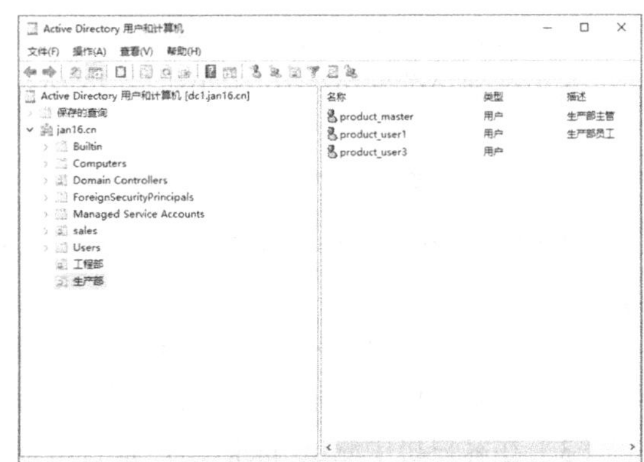

图 17-23　使用生产部主管用户 product_master 在客户机 win11-1 中管理“生产部”组织单位中的域用户

练习与实践

一、理论题

1．在活动目录中，可以创建组织单位的是（　　）。（单选题）

A．用户账户　　B．计算机账户　　C．安全组　　D．容器

2．（　　）是 NTFS 权限类型。（单选题）

A．共享权限　　B．组权限　　C．设备权限　　D．文件和文件夹权限

3．在以下操作中，可以在 Windows Server 操作系统中进行的组织单位规划有（　　）。（多选题）

A．创建新组织单位　　B．删除组织单位

C．修改组织单位的属性　　D．移动组织单位

E．为组织单位分配权限

4．某公司处在单域的环境中，该公司中有两个部门，分别是销售部和市场部，每个部门在活动目录中都有一个相应的组织单位，分别是 SALES 和 MARKET。有一个用户 TOM 要从市场部调动到销售部工作。TOM 用户原来存储于 MARKET 组织单位中，域管理员要将 TOM 用户存储于 SALES 组织单位中，应该（　　）。（单选题）

A．在 MARKET 组织单位中将 TOM 用户删除，然后在 SALES 组织单位中重新创建 TOM 用户

B．将 TOM 用户使用的计算机重新加入域

C．将 TOM 用户复制到 SALES 组织单位中，然后在 MARKET 组织单位中将 TOM 用户删除

D．直接将 TOM 用户拖动到 SALES 组织单位中

二、项目实训题

1. 项目背景

某公司的生产部员工流动性非常强，活动目录管理员用户和生产部主管用户都希望能将生产部员工用户的管理权限下放，减少频繁的申请流程。

本实训项目的网络拓扑图如图 17-24 所示。

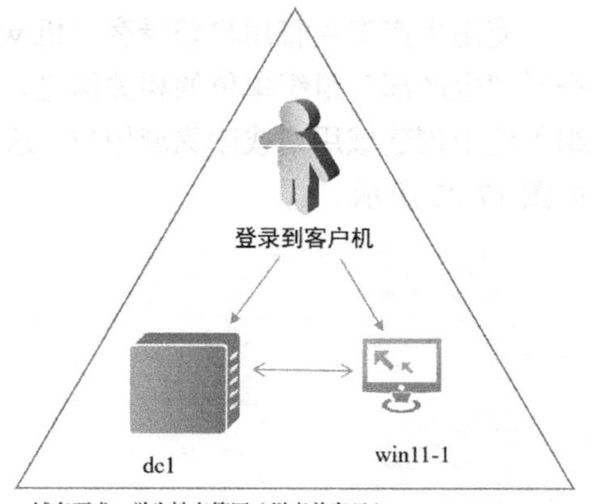

图 17-24　本实训项目的网络拓扑图

2. 项目要求

（1）在域控制器中创建组织单位及相关的用户。

（2）委派 jack 用户对该组织单位中的用户具有添加、删除、修改权限，截取委派控制界面。

（3）在客户机中测试 jack 用户是否可以对“生产部”组织单位中的用户进行添加、修改、删除等操作，截取测试结果。

项目 18　在活动目录中发布资源

项目学习目标

1. 掌握活动目录对象的相关概念。
2. 掌握在活动目录中发布资源的方法。
3. 掌握活动目录搜索工具的使用方法。

项目描述

jan16 公司的市场部在成员服务器 ftpserver 中新安装了一台打印机，为了方便各部门员工打印文件，公司决定将该打印机共享，并且让各部门员工可以通过活动目录搜索工具搜索到该打印机。此外，成员服务器 ftpserver 还共享了一个目录“市场部文档”，用于供市场部员工上传和下载本部门的常用文档，公司希望员工可以在活动目录中直接搜索到该共享目录。

本项目的网络拓扑图如图 18-1 所示，计算机信息规划表如表 18-1 所示。

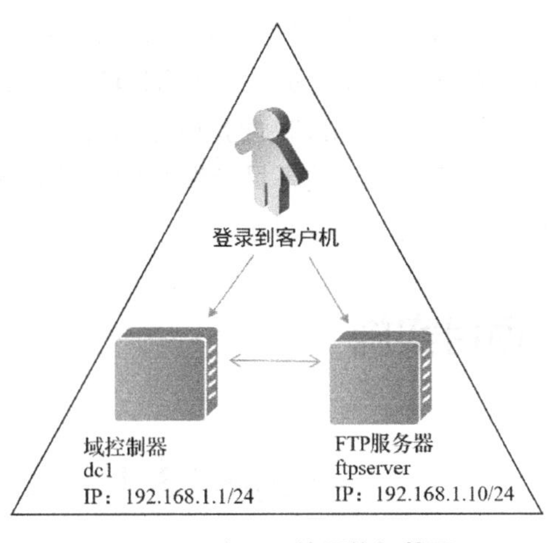

图 18-1　本项目的网络拓扑图

表 18-1　本项目的计算机信息规划表

计算机名称	VLAN 名称	IP 地址	操作系统
dc1	VMnet1	192.168.1.1/24	Windows Server 2022
ftpserver	VMnet1	192.168.1.10/24	Windows Server 2022

项目分析

将打印机、共享目录添加到对应的计算机中（发布到活动目录中），员工通过活动目录搜索工具可以快速查找到这些资源，具体涉及以下工作任务。

（1）在活动目录中发布打印机。

（2）在活动目录中发布共享目录。

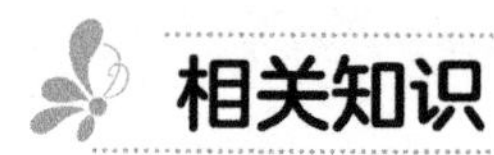

相关知识

1. 活动目录对象

活动目录对象就是活动目录中的资源。活动目录对象包括用户、组、打印机、共享目录等。如果活动目录中的用户要访问这些对象，就必须让用户在活动目录中可以看到这些对象。

2. 在活动目录中发布资源

有些活动目录对象（如用户、组和计算机账户）默认存储于活动目录中，用户可以直接利用活动目录搜索工具查找并访问这些对象。有些活动目录对象（如打印机和共享文件夹）默认不存储于活动目录中，如果要让用户在活动目录中访问这些对象，就必须将这些对象加入活动目录。我们将这些对象加入活动目录中的过程称为在活动目录中发布资源。

3. 活动目录搜索工具

在将资源发布到活动目录中后，活动目录中的用户就可以利用活动目录搜索工具查找并访问这些资源了，并且无须知道这些资源的具体物理位置。

活动目录允许将计算机作为容器，并且可以在计算机中添加打印机、共享目录等对象。通过将打印机、共享目录发布到活动目录中，用户可以使用活动目录搜索工具方便、快速地查找打印机、共享目录。

项目实施

任务 18-1 在活动目录中发布打印机

项目 18-任务 18-1

▶ 任务规划

要使活动目录中的用户访问公司市场部的打印机，需要将该打印机共享。而打印机默认不存储于活动目录中，因此，必须将其发布到活动目录中。在活动目录中发布打印机的主要操作步骤如下。

（1）安装打印机。

（2）将打印机添加到活动目录中。

▶ 任务实施

1. 安装打印机

（1）在 FTP 服务器 ftpserver 中打开“控制面板”窗口，选择“硬件”→“设备和打印机”选项，打开“设备和打印机”窗口，单击“添加打印机”按钮，打开“添加设备”窗口，单击“我需要的打印机不在列表中”超链接，弹出“添加打印机”对话框，在“按其他选项查找打印机”界面中选择“通过手动设置添加本地打印机或网络打印机”单选按钮，如图 18-2 所示。

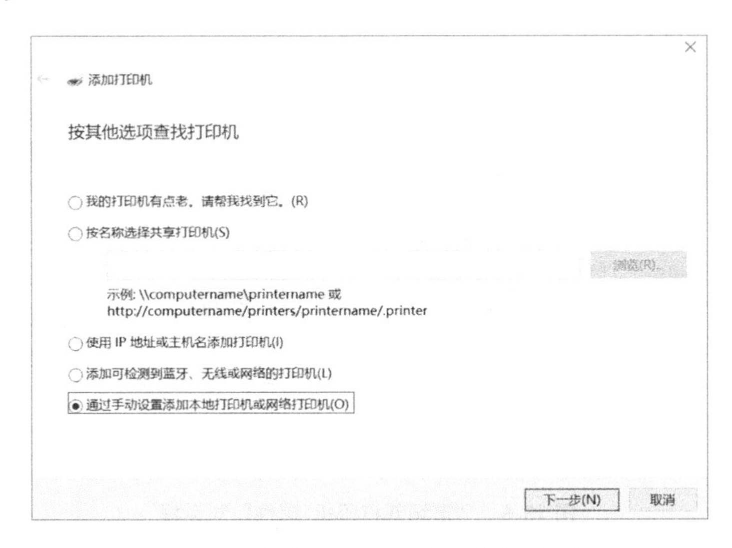

图 18-2　“添加打印机”对话框中的“按其他选项查找打印机”界面

（2）单击“下一步”按钮，采用默认参数配置；单击“下一步”按钮，进入“安装打印机驱动程序”界面，选择打印机的厂商及对应的打印机；单击“下一步”按钮，进入“键入打印机名称”界面，输入打印机名称“市场部打印机”，如图 18-3 所示。

（3）根据向导完成打印机的安装，结果如图 18-4 所示。

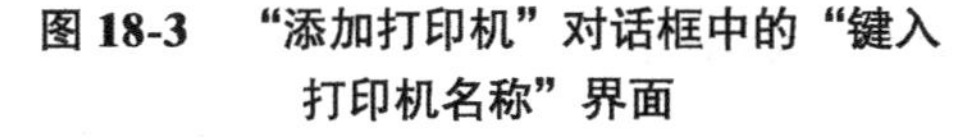

图 18-3　“添加打印机”对话框中的“键入打印机名称”界面

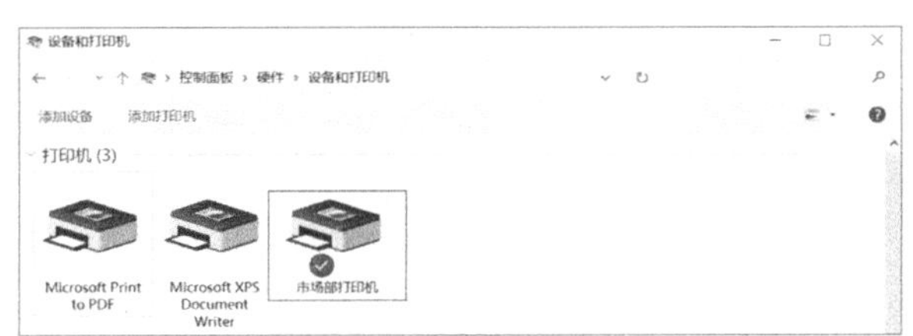

图 18-4　安装好的打印机

2. 将打印机添加到活动目录中

配置“市场部打印机”为共享打印机，右击“市场部打印机”打印机，在弹出的快捷菜单中选择“打印机属性”命令，弹出“市场部打印机 属性”对话框，选择“共享”选项卡，勾选“列入目录”复选框，会自动将该打印机添加到活动目录中，如图 18-5 所示。

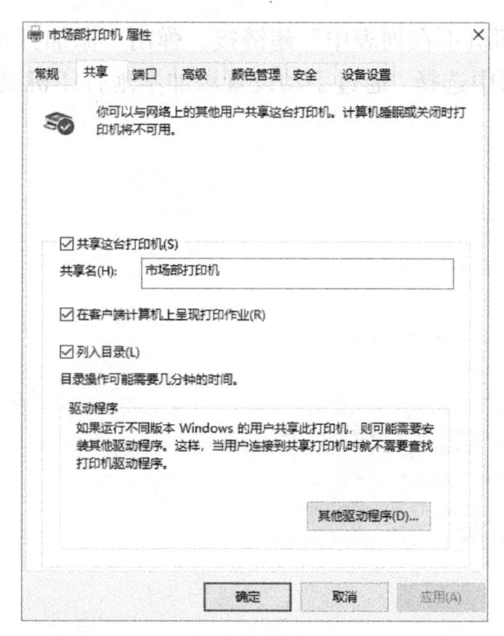

图 18-5 “市场部打印机 属性”对话框

▶ 任务验证

在域控制器 dc1 中打开“Active Directory 用户和计算”窗口，在“查看”菜单中勾选“用户、联系人、组和计算机作为容器”命令，可以查看 ftpserver 服务器发布的打印机，如图 18-6 所示。

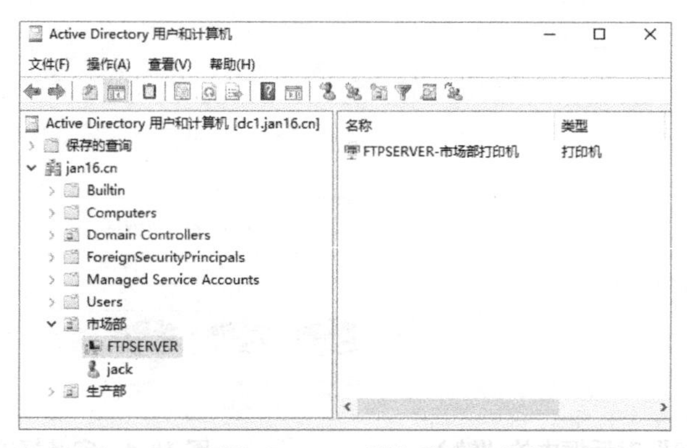

图 18-6 查看 ftpserver 服务器发布的打印机

任务 18-2 在活动目录中发布共享目录

项目 18-任务 18-2

▶ 任务规划

活动目录主要用于帮助用户和应用程序查询所需的信息。用户可以使用“开始”菜单中的“搜索”命令轻松对活动目录进行查找操作。本任务需要在活动目录中发布共享目录，并且通过活动目录搜索工具查找该共享目录，主要操作步骤如下。

（1）在 FTP 服务器中发布共享目录。

（2）在域控制器中查找共享目录。

▶ 任务实施

（1）在 FTP 服务器 ftpserver 中共享“市场部文档”目录。

（2）在域控制器 dc1 中打开“Active Directory 用户和计算”窗口，在左侧的导航栏中找到“jan16.cn”→“市场部”→“FTPSERVER”选项并右击，在弹出的快捷菜单中选择“新建”→“共享文件夹”命令，如图 18-7 所示；弹出“新建对象-共享文件夹”对话框，添加共享目录“市场部文档”，如图 18-8 所示。

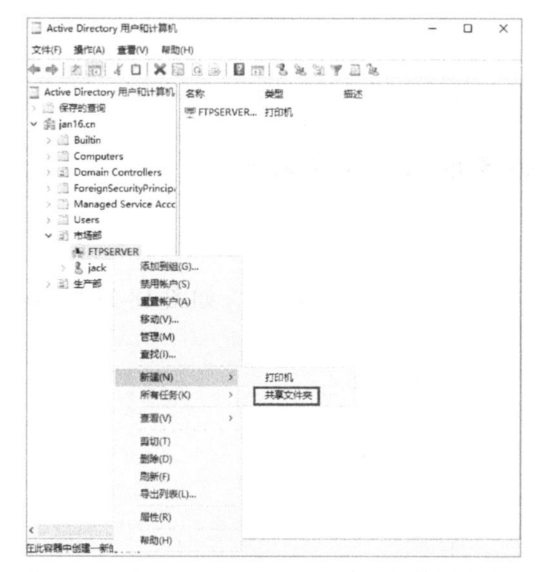

图 18-7　“Active Directory 用户和计算机”窗口

图 18-8　“新建对象-共享文件夹”对话框

▶ 任务验证

在域控制器 dc1 中打开“Active Directory 用户和计算机”窗口，在工具栏中单击查找按钮，打开“查找 共享文件夹”窗口，将“查找”设置为“共享文件夹”，单击“开始查找”按钮，在“搜索结果”列表框中可以看到共享目录“市场部文档”，表示在活动目录中成功发布了共享目录，如图 18-9 所示。

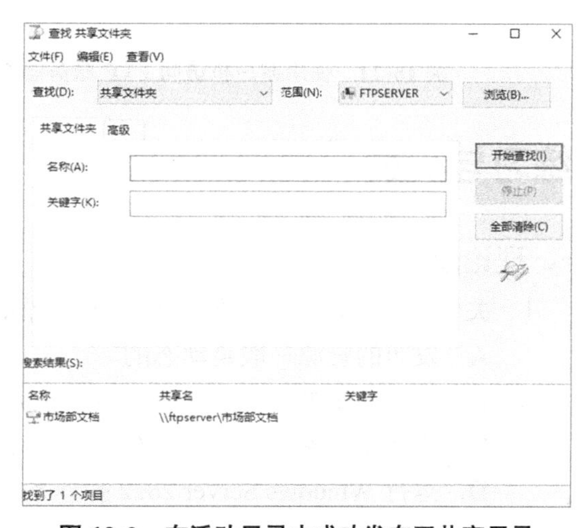

图 18-9　在活动目录中成功发布了共享目录

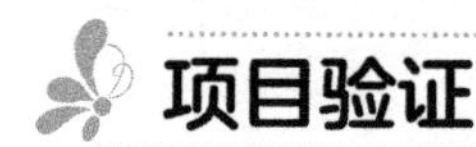

项目验证

项目 18-项目验证

1. 验证在活动目录中发布打印机

使用客户机访问 FTP 服务器 ftpserver 中的共享打印机，如图 18-10 所示。

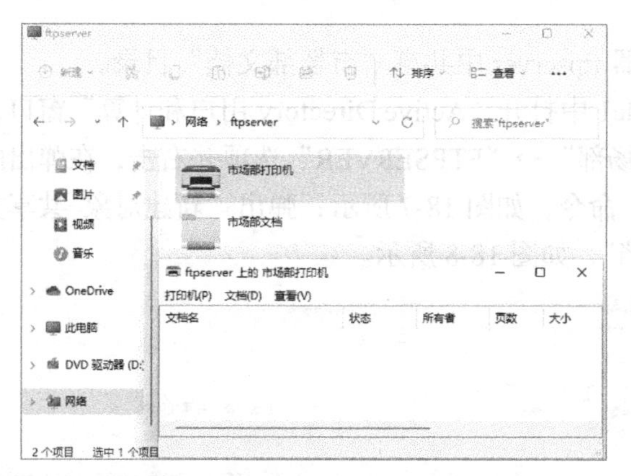

图 18-10 使用客户机访问 FTP 服务器 ftpserver 中的共享打印机

2. 验证在活动目录中发布共享目录

使用客户机访问 FTP 服务器 ftpserver 中的共享目录“市场部文档”，如图 18-11 所示。

图 18-11 使用客户机访问 FTP 服务器 ftpserver 中的共享目录“市场部文档”

练习与实践

一、理论题

1. 关于在活动目录中发布资源，以下说法正确的是（　　）。（单选题）
   A. 发布的资源一般是动态的
   B. 发布的资源只能是域控制器中的资源
   C. 只能在域控制器中创建发布资源的对象
   D. 运行 Windows Server 2022 操作系统的打印机服务器不会自动在活动目录中发布打印机

2. 在活动目录中，可以访问共享目录的协议有（　　）。（多选题）

A. SMB　　B. FTP　　C. NFS　　D. SSH

3. 在活动目录中，要将一个目录发布为共享目录，我们需要进行的设置有（　　）。（多选题）

A. 设置 NTFS 权限和共享权限　　B. 设置目录类型和权限管理

C. 添加该目录到共享目录列表　　D. 取消该目录的“隐藏”属性

二、项目实训题

1. 项目背景

某公司的市场部在成员服务器 ftpserver 中新安装了一台打印机。公司决定将该打印机共享，并且让各部门员工可以通过活动目录搜索工具搜索到该打印机。ftpserver 服务器中还共享了一个目录“市场部文档”，用于供市场部员工上传和下载部门的常用文档，公司希望员工可以在活动目录中直接搜索到该共享目录。

本实训项目的网络拓扑图如图 18-12 所示。

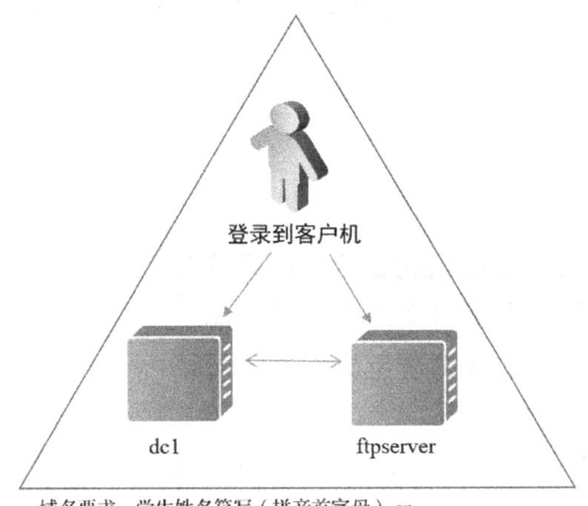

图 18-12　本实训项目的网络拓扑图

2. 项目要求

（1）在活动目录中发布打印机和共享目录。

（2）在客户机中访问成员服务器中的共享打印机，并且截取客户机访问共享打印机的界面。

（3）在域控制器中查看共享目录，并且截取相关界面。

项目 19　通过组策略限制计算机使用系统的部分功能

项目学习目标

1. 掌握组策略的相关概念。
2. 掌握组策略结构。
3. 掌握计算机组策略设置和用户组策略设置的相关知识。
4. 掌握组策略对象和活动目录容器的相关知识。
5. 掌握组策略的继承性和应用顺序。

项目描述

jan16 公司基于 Windows Server 2022 活动目录管理公司中的用户和计算机。公司出于对文件安全的考虑，希望限制员工使用可移动存储设备，避免员工通过可移动存储设备复制公司计算机中的数据。

本项目的网络拓扑图如图 19-1 所示，计算机信息规划表如表 19-1 所示。

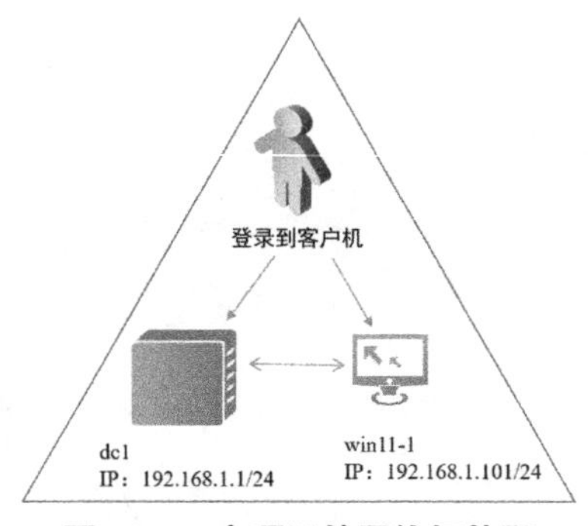

图 19-1　本项目的网络拓扑图

表 19-1　本项目的计算机信息规划表

计算机名称	VLAN 名称	IP 地址	操作系统
dc1	VMnet1	192.168.1.1/24	Windows Server 2022
win11-1	VMnet1	192.168.1.101/24	Windows 11

项目分析

在本项目中，jan16 公司需要禁止员工在客户机中使用可移动存储设备，可以在域级别修改 Default Domain Policy 组策略，在计算机组策略中禁止使用可移动存储设备。这样，员工即使插入可移动存储设备，也无法被域客户机识别。本项目涉及的工作任务：部署组策略，限制员工使用可移动存储设备。

相关知识

1. 组策略介绍

jan16 公司基于 Windows Server 2022 活动目录管理公司中的用户和计算机。公司的域管理员需要管理一千多个用户和五百多台计算机。域管理员在日常管理与维护中通常需要做大量的工作，举例如下。

- 在公司的所有客户机中安装和部署公司内部的生产系统软件。
- 在所有的计算机中强制安装最新的微软补丁。
- 禁止生产部员工用户使用 QQ 软件。
- 允许在财务部的计算机中安装指定的财务管理软件。

在域的日常管理与维护中，类似的工作还有很多。在进行软件安装时，假设每台计算机需要花 10 分钟，如果域管理员需要对每台计算机都进行单独安装与部署，那么五百多台计算机需要花费的时间超过 85 个小时；对于限制特定用户使用 QQ 软件，则需要做更多的工作。例如，卸载其固定计算机中的 QQ 软件，监控这些用户在使用其他计算机时的应用环境，等等。

其实，很多操作都是重复性的，具有可复制性，如果可以设置对象（用户和计算机）进行批量的自动化操作，则可以大幅度提高域管理员的工作效率。活动目录提供了一种允许对活动目录容器内的用户和计算机进行重复性配置的工作方法，这个方法就是组策略。

组策略一旦定义了用户的工作环境，就可以依赖 Windows Server 2022 操作系统连续推行定义好的组策略设置。此外，还可以将组策略与活动目录容器（站点、域和组织单位）链接起来，如图 19-2 所示，组策略会对这些容器中的所有用户和计算机的工作环境进行统一部署和设置。

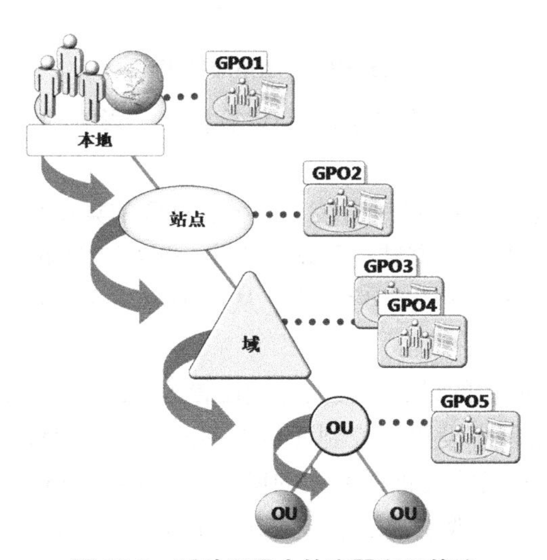

图 19-2　活动目录中的容器和组策略

通过组策略，可以实现以下功能。

- 在站点或域级别为整个组织设置组策略，用于对整个组织进行集中管理，或者在组织单位的级别为每个部门部署组策略，用于对各个部门进行分散管理。

- 确保用户有适合他们完成工作的环境。确保用户可以通过组策略设置控制注册表的应用程序配置和系统设置，修改计算机和用户环境的脚本，自动软件安装，进行本地计算机、域和网络的安全设置，以及控制用户数据文件的存储位置。
- 降低控制用户和计算机环境的总费用，从而降低用户需要的技术支持级别，减少由用户错误引起的生产损失。例如，通过组策略可以阻止用户对系统设置进行让计算机无法正常工作的修改，还可以阻止用户安装他们不需要的软件。
- 推行公司策略，包括商业准则、目标和保密需求。例如，确保所有用户的保密需求和公司的保密需求保持一致，确保所有用户满足同一套软件的安装需求。

2. 组策略结构

组策略结构在管理用户和计算机方面具有灵活性。

Windows Server 2022 可以将组策略组织成不同的结构，使其变得简单，如图 19-3 所示。

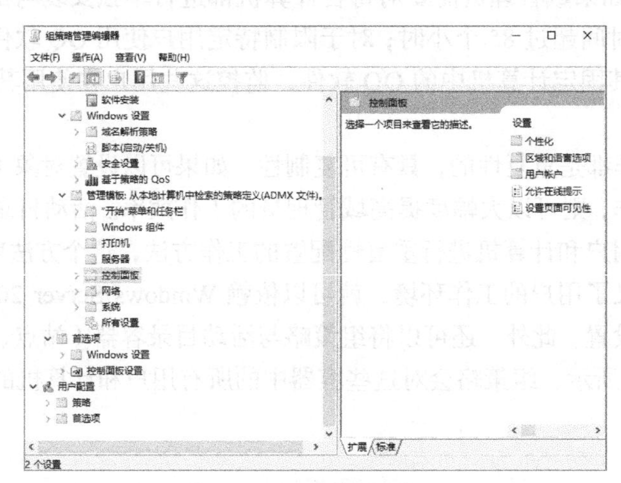

图 19-3　组策略结构

可以通过配置组策略，定义能够对用户和计算机产生影响的组策略。可以配置的组策略类型有以下几种。

- 软件设置/软件安装：包括软件安装、升级、卸载的集中化管理的设置。可以让应用程序自动在客户机中进行安装、升级和卸载，也可以发布应用程序，使其出现在“控制面板”窗口的“添加/删除程序”中，从而为用户提供获得可安装应用程序的集中场所。
- 管理模板：基于注册表的设置、桌面环境设置等。这些设置包括用户可以访问的操作系统的组件和应用程序设置、控制面板选项的访问权限设置及用户脱机文件的控制等。例如，如果客户机需要推送特定的操作，但是组策略并未提供相关选项，则可以先将一台客户机需要修改的注册表项导出，再通过组策略将其推送出去。
- 安全性：本地计算机、域及网络的安全性设置，包括控制用户访问的网络、建立统计和审计制度及控制用户的权限，如设置用户在锁定之前登录失败的最多次数。
- 脚本：设置 Windows 开机、关机，以及用户登录、注销时运行的脚本，可以设置脚本允许批处理、控制多个脚本、决定脚本运行的顺序。

- IE 界面：管理和定制基于 Windows 计算机的 Internet 浏览器设置。
- 文件夹重定向：在网络服务器中存储用户配置文件的文件夹设置。这些设置会在配置文件中创建一个和网络共享文件夹之间的链接，但文件在本地显示。用户可以在域中任意一台计算机中对该文件夹进行访问，如可以将用户的“我的文档”文件夹重定向到网络共享文件夹。
- 首选项：通过设置组策略的首选项，可以在不使用学习脚本语言的情况下，管理驱动器映射、注册表设置，以及本地用户、组、服务、文件、文件夹的设置等。通过设置组策略的首选项，可以减少脚本编辑，实现标准化管理。

注意： 首选项策略只在客户操作系统登录时应用一次，并且按固定的刷新间隔更新。在删除组策略后，首选项策略产生的配置不会被移除。

3. 计算机组策略设置和用户组策略设置

如图 19-4 所示，可以在“组策略管理编辑器”窗口中设置“计算机配置”和“用户配置”，用于推行网络中的计算机组策略设置和用户组策略设置。

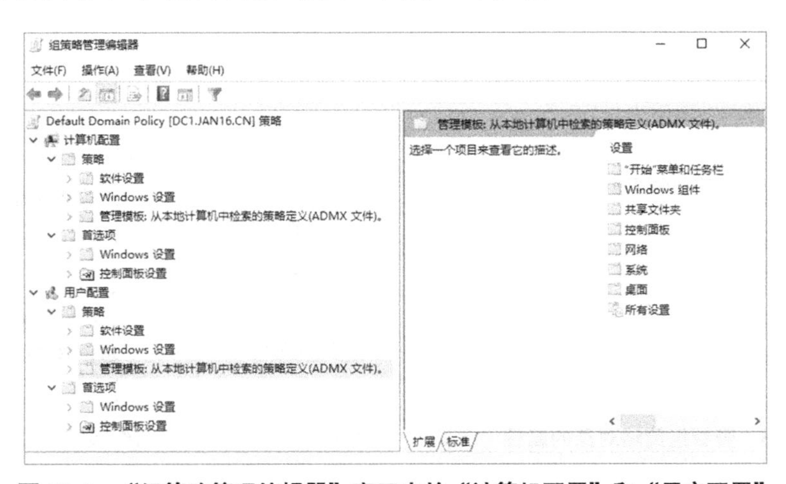

图 19-4　“组策略管理编辑器”窗口中的“计算机配置”和“用户配置”

1）计算机组策略设置

计算机组策略设置可以指定操作系统行为、桌面行为、安全性设置、计算机的启动和关机命令、计算机赋予的应用程序选项及应用程序设置。

计算机组策略在系统重启后才会被应用（计算机注销操作无效），并且每隔 90～120 分钟应用一次。

如果计算机组策略和用户组策略发生冲突，那么计算机组策略具有更高的优先级。

2）用户组策略设置

用户组策略设置可以指定特定的操作系统行为、桌面行为、安全性设置、分配和发布的应用程序选项、文件夹的重定向选项、用户的登录和注销命令等。用户组策略在用户注销后重新登录域时才会被应用，并且每隔 90～120 分钟应用一次。

4. 组策略对象和活动目录容器

组策略对象（Group Policy Object，GPO）是组策略的载体。在活动目录中，可以将组策略对象应用于活动目录对象（站点、域和组织单位）上，用于实现组策略管理。每个组策略对象都拥有一个全局唯一标识（GUID）。在“组策略管理编辑器”窗口的菜单栏中选择“操作”→“属性”命令，可以查看该组策略的属性，其中包括组策略对象的 GUID，如图 19-5 所示。

组策略对象可以分为两部分：组策略容器（Group Policy Container，GPC）和组策略模板（Group Policy Template，GPT）。组策略对象的内容存储在 GPC 和 GPT 中，如图 19-6 所示。

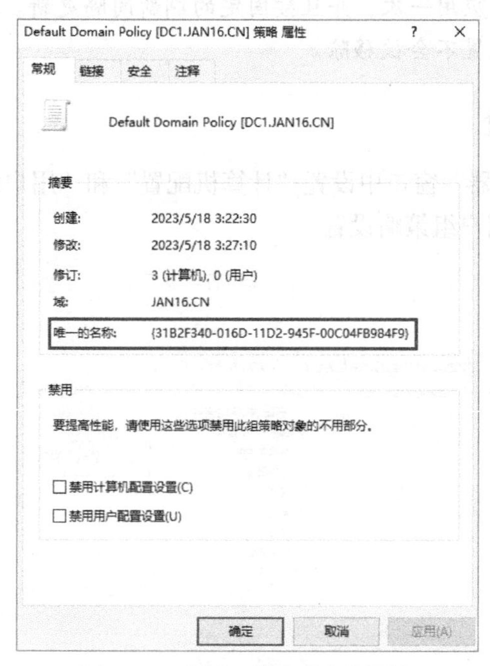

图 19-5　查看组策略对象的属性

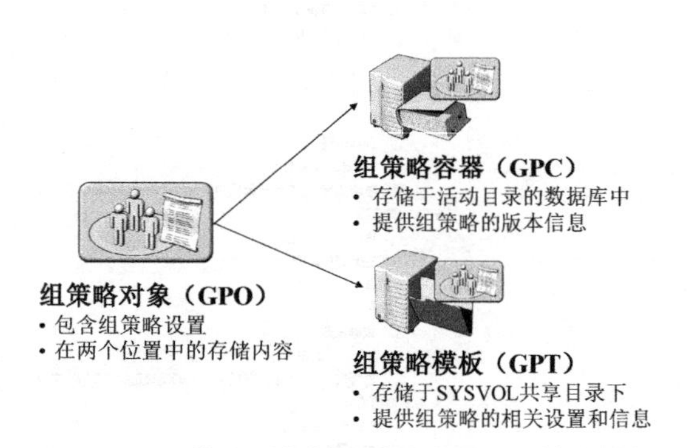

图 19-6　组策略对象与组策略容器、组策略模板

1）组策略容器

组策略容器是包含组策略对象版本信息的活动目录对象，存储于活动目录的数据库中。计算机使用组策略容器定位组策略模板，域控制器可以通过访问组策略容器获得组策略对象的版本信息。

打开“Active Directory 用户和计算机”窗口，在“查看”菜单中勾选“高级功能”命令，然后在左侧的导航栏中选择“域”→“System”→“Policies”选项，可以查看组策略容器的相关信息，如图 19-7 所示。组策略对象的版本信息可以在对应组策略的属性对话框中查看。

2）组策略模板

组策略模板存储于域控制器的 SYSVOL 共享目录下，主要用于提供组策略的相关设置和信息，包括管理模板、脚本等。在创建一个组策略对象时，Windows Server 2022 会创建相应的组策略模板。客户端之所以能够接收组策略的配置，是因为它们都能访问域控制器的 SYSVOL 共享目录。

组策略模板存储于域控制器的%systemroot%\SYSVOL\sysvol 目录下，如图 19-8 所示。

图 19-7　查看组策略容器的相关信息　　　　**图 19-8　查看组策略模板**

组策略容器和组策略模板中的组策略都是以它们对应的 GUID 命名的。

3）组策略对象与活动目录容器

组策略对象可以与站点、域、组织单位等活动目录容器链接。如图 19-9 所示，在将组策略对象与站点、域、组织单位链接后，组策略对象的设置会应用于这些活动目录容器中的用户和计算机上。

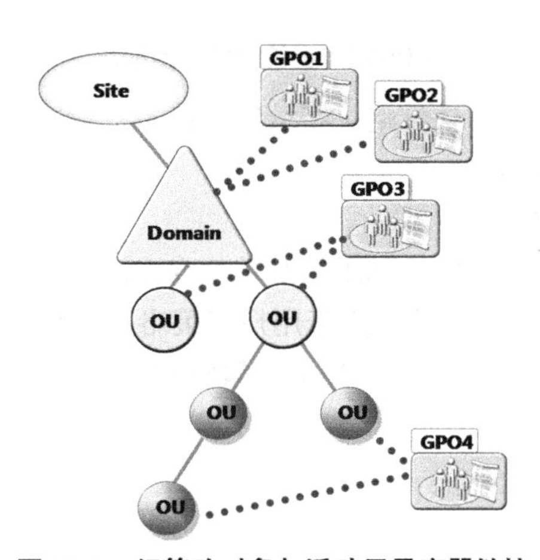

图 19-9　组策略对象与活动目录容器链接

将组策略对象与活动目录容器链接，可以使组策略对象的设置对这些活动目录容器中的用户和计算机产生影响。管理员可以将单个组策略对象与多个活动目录容器链接，也可以将多个组策略对象与单个活动目录容器链接。

- 在网络中将组策略对象与多个站点、域、组织单位链接，可以为不同站点、域、组织单位中的用户和计算机配置一套相同的组策略设置。
- 将多个组策略对象与单个站点、域、组织单位链接。如果不希望所有类型的组策略设置都应用在单个活动目录容器上，则可以为不同类型的组策略单独创建组策略对象，然后将它们和对应的活动目录容器链接，如将一个包含网络安全性设置的组策略对象及另一个包含软件安装的组策略对象与同一个组织单位链接。

5. 组策略的继承性和应用顺序

在默认情况下，组策略具有继承性，如与域链接的组策略会应用到域内的所有组织单位上。如果组织单位下还有组织单位，那么与上级组织单位链接的组策略也会应用到下级组织单位上。系统通常会根据活动目录对象的隶属关系，按顺序应用对应的组策略。组策略的应用顺序如图 19-10 所示。

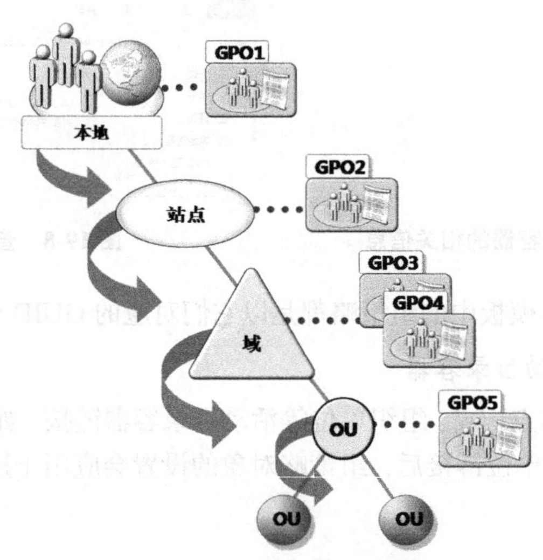

图 19-10　组策略的应用顺序

- 应用计算机的本地策略，该策略是指域客户机本身设置的组策略。
- 应用站点对应的组策略。
- 应用域对应的组策略。
- 应用组织单位对应的组策略，如果组织单位存在嵌套，则按父子顺序执行。

在应用组策略时，计算机组策略优先于用户组策略。在默认情况下，如果组策略之间存在设置冲突，则按照“就近原则”，后应用的组策略设置会生效。

项目实施

项目 19-项目实施

任务　部署组策略，限制员工使用可移动存储设备

▶ 任务规划

在本任务中，公司希望禁止员工在客户机中使用可移动存储设备，可以在域级别修改 Default Domain Policy 组策略，在计算机组策略中禁止使用可移动存储设备。这样，员工即使插入可移动存储设备，也无法被域客户机识别。

▶ 任务实施

（1）在“服务器管理器”窗口中，在菜单栏中选择“工具”→“组策略管理”命令，打开“组策略管理”窗口，依次展开“林：jan16.cn”→“域”→“jan16.cn”节点，右击 Default Domain Policy 选项，在弹出的快捷菜单中选择“编辑”命令，如图 19-11 所示。

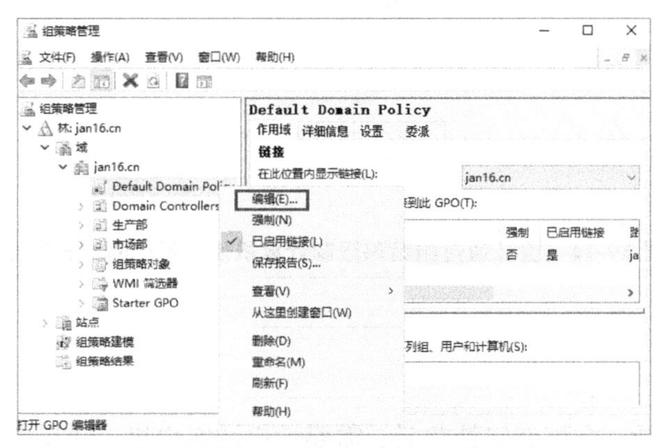

图 19-11　“组策略管理”窗口

（2）打开“组策略管理编辑器”窗口，在左侧的导航栏中选择“计算机配置”→“策略”→“管理模板：从本地计算机中检索的策略定义（ADMX 文件）。”→“系统”→“可移动存储访问”选项，在右侧的列表框中找到“所有可移动存储类：拒绝所有权限”选项，启用该组策略，如图 19-12 所示。

（3）活动目录的组策略一般会定期更新，如果要让刚设置的组策略立刻生效，则可以打开“命令提示符”窗口，执行命令“gpupdate /force”，更新组策略，如图 19-13 所示，然后重启域客户机进行验证。

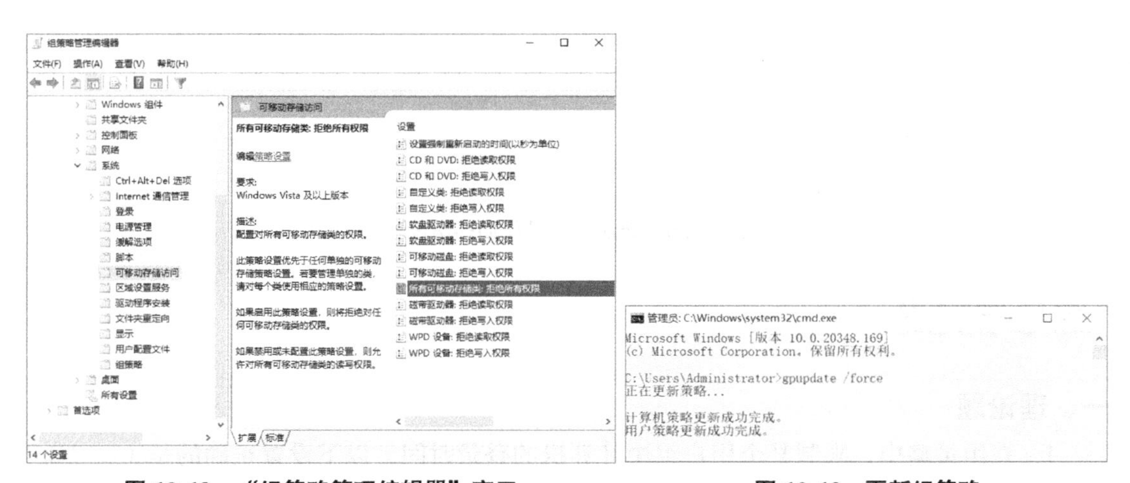

图 19-12　“组策略管理编辑器”窗口　　　　图 19-13　更新组策略

▶ 任务验证

在域控制器 dc1 中打开“组策略管理”窗口，在左侧的导航栏中选择 Default Domain Policy 选项，可以看到组策略拒绝所有可移动存储类的所有权限，如图 19-14 所示。

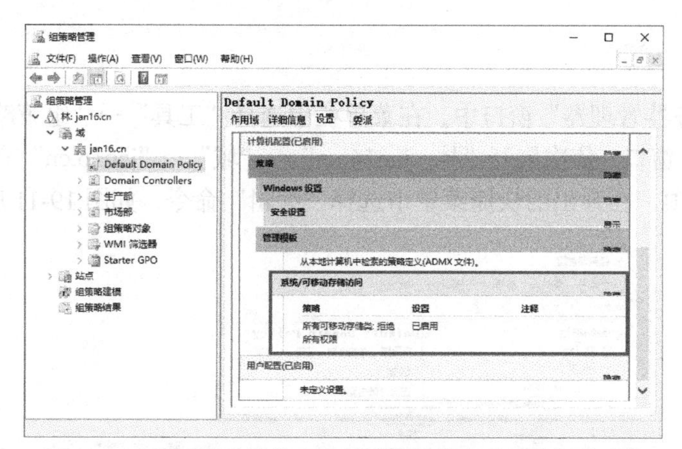

图 19-14 验证通过组策略限制计算机使用系统的部分功能

项目 19-项目验证

项目验证

为了使组策略生效，在更新组策略后，需要重启域客户机（计算机组策略在计算机开机时才会被应用）。在重启域客户机后，再次插入可移动存储设备，系统会提示“拒绝访问”，如图 19-15 所示。

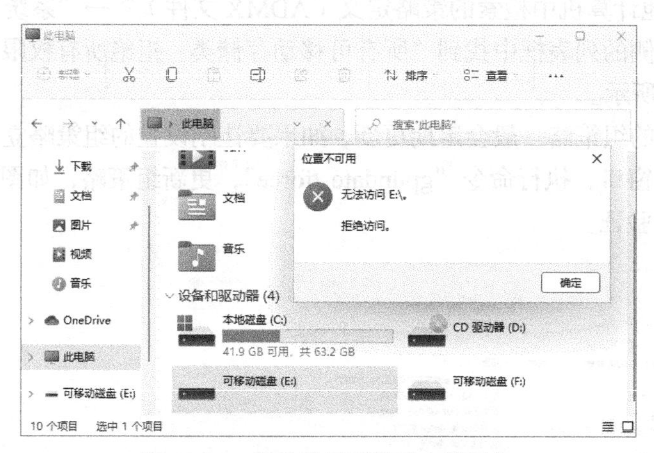

图 19-15 无法访问可移动存储设备

练习与实践

一、理论题

1．在组策略中，限制某个用户组中计算机的登录时间，以下设置正确的是（　　）。（单选题）

A．在用户配置中设置“账户登录限制”为指定时间段，然后输入计算机名称

B．在计算机配置中设置“账户登录限制”为指定时间段，然后输入用户组名称

C．在计算机配置中设置“账户登录限制”为指定时间段，然后输入计算机名称

D．在用户配置中设置“账户登录限制”为指定时间段，然后输入用户组名称

2. 在组策略中，如果要禁止计算机上的所有用户使用“注册表编辑器”窗口，则应该选择的配置项是（　　）。（单选题）

A. 阻止访问注册表编辑器　　B. 禁用注册表工具菜单选项

C. 删除注册表工具　　D. 禁用访问注册表工具

3. 在组策略中，在以下配置项中，可以限制计算机中所有用户使用“远程桌面连接”功能的有（　　）。（多选题）

A. 禁用远程桌面连接

B. 禁止与本地计算机的远程桌面连接进行文件和打印机共享

C. 限制连接到特定的设备

D. 禁止远程控制

4. 在组策略结构中，用于定义用户的配置有（　　）。（多选题）

A. 计算机配置　　B. 用户配置

C. 安全选项　　D. 系统配置

二、项目实训题

1. 项目背景

某公司出于对文件安全的考虑，希望限制员工使用可移动存储设备，避免员工通过可移动存储设备复制公司中的计算机数据。

本实训项目的网络拓扑图如图 19-16 所示。

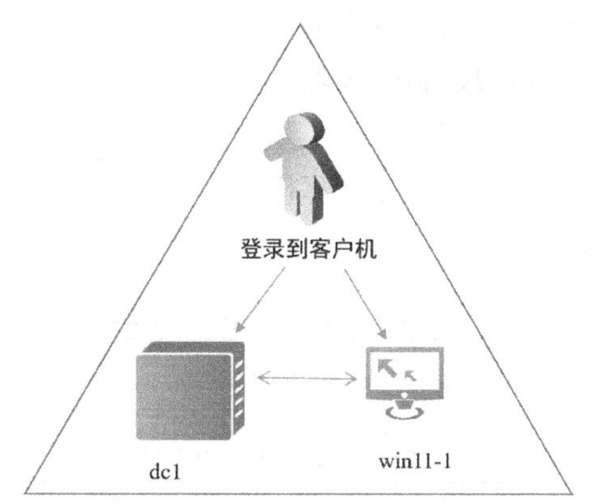

图 19-16　本实训项目的网络拓扑图

2. 项目要求

（1）在主域控制器中部署组策略，限制计算机使用 USB 存储设备，截取组策略配置界面。

（2）在域控制器中执行命令“gpupdate /force”，强制更新组策略。

（3）在客户机中测试是否可以使用可移动存储设备，并且截取测试结果。

项目 20 通过组策略限制用户使用系统的部分功能

项目学习目标

1. 掌握组策略的作用域和安全筛选。
2. 掌握组织单位中用户组策略的相关知识。

项目描述

jan16 公司基于 Windows Server 2022 活动目录管理公司中的用户和计算机，公司发现业务部员工通过网络学习了多种技术，并且可以通过在“命令提示符”窗口中执行命令，扫描和攻击公司内部的应用程序。因此，公司希望限制业务部员工使用客户机中的“命令提示符”窗口。

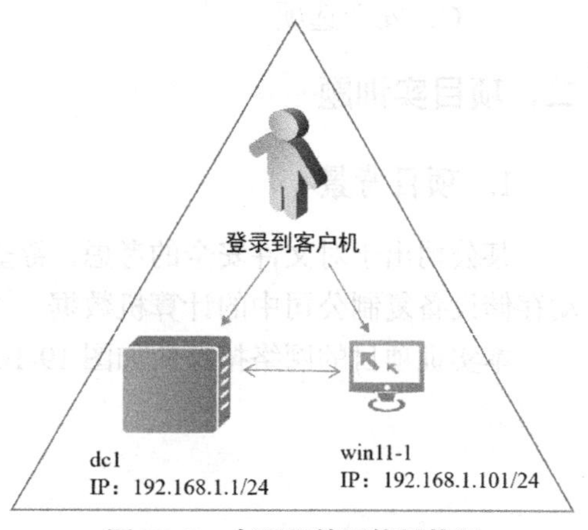

图 20-1 本项目的网络拓扑图

本项目的网络拓扑图如图 20-1 所示，计算机信息规划表如表 20-1 所示。

表 20-1 本项目的计算机信息规划表

计算机名称	VLAN 名称	IP 地址	操作系统
dc1	VMnet1	192.168.1.1/24	Windows Server 2022
win11-1	VMnet1	192.168.1.101/24	Windows 11

项目分析

在本项目中，公司需要禁止业务部员工使用客户机中的“命令提示符”窗口，可以在“业务部”组织单位中创建一个新的组策略，并且在该组策略中禁止使用“命令提示符”窗口。这样，该组策略只会限制业务部员工用户使用“命令提示符”窗口，其他部门的员工用户不会受到限制。因此，本项目主要通过以下工作任务完成：部署组策略，限制组织单位中的用户使用“命令提示符”窗口。

相关知识

1. 组策略的作用域和安全筛选

一个组策略可以与多个活动目录容器链接。打开“组策略管理”窗口，如图 20-2 所示，在左侧的导航栏中选择要查看的组策略，在右侧的界面中选择“作用域”选项卡，可以看到一个该组策略与哪些活动目录容器链接。

如果域管理员只希望将某个组策略作用于特定的用户、组或计算机，则可以使用安全筛选功能实现。例如，图 20-2 中的组策略应用于 Authenticated Users 组，如果希望将其仅应用于“上海市场部”组，则可以在“安全筛选”选区中的列表框中先删除 Authenticated Users 组，再添加“上海市场部”组，从而使该组策略仅作用于“上海市场部”组账户成员和计算机，如图 20-3 所示。

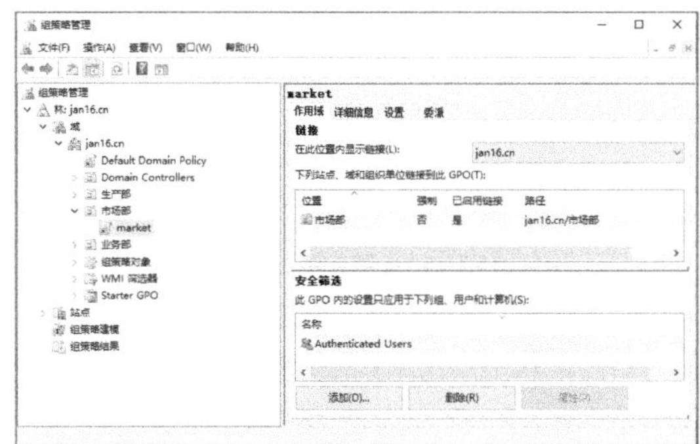

图 20-2　查看组策略的作用域（1）

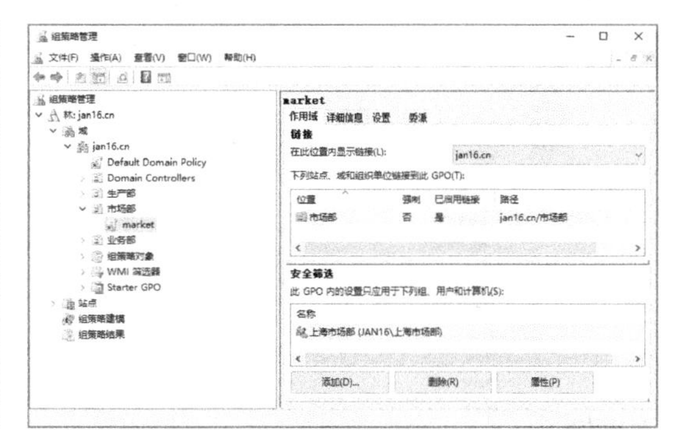

图 20-3　查看组策略的作用域（2）

2. 组织单位中的用户组策略

组织单位中的组策略分为计算机组策略和用户组策略。组织单位中的用户组策略可以指定特定的操作系统行为、桌面行为、安全性设置、分配和发布的应用程序选项、文件夹的重定向选项、用户的登录和注销命令等。用户组策略在用户注销后重新登录域时才会被应用，并且每隔 90～120 分钟应用一次。

项目实施

项目 20-项目实施

任务　部署组策略，限制组织单位中的用户使用“命令提示符”窗口

▶ 任务规划

本任务需要在“业务部”组织单位中创建一个新的组策略，并且在用户组策略中禁止使

用“命令提示符”窗口。这样，该组策略只会限制业务部员工用户使用“命令提示符”窗口，其他部门的员工用户不会受到限制。

▶ 任务实施

（1）在主控制域 dc1 中打开“服务器管理器”窗口，在菜单栏中选择“工具”→“组策略管理”命令，打开“组策略管理”窗口，在左侧的导航栏中找到并右击“业务部”选项，在弹出的快捷菜单中选择“在这个域中创建 GPO 并在此处链接”命令，如图 20-4 所示。

（2）弹出“新建 GPO”对话框，将“名称”设置为“禁业务部员工访问命令提示符策略”，单击“确定”按钮，如图 20-5 所示。

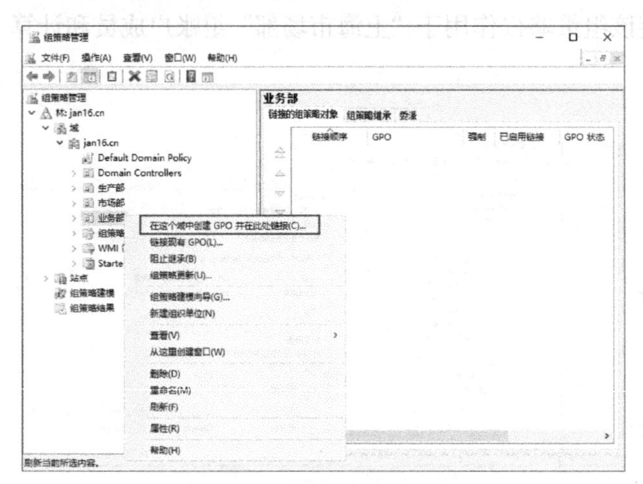

图 20-4 “组策略管理”窗口

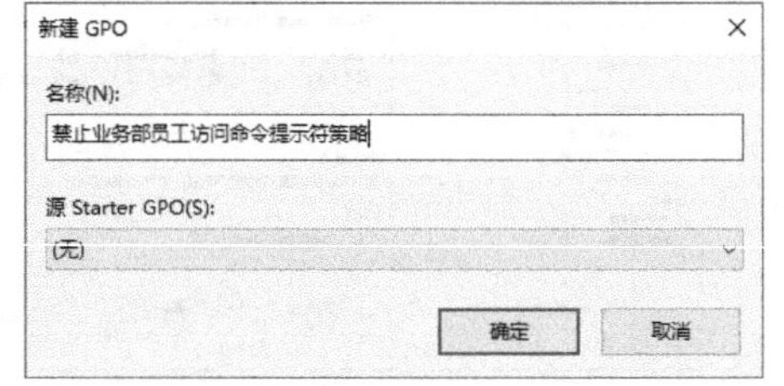

图 20-5 “新建 GPO”对话框

（3）返回“组策略管理”窗口，在左侧的导航栏中右击“业务部”→“禁止业务部员工访问命令提示符策略”选项，在弹出的快捷菜单中选择“编辑”命令，如图 20-6 所示。

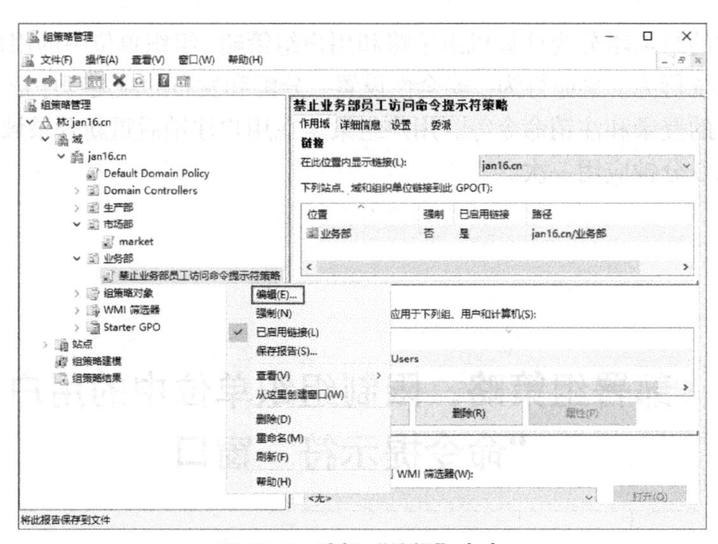

图 20-6 选择“编辑”命令

（4）打开“组策略管理编辑器”窗口，在左侧的导航栏中选择“用户配置”→“策略”→“管理模板：从本地计算机中检索的策略定义（ADMX 文件）。”→“系统”选项，在右侧的列表框中找到并启用“阻止访问命令提示符”策略，如图 20-7 所示。

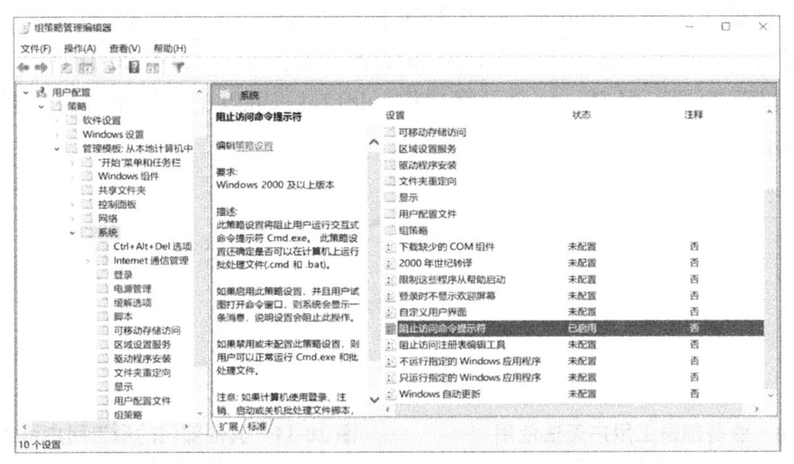

图 20-7　“组策略管理编辑器”窗口

（5）活动目录的组策略一般会定期更新，如果要让刚设置的组策略立刻生效，则可以打开“命令提示符”窗口，执行命令“gpupdate /force”，更新组策略，如图 20-8 所示。

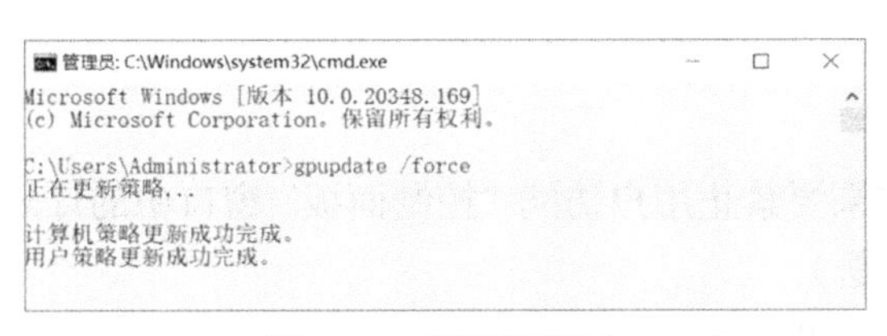

图 20-8　更新组策略

▶ 任务验证

在域控制器 dc1 中打开“组策略管理”窗口，在左侧的导航栏中选择“业务部”→“禁止业务部员工访问命令提示符策略”选项，在右侧的界面中选择“设置”选项卡，可以看到“阻止访问命令提示符”策略已启用，如图 20-9 所示。

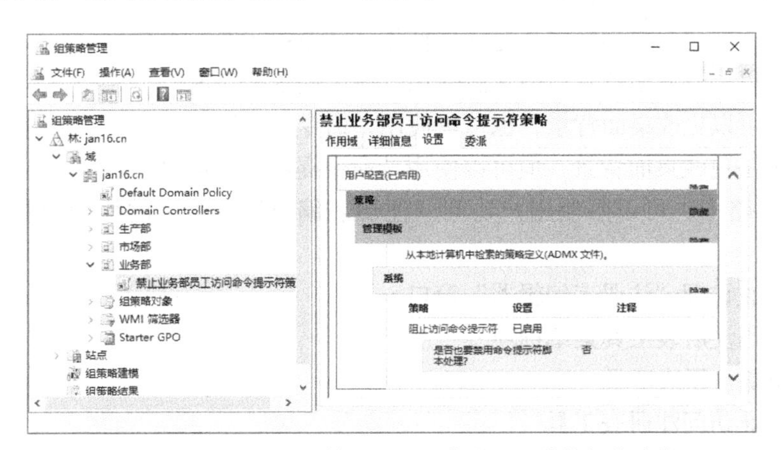

图 20-9　验证通过组策略限制用户使用系统的部分功能

项目验证

使用业务部员工用户 operation_user1 登录客户机 win11-1，然后打开“命令提示符”窗口，会提示“命令提示符已被系统管理员停用”，如图 20-10 所示；使用其他部门的员工用户 tom 登录客户机 win11-1，可以正常使用“命令提示符”窗口，如图 20-11 所示。

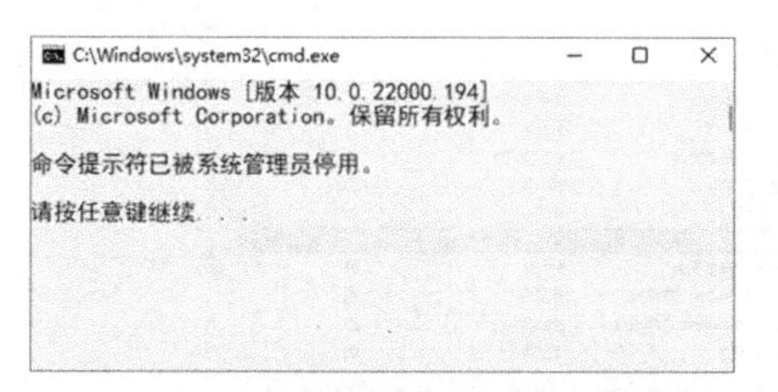

图 20-10　业务部员工用户无法使用“命令提示符”窗口

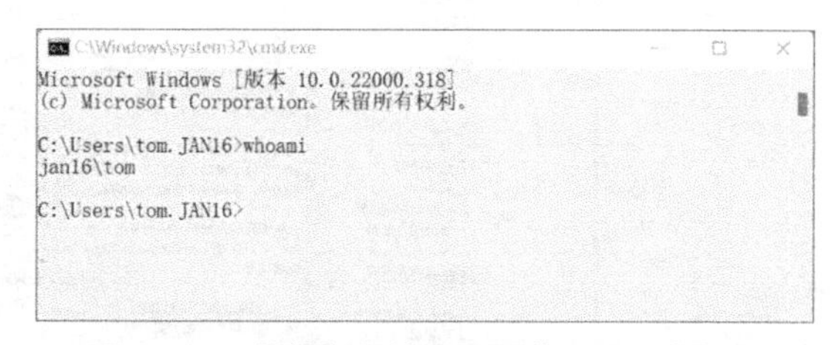

图 20-11　其他部门的员工用户可以正常使用“命令提示符”窗口

练习与实践

一、理论题

1. 在组策略中，如果要禁止用户访问“控制面板”窗口中的计划任务，则应该选择的配置项是（　　）。（单选题）

　　A. 禁用“控制面板”窗口
　　B. 禁用“控制面板”窗口中的定时启动任务
　　C. 禁用计算机配置中的定时启动任务
　　D. 禁用“控制面板”窗口中的计划任务

2. 管理员在 Windows Server 2022 域中部署组策略，默认域的组策略禁止域用户更改桌面背景，“财务部”组织单位的组策略禁止用户使用“命令提示符”窗口，那么“财务部”组织单位中的用户（　　）。（单选题）

　　A. 既不能更改桌面背景，也无法使用“命令提示符”窗口
　　B. 可以更改桌面背景，但无法使用“命令提示符”窗口
　　C. 既可以更改桌面背景，也可以使用“命令提示符”窗口
　　D. 无法更改桌面背景，但可以使用“命令提示符”窗口

3. 在组策略中，可以限制用户访问“注册表编辑器”窗口的配置项有（　　）。（多选题）

　　A. 阻止访问“注册表编辑器”窗口
　　B. 禁用注册表工具菜单选项
　　C. 删除注册表工具
　　D. 阻止访问注册表工具

4. Windows Server 2022 的组策略无法完成的设置有（　　）。（多选题）

A. 安装操作系统　　B. 安装应用程序

C. 禁用“控制面板”窗口　　D. 更新操作系统版本

E. 设置计算机的桌面环境

5. 打开组策略的命令是（　　）。（单选题）

A. MMC　　B. gpedit.msc　　C. dcpromo　　D. gpupdate

二、项目实训题

1. 项目背景

某公司发现业务部员工通过网络学习了多种技术，并且可以通过在“命令提示符”窗口中执行命令，扫描和攻击公司内部的应用程序。因此，公司希望限制业务部员工使用客户机中的“命令提示符”窗口。

本实训项目的网络拓扑图如图 20-12 所示。

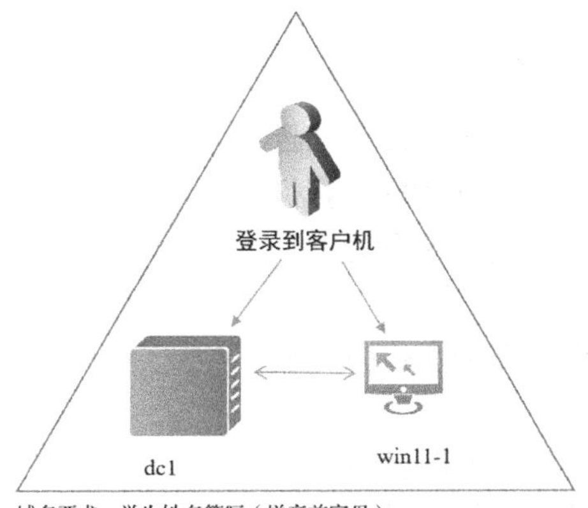

图 20-12　本实训项目的网络拓扑图

2. 项目要求

（1）部署组策略，限制业务部员工用户使用“命令提示符”窗口，并且截取组策略的配置界面。

（2）分别使用业务部员工用户及其他部门的员工用户登录客户机，测试是否可以使用“命令提示符”窗口，并且截取测试结果。

（3）部署组策略，限制用户使用记事本功能，并且截取组策略的配置界面。

（4）使用域用户登录客户机，测试该用户是否可以使用记事本功能，并且截取测试结果。

项目 21　通过组策略部署软件

项目学习目标

1．熟悉使用组策略部署软件的方法。
2．掌握强制安装指定软件的技能。
3．掌握发布指定软件的技能。

项目描述

jan16 公司基于 Windows Server 2022 活动目录管理公司中的用户和计算机。公司中的计算机经常需要统一部署软件，这些软件主要分为以下 3 种。

- 公司中的所有域客户机都必须强制安装的软件。
- 公司中的指定用户必须强制安装的软件。
- 公司中的指定用户可以自行选择安装的软件。

在进行软件部署前，公司希望利用现有软件进行软件部署前的测试。

本项目的网络拓扑图如图 21-1 所示，计算机信息规划表如表 21-1 所示。

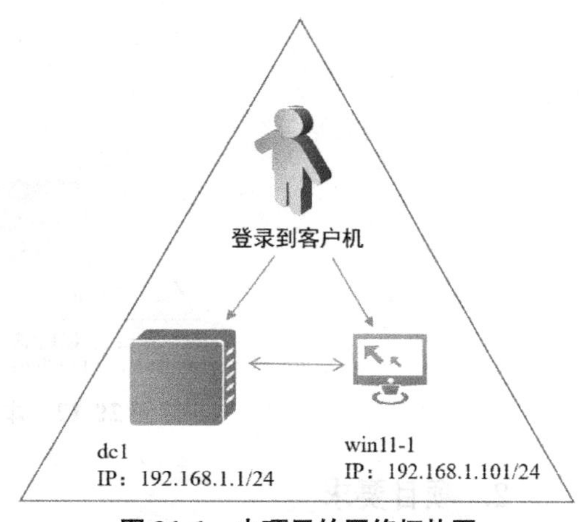

图 21-1　本项目的网络拓扑图

表 21-1　本项目的计算机信息规划表

计算机名称	VLAN 名称	IP 地址	操作系统
dc1	VMnet1	192.168.1.1/24	Windows Server 2022
win11-1	VMnet1	192.168.1.101/24	Windows 11

项目分析

本任务主要在活动目录中通过组策略实现软件部署。在活动目录中部署软件的方式主要有 3 种。

- 计算机分配软件部署。
- 用户分配软件部署。
- 用户发布软件部署。

我们可以通过 3 个测试软件安装包来验证这 3 种软件部署方式，具体如下。

- 计算机分配软件部署压缩软件 7z2301-x64.msi。
- 用户分配软件部署应用程序框架 xnafx40_redist.msi。
- 用户发布软件部署编程环境包 python-2.7.11.msi。

本项目会通过以下 3 个工作任务来完成软件部署。

（1）公司中的所有域客户机强制安装软件。

（2）公司中的指定用户强制安装软件。

（3）公司中的指定用户自行选择安装软件。

相关知识

1. 软件的预备、部署、维护及删除

1）预备

- 将待安装的软件格式转换成合格的 Windows 安装程序包文件格式 MSI。需要注意的是，并不是所有的软件格式都能转换为 MSI。
- 确保被部署的软件可以在客户机上正确安装。
- 创建一个分发点（共享文件夹），将要部署的软件放置在分发点中。
- 确保客户机可以通过网络正确安装该软件。

备注：

软件分发点是域文件服务器中的一个共享目录，可以为域用户和计算机提供软件安装所需的程序包和应用程序。

为软件分发点设置相应的权限，确保域用户和计算机可以访问和读取部署的软件。为了防止用户浏览软件分发点上共享目录下的内容，可以将其隐藏共享。

2）部署

- 创建组策略，用于部署软件，然后在域客户机上查看软件部署是否成功。
- 将组策略应用在公司中的部分域客户机上，然后在域客户机上查看软件部署是否成功。
- 在所有要求部署软件的域客户机上进行部署。
- 对于所有需要安装软件的用户，在任意一台域客户机上登录时可以自动部署软件。
- 检查软件部署情况，对未成功部署软件的域客户机进行手动部署。

3）维护

在软件发布新版本后进行升级或更新补丁。

4）删除

将部署的软件从客户机上卸载。

2. 分配软件

通过组策略可以为用户和计算机分配软件。

- 在为用户分配软件后，分配的软件会在用户的桌面上发出通告，但此时软件并没有被安装。这样可以节省磁盘空间。在用户双击软件图标或与软件关联的文件（文件激活方法）后，才开始安装该软件。
- 在为计算机分配软件后，分配的软件不会发出通告。在启动计算机时，分配的软件会自动进行安装。在软件安装完成后，才会进入系统登录界面。通过为计算机分配软件，可以确保软件被安装在所应用的客户机上（域控制器不起作用）。

3. 发布软件

通过组策略只能为用户发布软件，发布的软件不会发出通告。在为用户发布某个软件后，用户可以通过以下两种方式安装该软件。

- 可以在控制面板的“程序/从网络安装程序”界面中看到该软件，并且手动进行安装。
- 使用文件激活方法。在活动目录中发布某个软件后，系统会在活动目录中注册该软件支持的扩展文件名。在用户双击一个未知类型的文件后，计算机会在活动目录中进行查询，确认是否有与该文件扩展名相关的应用程序，如果活动目录中有这样的应用程序，那么计算机会对其进行安装。

项目实施

项目 21-任务 21-1

任务 21-1　公司中的所有域客户机强制安装软件

▶ 任务规划

在本任务中，公司需要部署 7z2301-x64.msi 软件，使公司中的所有域客户机都必须强制安装软件。

▶ 任务实施

（1）在域控制器 dc1 中创建一个用于存储共享软件的目录 software，将该目录共享，并且配置“Everyone”对该目录具有读取权限，将需要发布的软件安装包复制到 software 共享目录下，如图 21-2 所示。

（2）打开“服务器管理器”窗口，在左侧的导航栏中找到“组策略管理”→“林: jan16.cn”→“域”→“jan16.cn”→“Default Domain Policy”选项并右击，在弹出的快捷菜单中选择“编辑”命令，用于修改域默认组策略，如图 21-3 所示。

（3）打开“组策略管理编辑器”窗口，在左侧的导航栏中找到“计算机配置”→“策略”→“软件设置”→“软件安装”选项并右击，在弹出的快捷菜单中选择“新建”→“数据包”命令，如图 21-4 所示，弹出“打开”对话框，输入共享目录地址，如图 21-5 所示。

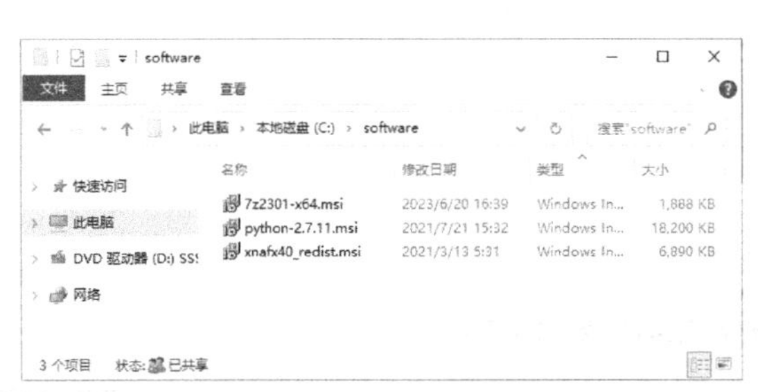

图 21-2　创建共享目录 software 并将需要发布的软件安装包复制到该目录下

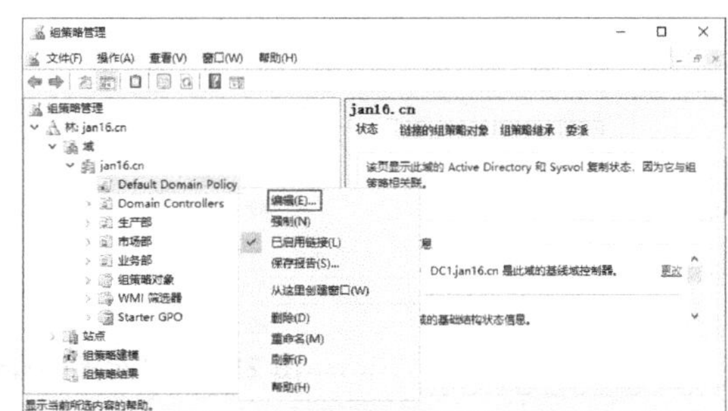

图 21-3　“组策略管理”窗口

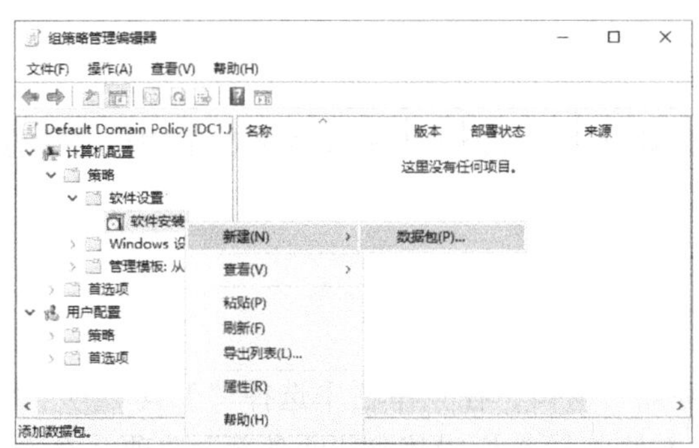

图 21-4　“组策略管理编辑器”窗口（1）

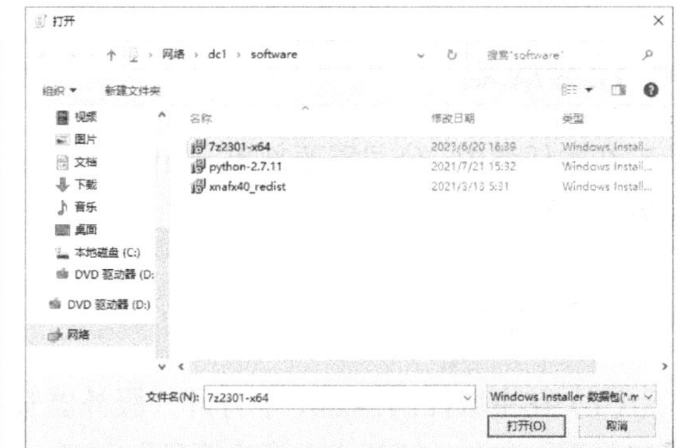

图 21-5　“打开”对话框

（4）找到需要部署的软件并双击，弹出“部署软件”对话框，选择“已分配”单选按钮，单击“确定”按钮，完成配置，如图 21-6 所示。

（5）打开“命令提示符”窗口，执行命令“gpupdate /force”，更新组策略，如图 21-7 所示。

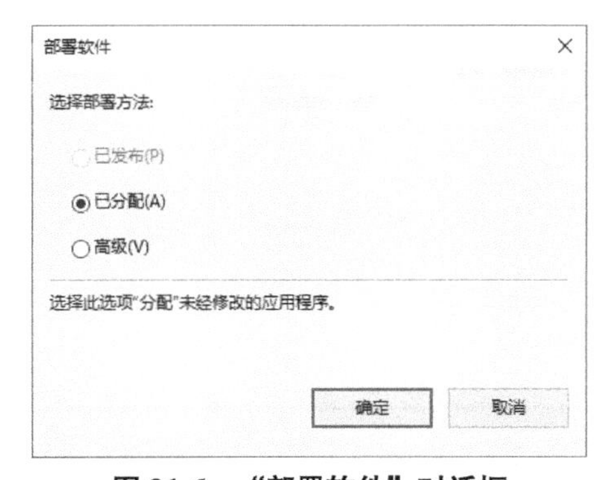

图 21-6　“部署软件”对话框

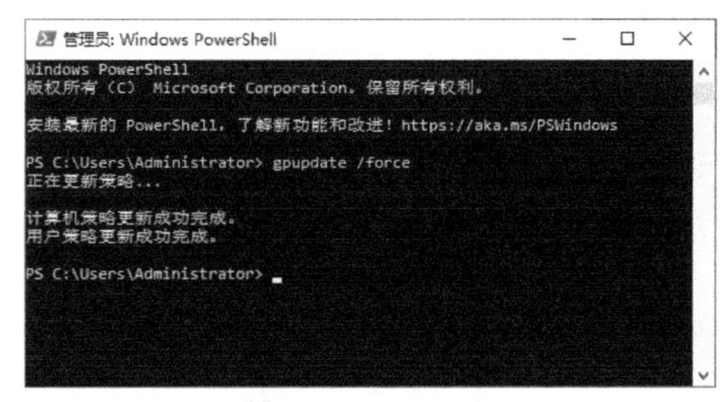

图 21-7　更新组策略

▶ 任务验证

打开“组策略管理编辑器”窗口，在左侧的导航栏中选择“计算机配置”→“策略”→“软件设置”→“软件安装”选项，在右侧的列表框中查看要强制安装的软件是否正确配置，如图 21-8 所示。

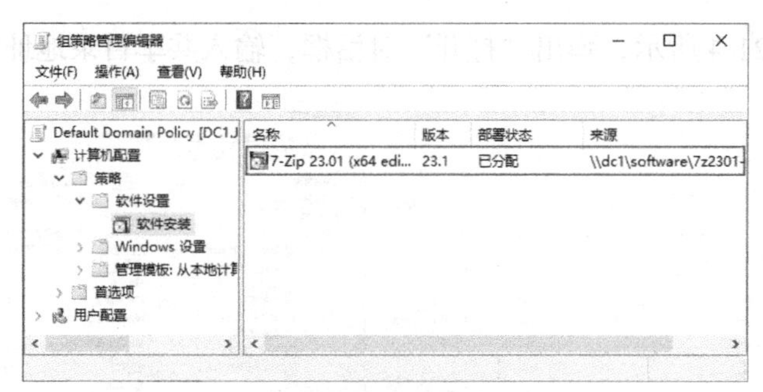

图 21-8 “组策略管理编辑器”窗口（2）

任务 21-2 公司中的指定用户强制安装软件

项目 21-任务 21-2

► 任务规划

在本任务中，公司需要部署 xnafx40_redist.msi 软件，使公司中的业务部员工用户必须强制安装软件。

► 任务实施

（1）在主域控制器 dc1 中打开“服务器管理器”窗口，在菜单栏中选择“工具”→“组策略管理”命令，打开“组策略管理”窗口，在左侧的导航栏中找到“业务部”选项并右击，在弹出的快捷菜单中选择“在这个域中创建 GPO 并在此处链接”命令，如图 21-9 所示，在弹出的“新建 GPO”对话框中将“名称”设置为“业务部用户指派指定软件”。

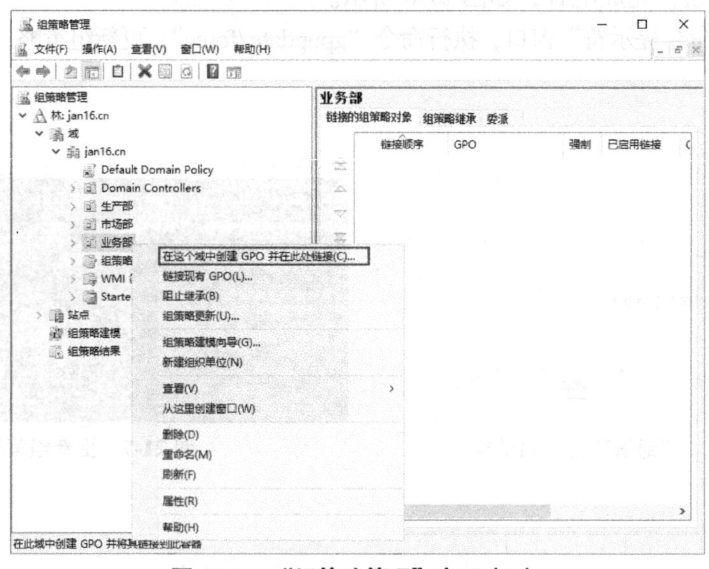

图 21-9 “组策略管理”窗口（1）

（2）返回“组策略管理”窗口，在左侧的导航栏中找到“业务部”→“业务部用户指派指定软件”选项并右击，在弹出的快捷菜单中选择“编辑”命令，如图 21-10 所示。

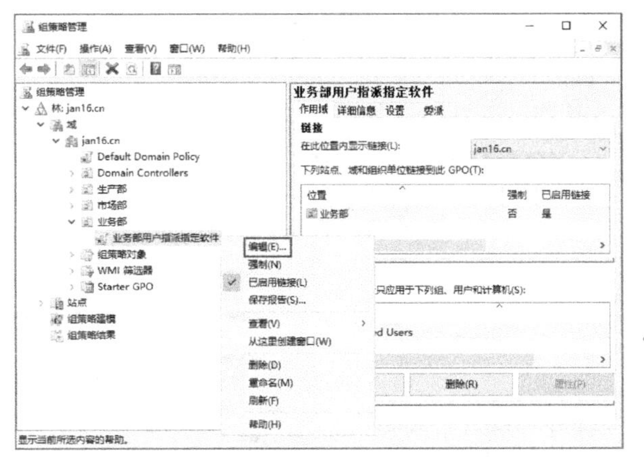

图 21-10　“组策略管理”窗口（2）

（3）打开“组策略管理编辑器”窗口，在左侧的导航栏中找到“用户配置”→“策略”→“软件设置”→“软件安装”选项并右击，在弹出的快捷菜单中选择“新建”→“数据包”命令，如图 21-11 所示；弹出“打开”对话框，输入共享目录地址，选中需要部署的软件，如图 21-12 所示；单击“打开”按钮，弹出“部署软件”对话框，选择“已分配”单选按钮，单击“确定”按钮，如图 21-13 所示。

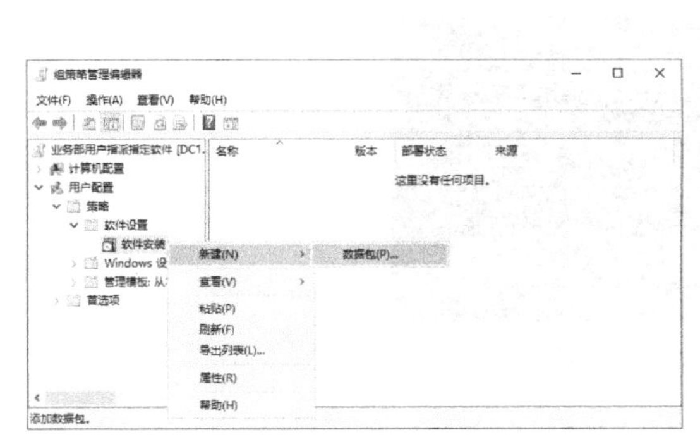

图 21-11　“组策略管理编辑器”窗口（1）

图 21-12　“打开”对话框

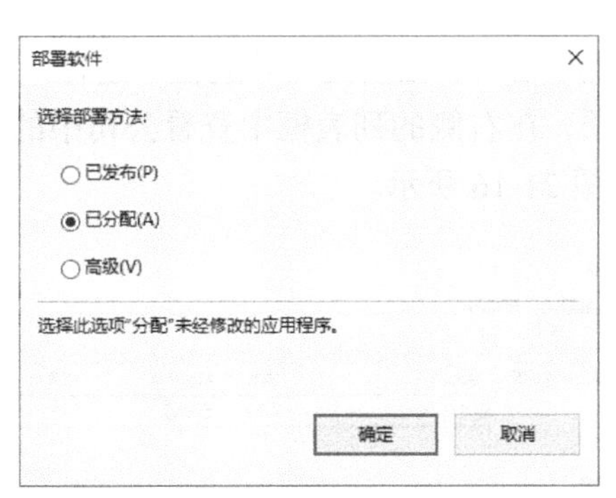

图 21-13　“部署软件”对话框

（4）返回“组策略管理编辑器”窗口，右击已分配的软件，在弹出的快捷菜单中选择“属性”命令，弹出该软件的属性对话框，选择“部署”选项卡，勾选“在登录时安装此应用程序”复选框，如图 21-14 所示。

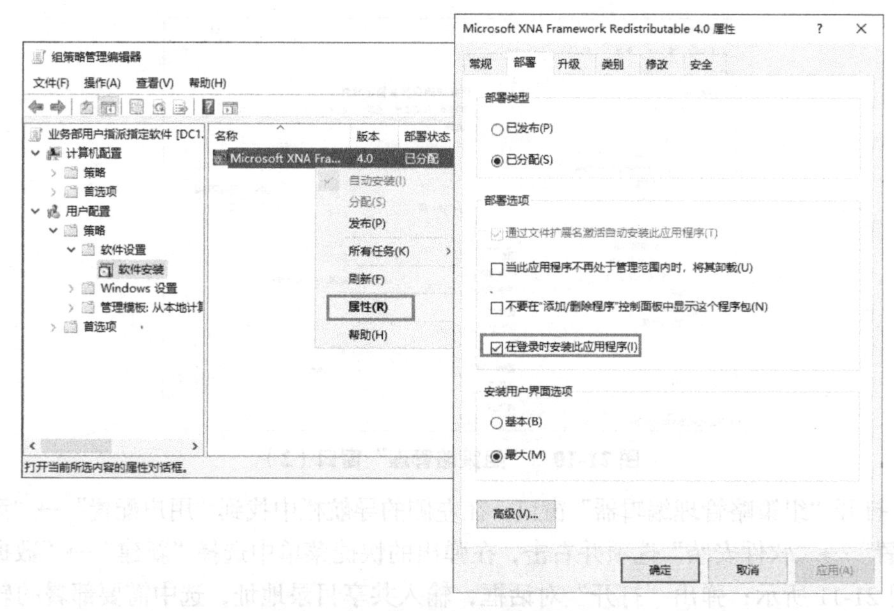

图 21-14　修改已分配软件的属性

（5）打开“命令提示符”窗口，执行命令“gpupdate /force”，更新组策略，如图 21-15 所示。

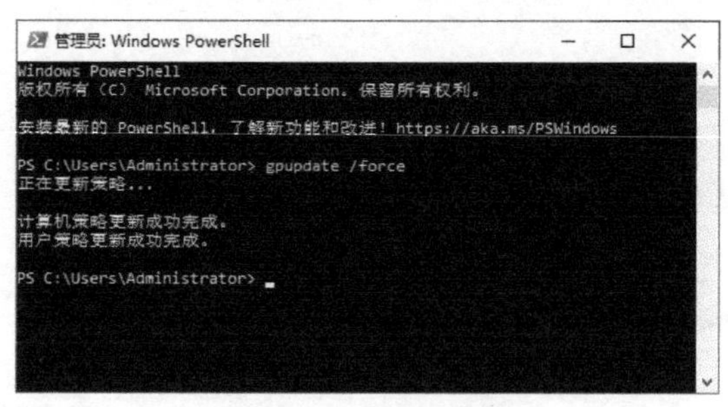

图 21-15　更新组策略

▶ 任务验证

打开“组策略管理编辑器”窗口，在左侧的导航栏中选择“用户配置”→“策略”→“软件设置”→“软件安装”选项，在右侧的列表框中查看公司中的业务部员工用户必须强制安装的软件是否正确配置，如图 21-16 所示。

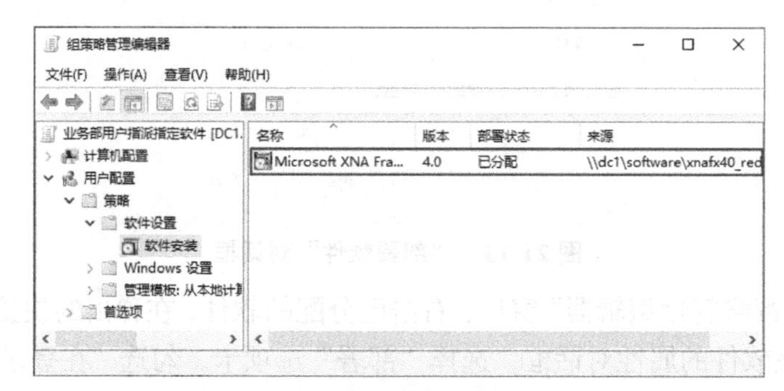

图 21-16　“组策略管理编辑器”窗口（2）

任务 21-3　公司中的指定用户自行选择安装软件

▶ 任务规划

项目 21-任务 21-3

在本任务中，公司需要部署 python-2.7.11.msi 软件，使公司中的业务部员工用户可以自行选择安装软件。

▶ 任务实施

（1）在主域控制器 dc1 中打开“服务器管理器”窗口，在菜单栏中选择“工具”→“组策略管理”命令，打开“组策略管理”窗口，在左侧的导航栏中找到“业务部”→“业务部用户指派指定软件”选项并右击，在弹出的快捷菜单中选择“编辑”命令，如图 21-17 所示。

图 21-17　“组策略管理”窗口

（2）打开“组策略管理编辑器”窗口，在左侧的导航栏中找到“用户配置”→“策略”→“软件设置”→“软件安装”选项并右击，在弹出的快捷菜单中选择“新建”→“数据包”命令，弹出“打开”对话框，输入共享目录地址，选中需要部署的软件，如图 21-18 所示；单击“打开”按钮，弹出“部署软件”对话框，选择“已发布”单选按钮，如图 21-19 所示。

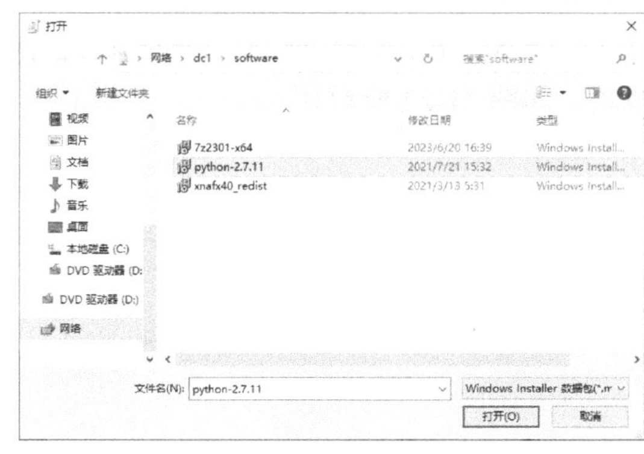

图 21-18　“打开”对话框

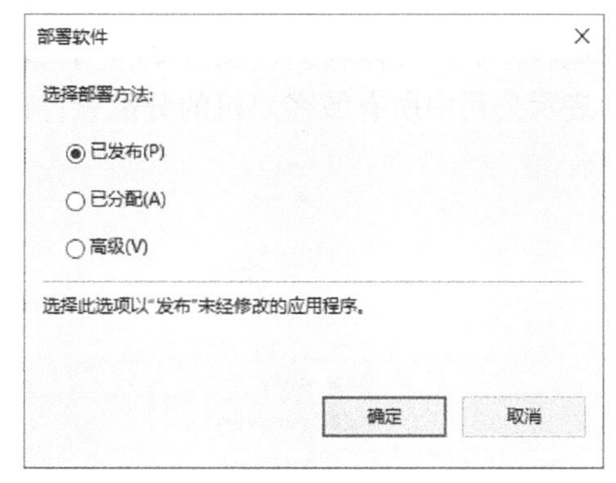

图 21-19　“部署软件”对话框

（3）打开“命令提示符”窗口，执行命令“gpupdate /force”，更新组策略，如图 21-20 所示。

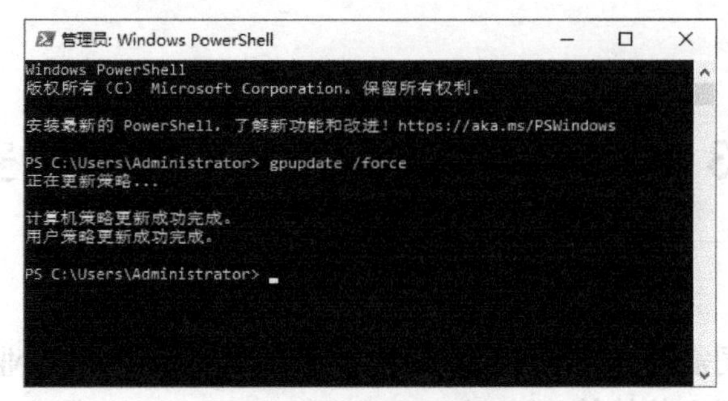

图 21-20　更新组策略

► 任务验证

打开“组策略管理编辑器”窗口，在左侧的导航栏中选择“用户配置”→“策略”→“软件设置”→“软件安装”选项，在右侧的列表框中查看公司中的业务部员工用户可以自行选择安装的软件是否正确配置，如图 21-21 所示。

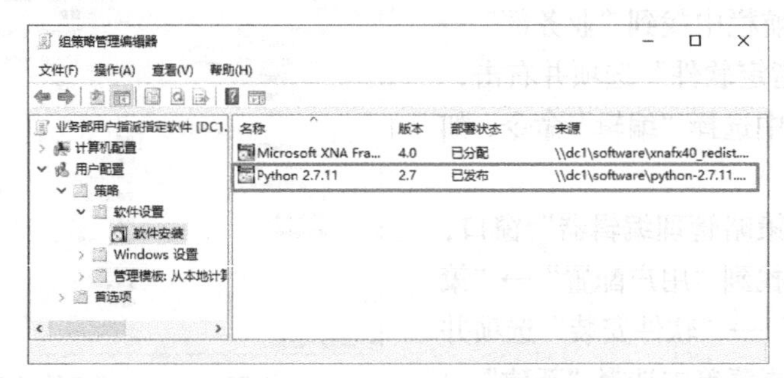

图 21-21　“组策略管理编辑器”窗口

项目验证

项目 21 项目验证

（1）验证公司中所有域客户机的分配软件（7z2301-x64.msi）部署：使用任意一个域用户登录域客户机，可以看到，任务 21-1 中部署的软件 7-Zip 23.01 (x64 edition)已经被强制安装了，表示公司中所有域客户机的分配软件部署成功，如图 21-22 所示。

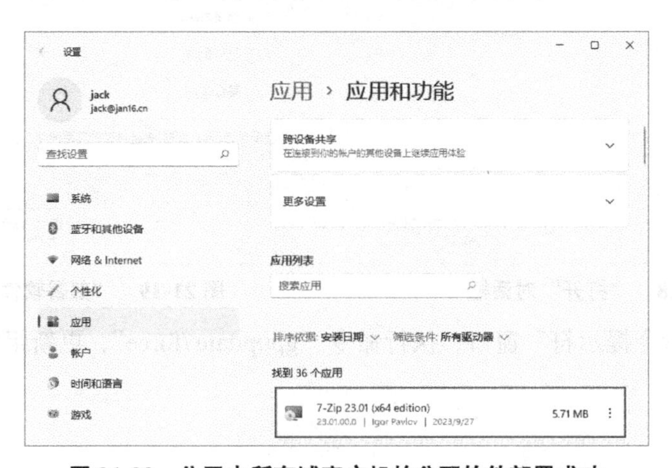

图 21-22　公司中所有域客户机的分配软件部署成功

（2）验证业务部员工用户的分配软件（xnafx40_redist.msi）部署：使用业务部员工用户登录域客户机，可以看到，任务 21-2 中部署的软件 Microsoft XNA Framework Redistributable 4.0 已经被强制安装了，表示业务部员工用户的分配软件部署成功，如图 21-23 所示。

图 21-23　业务部员工用户的分配软件部署成功

（3）验证业务部员工用户的发布软件（python-2.7.11.msi）部署：使用业务部员工用户登录域客户机，打开“控制面板”窗口，依次选择“程序和功能”→“从网络安装程序”选项，打开“获得程序”窗口，可以看到任务 21-3 中发布的 Python 2.7.11 软件，用户如果需要安装该软件，则可以手动进行安装，如图 21-24 所示。

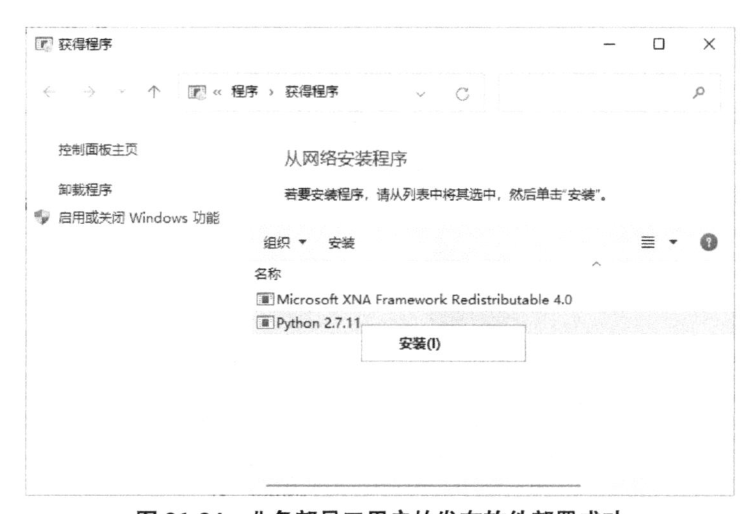

图 21-24　业务部员工用户的发布软件部署成功

练习与实践

一、理论题

1. 在活动目录的软件部署中，主要采用的 3 种部署方式为（　　）。（多选题）

A. 计算机分配软件部署　　B. 计算机发布软件部署

C. 用户发布软件部署　　D. 用户分配软件部署

2．在域控制器中进行软件分配时，必须执行的步骤是（　　）。（单选题）

A．创建软件包　　B．配置策略对象

C．分发软件包到客户端计算机　　D．启用软件分配设置

3．在以下文件中，软件分发策略可以部署的是（　　）。（单选题）

A．.msi 文件　　B．.mst 文件　　C．.zap 文件　　D．.exe 文件

4．在以下部署方式中，可以在组策略中进行配置的是（　　）。（多选题）

A．提交脚本　　B．发布软件包到用户

C．发布软件包到计算机　　D．部署任务序列

二、项目实训题

1．项目背景

某公司基于 Windows Server 2022 活动目录管理公司中的用户和计算机。公司中的计算机经常需要统一部署软件，这些软件主要分为以下 3 种。

- 公司中的所有域客户机都必须强制安装的软件。
- 公司中的指定用户必须强制安装的软件。
- 公司中的指定用户可以自行选择安装的软件。

本实训项目的网络拓扑图如图 21-25 所示。

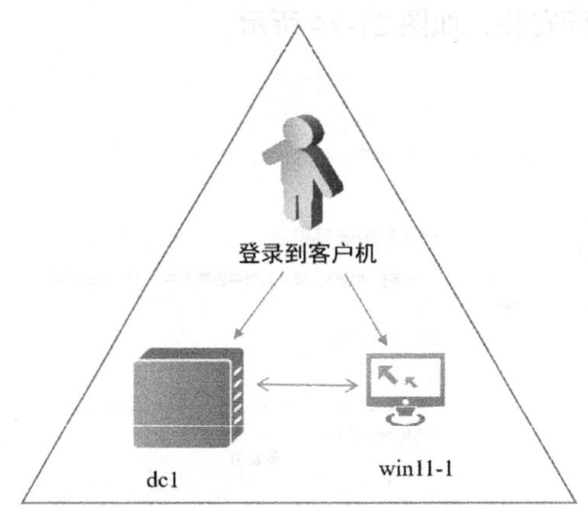

图 21-25　本实训项目的网络拓扑图

2．项目要求

（1）通过组策略进行计算机分配软件部署，并且截取组策略配置界面。

（2）通过组策略进行用户分配软件部署，并且截取组策略配置界面。

（3）通过组策略进行用户发布软件部署，并且截取组策略配置界面。

（4）使用指定部门的员工用户登录客户机，并且截取相关结果。

项目 22　通过组策略管理用户工作环境

项目学习目标

1. 掌握策略和首选项之间的区别。
2. 掌握策略设置和首选项设置的优先级。
3. 掌握策略设置和首选项设置的应用。

项目描述

jan16 公司基于 Windows Server 2022 活动目录管理公司中的用户和计算机。公司希望新加入域环境的计算机和用户有其默认的一套部署方案，而不是逐个部署，这样可以统一管理公司中的计算机和用户，减少管理员的工作量。公司希望通过简单的部署，使公司的域环境满足当前的业务需求。目前公司迫切需要解决的问题有以下 2 个。

- 问题 1：自动为业务部员工用户映射网络驱动器。
- 问题 2：更改加入域的本地计算机管理员的用户名，从而提高域的安全性。

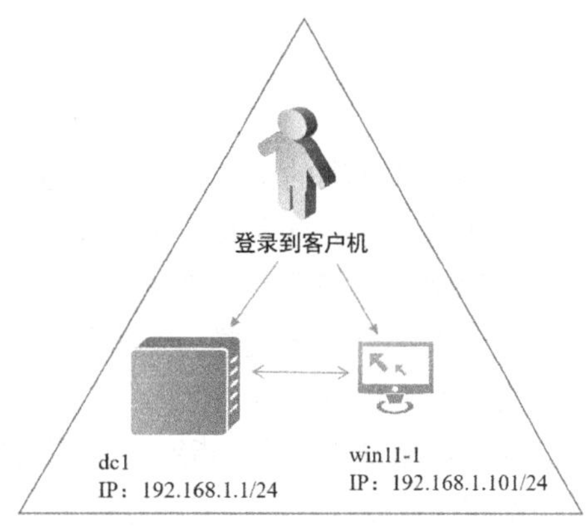

图 22-1　本项目的网络拓扑图

本项目的网络拓扑图如图 22-1 所示，计算机信息规划表如表 22-1 所示。

表 22-1　本项目的计算机信息规划表

计算机名称	VLAN 名称	IP 地址	操作系统
dc1	VMnet1	192.168.1.1/24	Windows Server 2022
win11-1	VMnet1	192.168.1.101/24	Windows 11

项目分析

对于解决公司提出的 2 个问题，可以通过计算机或用户的首选项设置解决。

对于问题 1，通过首选项设置可以映射驱动器，并且基于某个选项过滤一定的对象。可以将组织单位设置为业务部，这样“业务部”组织单位中的用户都会自动映射驱动器。

对于问题 2，可以通过首选项更新本地计算机用户名的方式实现。

以上问题涉及以下两个工作任务。

（1）配置自动挂载网络驱动器。

（2）更改加入域的本地计算机管理员的用户名。

相关知识

1. 策略和首选项之间的区别

在“组策略管理编辑器”窗口中，计算机配置和用户配置都有两种配置组策略的方式：策略和首选项，如图 22-2 所示。

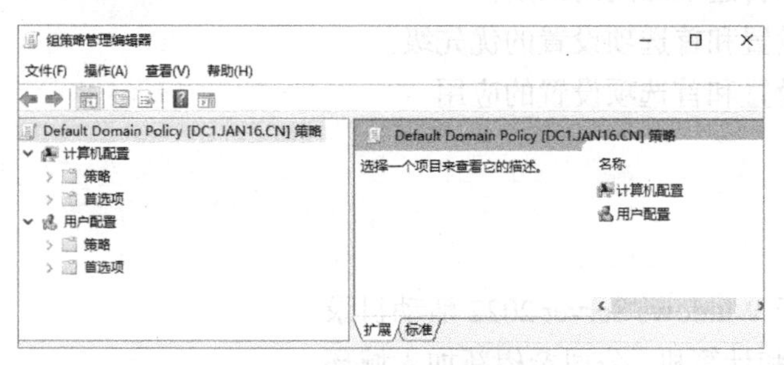

图 22-2 “组策略管理编辑器”窗口

策略和首选项的不同之处在于强制性。策略是受管理、强制实施的，在组策略对象被删除后，其设置将不再生效。而首选项是不受管理、非强制性的，在组策略对象被删除后，其设置仍然生效，需要手动修改。

对于大部分系统设置，管理员既可以通过策略设置实现，又可以通过首选项设置实现，二者之间有一部分重叠。

通过策略设置，可以指定必须使用的脚本，这些脚本可以完成映射网络驱动器、配置打印机、创建快捷方式、复制文件等任务。但如果通过首选项设置，则可以不登录脚本，通过简单的界面操作，快速完成相同的任务。那么哪种方法好呢？其实没有标准，采用哪种方法，取决于管理员，如果管理员熟悉脚本，则可以用策略；如果管理员不熟悉脚本，则可以用首选项。

2. 策略设置和首选项设置的优先级

在同一个组策略对象中，当策略设置和首选项设置发生冲突时，基于注册表的策略设置优先；如果策略设置和首选项设置都不基于注册表，那么二者的优先级取决于它们在客户端扩展执行的顺序。判断策略设置是否基于注册表的方法很简单，因为所有基于注册表的策略设置都定义在“组策略管理编辑器”窗口的导航栏中的“策略”→“管理模板：从本地计算机中检索的策略定义（ADMX 文件）。”节点下。

3. 策略设置和首选项设置的应用

1）设备安装

策略设置可以通过阻止用户安装驱动程序，限制用户安装某些特定类型的硬件设备。

首选项设置可以禁用设备和端口，但不会阻止设备驱动程序的安装，也不会阻止具有相应权限的用户通过设备管理器启用设备或端口。

如果要完全锁定并阻止特定设备的安装和使用，则可以配合使用策略设置和首选项设置：通过首选项设置禁用已安装的设备，通过策略设置阻止安装该设备的驱动程序。

备注：

策略位置：在“组策略管理编辑器”窗口的导航栏中选择“计算机配置”→“策略”→“管理模板：从本地计算机中检索的策略定义（ADMX 文件）。”→“系统”→“设备安装限制”选项。

首选项位置：在“组策略管理编辑器”窗口的导航栏中选择“计算机配置”→“首选项”→“控制面板设置”→“设备”选项。

2）文件和文件夹

通过策略设置，可以为重要的文件和文件夹创建特定的访问控制列表（Access Control List，ACL）。然而，在只有目标文件或文件夹存在的情况下，访问控制列表才会被应用。

通过首选项设置，可以管理文件和文件夹。对于文件，可以通过从源计算机复制的方法对其进行创建、更新、替换或删除操作；对于文件夹，可以在对其进行创建、更新、替换或删除操作时，指定是否删除文件夹中的文件和子文件夹。

因此，可以通过首选项设置创建文件或文件夹，然后通过策略设置为创建的文件或文件夹创建访问控制列表。需要注意的是，在首选项设置中，应该设置为“只应用一次而不再重新应用”，否则创建、更新、替换和删除操作会在下一次刷新组策略时被重新应用。

备注：

策略位置：在“组策略管理编辑器”窗口的导航栏中选择“计算机配置”→“策略”→“Windows 设置”→“安全设置”→“文件系统”选项。

首选项位置如下。

- 在“组策略管理编辑器”窗口的导航栏中选择“计算机配置”→“首选项”→“Windows 设置”→“文件”选项。
- 在“组策略管理编辑器”窗口的导航栏中选择“计算机配置”→“首选项”→“Windows 设置”→“文件夹”选项。

3）Internet Explorer

在计算机配置中，策略设置（Internet 设置）主要用于控制浏览器的行为，如提高浏览器的安全性、锁定 Internet 安全区域设置。

在用户配置中，策略设置（Internet 设置）主要用于指定主页、搜索栏、链接、浏览器界面等。

在用户配置中，首选项设置（Internet 设置）允许设置 Internet 选项中的所有选项，包括“常规”、“安全”、“隐私”、“内容”、“连接”、“程序”、“高级”和“常用”等选项卡。

策略是被管理的，而首选项是不被管理的，用户可以自行修改。因此，当用户需要强制设置某些 Internet 选项时，应该进行策略设置。

备注：

策略位置如下。

- 在“组策略管理编辑器”窗口的导航栏中选择“计算机配置”→“策略”→“管理模板：从本地计算机中检索的策略定义（ADMX 文件）。”→“Windows 组件”→“Internet Explorer”选项。
- 在“组策略管理编辑器”窗口的导航栏中选择“用户配置”→“策略”→“管理模板：从本地计算机中检索的策略定义（ADMX 文件）。”→“Windows 组件”→“Internet Explorer”选项。

首选项位置：在“组策略管理编辑器”窗口的导航栏中选择“用户配置”→“首选项”→“控制面板设置”→“Internet 设置”选项。

4）打印机

通过策略设置，可以指定打印机的工作模式、计算机允许使用的打印功能、用户允许对打印机进行的操作等。

通过首选项设置，可以映射和配置打印机，包括配置本地打印机及映射网络打印机。

因此，可以通过首选项设置为客户机配置网络打印机或本地打印机，然后通过策略设置限制用户和客户机设置打印机的相关功能。

备注：

策略位置如下。

- 在“组策略管理编辑器”窗口的导航栏中选择“用户配置”→“策略”→“管理模板：从本地计算机中检索的策略定义（ADMX 文件）。”→“控制面板”→“打印机”选项。
- 在“组策略管理编辑器”窗口的导航栏中选择“计算机配置”→“策略”→“管理模板：从本地计算机中检索的策略定义（ADMX 文件）。”→“控制面板”→“打印机”选项。

首选项位置：在“组策略管理编辑器”窗口的导航栏中选择“用户配置”→“首选项”→“控制面板设置”→“打印机”选项。

5）“开始”菜单

通过策略设置，可以控制和限制“开始”菜单中的命令。例如，通过策略设置，可以指定是否在用户注销时清除最近打开的文档历史，指定是否在“开始”菜单中禁用拖放操作，锁定任务栏，移除系统通知区域的图标，关闭所有通知，等等。

“开始”菜单的首选项设置，类似于控制面板中的任务栏设置和“开始”菜单属性对话框中的相关设置。

备注：

策略位置如下。

在“组策略管理编辑器”窗口的导航栏中选择“计算机配置”→“策略”→“管理模板：从本地计算机中检索的策略定义（ADMX 文件）。”→“‘开始’菜单和任务栏”选项。

在“组策略管理编辑器”窗口的导航栏中选择“用户配置”→“策略”→“管理模板：从本地计算机中检索的策略定义（ADMX 文件）。”→“‘开始’菜单和任务栏”选项。

6）用户和组

通过策略设置，可以限制活动目录组和计算机本地组中的成员。

通过首选项设置，可以创建、更新、替换或删除计算机本地用户和计算机本地组。

对于计算机本地用户，通过首选项设置可以进行以下操作。

- 重命名用户账户。
- 设置用户密码。
- 设置用户账户的状态标识（如账户禁用标识）。

对于计算机本地组，通过首选项设置可以进行以下操作。

- 重命名组。
- 添加或删除当前用户。
- 删除成员用户或成员组。

备注：

策略位置：在“组策略管理编辑器”窗口的导航栏中选择“计算机配置”→“策略”→“Windows 设置”→“安全设置”→“受限制的组”选项。

首选项位置如下。

- 在“组策略管理编辑器”窗口的导航栏中选择“计算机配置”→“首选项”→“控制面板设置”→“本地用户和组”选项。
- 在“组策略管理编辑器”窗口的导航栏中选择“用户配置”→“首选项”→“控制面板设置”→“本地用户和组”选项。

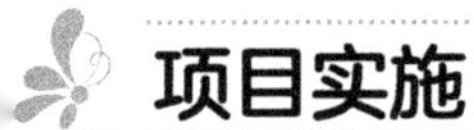

项目实施

任务 22-1　配置自动挂载网络驱动器

项目 22-任务 22-1

▶ 任务规划

在本任务中，针对项目描述中的问题 1，我们可以先通过首选项设置映射驱动器，再基于任务目标实现仅业务部员工用户自动挂载网络驱动器，从而解决该问题。

▶ 任务实施

（1）在主域控制器 dc1 中打开“组策略管理”窗口，在左侧的导航栏中找到“业务部”→“业务部首选项”选项并右击，在弹出的快捷菜单中选择“编辑”命令，如图 22-3 所示。

（2）打开“组策略管理编辑器”窗口，在左侧的导航栏中找到“用户配置”→“首选项”→“Windows 设置”→“驱动器映射”选项并右击，在弹出的快捷菜单中选择“新建”→“映射驱动器”命令，如图 22-4 所示。

（3）弹出“新建驱动器属性”对话框，在“常规”选项卡中设置共享目录的位置，并且选择映射的驱动器号，如图 22-5 所示；选择“常用”选项卡，勾选“项目级别目标”复选框，单击“目标”按钮，如图 22-6 所示。

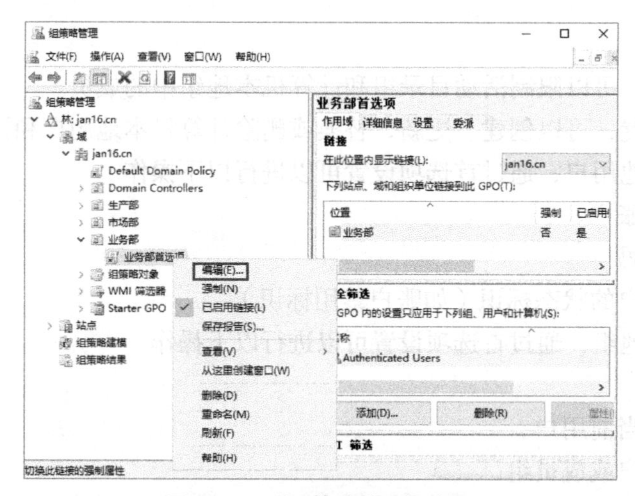

图 22-3 “组策略管理”窗口

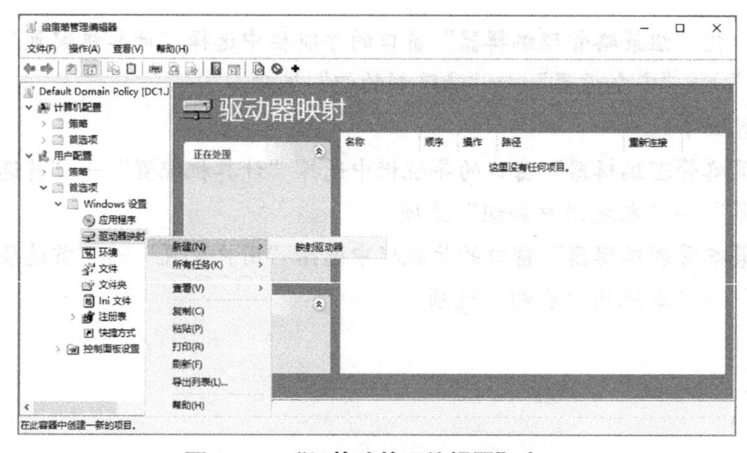

图 22-4 “组策略管理编辑器”窗口

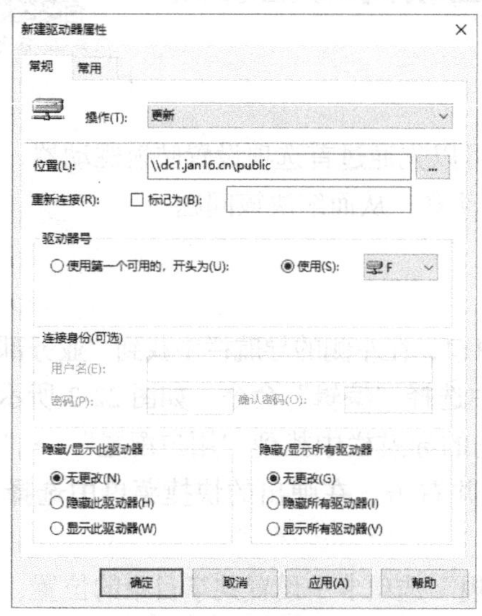

图 22-5 “新建驱动器属性”对话框中的“常规”选项卡

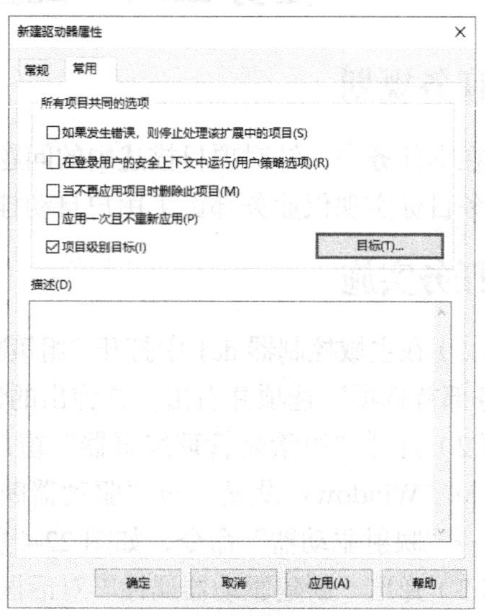

图 22-6 “新建驱动器属性”对话框中的“常用”选项卡

（4）打开“目标编辑器”窗口，在“新建项目”下拉列表中选择“组织单位”选项，如图 22-7 所示；打开“查找 自定义搜索”窗口，单击“开始查找”按钮，在“搜索结果”列表框中选择“业务部”组织单位，单击“确定”按钮，如图 22-8 所示；返回“目标编辑器”窗口，勾选“仅直接成员”复选框，选择“OU 中的用户”单选按钮，单击“确定”按钮，如图 22-9 所示。

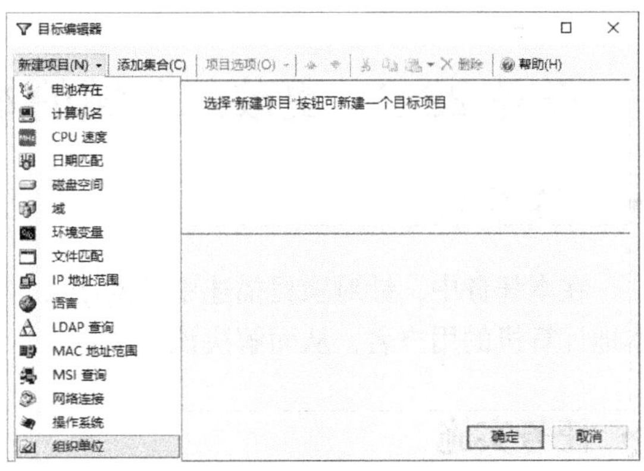

图 22-7　“目标编辑器”窗口（1）

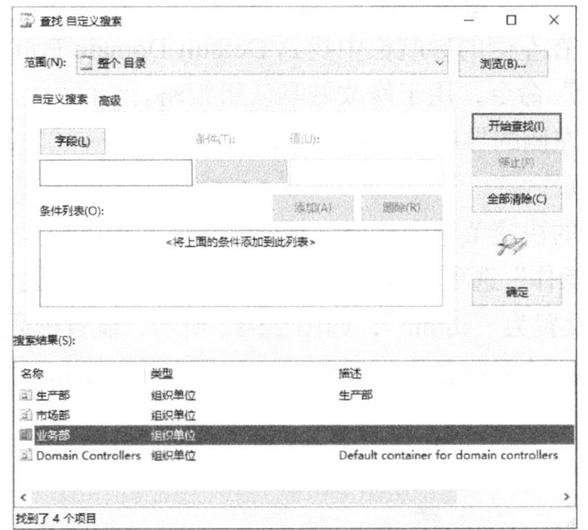

图 22-8　“查找 自定义搜索”窗口

图 22-9　“目标编辑器”窗口（2）

▶ 任务验证

打开“组策略管理编辑器”窗口，查看首选项“驱动器映射”的相关设置，如图 22-10 所示。

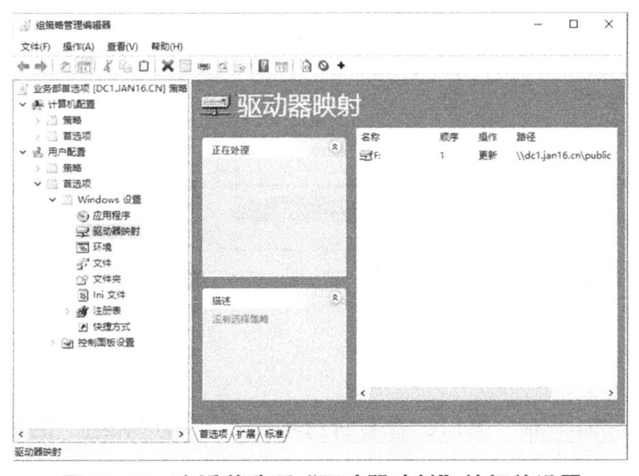

图 22-10　查看首选项“驱动器映射”的相关设置

任务 22-2　更改加入域的本地计算机管理员的用户名

▶ 任务规划

项目 22-任务 22-2

在本任务中，针对项目描述中的问题 2，我们可以通过首选项设置更改本地计算机的用户名，从而解决该问题。

▶ 任务实施

（1）在主域控制器 dc1 中打开“服务器管理器”窗口，在菜单栏中选择“工具”→“组策略管理”命令，打开“组策略管理”窗口，在左侧的导航栏中找到 Default Domain Policy 选项并右击，在弹出的快捷菜单中选择“编辑”命令，用于修改域默认组策略。

（2）打开“组策略管理编辑器”窗口，在左侧的导航栏中展开“计算机配置”→“首选项”→“控制面板设置”节点，如图 22-11 所示。

（3）右击“本地用户和组”选项，在弹出的快捷菜单中选择“新建”→“本地用户”命令，弹出“新建本地用户属性”对话框，将“操作”选项设置为“更新”，将“用户名”设置为“Administrator（内置）”，将“重命名为”设置为“admin”，如图 22-12 所示，设置密码，单击“确定”按钮，即可使所有计算机的本地管理员用户名从“Administrator”更新为“admin”。

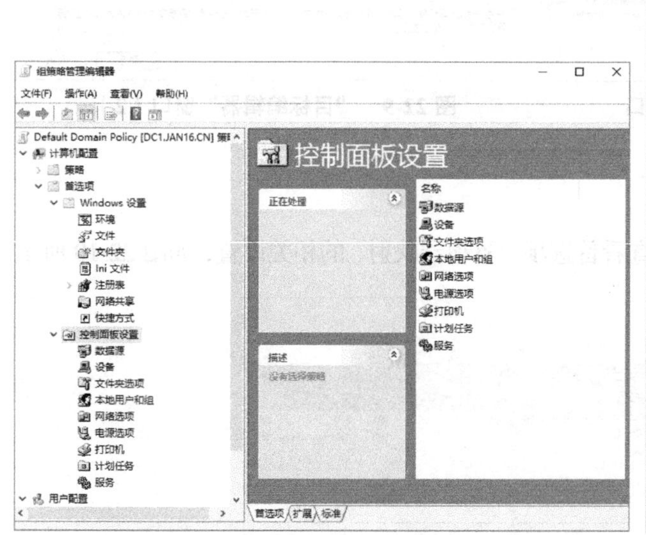

图 22-11　“组策略管理编辑器”窗口

图 22-12　“新建本地用户属性”对话框

▶ 任务验证

打开“组策略管理编辑器”窗口，查看首选项“本地用户和组”的相关设置，如图 22-13 所示。

项目 22 项目验证

图 22-13　查看首选项“本地用户和组”的相关配置

项目验证

（1）验证用户配置中的首选项设置是否成功：使用业务部员工用户登录客户机 win11-1，打开“此电脑”窗口，可以看到已经自动挂载了网络驱动器，如图 22-14 所示，表示用户配置中的首选项“驱动器映射”设置成功。

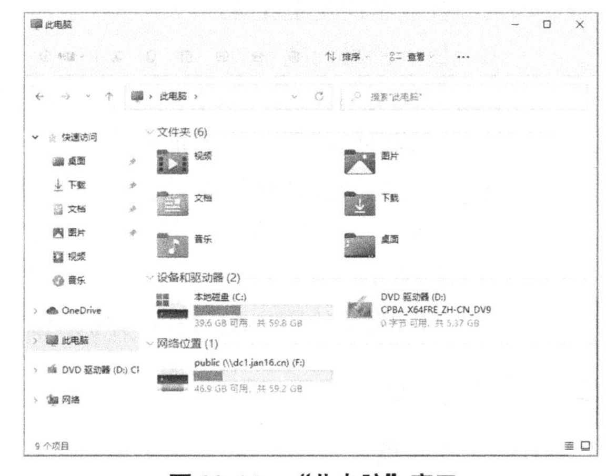

图 22-14　“此电脑”窗口

（2）验证计算机配置中的首选项设置是否成功：打开“计算机管理”窗口，查看管理员用户，可以看到，计算机管理员用户名从“Administrator”更新为“admin”，如图 22-15 所示，表示计算机配置中的首选项“本地用户和组”设置成功。

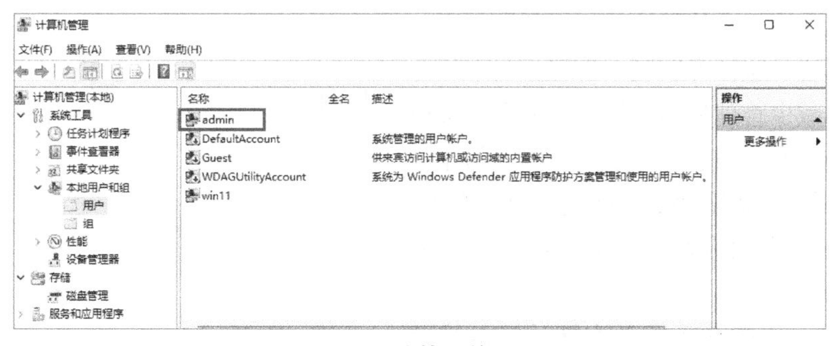

图 22-15　“计算机管理”窗口

练习与实践

一、理论题

1．公司销售部的员工需要经常出差，为了使这些员工用户在公司办公和进行移动办公时具有相同的桌面和配置文件，应该（　　）。（单选题）

A．通过组策略管理这些用户的桌面和配置文件

B．使用漫游用户配置文件管理用户桌面

C．使用强制漫游用户配置文件管理用户桌面

D．使用本地用户配置文件管理用户桌面

2．在 Windows 操作系统中，使用（　　）工具可以进行组策略的设置和管理。（单选题）

A．Registry Editor　　B．Task Manager

C．Computer Management　　D．Group Policy Editor

3．在组策略中，通过（　　）可以控制用户对 Windows 资源的访问权限。（多选题）

A．禁用“控制面板”窗口　　B．禁用运行命令

C．禁用“注册表编辑器”窗口　　D．禁用“计算机管理”窗口

4．在组策略中，可以控制用户密码策略的有（　　）。（多选题）

A．禁止空密码　　B．密码过期时间

C．强制密码历史记录　　D．必须包含数字和字母

E．最小密码长度

5．关于策略处理规则，以下描述不正确的是（　　）。（单选题）

A．组策略的配置是有累加性的

B．系统先处理计算机配置，再处理用户配置

C．如果子容器内的某个策略被配置，那么该配置值会覆盖由其父容器传递下来的配置值

D．当组策略的用户配置和计算机配置发生冲突时，优先处理用户配置

二、项目实训题

1．项目背景

某公司基于 Windows Server 2022 活动目录管理公司中的用户和计算机。公司希望新加入域环境的计算机和用户有其默认的一套部署方案，而不是逐个部署，这样可以统一管理公司中的计算机和用户，减少管理员的工作量。公司希望通过简单的部署，使公司的域环境满足当前的业务需求。目前公司迫切需要解决的问题有以下 2 个。

- 问题 1：自动为业务部员工用户映射网络驱动器。
- 问题 2：更改加入域的本地计算机管理员的用户名，从而提高域的安全性。

本实训项目的网络拓扑图如图 22-16 所示。

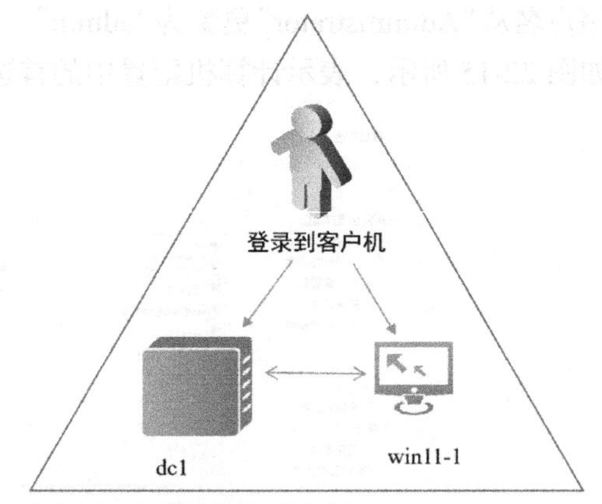

图 22-16　本实训项目的网络拓扑图

2．项目要求

（1）通过首选项设置映射驱动器，并且截取首选项设置界面。

（2）通过首选项设置更改本地计算机管理员的用户名，并且截取首选项设置界面。

（3）使用域用户登录客户机，并且截取相关结果。

项目 23　组策略的管理

项目学习目标

1．掌握组策略管理工具的作用。
2．掌握组策略状态。
3．掌握用户组策略环回处理模式。
4．掌握组织单位的组策略继承顺序。

项目描述

jan16 公司基于 Windows Server 2022 活动目录管理公司中的用户和计算机，在公司的多个组织单位中都部署了组策略。在进行组策略管理时，发现很难直观地显示管理员部署的组策略内容，通常需要借助其他工具或日志进行查询。

在应用新的组策略时，有时部分计算机并没有应用新的组策略，给公司生产环境的部署带来了一定的困扰。公司希望通过规范地管理组策略，提高域环境的可用性，实现域用户和计算机的高效管理。

本项目的网络拓扑图如图 23-1 所示，计算机信息规划表如表 23-1 所示。

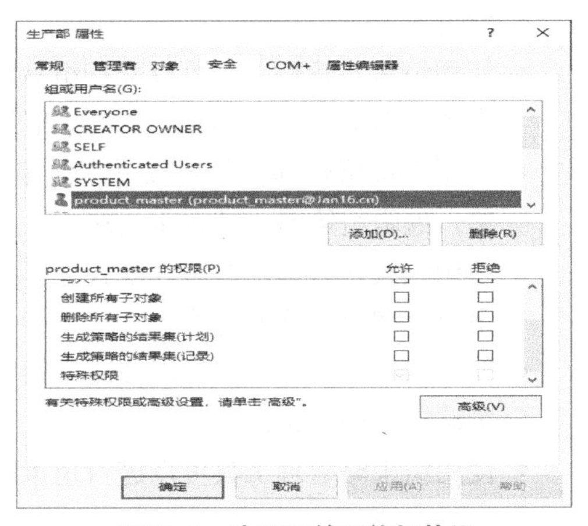

图 23-1　本项目的网络拓扑图

表 23-1　本项目的计算机信息规划表

计算机名称	VLAN 名称	IP 地址	操作系统
dc1	VMnet1	192.168.1.1/24	Windows Server 2022
win11-1	VMnet1	192.168.1.101/24	Windows 11

项目分析

为了解决有些组策略没有被应用的问题，我们必须掌握组策略的应用优先级，才能将组策略部署到位。组策略的应用优先级从低到高依次为，站点策略<域策略<父组织单位策略<

子组织单位策略。如果父组织单位策略设置了一个限制，子组织单位不想继承该限制，则可以阻止继承；如果父组织单位策略要强制下发，则可以将父组织单位策略设置为强制策略，这样，即使子组织单位阻止继承，也无济于事。

常见的组策略管理如下。

- 组策略的阻止继承和强制。
- 组策略的备份和还原。
- 查看组策略。
- 查看某个对象的组策略。

本项目需要规范管理组策略，提高域环境的可用性，涉及以下两个工作任务。

（1）组策略的阻止继承和强制。

（2）组策略的备份与还原。

相关知识

1. 组策略管理工具的作用

域管理员使用组策略管理工具，可以方便地进行组策略管理，具体如下。

- 使用组策略管理工具可以直观地查看组策略设置、禁用组策略的用户配置或计算机配置。
- 使用组策略管理工具可以配置组策略筛选功能，使组策略只应用到满足特定条件的用户和计算机上，如将部署软件的组策略只应用到配置 Windows 7 操作系统的客户机上。
- 使用组策略管理工具可以进行组策略的授权管理，如在特定的组织单位中创建组策略、编辑组策略、链接组策略等。
- 使用组策略管理工具可以配置计算机的用户组策略环回处理模式，从而更改域用户登录时应用组策略的行为。
- 使用组策略管理工具可以使用组策略建模和组策略结果监控组策略应用，从而排除组策略应用中的错误。
- 使用组策略管理工具可以进行组策略的备份与还原。

2. 组策略状态

组策略的设置项有 3 种状态："未配置"、"已启用"和"已禁用"。在创建新的组策略时，新组策略的所有设置都处于"未配置"状态。使用组策略管理工具可以直观地查看组策略设置。如图 23-2 所示，在"组策略管理"窗口中选中组策略后，在右侧的界面中选择"设置"选项卡，可以非常直观地查看组策略的设置（不显示处于"未配置"状态的设置）。

如图 23-3 所示，组策略的状态可以是"已启用"、"已禁用所有设置"、"已禁用计算机配置设置"和"已禁用用户配置设置"。

如果某个组策略只用于管理计算机，则可以将该组策略状态设置为"已禁用用户配置设置"。这样，用户在登录时就不会检查该组策略是否设置了用户配置，从而缩短用户的登录时间。

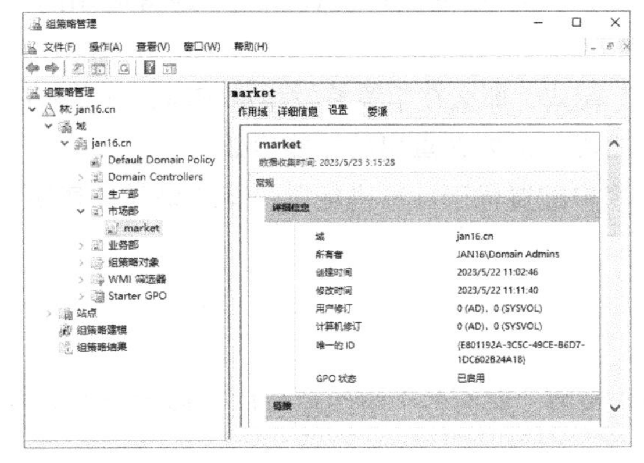

图 23-2　“组策略管理”窗口中组策略的“设置”选项卡

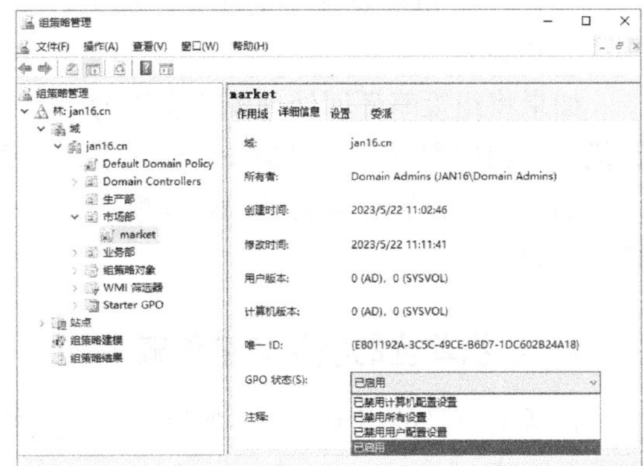

图 23-3　组策略的状态

3. 用户组策略环回处理模式

当计算机组策略和用户组策略发生冲突时，由组策略环回处理模式决定如何处理冲突。

打开“组策略管理编辑器”窗口，在左侧的导航栏中选择“计算机配置”→“策略”→“管理模板：从本地计算机中检索的策略定义（ADMX 文件）。”→“系统”→“组策略”选项，单击“配置用户组策略环回处理模式”按钮，打开“配置用户组策略环回处理模式”窗口，选择“已启用”单选按钮，表示启用用户组策略环回处理模式，在“模式”下拉列表中选择“合并”或“替换”选项，即选择所需的模式，单击“确定”按钮，如图 23-4 所示。

图 23-4　用户组策略环回处理模式

根据图 23-4 可知，用户组策略环回处理模式有两种，分别是“合并”模式和“替换”模式。

- “替换”模式：该模式会将在计算机 GPO 中定义的用户设置替换为通常应用的用户设置。
- “合并”模式：该模式会将在计算机 GPO 中定义的用户设置与通常应用的用户设置

合并。如果设置发生冲突，那么计算机的 GPO 中的用户设置优先于通常应用的用户设置。

如果将组策略环回处理模式设置为“合并”模式，那么在组策略发生冲突时，计算机配置优先于用户配置。在“合并”模式下，计算机配置需要在重启后才能生效。

如果没有设置组策略环回处理模式，那么用户配置优于计算机配置，其效果与“替换”模式相同。

4. 组织单位的组策略继承顺序

在活动目录的组策略中，如果存在大量的组策略，那么各个组织单位应该根据以下顺序继承组策略。

- 组织单位默认继承父组织单位策略。
- 如果一个组织单位中有多个组策略，并且这些组策略之间会发生冲突，则根据优先级决定应用哪个组策略，但如果将置后的组策略设置为禁止替代，则优先应用禁止替代的组策略。
- 如果设置父组织单位策略强制被继承，那么子组织单位只能继承父组织单位策略。

项目实施

任务 23-1 组策略的阻止继承和强制

项目 23-任务 23-1

► 任务规划

本任务要实现组策略的阻止继承和强制，具体步骤如下。

（1）在父域中添加组策略，然后设置“业务部”组织单位阻止继承该组策略，用于实现组策略的阻止继承。

（2）在“业务部”组织单位中添加组策略，验证当父组织单位策略与子组织单位策略发生冲突时的优先级。

（3）设置父组织单位策略强制被继承，会强制子组织单位继承父组织单位策略。

► 任务实施

（1）在主域控制器 dc1 中打开“服务器管理器”窗口，在菜单栏中选择“工具”→“组策略管理”命令，打开“组策略管理”窗口，在左侧的导航栏中找到“林:jan16.cn”→“域”→“jan16.cn”→“Default Domain Policy”选项并右击，在弹出的快捷菜单中选择“编辑”命令，用于修改域默认组策略，如图 23-5 所示。

（2）打开“组策略管理编辑器”窗口，在左侧的导航栏中选择“用户配置”→“策略”→“管理模板：从本地计算机中检索的策略定义（ADMX 文件）。”→“桌面”选项，在右侧的“桌面”→“设置”界面中找到“删除桌面上的‘计算机’图标”并将其启用，如图 23-6 所示。

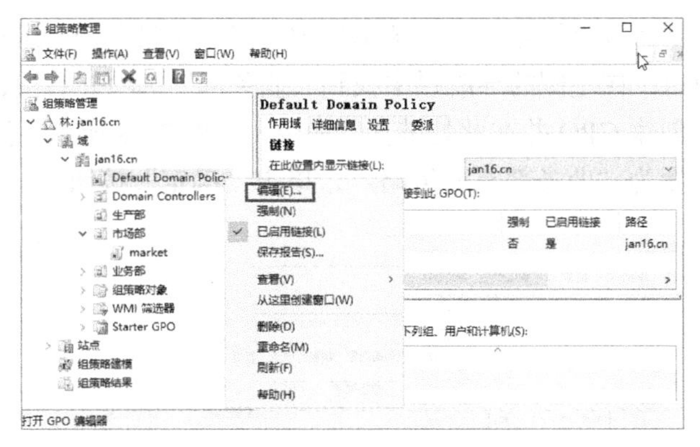

图 23-5　“组策略管理”窗口（1）

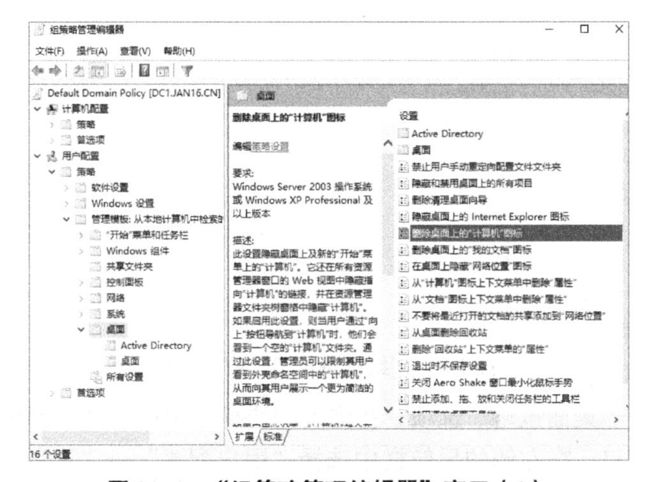

图 23-6　“组策略管理编辑器”窗口（1）

（3）返回“组策略管理”窗口，如果不希望“业务部”组织单位继承父组织单位策略，则可以在左侧的导航栏中找到“业务部”选项并右击，在弹出的快捷菜单中选择“阻止继承”命令，如图 23-7 所示。

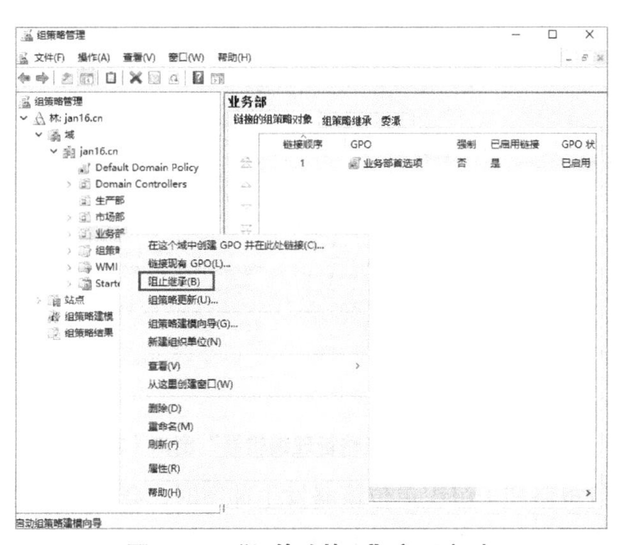

图 23-7　“组策略管理”窗口（2）

（4）打开“服务器管理器”窗口，在菜单栏中选择“工具”→“组策略管理”命令，打开“组策略管理”窗口，在左侧的导航栏中找到“业务部”选项并右击，在弹出的快捷菜单中选择“在这个域中创建 GPO 并在此处链接”命令，如图 23-8 所示；弹出“新建 GPO”对话框，将“名称”设置为“业务部桌面策略”，单击“确定”按钮。

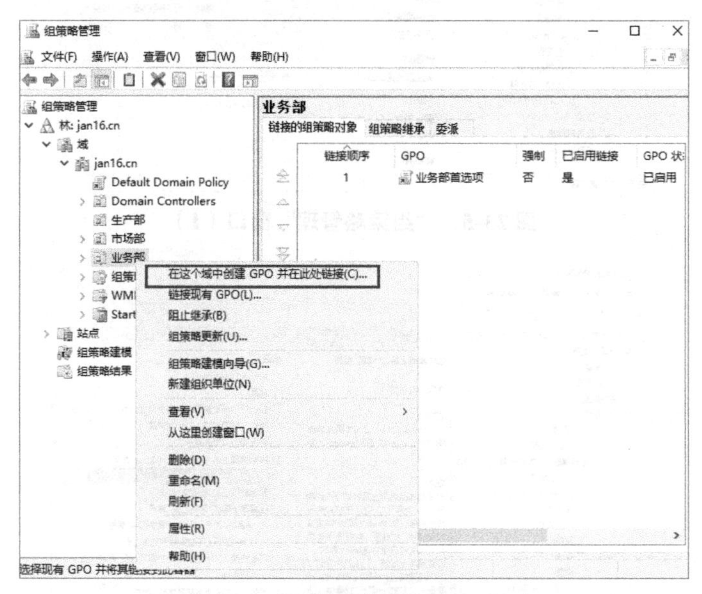

图 23-8　“组策略管理”窗口（3）

（5）右击“业务部桌面策略”选项，在弹出的快捷菜单中选择“编辑”命令，打开“组策略管理编辑器”窗口，在左侧的导航栏中选择“用户配置”→“策略”→“管理模板：从本地计算机中检索的策略定义（ADMX 文件）。”→“桌面”选项，在右侧的“桌面”→“设置”界面中找到“删除桌面上的‘计算机’图标”并将其禁用，如图 23-9 所示。

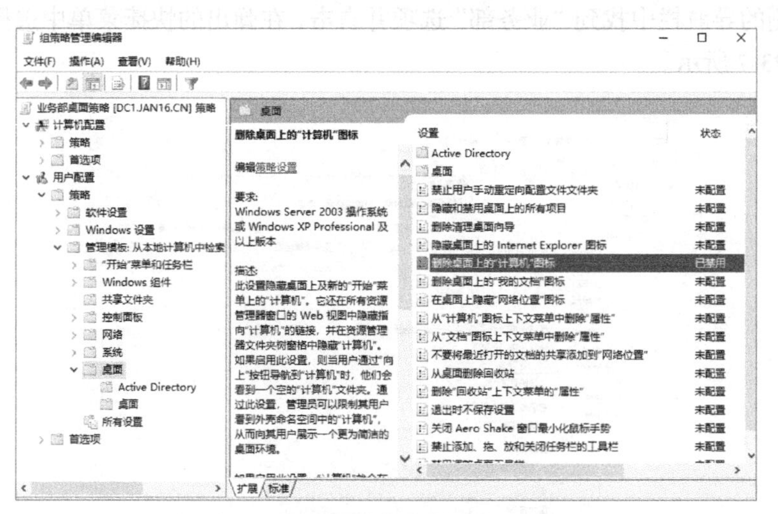

图 23-9　“组策略管理编辑器”窗口（2）

（6）当父组织单位策略和子组织单位策略发生冲突时，会优先采用子组织单位策略，如果父组织单位策略需要子组织单位必须执行，则可以设置父组织单位策略强制被继承，这样，即使子组织单位阻止继承，也会继承父组织单位策略。返回“组策略管理”窗口，在左侧的导航栏中找到 Default Domain Policy 选项并右击，在弹出的快捷菜单中勾选“强制”命令，如图 23-10 所示。

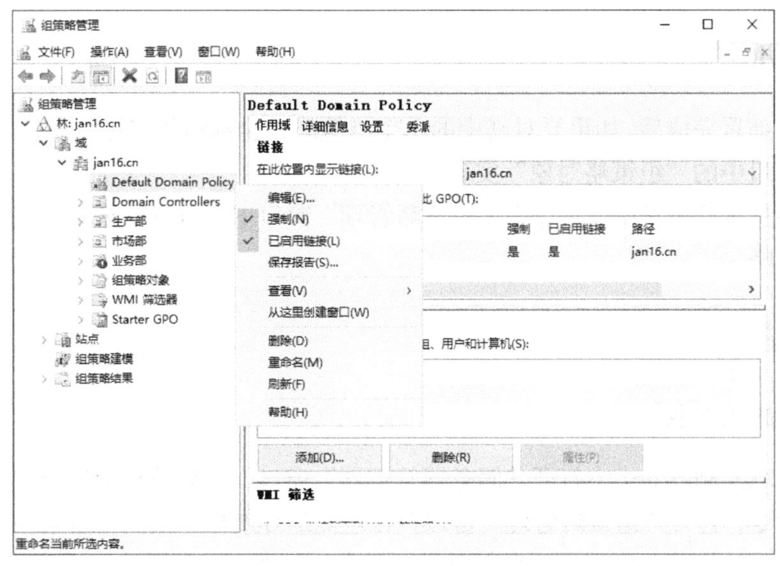

图 23-10　“组策略管理”窗口（4）

▶ 任务验证

打开“组策略管理”窗口，查看“业务部”组织单位的组策略继承情况，可以看到，在设置父组织单位策略强制被继承后，尽管“业务部”组织单位勾选了“阻止继承”命令，还是继承了父组织单位策略，如图 23-11 所示。

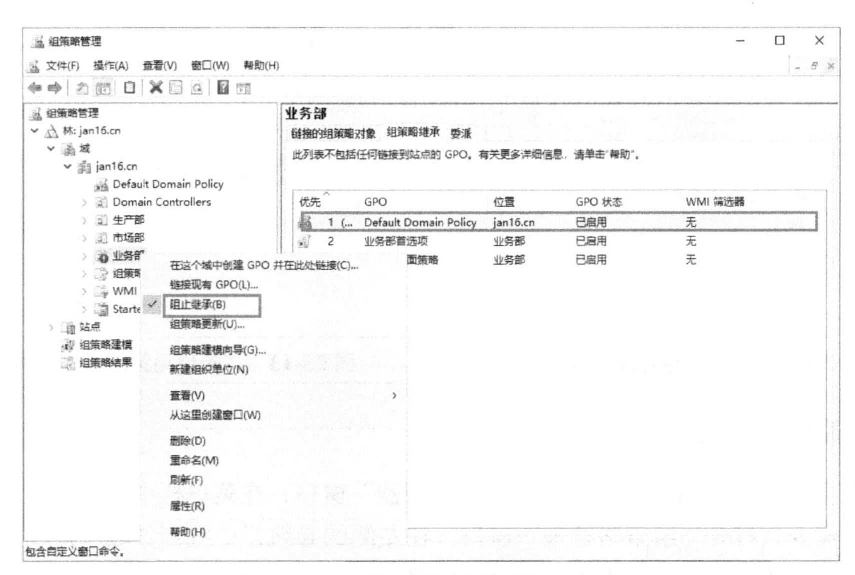

图 23-11　“组策略管理”窗口（5）

项目 23-任务 23-2

任务 23-2　组策略的备份与还原

▶ 任务规划

在组策略部署完成后，如果要对其中的单个组策略或全部组策略进行备份，可以通过“组策略管理”窗口中的“组策略对象”实现。

针对已经部署的组策略，可以在“组策略管理”窗口中查看域组策略，或者针对某个对象查看其组策略。

▶ 任务实施

1. 组策略的备份

（1）在主域控制器 dc1 中打开“服务器管理器”窗口，在菜单栏中选择“工具”→“组策略管理”命令，打开“组策略管理”窗口，在左侧的导航栏中找到“组策略对象”选项并右击，在弹出的快捷菜单中选择“全部备份”命令，如图 23-12 所示。

（2）弹出“备份组策略对象”对话框，将“位置”设置为“E:\组策略备份”，单击“备份”按钮，如图 23-13 所示。

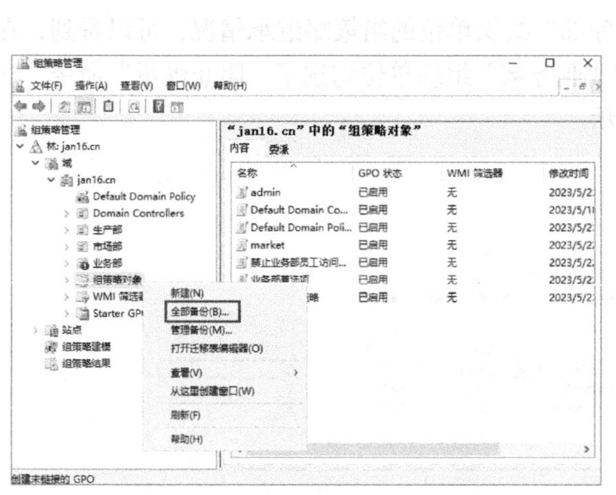

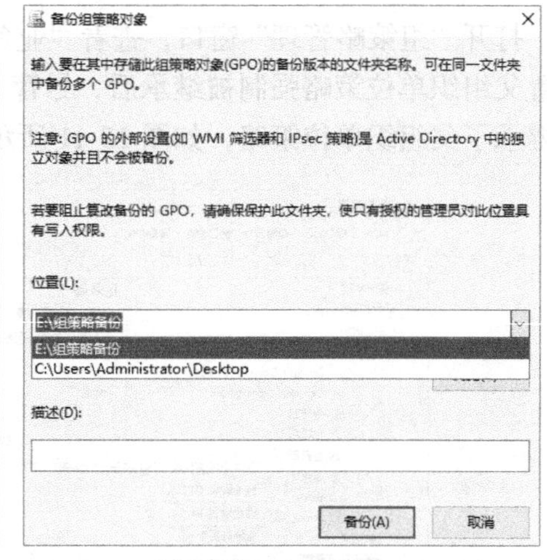

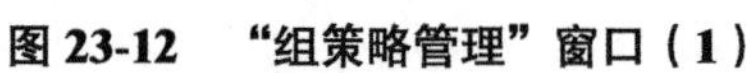

图 23-12　“组策略管理”窗口（1）　　图 23-13　“备份组策略对象”对话框

2. 组策略的还原

（1）在主域控制器 dc1 中打开“服务器管理器”窗口，在菜单栏中选择“工具”→“组策略管理”命令，打开“组策略管理”窗口，在左侧的导航栏中找到“域”选项并右击，在弹出的快捷菜单中选择“管理备份”命令，如图 23-14 所示。

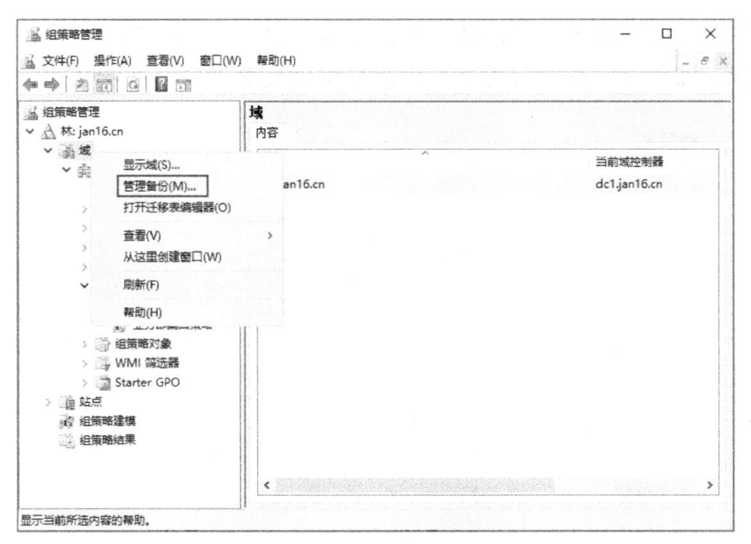

图 23-14　“组策略管理”窗口（2）

（2）打开“管理备份”窗口，在“已备份的 GPO”列表框中选择需要还原的组策略，然后单击“还原”按钮，即可将其还原，如图 23-15 所示。

图 23-15　“管理备份”窗口

▶ 任务验证

（1）在主域控制器 dc1 中打开“服务器管理器”窗口，在菜单栏中选择“工具”→“组策略管理”命令，打开“组策略管理”窗口，在左侧的导航栏中找到 Default Domain Policy

选项并右击，在弹出的快捷菜单中选择“保存报告”命令，如图 23-16 所示；将组策略报告保存到指定位置，即可以网页的形式查看该组策略的相关设置，如图 23-17 所示。

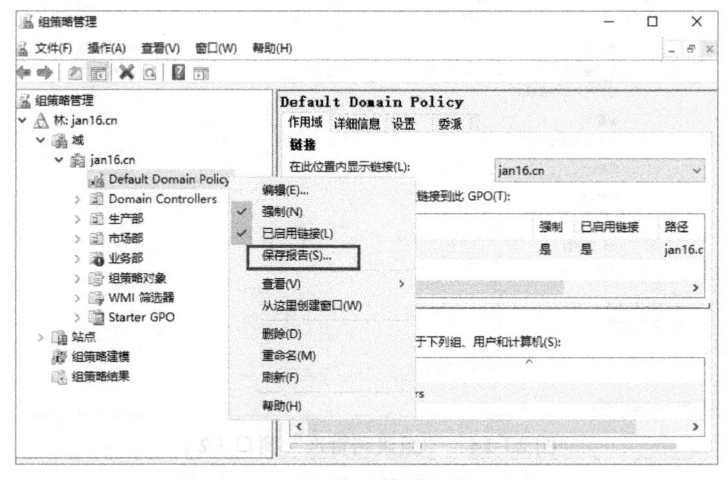

图 23-16 “组策略管理”窗口（3）

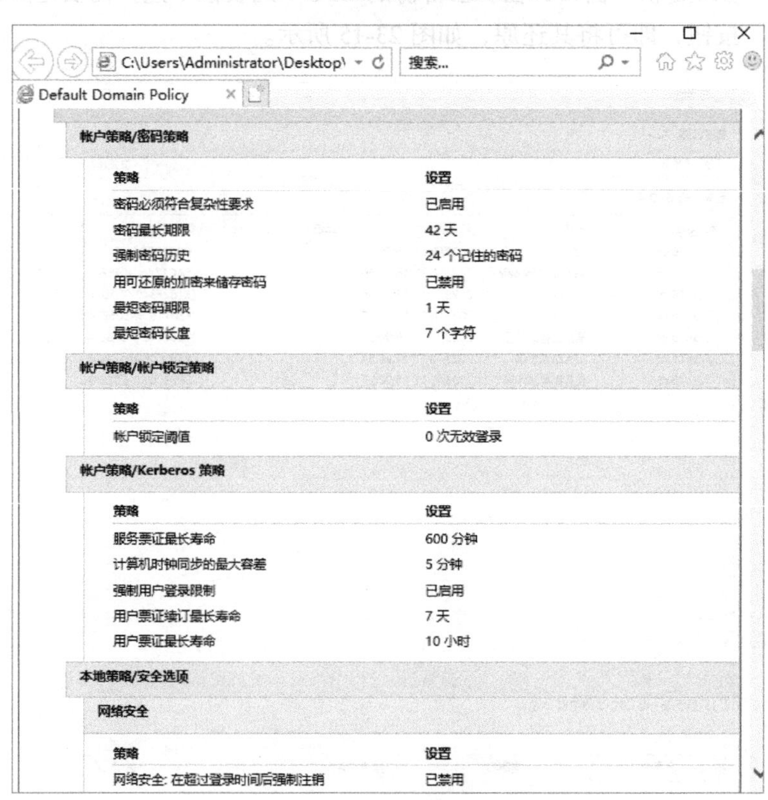

图 23-17 查看组策略报告

（2）打开“组策略管理”窗口，在左侧的导航栏中选择 Default Domain Policy 选项，在右侧的界面中选择“设置”选项卡，也可以查看组策略的相关设置，如图 23-18 所示。

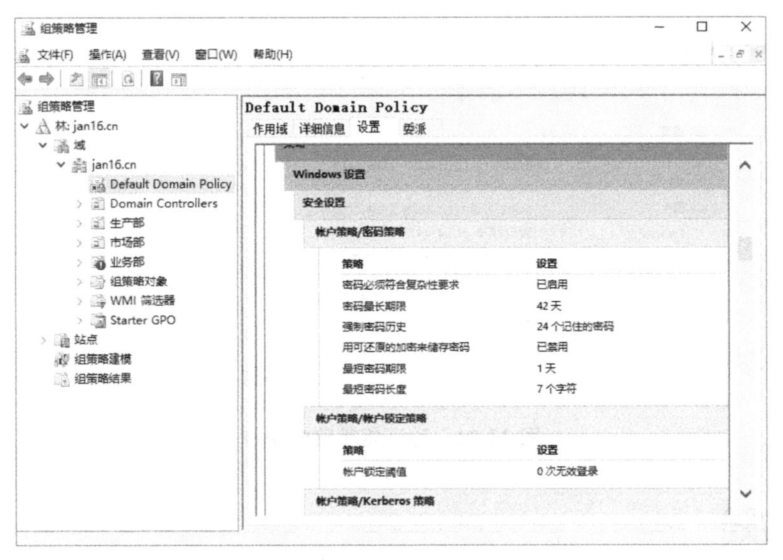

图 23-18　查看组策略设置

项目 23 项目验证

项目验证

1. 在客户机 win11-1 中验证组策略的阻止继承和强制

（1）验证“业务部”组织单位是否成功阻止继承父组织单位策略，如图 23-19 所示。

（2）验证父组织单位策略是否成功强制被继承，如图 23-20 所示。

图 23-19　验证组策略的阻止继承

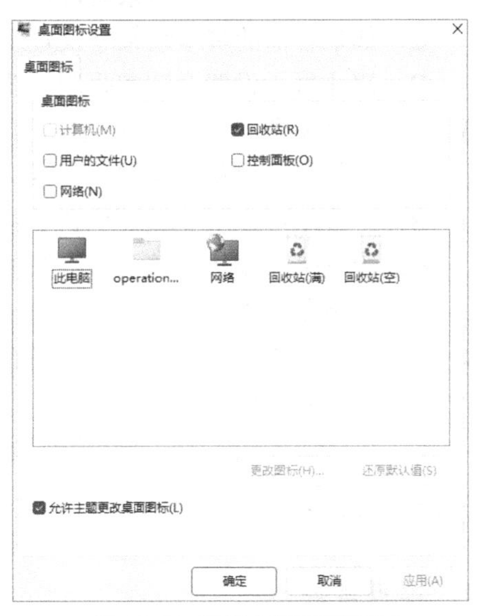

图 23-20　验证组策略的强制

2. 验证组策略的备份

在主域控制器 dc1 中打开“组策略备份”窗口，查看已备份的组策略，如图 23-21 所示。

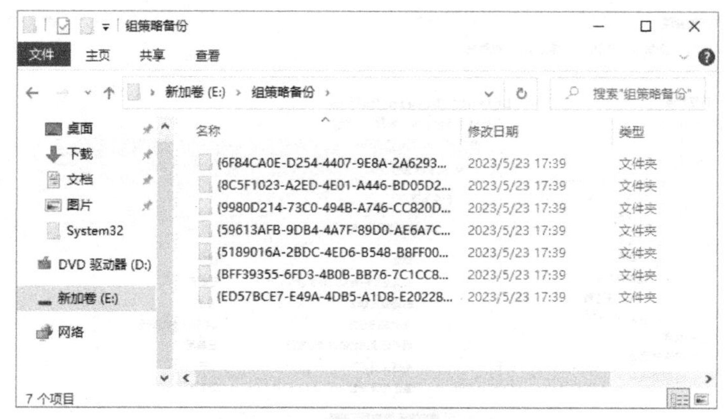

图 23-21　验证组策略的备份

练习与实践

一、理论题

1．在计算机组策略和用户组策略发生冲突时，有优先权的通常是（　　）。（单选题）

A．计算机组策略　　B．用户组策略

C．都一样

2．关于组策略的应用规则，以下说法正确的是（　　）。（单选题）

A．在默认情况下，下层容器会阻止继承来自上层容器的组策略

B．如果容器的多个组策略设置发生冲突，那么优先应用本地组策略

C．如果容器的多个组策略设置发生冲突，那么最终本地组策略生效

D．阻止继承设置会覆盖强制设置

3．关于组策略继承，以下描述错误的是（　　）。（单选题）

A．组策略可以从站点继承到域

B．组策略可以从父域继承到子域

C．组策略可以从域继承到组织单位

D．组策略可以从父组织单位继承到子组织单位

4．关于组策略对象，以下描述正确的是（　　）（单选题）

A．只能链接到域　　B．只能链接到单个组织单位

C．可以链接到站点、域和组织单位　　D．可以链接到单个用户

二、项目实训题

1. 项目背景

某公司在多个组织单位中都部署了组策略。在进行组策略管理时，很难直观地显示管理员部署的组策略内容。在应用一些新的组策略时，有时部分计算机并没有应用新的组策略，给公司生产环境的部署带来了一定的困扰。公司希望通过规范地管理组策略，提高域环境的可用性，实现域用户和计算机的高效管理。

本实训项目的网络拓扑图如图 23-22 所示。

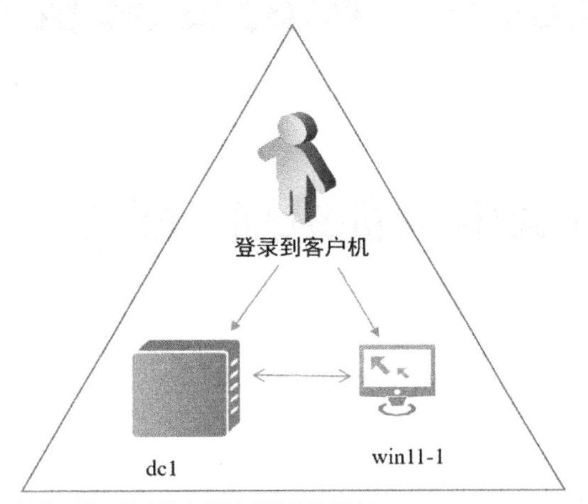

图 23-22　本实训项目的网络拓扑图

2. 项目要求

（1）在父域中添加组策略，然后设置组织单位阻止继承该组策略，用于实现组策略的阻止继承，截取组策略设置界面及相关结果。

（2）在组织单位中添加组策略，验证当父组织单位策略与子组织单位策略发生冲突时的优先级，并且截取组策略设置界面及相关结果。

（3）设置父组织单位策略强制被继承，强制子组织单位继承父组织单位策略，并且截取组策略设置界面及相关结果。

（4）首先备份组策略，然后删除组策略，最后使用备份文件还原组策略，并且截取相关结果。

模块 5　域的容灾备份

项目 24　提升域/林功能级别、配置多元化密码策略

项目学习目标

1. 掌握域/林功能级别。
2. 掌握多元化密码策略的概念。

项目描述

jan16 公司在基于 Windows Server 2022 活动目录管理公司中的用户和计算机一段时间后，域管理员基本上每天都需要处理用户的密码问题。因为公司采用了复杂性密码策略，所以员工不仅需要记住复杂的密码，还必须定期更新。因此，员工忘记密码或密码过期的问题时有发生，导致很多工作无法正常开展。

公司希望针对一些安全性要求比较低的部门，允许其采用简单化密码策略，用于减少域管理员的密码管理工作量，但针对安全性要求比较高的核心部门，仍然要求其必须采用复杂性密码策略。

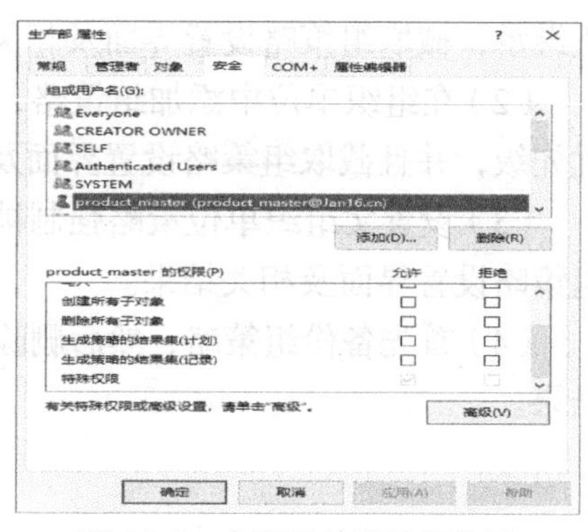

图 24-1　本项目的网络拓扑图

本项目的网络拓扑图如图 24-1 所示，计算机信息规划表如表 24-1 所示。

表 24-1　本项目的计算机信息规划表

计算机名称	VLAN 名称	IP 地址	操作系统
dc1	VMnet1	192.168.1.1/24	Windows Server 2022
win11-1	VMnet1	192.168.1.101/24	Windows 11

项目分析

使用多元化密码策略可以针对不同的用户组配置不同的密码策略，因此根据公司的项目要求，需要先将域的功能级别手动升级到 Windows Server 2008 R2 以上，再根据以下两条要求部署公司网络部和业务部的密码策略。

- 配置“网络部”组中的用户必须使用不少于 8 位的复杂密码。
- 配置“业务部”组中的用户可以使用大于 6 位的简单密码。

本项目主要涉及以下两个工作任务。

（1）提升域功能级别和林功能级别。

（2）配置多元化密码策略。

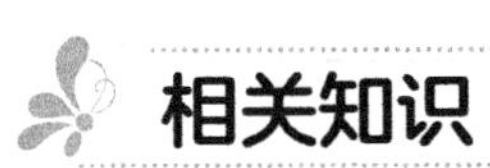

相关知识

1. 域/林功能级别

Windows Server 2003、Windows Server 2008、Windows Server 2012、Windows Server 2016 及更高版本的 Windows Server 操作系统都可以提供活动目录功能，但不同版本的操作系统的域提供的功能和服务不同，并且高版本操作系统兼容低版本操作系统。在活动目录中，如果域控制器是由多种不同版本的服务器系统组成的，并且低版本操作系统不支持高版本操作系统的部分功能，则会导致该域只能以低版本状态运行。

不同的网络环境具有不同级别的域功能和林功能级别。如果域或林中的所有域控制器运行的都是最新版本的 Windows Server 操作系统，并且将域功能级别和林功能级别设置为最高值，那么所有的全域性功能和全林性功能都可用。当域或林中包含运行早期版本 Windows Server 操作系统的域控制器时，AD DS 功能会受到限制。也就是说，域功能级别主要用于设置域内所有域控制器允许使用的功能，这取决于域内工作在最低版本的域控制器的操作系统级别。因此，如果要采用新版本的操作系统提供的域功能，则需要提升域功能级别，而提升域功能级别的条件是，保障该域中的所有域控制器都运行在不低于要提升的域功能级别。

域功能级别和林功能级别的提升需要手动完成。启用域功能会影响整个域，以及仅作用于该域的功能。域/林功能级别及其支持的域控制器的操作系统如表 24-2 所示。

表 24-2　域/林功能级别及其支持的域控制器的操作系统

域/林功能级别	支持的域控制器的操作系统
Windows Server 2003	Windows Server 2003 Windows Server 2008 Windows Server 2008 R2
Windows Server 2008	Windows Server 2008 Windows Server 2008 R2 Windows Server 2012 Windows Server 2012 R2 Windows Server 2016 Windows Server 2019 Windows Server 2022
Windows Server 2008 R2	Windows Server 2008 R2 Windows Server 2012 Windows Server 2012 R2 Windows Server 2016 Windows Server 2019 Windows Server 2022

续表

域/林功能级别	支持的域控制器的操作系统
Windows Server 2012	Windows Server 2012 Windows Server 2012 R2 Windows Server 2016 Windows Server 2019 Windows Server 2022
Windows Server 2012 R2	Windows Server 2012 R2 Windows Server 2016 Windows Server 2019 Windows Server 2022
Windows Server 2016	Windows Server 2016 Windows Server 2019 Windows Server 2022

注：要详细了解各域/林功能级别所启用的功能，可以参考微软官方网站中的相关介绍。

2. 多元化密码策略的概念

域控制器的安全性非常重要，而域管理员的密码保护是安全性保护中的重要一环。通过配置复杂性密码策略，可以减少人为的和来自网络的安全威胁，保障活动目录的安全。

在活动目录中，一个域默认只能使用一套密码策略，这套密码策略由 Default Domain Policy 统一进行管理。统一的密码策略管理虽然可以大幅度提高安全性，但是也会提高域用户使用的复杂度。例如，域管理员的账户安全性要求很高，密码需要一定的长度，每两周需要更改一次密码，并且不能使用上次的密码；但是普通域用户并不需要如此高的要求，也不希望经常更改密码，复杂度很高的密码策略并不适合他们。

为了解决这个问题，从 Windows Server 2008 R2 开始，Windows 引入了多元化密码策略（Fine-Grained Password Policy）的概念。多元化密码策略允许针对不同的用户或全局安全组，应用不同的密码策略，举例如下。

- 为企业管理员组配置高安全性密码策略，密码长度超过 20 位，两周过期。
- 为市场部用户组配置简单的密码策略，密码长度超过 6 位，90 天过期。

多元化密码策略是从 Windows Server 2008 R2 开始提供的功能策略，因此在实际应用中，要求域功能级别不低于 Windows Server 2008 R2。

项目实施

任务 24-1　提升域功能级别和林功能级别

项目 24-任务 24-1

▶ 任务规划

本项目要配置多元化密码策略，需要先将域功能级别和林功能级别提升。因此本任务会在“Active Directory 管理中心”窗口中查看并提升域功能级别和林功能级别。

▶ 任务实施

（1）在主域控制器 dc1 中打开“服务器管理器”窗口，在菜单栏中选择“工具”→“Active Directory 管理中心”命令，打开“Active Directory 管理中心”窗口，在左侧的导航栏中选择“jan16（本地）”选项，在右侧的“任务”界面中选择“jan16（本地）”→“提升域功能级别”选项，弹出“提升域功能级别”对话框，可以看到，当前域功能级别为 Windows Server 2016，如图 24-2 所示。Windows Server 2016 是当前可以使用的最高的域功能级别。如果当前域功能级别低于 Windows Server 2016，那么在“选择可用域功能级别”下拉列表中选择合适的域功能级别并进行提升。

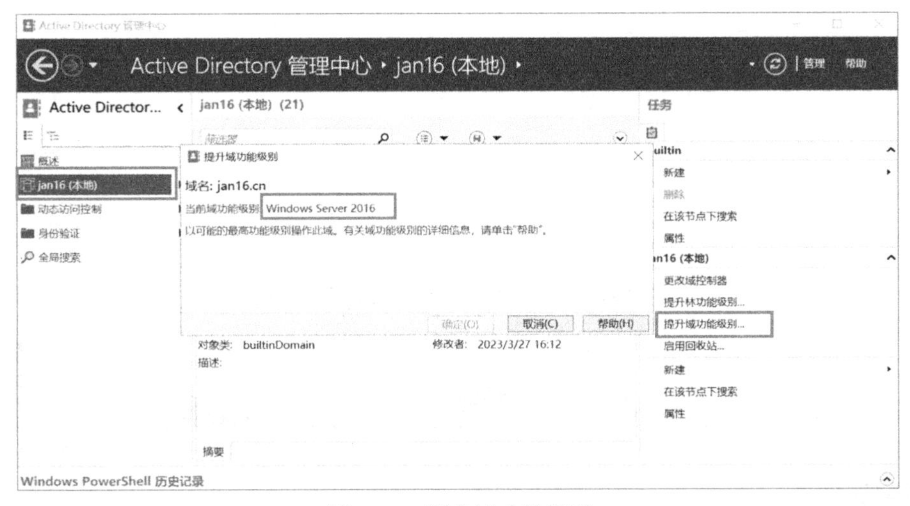

图 24-2 提升域功能级别

（2）在右侧的“任务”界面中选择“jan16（本地）”→“提升林功能级别”选项，弹出“提升林功能级别”对话框，可以看到，当前林功能级别为 Windows Server 2016，如图 24-3 所示。该林处于允许范围内最高的功能级别操作状态。如果当前林功能级别低于 Windows Server 2016，那么在“选择可用林功能级别”下拉列表中选择合适的林功能级别并进行提升。

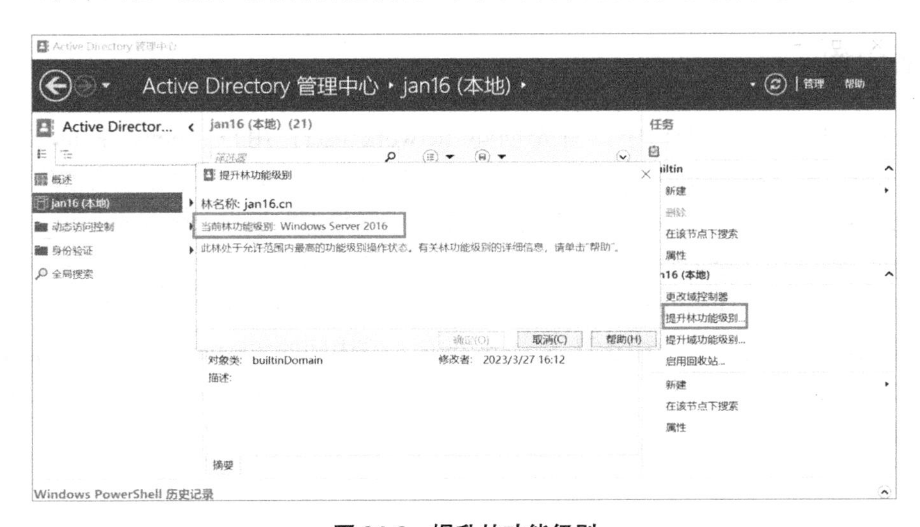

图 24-3 提升林功能级别

▶ 任务验证

在主域控制器 dc1 中打开“服务器管理器”窗口，在菜单栏中选择“工具”→“Active Directory 管理中心”命令，打开“Active Directory 管理中心”窗口，在左侧的导航栏中选择“jan16（本地）”选项，在右侧的“任务”界面中选择“jan16（本地）”→“属性”选项，打开 jan16 窗口，可以查看域功能级别和林功能级别，如图 24-4 所示。

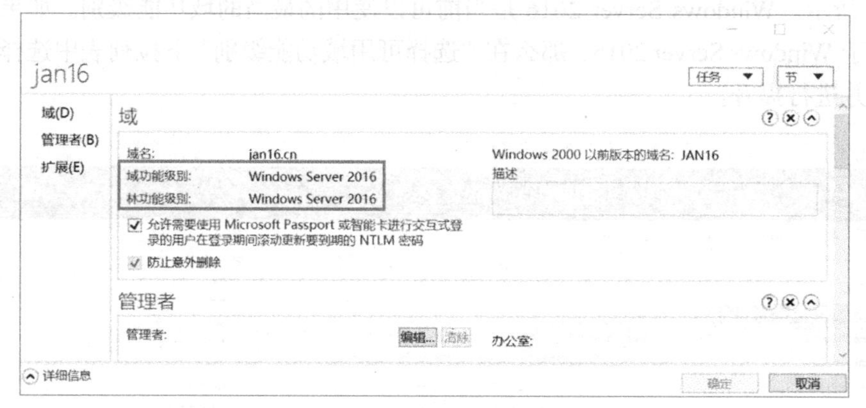

图 24-4　查看域功能级别和林功能级别

任务 24-2　配置多元化密码策略

项目 24-任务 24-2

▶ 任务规划

本任务需要根据项目描述为各个部门配置多元化密码策略，主要步骤如下。

（1）创建“网络部”组和“业务部”组，并且创建相应的用户。

（2）为“网络部”组中的用户配置复杂密码策略。

（3）为“业务部”组中的用户配置简单密码策略。

▶ 任务实施

（1）在主域控制器 dc1 中，首先创建 network_user1 用户、network_user2 用户、operation_user1 用户和 operation_user2 用户，然后创建“网络部”组和“业务部”组，最后将 network_user1 用户和 network_user2 用户添加到“网络部”组中，将 operation_user1 用户和 operation_user2 用户添加到“业务部”组中，如图 24-5 所示。

（2）打开“Active Directory 管理中心”窗口，在左侧的导航栏中选择“jan16（本地）”选项，在右侧的“任务”界面中选择 System 选项，在中间的 System 界面中找到 Password Settings Container 选项并右击，在弹出的快捷菜单中选择“新建”→“密码设置”命令，如图 24-6 所示。

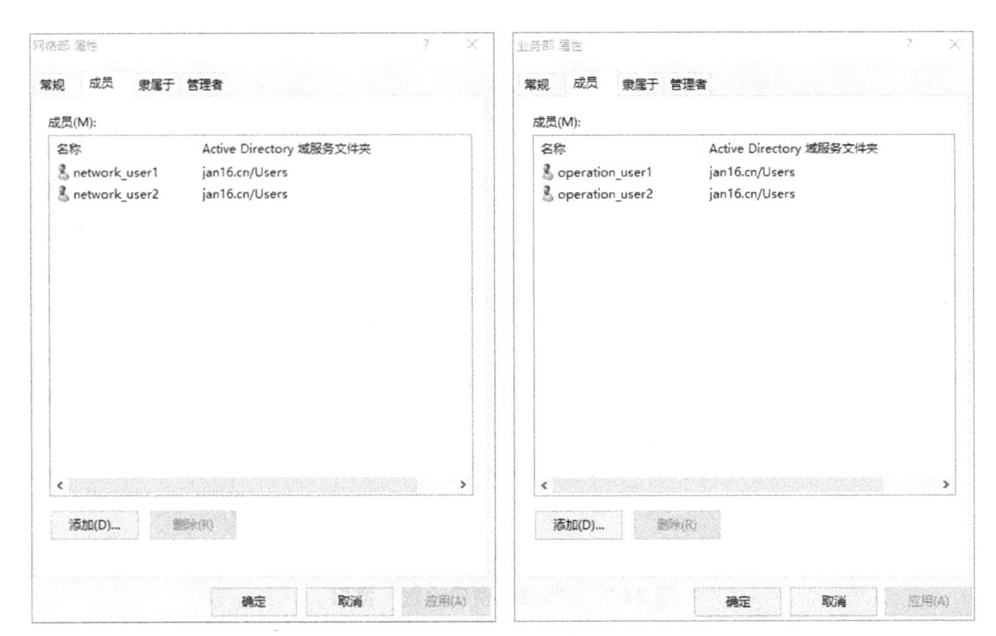

图 24-5　创建用户和组

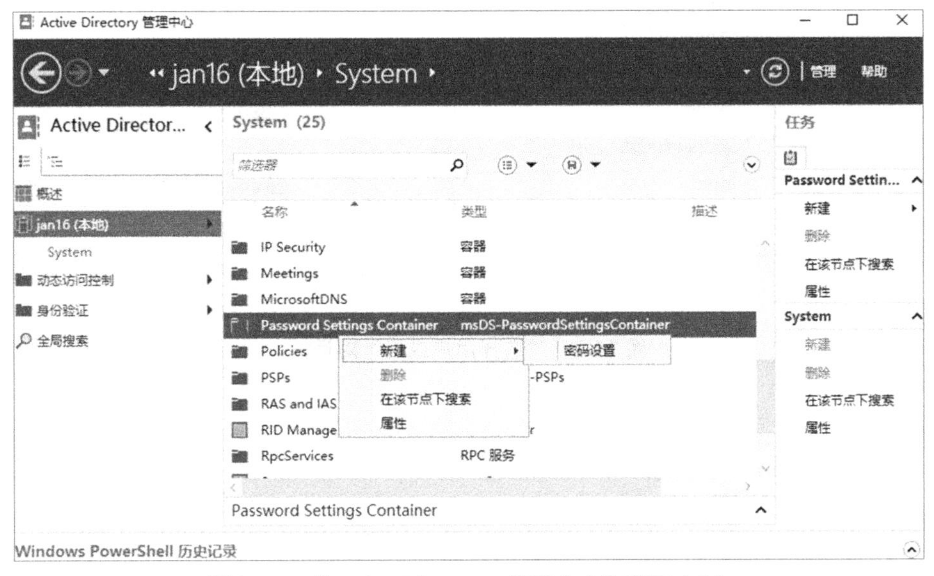

图 24-6　“Active Directory 管理中心”窗口（1）

（3）打开“创建 密码设置”窗口，设置“名称”为“网络部组密码策略”、“优先”为“10”、“密码长度最小值”为“8”，勾选“密码必须符合复杂性要求”复选框，在“直接应用到”列表框中单击“添加”按钮，如图 24-7 所示；弹出“选择用户或组”对话框，在“输入对象名称来选择（示例）”文本域中输入“网络部”，单击“确定”按钮，如图 24-8 所示；可以将“网络部”组添加到“直接应用到”列表框中，如图 24-9 所示；单击“确定”按钮，即可创建“网络部组密码策略”并将其应用于“网络部”组。

图 24-7 “创建 密码设置”窗口

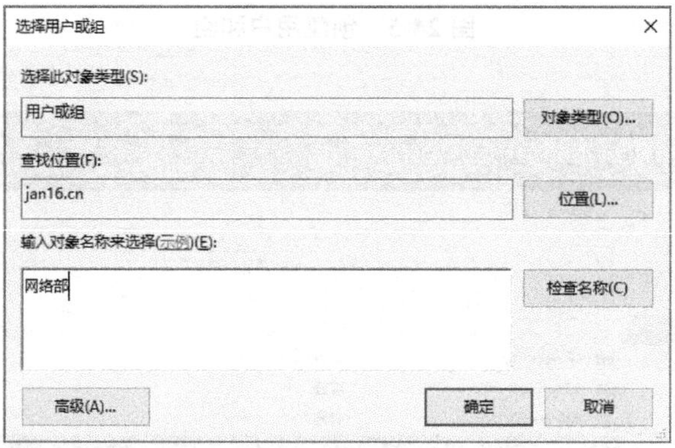

选择用户或组
选择此对象类型(S):
用户或组
对象类型(O)...
查找位置(F):
jan16.cn
位置(L)...
输入对象名称来选择(示例)(E):
网络部
检查名称(C)
高级(A)...
确定
取消

图 24-8 “选择用户或组”对话框

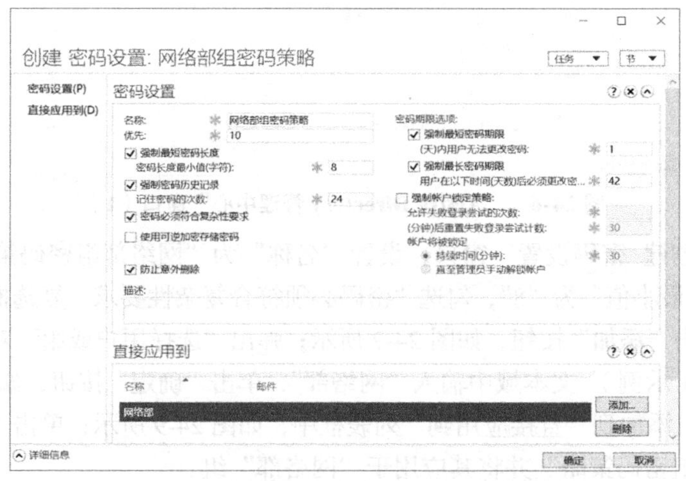

图 24-9 “网络部组密码策略”的相关参数设置

（4）使用同样的方式，配置“业务部”组的密码策略，设置“名称”为“业务部组密码策略”、“优先”为“10”、“密码长度最小值”为“6”，取消勾选“密码必须符合复杂性要求”

复选框，并且将该策略应到“业务部”组中，如图 24-10 所示。

图 24-10　“业务部组密码策略”的相关参数设置

▶ 任务验证

在主域控制器 dc1 中打开“Active Directory 管理中心”窗口，可以看到刚创建的两个密码策略，如图 24-11 所示。

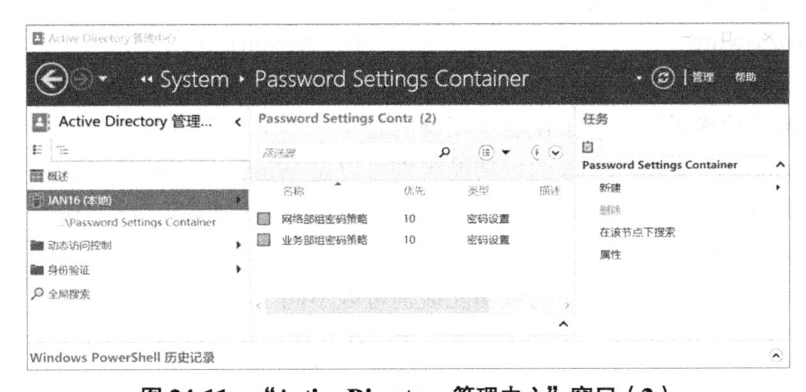

图 24-11　“Active Directory 管理中心”窗口（2）

项目 24 项目验证

项目验证

（1）重置“网络部”组中的 network-user1 用户，将其密码设置为“123456”，此时提示密码重置失败，如图 24-12 所示。

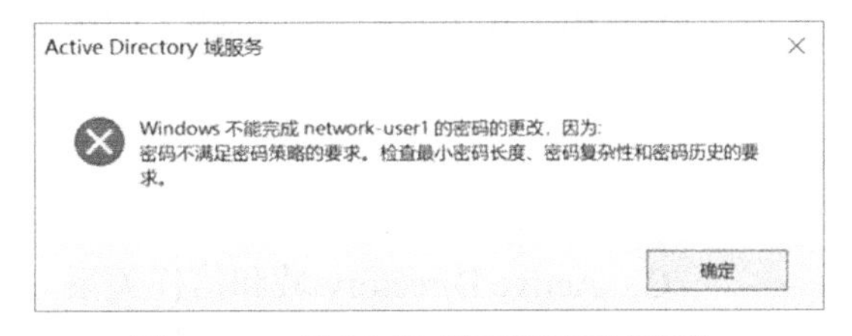

图 24-12　验证“网络部组密码策略”

（2）重置业务部组中的 operation-user1 用户，将其密码设置为“123456”，此时并没有弹出任何错误提示，表示密码更改成功，如图 24-13 所示。

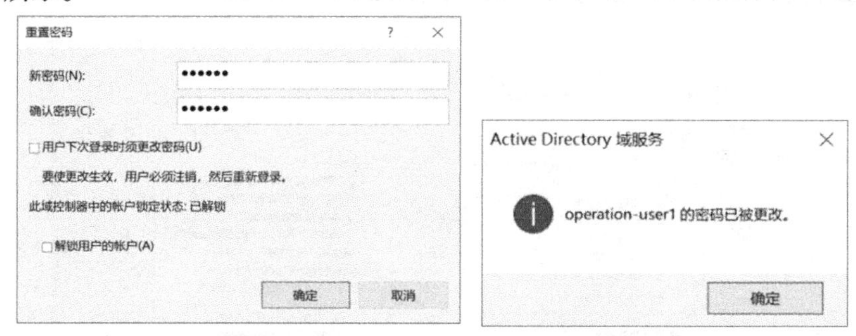

图 24-13　验证“业务部组密码策略”

练习与实践

一、理论题

1．在密码策略中，不能设置（　　）。（单选题）

A．最长密码期限

B．最短密码期限

C．最短密码长度

D．最长密码长度

2．在以下密码中，符合复杂度要求的是（　　）。（多选题）

A．P@ssword　　B．Admin123

C．1qaz@WSX　　D．Jan16Studio

3．关于域的功能级别，以下说法不正确的是（　　）。（单选题）

A．Windows Server 2016 的域功能级别可以是 Windows Server 2008

B．Windows Server 2016 的域功能级别只能是 Windows Server 2016

C．Windows Server 2012 的域功能级别可以高于林功能级别

D．Windows Server 2012 的域功能级别可以不同于林功能级别

4．在用户的密码策略中，设置锁定阈值为 5 次、账户锁定时间为 30 分钟、重置失败登录尝试计数为 1 小时，以下说法正确的是（　　）。（单选题）

A．用户在连续输入密码错误 5 次后，需要在 1 小时后才能重新登录

B．用户在 30 分钟内连续输入密码错误 5 次后，需要在 1 小时后才能重新登录

C．用户在 1 小时内连续输入密码错误 5 次后，需要在 30 分钟后才能重新登录

D．用户在 1 小时内连续输入密码错误 5 次后，需要在 1 小时后才能重新登录

5．部署多元化密码策略，可以在（　　）完成。（单选题）

A．Active Directory 管理中心

B．Active Directory 用户和计算机

C．Active Directory 域和信任关系

D．Active Directory 站点和服务

二、项目实训题

1. 项目背景

某公司在基于 Windows Server 2022 活动目录管理公司中的用户和计算机一段时间后，域管理员基本上每天都需要处理用户的密码问题。因为公司采用了复杂性密码策略，所以员工不仅需要记住复杂的密码，还必须定期更新。因此员工忘记密码或密码过期的问题时有发生，导致很多工作无法正常开展。

公司希望针对一些安全性要求比较低的部门，允许其采用简单化密码策略，用于减少域管理员的密码管理工作量，但针对安全性要求比较高的核心部门，仍然要求其必须采用复杂性密码策略。

本实训项目的网络拓扑图如图 24-14 所示。

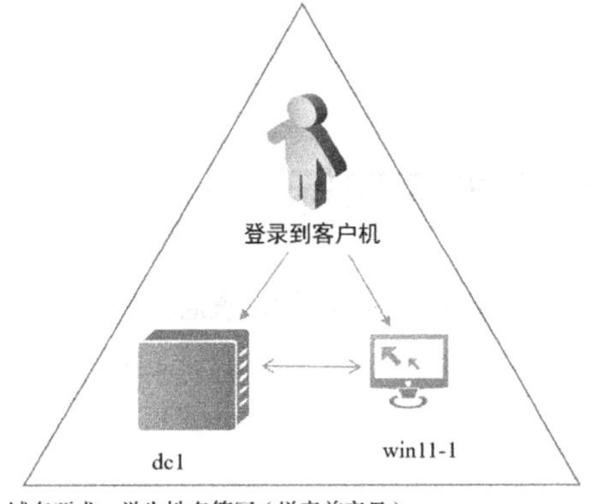

域名要求：学生姓名简写（拼音首字母）.cn
IP：10.*x*.*y*.*z*/24（*x*为班级编号，*y*为学生学号，*z*由学生自定义）

图 24-14　本实训项目的网络拓扑图

2. 项目要求

截取以下多元化密码策略的相关结果。

（1）出于对安全性和易用性的考虑，普通域用户的密码策略必须满足以下要求。

- 密码长度至少为 5 位。
- 密码不需要满足复杂性要求。
- 密码最短使用 0 天。
- 账户锁定阈值为 5 次。
- 账户锁定时间为 30 分钟。

（2）出于对安全性的考虑，域管理员的成员账户必须满足以下要求。

- 密码长度至少为 7 位。
- 密码必须满足复杂性要求。
- 密码最短使用 0 天。
- 强制密码历史为 5 个。
- 账户锁定阈值为 3 次。
- 账户锁定时间为 30 分钟。

（3）市场部计算机的本地用户的密码策略必须满足以下要求。

- 密码长度至少为 3 位。
- 密码不需要满足复杂性要求。
- 密码最短使用 0 天。
- 账户锁定阈值为 5 次。
- 账户锁定时间为 30 分钟。

项目 25　操作主机角色的转移与强占

项目学习目标

1．掌握操作主机的概念。
2．了解操作主机的放置建议。
3．掌握操作主机的重要性。

项目描述

jan16 公司基于 Windows Server 2022 活动目录管理公司中的用户和计算机。为了提高用户登录和访问域控制器的效率，公司安装了多台额外域控制器，并且启用了全局编录功能。

在活动目录运营一段时间后，随着公司中用户和计算机规模的增加，公司发现活动目录中主域控制器的 CPU 经常处于繁忙状态，而额外域控制器的利用率不到 5%。jan16 公司希望额外域控制器可以能适当分担主域控制器的负载。

某次意外导致主域控制器崩溃，并且无法修复。jan16 公司希望使用额外域控制器修复域功能，保证公司的生产环境能够正常运行。

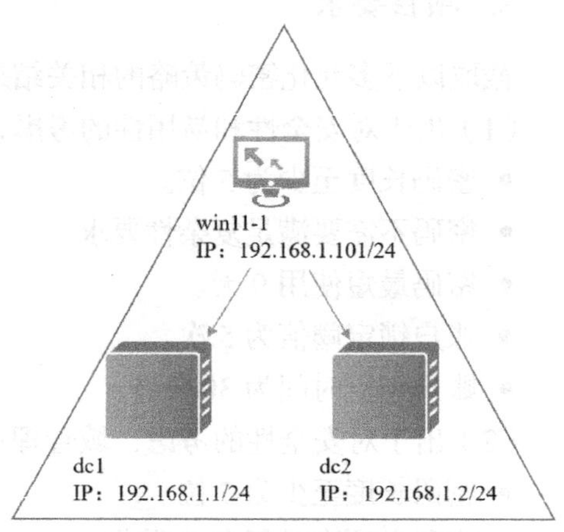

图 25-1　本项目的网络拓扑图

本项目的网络拓扑图如图 25-1 所示，计算机信息规划表如表 25-1 所示。

表 25-1　本项目的计算机信息规划表

计算机名称	VLAN 名称	IP 地址	操作系统
dc1	VMnet1	192.168.1.1/24	Windows Server 2022
dc2	VMnet1	192.168.1.2/24	Windows Server 2022
win11-1	VMnet1	192.168.1.101/24	Windows 11

项目分析

活动目录中的额外域控制器在启用全局编录功能后，用户可以选择最近的全局编录，查询相关的对象信息，也可以让域用户和计算机找到最近的域控制器并完成用户的身份验证等工作，从而减轻主域控制器的工作负载量。

主域控制器中存在 5 种角色，如果没有将角色转移到其他域控制器中，那么主域控制器会非常繁忙，所以通常会将这 5 种角色转移一部分到额外域控制器中，使各个域控制器的 CPU 负担相对均等，起到负载均衡作用。

额外域控制器和主域控制器中的数据完全一致，具有备份活动目录的作用，如果主域控制器崩溃，则可以将主域控制器中的角色强占至额外域控制器中，让额外域控制器自动成为主域控制器。如果后期主域控制器修复，则可以再将角色转移回原主域控制器中。

根据项目描述，我们可以从以下 3 个操作来了解域管理员完成角色管理的相关工作。

- 在域控制器都正常运行的情况下，使用图形界面将主域控制器 dc1 中的角色转移至额外域控制器 dc2 中。
- 在域控制器都正常运行的情况下，使用 ntdsutil 命令将额外域控制器 dc2 中的角色转移至主域控制器 dc1 中。
- 关闭主域控制器（模拟主域控制器故障），使用 ntdsutil 命令将主域控制器 dc1 中的角色强占至额外域控制器 dc2 中。

在本项目中，域管理员要完成主域控制器中角色的转移与强占工作，具体涉及以下 3 个工作任务。

（1）使用图形界面转移操作主机角色。

（2）使用命令转移操作主机角色。

（3）使用命令强占操作主机角色。

相关知识

1. 操作主机的概念

操作主机（FSMO，Flexible Single Master Operation）是指在活动目录中执行特定功能（如资源安全标识符 SID 的管理、架构管理等）的域控制器。

活动目录支持在林中的所有域控制器之间进行目录变化的多主机复制。在多主机复制过程中，如果对两个不同的域控制器中的相同数据同时进行更新，则必然会发生复制冲突。

为了避免发生复制冲突，可以让一个单域控制器负责操作，用单主机方式完成（不允许在其他域控制器中进行操作）。在全林范围定义了以下两种操作主机（角色）。

- 架构操作主机（Schema Operations Master）。
- 域命名操作主机（Domain Naming Operations Master）。

在每个域中都定义了以下 3 种操作主机（角色）。

- 主域控制器仿真操作主机（Primary Domain Controller Emulator Operations Master）。
- 相对标识操作主机（Relative Identifier Operations Master）。

- 基础结构操作主机（Infrastructure Operations Master）。

架构操作主机和域命名操作主机是林中的唯一角色，整个林中只有一个架构操作主机和一个域命名操作主机。每个域都拥有自己的主域控制器仿真操作主机、相对标识操作主机和基础结构操作主机。因此，在一个只有一个域的林中，共有 5 个操作主机角色。

活动目录中存储着域控制器中操作主机角色的信息，域用户可以使用这些信息联系相应的操作主机。对于每个操作主机角色，只有拥有该角色的域控制器可以修改相关的目录。

任意一台域控制器都可以被配置为操作主机（通过转移操作主机角色）。当操作主机失效或不可用时，域管理员可以将操作主机角色移动到其他域控制器中。

1）架构操作主机

活动目录架构定义了各种类型的对象，以及组成这些对象的属性，活动目录以对象的形式存储这些定义。

活动目录架构定义了所有活动目录对象的对象类和属性，架构操作主机是唯一可以对活动目录架构进行写入操作的域控制器。活动目录架构的更新信息可以从架构操作主机复制到林中的所有其他域控制器中。

如果架构操作主机的管理工具默认没有安装，则可以在“命令提示符”窗口中运行命令“Regsvr32 schmmgmt.dll”，注册架构主机管理工具。

2）域命名操作主机

域命名操作主机可以防止多个域采用相同的域名加入林。在林中添加新域时，只有拥有域命名操作主机角色的域控制器有权添加新域。例如，当使用活动目录安装向导创建子域时，需要和域命名操作主机联系并请求添加子域。如果域命名操作主机不可用，则会导致域的添加和删除操作失败。

拥有域命名操作主机角色的域控制器必须是全局编录服务器。在创建域对象时，域命名操作主机可以利用全局编录功能快速核实该域对象名称是否唯一。

3）主域控制器仿真操作主机

主域控制器仿真操作主机支持活动目录运行于混合模式域内的任意一台备份域控制器（Backup Domain Controller，BDC）上。主域控制器仿真操作主机的主要作用如下。

- 修改客户机账户的密码，并且将客户机账户的密码变化写入活动目录。
- 最小化密码变化的复制等待时间。如果客户机账户的密码发生了改变，那么主域控制器仿真操作主机需要将修改后的密码复制到域中的每台域控制器中。
- 在默认情况下，主域控制器仿真操作主机需要负责同步整个域内所有域控制器中的时间。
- 防止重写组策略对象。在默认情况下，组策略管理单元运行在拥有相应域的主域控制器仿真操作主机上，从而减少潜在的复制冲突。

4）相对标识操作主机

在域中创建的每个安全主体都拥有唯一的 SID。活动目录通过相对标识操作主机管理和分配这些 SID。

林会为每个域分配全林唯一的 Domain SID。当在域中创建新的安全主体（如用户、组对象）时，相对标识操作主机会为该安全主体分配一个唯一的 SID，即 Object SID。Object SID 由 Domain SID 和 RID（Relative Identifier，相对标识）组成。因此，林可以使用 Domain SID 标识每个域，域可以使用 Object SID 标识每个安全主体。

5）基础结构操作主机

基础结构操作主机负责更新从它所在的域中的对象到其他域中对象的引用。每个域中都只能有一台基础结构操作主机。基础结构操作主机可以对其中数据与全局编录中的数据进行比较，全局编录通过复制操作接收所有域中对象的定期更新，从而使全局编录中的数据始终保持最新。基础结构操作主机如果发现数据已过时，则会先向全局编录请求更新数据，再将更新后的数据复制到域中的其他域控制器中。

① 基础结构操作主机的对象引用管理

基础结构操作主机主要负责在重命名或更改组成员时更新“组到用户”的引用，当重命名或移动组成员时，组所属域的基础结构操作主机会负责组的更新工作。这样，当重命名或删除用户账户时，可以防止与该用户账户有关的组成员丢失身份。例如，在 AGUDLP 应用中，如果将域全局组改名，那么在原隶属于该域全局组的用户信息中，用户的隶属组也会同步更新名称。同理，通用组对应的成员信息也会同步更新（域全局组是通用组的成员）。

在对用户和组对象进行移动或修改时，基础结构操作主机会根据以下规则更新对象标识。

- 如果对象发生移动，那么它的标识名会改变，因为标识名代表它在活动目录中的精确位置。
- 如果对象在域内发生移动，那么它的 SID 保持不变。
- 如果对象被移动到另一个域中，那么它的 SID 会变为新域的 SID。
- 无论在什么位置，GUID 都不会发生变化（GUID 在整个域中是唯一的）。

② 基础结构操作主机与全局编录

基础结构操作主机通常不启用全局编录功能，除非域中只有一台域控制器。

在活动目录数据的复制过程中，域的基础结构操作主机会周期性地检查不在该域控制器中的对象引用。它通过查询全局编录服务器，获取有关每个引用对象的标识名和 SID 的当前信息，如果这些信息发生改变，那么基础结构操作主机会在它的本地备份中进行相应的改变，并且使用标准复制将改变后的信息复制到域内的其他域控制器中。

由于全局编录本身包含对象的标识名和 SID 的相关信息，而这些数据和域复制数据无法共存，因此，如果基础结构操作主机启用全局编录功能（默认启用），则会导致基础结构操作主机失效。

如果只有一台域控制器，那么它本身的信息是最新的，因此不存在同步问题。

2. 操作主机的放置建议

默认情况：架构操作主机和域命名操作主机在根域的第一台域控制器中，其他 3 个操作主机（相对标识操作主机、主域控制器仿真操作主机、基础结构操作主机）角色在各自域的第一台域控制器中。

需要注意的两个问题如下。

- 基础结构操作主机和全局编录之间的冲突。基础结构操作主机应该关闭全局编录功能，避免发生冲突（域控制器不唯一）。
- 域运行的性能考虑。如果存在大量的域用户和域客户机，并且部署了多台额外域控制器，则可以将域中的部分操作主机角色转移到其他的额外域控制器中，使其分担部分工作。

3. 操作主机的重要性

操作主机在活动目录环境中具有重要的作用，如果操作主机不可用，则会出现以下问题。

- 当架构操作主机不可用时，不要对架构进行更改。在大部分网络环境中，对架构进行更改的频率很低，并且应该提前进行规划，避免架构操作主机的故障产生较大影响。
- 当域命名操作主机不可用时，不能利用活动目录向导向活动目录中添加域，也不能从林中删除域，如果在域命名主机不可用时利用活动目录向导删除域，则会收到提示“RPC 服务器不可用”。
- 当相对标识操作主机不可用时，遇到的主要问题是不能向域中添加任何新的安全对象，如用户、组和计算机；如果试图添加，则会出现错误消息“Windows 不能创建对象”，因为活动目录服务已经用完了相对标识号池。
- 当主域控制器仿真操作主机不可用时，可能导致用户登录失败。如果重新设置某个用户的账户密码（例如，用户忘记密码，管理员在一台域控制器中重新设置其账户密码，但这台域控制器并不是该用户登录的身份验证域控制器），那么该用户必须在账户密码被更新到其身份验证域控制器中后才能登录。
- 当基础结构操作主机不可用时，对环境的影响是有限的，最终用户通常并不能感觉到它的影响，但管理员在进行大量组操作时会受到影响，这些组操作通常是添加用户或重命名。在这种情况下，如果基础结构操作主机发生故障，那么通常会延长利用活动目录管理单元引用组操作更改数据的时间。

项目实施

任务 25-1　使用图形界面转移操作主机角色

项目 25-任务 25-1

▶ 任务规划

本任务需要以图形界面的方式将 5 种操作主机角色从主域控制器中转移至额外域控制器中。

▶ 任务实施

（1）在主域控制器 dc1 中打开“服务器管理器”窗口，在菜单栏中选择“工具”→“Active Directory 用户和计算机”命令，打开“Active Directory 用户和计算机”窗口，在左侧的导航栏中右击 jan16.cn 选项，在弹出的快捷菜单中选择“操作主机”命令，如图 25-2 所示。

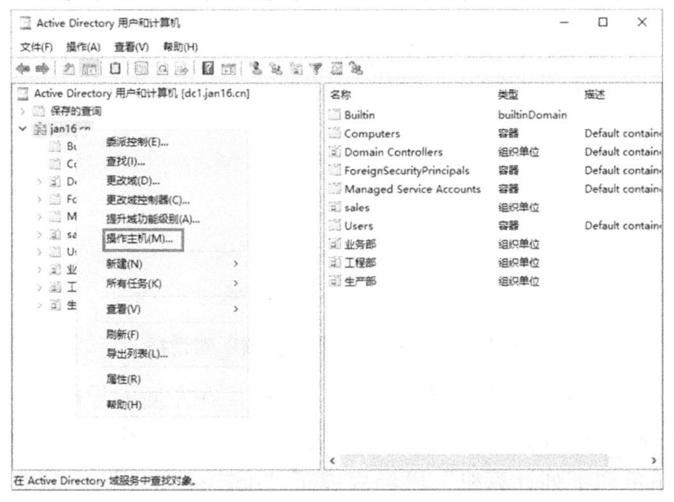

图 25-2　“Active Directory 用户和计算机”窗口

（2）弹出“操作主机”对话框，在 RID 选项卡中可以看到，当前的相对标识操作主机是 dc1.jan16.cn，如图 25-3 所示。

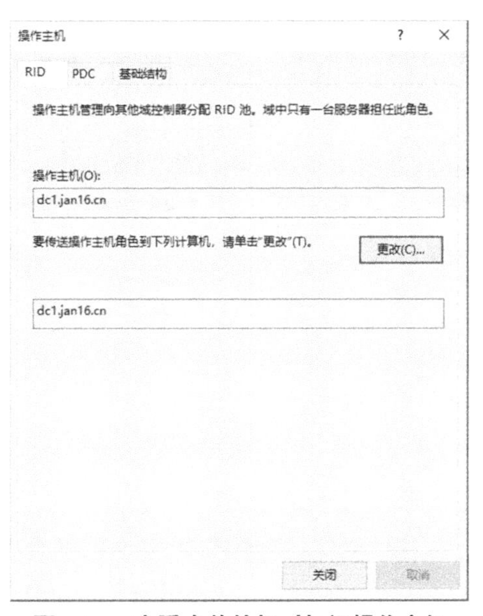

图 25-3　查看当前的相对标识操作主机

（3）返回“Active Directory 用户和计算机”窗口，在左侧的导航栏中右击 jan16.cn 选项，在弹出的快捷菜单中选择“更改域控制器”命令，弹出“更改目录服务器”对话框，选择“此域控制器或 AD LDS 实例”单选按钮，在下面的列表框中选择额外域控制器 dc2.jan16.cn，如图 25-4 所示，单击“确定”按钮。

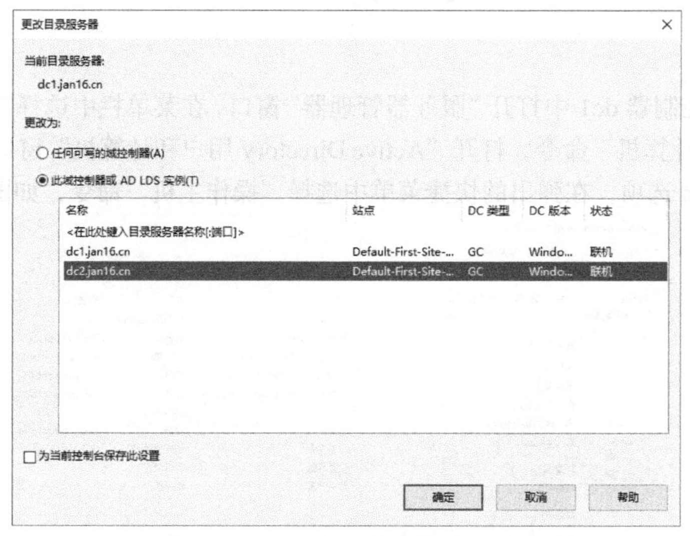

图 25-4　“更改目录服务器”对话框

（4）返回“Active Directory 用户和计算机”窗口，在左侧的导航栏中再次右击 jan16.cn 选项，在弹出的快捷菜单中选择“操作主机”命令，弹出“操作主机”对话框，可以看到，“要传送操作主机角色到下列计算机”已经变成了“dc2.jan16.cn”，单击“更改”按钮，可以看到，“操作主机”也变成了“dc2.jan16.cn”，表示相对标识操作主机的转移操作完成，如图 25-5 所示。

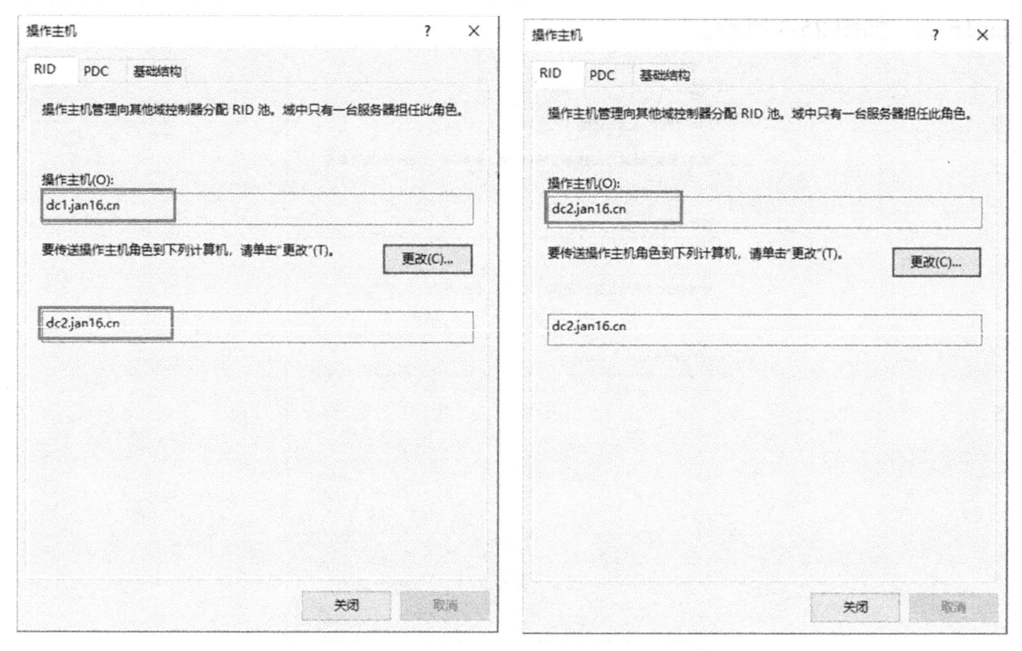

图 25-5　相对标识操作主机的转移操作

（5）在“操作主机”对话框中选择 PDC 选项卡，单击“更改”按钮，完成主域控制器仿真操作主机的转移操作，如图 25-6 所示。

（6）在“操作主机”对话框中选择“基础结构”选项卡，单击“更改”按钮，完成基础结构操作主机的转移操作，如图 25-7 所示。

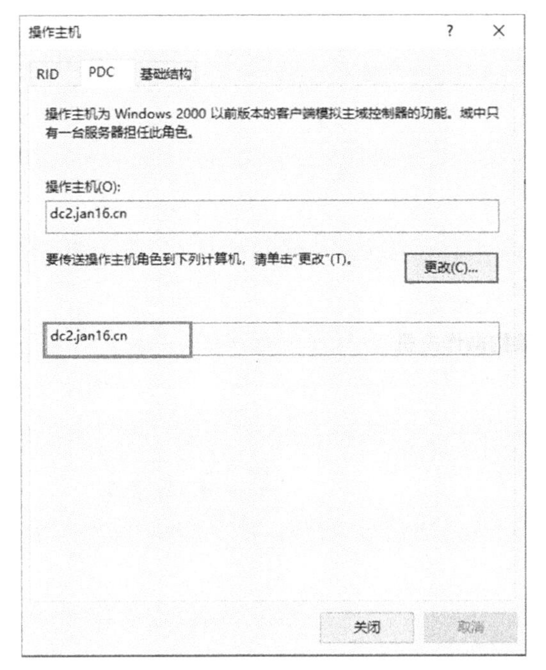

图 25-6　主域控制器仿真操作主机的转移操作

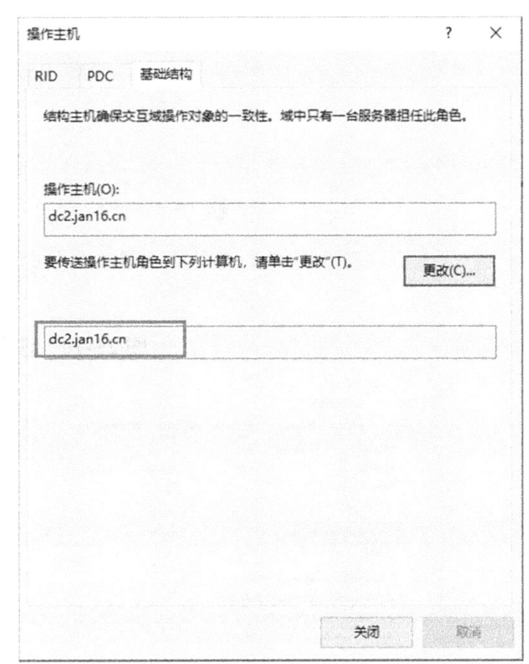

图 25-7　基础结构操作主机的转移操作

（7）打开“服务器管理器”窗口，在菜单栏中选择“工具”→“Active Directory 域和信任关系”命令，打开“Active Directory 域和信任关系”窗口，使用同样的方法，将域控制器更改为额外域控制器 dc2.jan16.cn，如图 25-8 所示。

（8）在“Active Directory 域和信任关系”窗口中，使用同样的方法，将域命名操作主机更改为 dc2.jan16.cn，如图 25-9 所示。

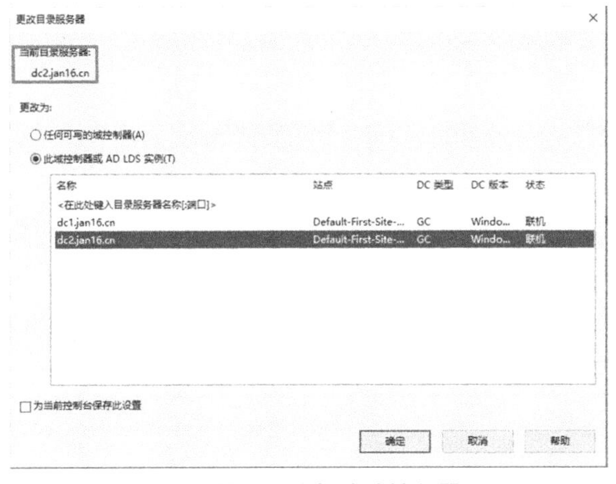

图 25-8　将域控制器更改为额外域控制器 dc2.jan16.cn

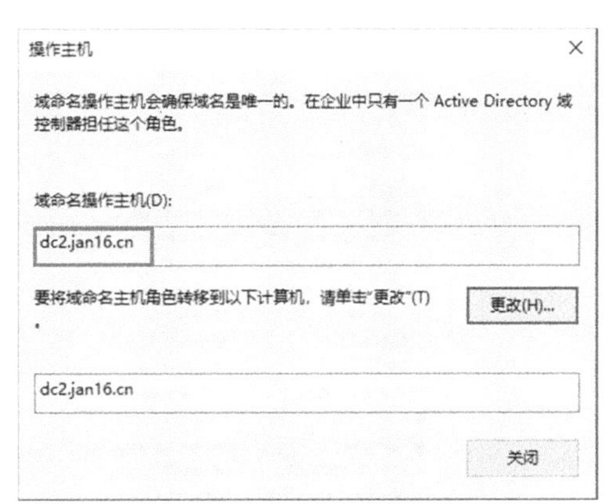

图 25-9　域命名操作主机的转移操作

（9）打开“命令提示符”窗口，执行命令“regsvr32 schmmgmt.dll”，注册架构操作主机，系统提示注册动态链接库成功，如图 25-10 所示。

（10）在“命令提示符”窗口中执行命令“mmc”，打开“控制台”窗口，在菜单栏中选择“文件”→“添加/删除管理单元”命令，如图 25-11 所示。

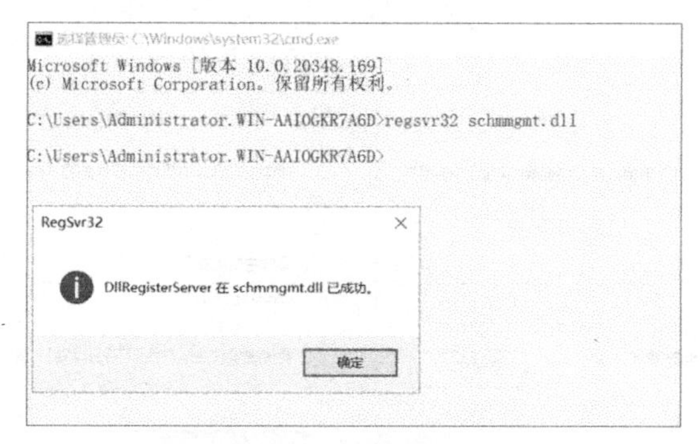

图 25-10　注册架构操作主机

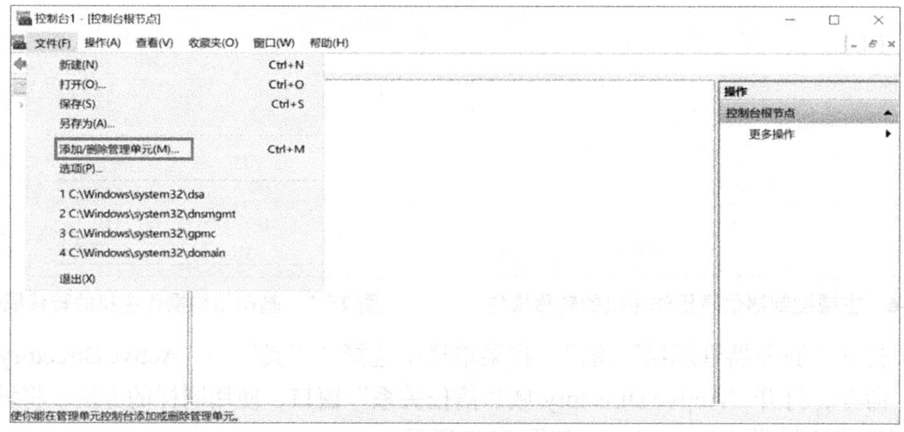

图 25-11　选择“添加/删除管理单元”命令

（11）弹出“添加或删除管理单元”对话框，将左侧的“可用的管理单元”列表框中的“Active Directory 架构”选项添加到右侧的“所选管理单元”列表框中的“控制台根节点”下，如图 25-12 所示。

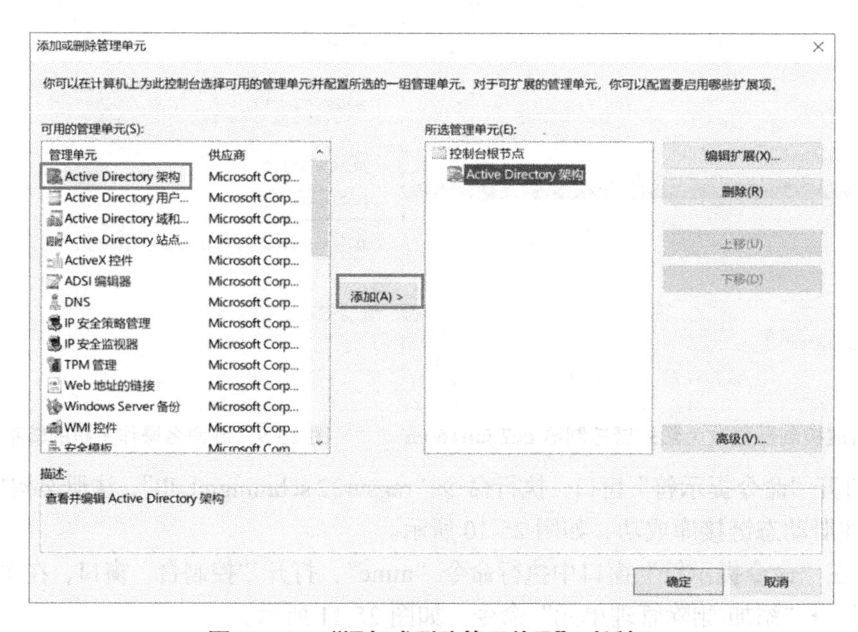

图 25-12　“添加或删除管理单元”对话框

（12）使用同样的方法，将域控制器更改为额外域控制器 dc2.jan16.cn。

（13）使用同样的方法，将架构操作主机更改为 dc2.jan16.cn，如图 25-13 所示。

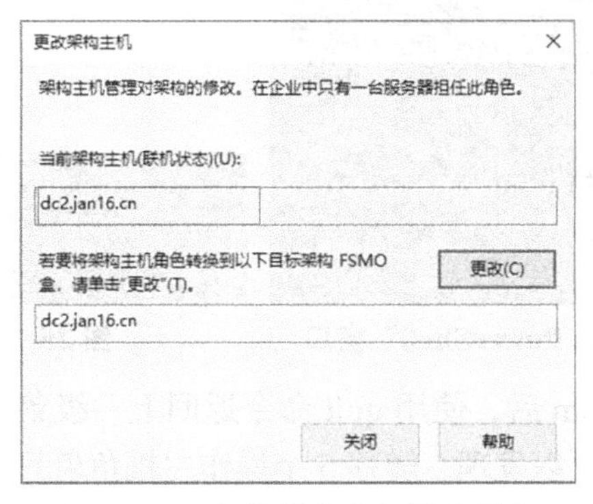

图 25-13　架构操作主机转移操作

▶ 任务验证

使用图形界面将主域控制器 dc1 中的操作主机角色转移至额外域控制器 dc2 中。在额外域控制器 dc2 中执行命令“netdom query fsmo”，查看转移后的操作主机角色信息，如图 25-14 所示。

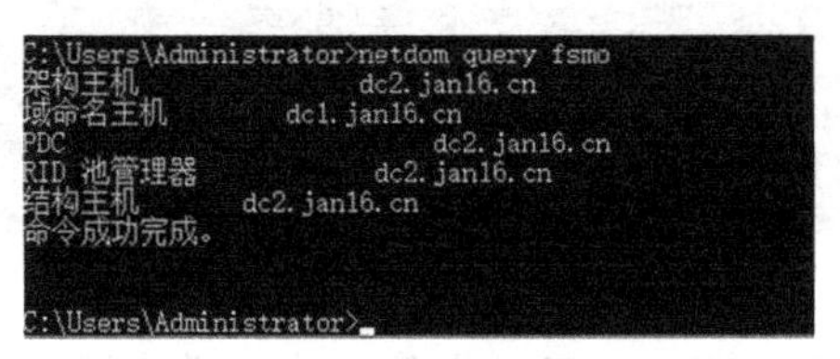

图 25-14　查看操作主机角色信息

任务 25-2　使用命令转移操作主机角色

项目 25-任务 25-2

▶ 任务规划

本任务需要使用命令将 5 种操作主机角色从额外域控制器中转移至主域控制器中。

▶ 任务实施

（1）在额外域控制器 dc2 中右击“开始”图标，在弹出的快捷菜单中选择 Windows PowerShell 命令，打开“管理员：Windows PowerShell”窗口，执行命令“ntdsutil”，即可随时通过执行命令“?”，查看相关命令的中文说明，如图 25-15 所示。

（2）根据图 25-15 可知，roles 命令可以管理 NTDS 角色所有者令牌。执行命令“roles”，进入 Roles 状态，使用 connections 命令连接操作主机角色被转移至的目标域控制器。这里我们要将额外域控制器 dc2 中的操作主机角色转移至主域控制器 dc1 中，因此执行命令“connect to server dc1.jan16.cn”，如图 25-16 所示。

```
PS C:\Users\Administrator.JAN16.000> ntdsutil
C:\Windows\system32\ntdsutil.exe: roles
fsmo maintenance: ?

 ?                             - 显示这个帮助信息
 Connections                   - 连接到一个特定 AD DC/LDS 实例
 Help                          - 显示这个帮助信息
 Quit                          - 返回到上一个菜单
 Seize infrastructure master   - 在已连接的服务器上覆盖结构角色
 Seize naming master           - 覆盖已连接的服务器上的命名主机角色
 Seize PDC                     - 在已连接的服务器上覆盖 PDC 角色
 Seize RID master              - 在已连接的服务器上覆盖 RID 角色
 Seize schema master           - 在已连接的服务器上覆盖架构角色
 Select operation target       - 选择的站点，服务器，域，角色和命名上下文
 Transfer infrastructure master - 将已连接的服务器定为结构主机
 Transfer naming master        - 使已连接的服务器成为命名主机
 Transfer PDC                  - 将已连接的服务器定为 PDC
 Transfer RID master           - 将已连接的服务器定为 RID 主机
 Transfer schema master        - 将已连接的服务器定为架构主机
```

图 25-15 “管理员：Windows PowerShell”窗口

```
fsmo maintenance: connections
server connections: connect to server dc1.jan16.cn
绑定到 dc1.jan16.cn ...
用本登录的用户的凭证连接 dc1.jan16.cn。
server connections:
```

图 25-16 连接目标域控制器

（3）在连接 dc1.jan16.com 后，使用 quit 命令返回上一级菜单，使用“?”命令列出当前状态下的所有可执行命令，可以发现，转移 5 个操作主机角色只需执行 5 条命令，如图 25-17 所示。

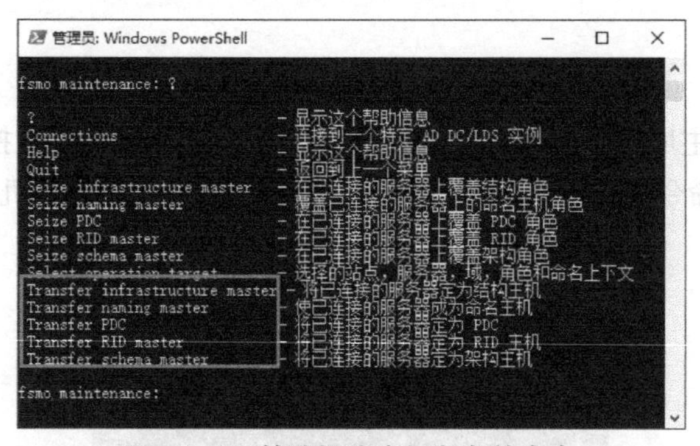

图 25-17 转移操作主机角色的命令

（4）在“管理员：Windows PowerShell”窗口中，选中所需内容并右击，可以复制所选内容；移动鼠标指针并右击，可以将复制的内容粘贴至相应的位置。我们将 5 个操作主机角色都转移至 dc1.jan16.com，如图 25-18 所示。在转移过程中会弹出“角色传送确认对话”对话框，单击“是”按钮确认转移。

```
fsmo maintenance:  Transfer infrastructure master
服务器 "dc1.jan16.cn" 知道有关 5 作用
架构 - CN=NTDS Settings,CN=DC2,CN=Servers,CN=Default-First-Site-Name,CN=Sites,CN=Configuration,DC=jan16,DC=cn
命名主机 - CN=NTDS Settings,CN=DC2,CN=Servers,CN=Default-First-Site-Name,CN=Sites,CN=Configuration,DC=jan16,DC=cn
PDC - CN=NTDS Settings,CN=DC2,CN=Servers,CN=Default-First-Site-Name,CN=Sites,CN=Configuration,DC=jan16,DC=cn
RID - CN=NTDS Settings,CN=DC2,CN=Servers,CN=Default-First-Site-Name,CN=Sites,CN=Configuration,DC=jan16,DC=cn
结构 - CN=NTDS Settings,CN=DC1,CN=Servers,CN=Default-First-Site-Name,CN=Sites,CN=Configuration,DC=jan16,DC=cn
fsmo maintenance:  Transfer naming master
服务器 "dc1.jan16.cn" 知道有关 5 作用
架构 - CN=NTDS Settings,CN=DC2,CN=Servers,CN=Default-First-Site-Name,CN=Sites,CN=Configuration,DC=jan16,DC=cn
命名主机 - CN=NTDS Settings,CN=DC1,CN=Servers,CN=Default-First-Site-Name,CN=Sites,CN=Configuration,DC=jan16,DC=cn
PDC - CN=NTDS Settings,CN=DC2,CN=Servers,CN=Default-First-Site-Name,CN=Sites,CN=Configuration,DC=jan16,DC=cn
RID - CN=NTDS Settings,CN=DC2,CN=Servers,CN=Default-First-Site-Name,CN=Sites,CN=Configuration,DC=jan16,DC=cn
结构 - CN=NTDS Settings,CN=DC1,CN=Servers,CN=Default-First-Site-Name,CN=Sites,CN=Configuration,DC=jan16,DC=cn
fsmo maintenance: Transfer PDC
服务器 "dc1.jan16.cn" 知道有关 5 作用
架构 - CN=NTDS Settings,CN=DC2,CN=Servers,CN=Default-First-Site-Name,CN=Sites,CN=Configuration,DC=jan16,DC=cn
命名主机 - CN=NTDS Settings,CN=DC1,CN=Servers,CN=Default-First-Site-Name,CN=Sites,CN=Configuration,DC=jan16,DC=cn
PDC - CN=NTDS Settings,CN=DC1,CN=Servers,CN=Default-First-Site-Name,CN=Sites,CN=Configuration,DC=jan16,DC=cn
RID - CN=NTDS Settings,CN=DC2,CN=Servers,CN=Default-First-Site-Name,CN=Sites,CN=Configuration,DC=jan16,DC=cn
结构 - CN=NTDS Settings,CN=DC1,CN=Servers,CN=Default-First-Site-Name,CN=Sites,CN=Configuration,DC=jan16,DC=cn
fsmo maintenance:  Transfer RID master
服务器 "dc1.jan16.cn" 知道有关 5 作用
架构 - CN=NTDS Settings,CN=DC2,CN=Servers,CN=Default-First-Site-Name,CN=Sites,CN=Configuration,DC=jan16,DC=cn
命名主机 - CN=NTDS Settings,CN=DC1,CN=Servers,CN=Default-First-Site-Name,CN=Sites,CN=Configuration,DC=jan16,DC=cn
PDC - CN=NTDS Settings,CN=DC1,CN=Servers,CN=Default-First-Site-Name,CN=Sites,CN=Configuration,DC=jan16,DC=cn
RID - CN=NTDS Settings,CN=DC1,CN=Servers,CN=Default-First-Site-Name,CN=Sites,CN=Configuration,DC=jan16,DC=cn
结构 - CN=NTDS Settings,CN=DC1,CN=Servers,CN=Default-First-Site-Name,CN=Sites,CN=Configuration,DC=jan16,DC=cn
fsmo maintenance:  Transfer schema master
服务器 "dc1.jan16.cn" 知道有关 5 作用
架构 - CN=NTDS Settings,CN=DC1,CN=Servers,CN=Default-First-Site-Name,CN=Sites,CN=Configuration,DC=jan16,DC=cn
命名主机 - CN=NTDS Settings,CN=DC1,CN=Servers,CN=Default-First-Site-Name,CN=Sites,CN=Configuration,DC=jan16,DC=cn
PDC - CN=NTDS Settings,CN=DC1,CN=Servers,CN=Default-First-Site-Name,CN=Sites,CN=Configuration,DC=jan16,DC=cn
RID - CN=NTDS Settings,CN=DC1,CN=Servers,CN=Default-First-Site-Name,CN=Sites,CN=Configuration,DC=jan16,DC=cn
结构 - CN=NTDS Settings,CN=DC1,CN=Servers,CN=Default-First-Site-Name,CN=Sites,CN=Configuration,DC=jan16,DC=cn
fsmo maintenance:
```

图 25-18 转移操作主机角色

▶ 任务验证

使用 ntdsutil 命令将额外域控制器 dc2 中的操作主机角色转移至主域控制器 dc1 中。在主域控制器 dc1 中执行命令“netdom query fsmo”，查看转移后的操作主机角色信息，如图 25-19 所示。

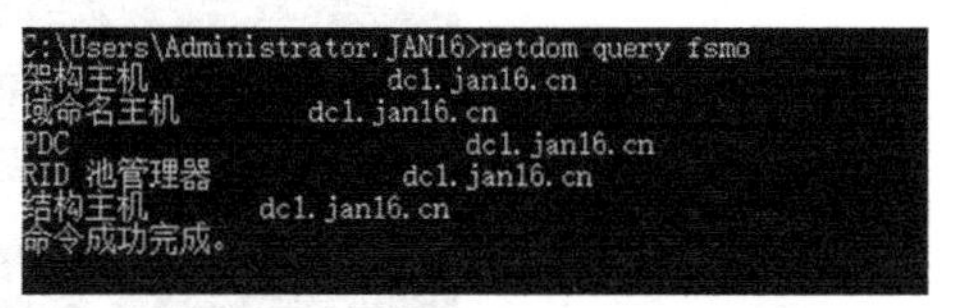

图 25-19　查看操作主机角色信息

任务 25-3　使用命令强占操作主机角色

项目 25-任务 25-3

▶ 任务规划

关闭主域控制器 dc1，使用命令将 5 种操作主机角色从主域控制器中强占至额外域控制器中。

▶ 任务实施

（1）将主域控制器 dc1 的网卡禁用，模拟主域控制器发生故障，在额外域控制器 dc2 中测试能否 ping 通主域控制器 dc1，如图 25-20 所示。

```
选择管理员: C:\Windows\system32\cmd.exe

C:\Users\Administrator.JAN16.000>ping 192.168.1.1

正在 Ping 192.168.1.1 具有 32 字节的数据:
来自 192.168.1.2 的回复: 无法访问目标主机。
请求超时。
来自 192.168.1.2 的回复: 无法访问目标主机。
来自 192.168.1.2 的回复: 无法访问目标主机。

192.168.1.1 的 Ping 统计信息:
    数据包: 已发送 = 4，已接收 = 3，丢失 = 1 (25% 丢失)，
```

图 25-20　在额外域控制器 dc2 中测试能否 ping 通主域控制器 dc1

（2）在额外域控制器 dc2 中打开“管理员：Windows PowerShell”窗口，先执行命令“ntdsutil”，再执行命令“roles”，进入 Roles 状态，最后执行命令“connect to server dc2.jan16.cn”，连接额外域控制器 dc2，如图 25-21 所示。

```
PS C:\Users\Administrator.JAN16.000> ntdsutil
C:\Windows\system32\ntdsutil.exe: roles
fsmo maintenance: connection
server connections: ?

 ?                             - 显示这个帮助信息
 Clear creds                   - 清除以前的连接凭据
 Connect to domain %s          - 连接到 DNS 域名称
 Connect to server %s          - 连接到服务器、DNS 名称[:端口号]
 Help                          - 显示这个帮助信息
 Info                          - 显示连接信息
 Quit                          - 返回到上一个菜单
 Set creds %s1 %s2 %s3         - 将连接凭据设置为域 %s1、用户 %s2、密码 %s3。
                                空密码使用"NULL"，
                                从控制台输入密码使用 *。

server connections: connect to server dc2.jan16.cn
绑定到 dc2.jan16.cn ...
用本登录的用户的凭证连接 dc2.jan16.cn。
server connections: 
```

图 25-21　连接额外域控制器 dc2

（3）由于无法连接主域控制器 dc1，不能正常转移操作主机角色，因此只能强占操作主机角色。执行命令“?”，可以看到 5 条强占操作主机角色的命令，如图 25-22 所示。

```
fsmo maintenance: ?

 ?                             - 显示这个帮助信息
 Connections                   - 连接到一个特定 AD DC/LDS 实例
 Help                          - 显示这个帮助信息
 Quit                          - 返回到上一个菜单
 Seize infrastructure master   - 在已连接的服务器上覆盖结构角色
 Seize naming master           - 覆盖已连接的服务器上的命名主机角色
 Seize PDC                     - 在已连接的服务器上覆盖 PDC 角色
 Seize RID master              - 在已连接的服务器上覆盖 RID 角色
 Seize schema master           - 在已连接的服务器上覆盖架构角色
 Select operation target       - 选择的站点，服务器，域，角色和命名上下文
 Transfer infrastructure master - 将已连接的服务器定为结构主机
 Transfer naming master        - 使已连接的服务器成为命名主机
 Transfer PDC                  - 将已连接的服务器定为 PDC
 Transfer RID master           - 将已连接的服务器定为 RID 主机
 Transfer schema master        - 将已连接的服务器定为架构主机
```

图 25-22　强占操作主机角色的命令

（4）在“管理员：Windows PowerShell”窗口中执行命令“Seize infrastructure master”，弹出“角色占用确认对话”对话框，单击“是”按钮，即可强占基础结构操作主机角色，如图 25-23 所示。在进行强占操作前会尝试进行安全传送，如果安全传送失败，就会进行强占操作，整个过程需要大约 2 分钟，如图 25-24 所示。

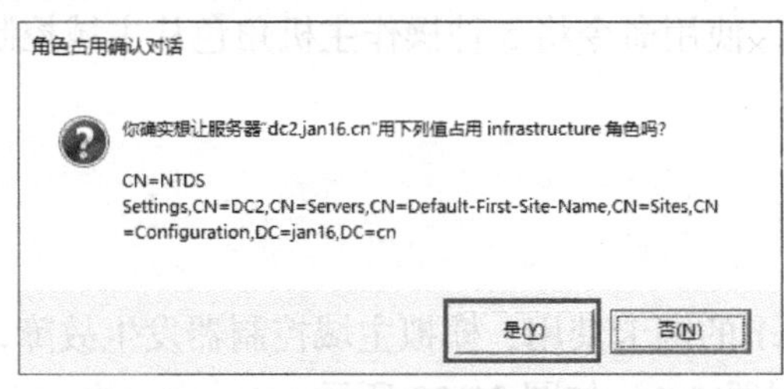

图 25-23　“角色占用确认对话”对话框

```
fsmo maintenance:  Seize infrastructure master
在索取之前尝试安全传送 infrastructure FSMO。
ldap_modify_sW 错误 0x34(52 (不可用).
Ldap 扩展的错误消息为 000020AF: SvcErr: DSID-03210512, problem 5002 (UNAVAILABLE), data 1722

返回的 Win32 错误为 0x20af(请求的 FSMO 操作失败。不能连接当前的 FSMO 盒。)
)
根据错误代码这可能表示连接
ldap，或角色传送错误。
infrastructure FSMO 的传送失败，用索取继续 ...
服务器 "dc2.jan16.cn" 知道有关 5 作用
架构 - CN=NTDS Settings,CN=DC1,CN=Servers,CN=Default-First-Site-Name,CN=Sites,CN=Configuration,DC=jan16,DC=cn
命名主机 - CN=NTDS Settings,CN=DC1,CN=Servers,CN=Default-First-Site-Name,CN=Sites,CN=Configuration,DC=jan16,DC=cn
PDC - CN=NTDS Settings,CN=DC1,CN=Servers,CN=Default-First-Site-Name,CN=Sites,CN=Configuration,DC=jan16,DC=cn
RID - CN=NTDS Settings,CN=DC1,CN=Servers,CN=Default-First-Site-Name,CN=Sites,CN=Configuration,DC=jan16,DC=cn
结构 - CN=NTDS Settings,CN=DC2,CN=Servers,CN=Default-First-Site-Name,CN=Sites,CN=Configuration,DC=jan16,DC=cn
fsmo maintenance: _
```

图 25-24　强占基础结构操作主机角色

（5）使用同样的方法，强占其他 4 个操作主机角色。

（6）执行命令“netdom query fsmo”，查看强占后的操作主机角色信息。

► 任务验证

使用 ntdsutil 命令将主域控制器 dc1 中的操作主机角色强占至额外域控制器 dc2 中。在额外域控制器 dc2 中执行命令“netdom query fsmo”，查看强占后的操作主机角色信息，如图 25-25 所示。

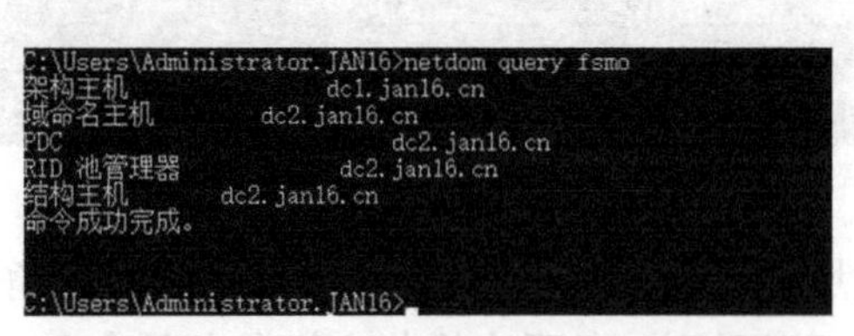

```
C:\Users\Administrator.JAN16>netdom query fsmo
架构主机                dc1.jan16.cn
域命名主机              dc2.jan16.cn
PDC                     dc2.jan16.cn
RID 池管理器            dc2.jan16.cn
结构主机                dc2.jan16.cn
命令成功完成。


C:\Users\Administrator.JAN16>
```

图 25-25　查看强占后的操作主机角色信息

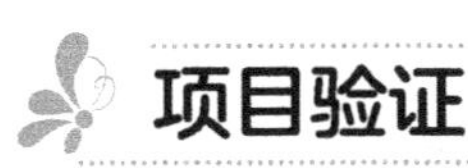

项目验证

项目 25-项目验证

1. 验证使用图形界面转移操作主机角色

使用图形界面将主域控制器 dc1 中的操作主机角色转移至额外域控制器 dc2 中。在额外域控制器 dc2 中查看转移后的操作主机角色信息，如图 25-26 所示。

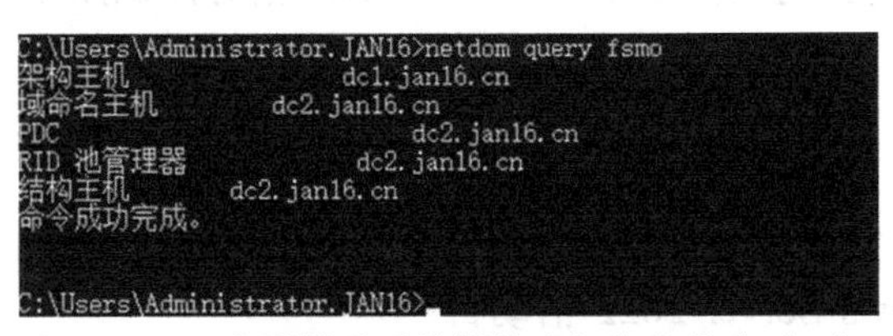

图 25-26　查看转移后的操作主机角色信息（1）

2. 验证使用 ntdsutil 命令转移操作主机角色

使用 ntdsutil 命令将额外域控制器 dc2 中的角色转移至主域控制器 dc1 中。在主域控制器 dc1 中查看转移后操作主机信息，如图 25-27 所示。

3. 验证使用 ntdsutil 命令强占操作主机角色

使用 ntdsutil 命令将主域控制器 dc1 中的操作主机角色强占至额外域控制器 dc2 中。在额外域控制器 dc2 中查看强占后的操作主机角色信息，如图 25-28 所示。

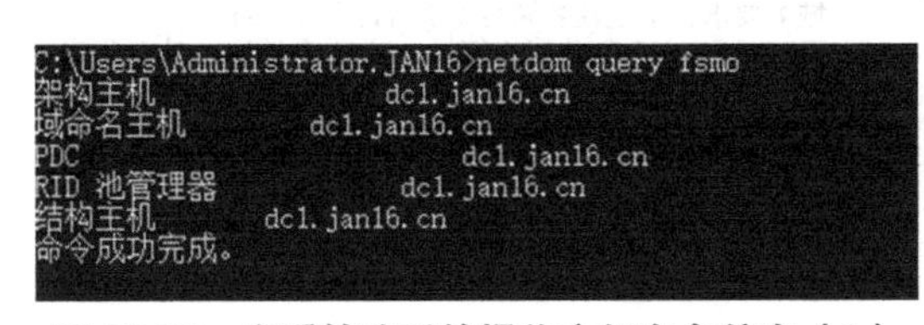

图 25-27　查看转移后的操作主机角色信息（2）

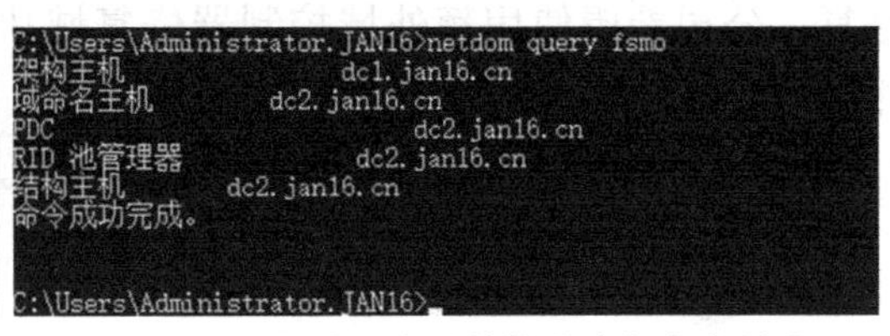

图 25-28　查看强占后的操作主机角色信息

练习与实践

一、理论题

1. 关于操作主机，以下描述错误的是（　　）。（单选题）

   A. 架构操作主机默认由第一台域控制器担任

   B. 相对标识操作主机负责同步整个域内的时间

   C. 在单域情况下，基础结构操作主机无用

   D. 如果域命名操作主机发生故障，则无法在林内添加、删除域

2. 在全林范围内定义的两种操作主机是（　　）。（多选题）

   A. 架构操作主机　　B. 域命名操作主机

   C. 基础结构操作主机　　D. 相对标识操作主机

3．负责域内时间同步的操作主机是（　　）。（单选题）

A．架构操作主机　　B．主域控制器仿真操作主机

C．相对标识操作主机　　D．基础结构操作主机

4．在每个域中定义的 3 种私有操作主机是（　　）。（多选题）

A．架构操作主机　　B．基础结构操作主机

C．主域控制器仿真操作主机　　D．相对标识操作主机

二、项目实训题

1．项目背景

某公司基于 Windows Server 2022 活动目录管理公司中的用户和计算机。为了提高用户登录和访问域控制器的效率，公司安装了多台额外域控制器，并且启用了全局编录功能。

在活动目录运营一段时间后，随着公司中用户和计算机规模的增加，公司发现活动目录中主域控制器的 CPU 经常处于繁忙状态，而额外域控制器的利用率不到 5%。公司希望额外域控制器可以适当分担主域控制器的负载。

某次意外导致主域控制器崩溃，并且无法修复。公司希望使用额外域控制器修复域功能，保证公司的生产环境能够正常运行。

本实训项目的网络拓扑图如图 25-29 所示。

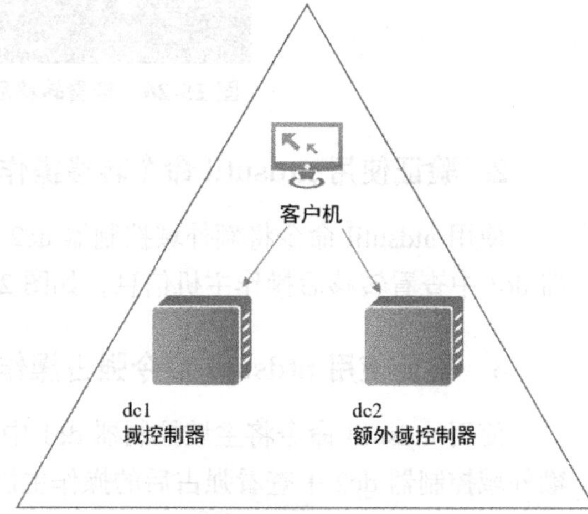

图 25-29　本实训项目的网络拓扑图

2．项目要求

（1）使用图形界面转移操作主机，截取关键操作步骤及相应的结果。

（2）使用 ntdsutil 命令转移操作主机角色，截取关键操作步骤及相应的结果。

（3）使用 ntdsutil 命令强占操作主机角色，截取关键操作步骤及相应的结果。

项目 26　站点的创建与管理

项目 26-前置环境准备

项目学习目标

1. 掌握站点的作用。
2. 掌握站点复制的方法。
3. 了解站点桥头服务器的作用。

项目描述

jan16 公司不断地发展壮大，在全国建立了几个分公司。jan16 公司的总公司在广州，在上海、武汉、北京都拥有分公司，该公司使用 VPN 技术将总公司和各个分公司互联起来，每个分公司都拥有 jan16.cn 域控制器。

在工作时间，域控制器之间经常进行数据同步，如果同步时间较长且数据量较大，则会影响公司日常业务的处理效率（网络延迟增加）。jan16 公司希望限制域控制器之间的数据同步，使其自动在晚上进行数据同步，如果有重要数据需要同步，则可以交由管理员手动进行。

本项目的网络拓扑图如图 26-1 所示，计算机信息规划表如表 26-1 所示。

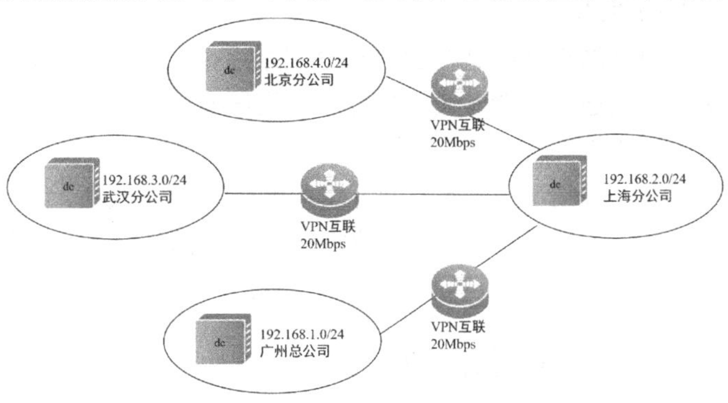

图 26-1　本项目的网络拓扑图

表 26-1　本项目的计算机信息规划表

计算机名称	VLAN 名称	IP 地址	操作系统
dc1	VMnet1	192.168.1.1/24	Windows Server 2022
dc2	VMnet2	192.168.2.1/24	Windows Server 2022
dc3	VMnet3	192.168.3.1/24	Windows Server 2022
dc4	VMnet4	192.168.4.1/24	Windows Server 2022
网关路由器	VMnet1	192.168.1.254/24	Windows Server 2022
	VMnet2	192.168.2.254/24	
	VMnet3	192.168.3.254/24	
	VMnet4	192.168.4.254/24	

项目分析

jan16 公司的总公司和各个分公司都使用 VPN 技术进行互联，但它们的链路带宽各不相同。为了避免域控制器的实时同步给公司链路带来负担，可以将每个公司（包括总公司和分公司）都划分到一个站点中，并且设置链接的链路参数。

（1）为总公司和分公司创建站点及子网。

（2）在总公司和分公司两两之间创建链接，并且配置其复制参数。

（3）在各个站点中，将一台域控制器指定为桥头服务器。

在本项目中，要完成站点的创建与管理，可以通过以下两个工作任务实现。

（1）创建站点及子网。

（2）创建站点链接并配置复制参数。

相关知识

1. 站点的作用

在部署了多台域控制器的环境中，在其中一台域控制器修改了活动目录数据后，修改后的数据会被同步到其他域控制器中（默认为 15 秒），但对于重要的数据，如账户锁定、域密码策略的改变等，并不会等待 15 秒，而是立刻同步给其他域控制器。如果两台域控制器之间使用低速的链路带宽，那么它们之间的复制操作会占用非常大的网络带宽，从而加重链路带宽的负载。

建立站点并将域控制器划分到站点中，使站点内的域控制器之间优先进行相互同步。在站点之间通过设置专属服务器（桥头堡域控制器）进行相互同步，可以有效提高域控制器之间的同步效率。

在一般情况下，局域网环境中的带宽相对较高，因此可以将整个局域网划分到一个站点中。但在广域网环境中，建议将每个地区都划分到一个站点中，并且设置域控制器在网络使用率较低的时段进行同步。

2. 站点复制的方法

在活动目录中的不同站点之间进行数据同步时，所传送的数据会被压缩，用于减轻站点之间链接带宽的负担，如果在相同站点内的域控制器之间进行数据同步，就不会在复制时压缩数据。

活动目录默认将所有的域控制器都划分到默认站点中。因此，如果不同地域的域控制器之间也采用非压缩方式进行数据同步，则会增加不同物理位置的通信链路带宽负载。

在活动目录中，需要将相同地理位置的域控制器划分到同一个站点。这样，不同地理位置的域控制器之间就会采用压缩方式进行数据同步，有利于提高带宽的利用率和同步效率。

3. 站点桥头服务器的作用

假设北京和广州各有两台域控制器，那么在域控制器之间进行数据同步时，北京的两台域控制器和广州的两台域控制器进行同步的数据通常是相同的，也就是说，在北京和广州的链路上会传输大量相同的域控制器同步数据，这通常会导致北京和广州之间的链路负载过高。为了解决这个问题，我们可以进行以下操作。

（1）在北京的两台域控制器之间进行数据同步，在广州的两台域控制器之间进行数据同步。

（2）在北京的一台域控制器和广州的一台域控制器之间进行数据同步。

（3）在北京内部和广州内部再进行一次数据同步。

站点之间的数据同步和站点内的数据同步如图 26-2 所示。

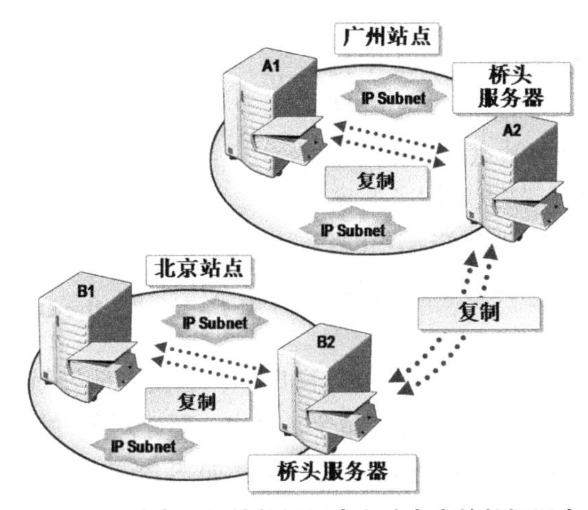

图 26-2　站点之间的数据同步和站点内的数据同步

经过以上 3 个步骤的有序数据同步和原先在不同站点之间进行的无序数据同步效果是一样的，但广州和北京之间的链路负载降低很多，因为前者在这条链路上只进行了一次数据同步传输。

在活动目录中，为了避免站点之间数据的重复传输，通常会在站点内设置一台桥头服务器。桥头服务器首先和站点内的域控制器之间进行数据同步，然后和其他站点的桥头服务器进行数据同步，最后和站点内的域控制器进行数据同步，从而实现整个公司域控制器的数据同步。

每个站点内都只能有一台桥头服务器。桥头服务器的设置优化了企业域控制器之间的数据同步机制，提高了站点之间的带宽利用率。

项目实施

任务 26-1　创建站点及子网

项目 26-任务 26-1

▶ 任务规划

本任务需要完成站点及子网的创建，主要操作步骤如下。

（1）在广州总公司、北京分公司、上海分公司、武汉分公司中分别创建站点。

（2）创建广州总公司站点、北京分公司站点、上海分公司站点、武汉分公司站点的子网。

注意： 在进行本任务操作前，应该先完成以下两个基本配置。

- 在网关路由器中启用 LAN 路由，具体操作可以参考本书中的项目 2。
- 广州总公司作为域控制器，需要被添加到新林中，其他分公司要将域控制器添加到现有域中，具体操作可以参考本书中的项目 5。

▶ 任务实施

（1）在广州总公司的域控制器 dc1 中打开“服务器管理器”窗口，在菜单栏中选择“工具”→“Active Directory 站点和服务”命令，打开“Active Directory 站点和服务”窗口，将默认站点的名称 Default-First-Site-Name 修改为 Site-Guangzhou，如图 26-3 所示。

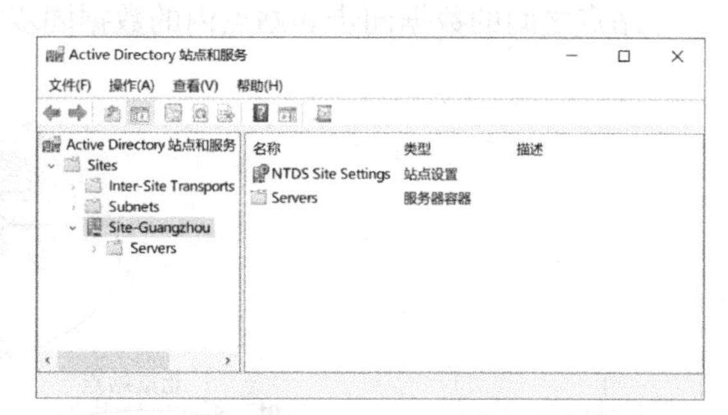

图 26-3 “Active Directory 站点和服务”窗口

（2）在“Active Directory 站点和服务”窗口中，右击左侧导航栏中的 Sites 选项，在弹出的快捷菜单中选择“新建”→“站点”命令，弹出“新建对象-站点”对话框，输入北京分公司站点的名称 Site-Beijing 并选择站点传输类型，如图 26-4 所示，单击“确定”按钮，创建北京分公司的站点。

图 26-4 “新建对象-站点”对话框

（3）使用同样的方法，创建上海分公司和武汉分公司的站点。

（4）在“Active Directory 站点和服务”窗口中，在左侧的导航栏中找到 Sites→Subnets 选项并右击，在弹出的快捷菜单中选择“新建子网”命令，弹出“新建对象-子网”对话框，输入广州总公司的前缀并选择广州总公司站点，如图 26-5 所示，单击“确定”按钮，创建广州总公司站点的子网。

（5）使用同样的方法，创建北京分公司站点、上海分公司站点、武汉分公司站点的子网。

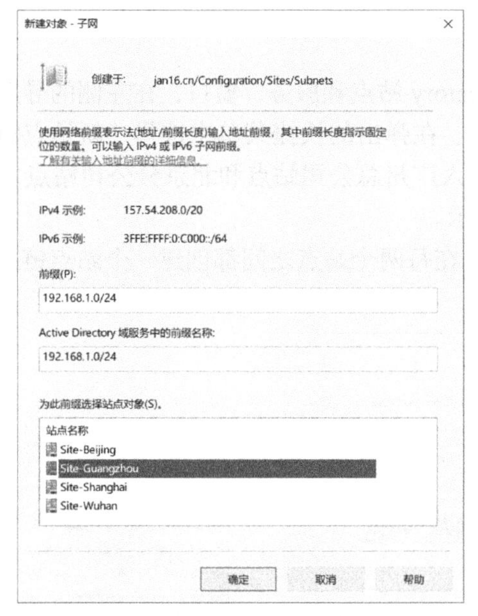

图 26-5　“新建对象-子网”对话框

▶ 任务验证

新建的广州总公司、北京分公司、上海分公司、武汉分公司的站点如图 26-6 所示。新建的广州总公司站点、北京分公司站点、上海分公司站点、武汉分公司站点的子网如图 26-7 所示。

图 26-6　新建的站点　　　　图 26-7　新建的子网

任务 26-2　创建站点链接并配置复制参数

项目 26-任务 26-2

▶ 任务规划

本任务要部署域控制器之间的数据同步时间，需要完成以下配置。

（1）创建站点链接并配置复制参数。

（2）归置站点中的域控制器。

（3）设置站点桥头服务器。

▶ 任务实施

（1）打开“Active Directory 站点和服务”窗口，在左侧的导航栏中找到 Sites→Inter-Site Transports→IP 选项并右击，在弹出的快捷菜单中选择“新站点链接”命令，弹出“新建对象-站点链接”对话框，输入广州总公司站点和北京分公司站点之间的站点链接名称并选中相应的站点，如图 26-8 所示。

（2）使用同样的方法，在每两个站点之间都创建一个站点链接。创建好的所有站点链接如图 26-9 所示。

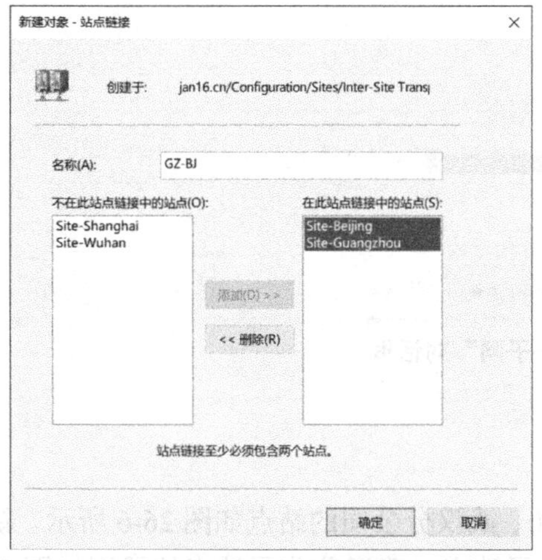

图 26-8　“新建对象-站点链接”对话框

图 26-9　创建好的所有站点链接

（3）右击 GZ-BJ 选项，在弹出的快捷菜单中选择“属性”命令，弹出“GZ-BJ 属性”对话框，在该对话框中可以修改用于同步的“开销”值，“开销”值越小，优先级越高；还可以修改“复制频率”的值，“复制频率”的默认值为 180 分钟（每 180 分钟复制一次）；单击“更改计划”按钮，可以设置在工作时间以外进行站点复制，如图 26-10①所示。

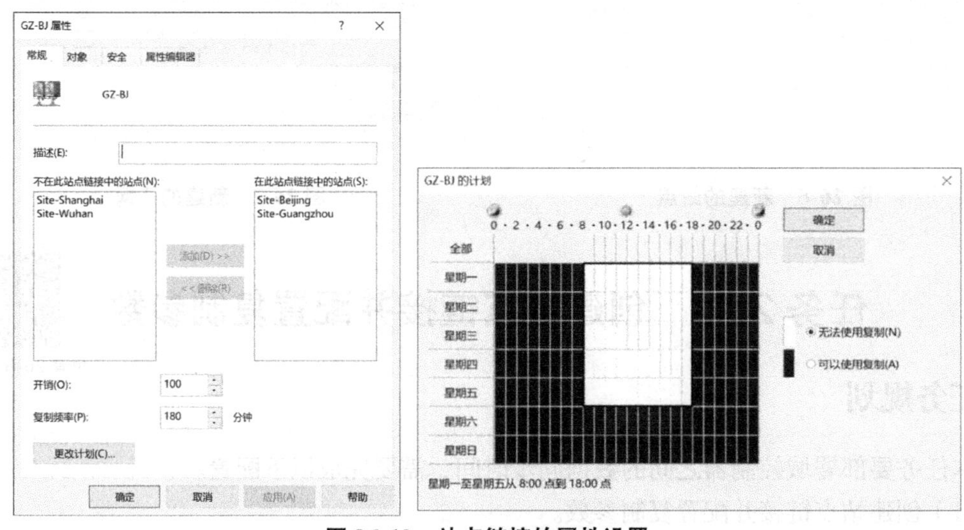

图 26-10　站点链接的属性设置

① 图中的“星期一至星期五从 8:00 点到 18:00 点”的正确写法应该为“星期一至星期五的 8:00—18:00”。

（4）将各个站点的域控制器拖动到自己的站点中，最终结果如图 26-11 所示。

（5）假设广州总公司站点选择域控制器 dc1 作为其桥头服务器，则可以在 Site-Guangzhou 站点的树形结构中找到域控制器 dc1 并右击，在弹出的快捷菜单中选择“属性”命令，如图 26-12 所示。

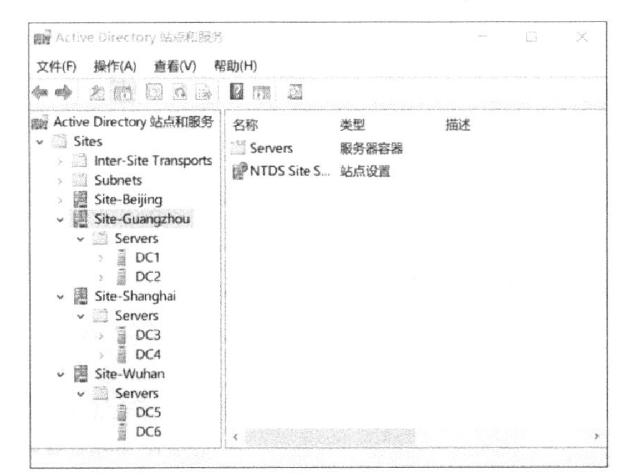

图 26-11　站点及其中的域控制器

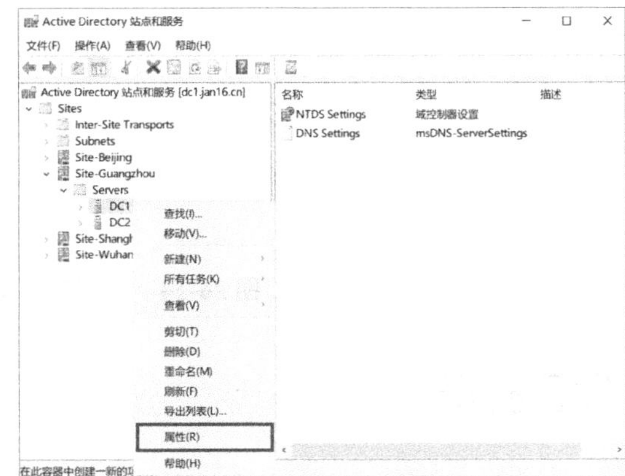

图 26-12　选择“属性”命令

（6）弹出“DC1 属性”对话框，选择 IP 和 SMTP 选项并将其添加到“此服务器是下列传输的首选桥头服务器”列表框中，完成将域控制器 dc1 作为桥头服务器的设置，如图 26-13 所示。

图 26-13　“DC1 属性”对话框

（7）使用相同的方法，完成其他站点的桥头服务器的设置。

▶ 任务验证

验证各公司站点之间的数据复制，如图 26-14 所示。

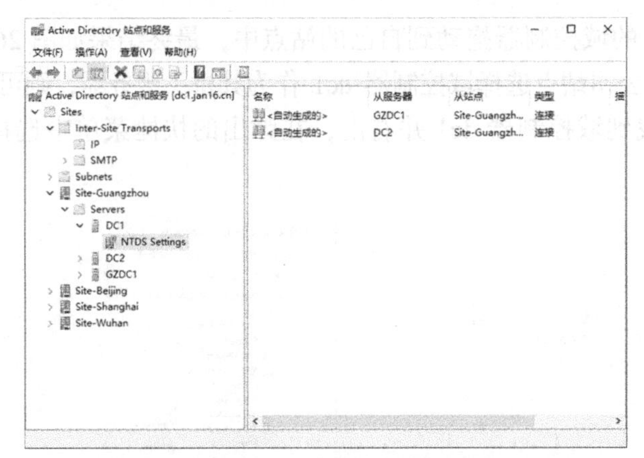

图 26-14　验证各公司站点之间的数据复制

项目验证

项目 26-项目验证

1. 验证站点和子网

各公司站点及其子网如图 26-15 和图 26-16 所示。

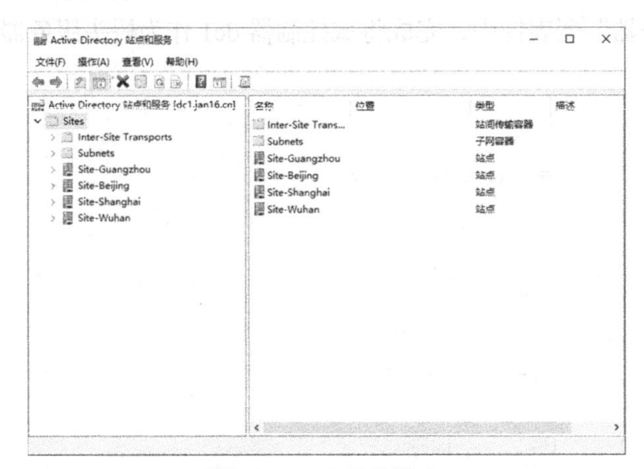

图 26-15　各公司站点

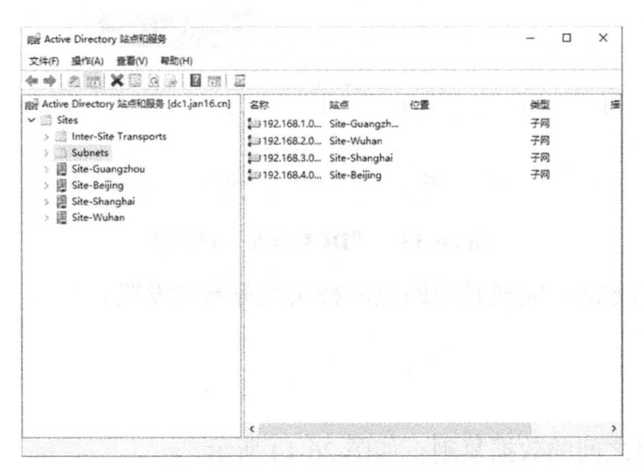

图 26-16　各公司站点的子网

2. 验证各公司站点之间的数据复制

各公司站点之间的数据复制如图 26-17 所示。

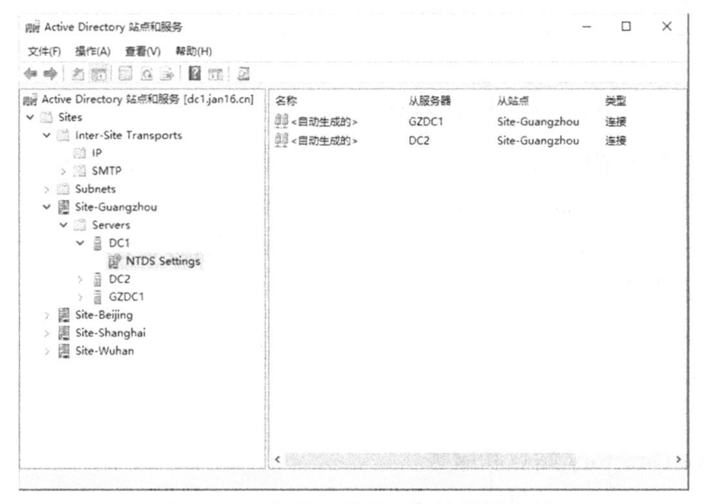

图 26-17　各公司站点之间的数据复制

练习与实践

一、理论题

1．有一个活动目录站点名为 Site1，你创建了一个新的活动目录站点，并且将其命名为 Site2。你需要配置 Site1 和 Site2 之间的数据复制。你安装了一台新的域控制器，并且在 Site1 和 Site2 之间创建了一个站点连接，接下来应该（　　）。（单选题）

A．使用 Active Directory 站点和服务，配置新的站点链接

B．使用 Active Directory 站点和服务，降低 Site1 和 Site2 之间的站点链接开销

C．使用 Active Directory 站点和服务，为 Site2 指派一个新的子网，将新的域控制器到移动到 Site2 中

D．使用 Active Directory 站点和服务，配置新的域控制器为 Site1 首选的桥头服务器

2．在活动目录中使用子网的目的是（　　）。（单选题）

A．使活动目录能够使用域控制器进行数据复制

B．定义域控制器所在的位置

C．定义站点的边界。

D．定义站点之间进行路由复制通信的方法

3．站点的桥头服务器主要用于（　　）。（单选题）

A．快速响应客户端的数据请求

B．提高站点的安全性

C．分发和管理网站流量

D．加快网站的访问速度

4．你的公司中包含一个域和两台域控制器 DC1 和 DC2，DC1 为架构主域控制器。DC1 宕机了，你使用管理员用户登录该域，但无法传输架构主域控制器，为了让 DC2 担任架构主域控制器，你需要（　　）。（单选题）

A．注册 Schmmgmt.dll，打开活动目录架构控制台

B．配置 DC2 为桥头服务器

C．在 DC2 上抢夺架构主域控制器

D．注销并使用架构管理员组中的成员账户登录活动目录，打开活动目录架构控制台。

5．你的公司有一个分部被配置为一个独立的活动目录站点，并且有一台域控制器。活动目录站点需要一台全局编录服务器，用于支持新的应用程序。你需要将域控制器配置为全局编录服务器，可以使用（　　）工具。（单选题）

A．Dcpromo.exe

B．服务器管理

C．计算机管理

D．Active Directory 站点和服务

E．Active Directory 域和信任关系

二、项目实训题

1．项目背景

某公司不断地发展壮大，在全国建立了几个分公司。总公司在广州，分公司分别位于北京、上海、武汉。该公司使用 VPN 技术将总公司和各个分公司互联起来，每个分公司都拥有域控制器。

在工作时间，域控制器之间经常进行数据同步，如果同步时间较长且数据量较大，则会影响公司日常业务的处理效率（网络延迟增加）。公司希望限制域控制器之间的数据同步，使其自动在晚上进行数据同步，如果有重要数据需要同步，则可以交由管理员手动进行。

本实训项目的网络拓扑图如图 26-18 所示。

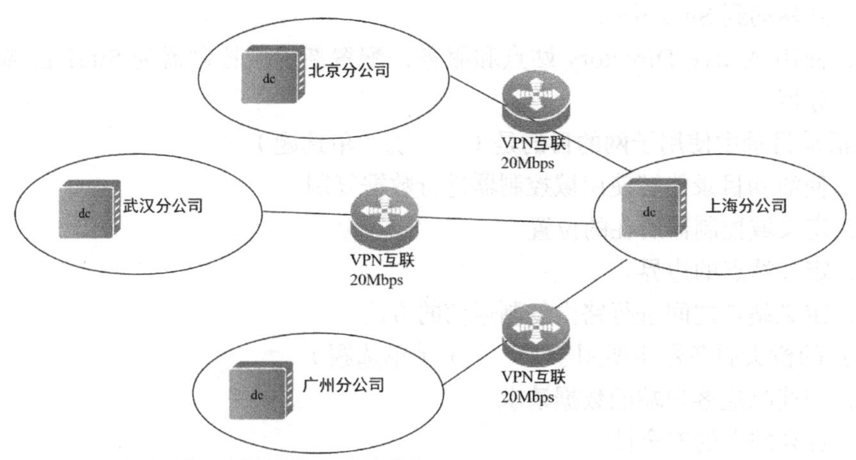

图 26-18　本实训项目的网络拓扑图

2. 项目要求

（1）为总分公司创建站点，截取“Active Directory 站点和服务”窗口中的 Sites 界面，显示创建好的站点。

（2）为总公司和分公司创建子网，截取“Active Directory 站点和服务”窗口中 Sites 下的 Subnets 界面，显示创建好的子网。

（3）在总公司和分公司两两之间建立站点链接，配置复制参数，截取“Active Directory 站点和服务”窗口中的 Sites 下的 IP 界面，显示公司之间的站点链接。

（4）在各个站点中指定一台域控制器作为桥头服务器，验证各公司站点之间的数据复制，截取相关界面。

项目 27　活动目录的备份与还原

项目学习目标

1．掌握活动目录备份的方法。
2．了解非授权还原。
3．了解授权还原。

项目描述

jan16 公司基于 Windows Server 2022 活动目录管理公司中的用户和计算机。活动目录的域控制器负责维护域服务，如果活动目录的域控制器出于硬件或软件方面的原因不能正常工作，那么用户不能对所需资源进行访问，或者不能登录网络，更严重的是，公司网络中所有与活动目录有关的业务系统、生产系统等都会停滞。

通过定期对活动目录进行备份，在活动目录发生故障或出现问题时，可以通过备份文件将其还原，修复故障或解决问题。因此，公司希望管理员定期备份活动目录。

本项目的网络拓扑图如图 27-1 所示，计算机信息规划表如表 27-1 所示。

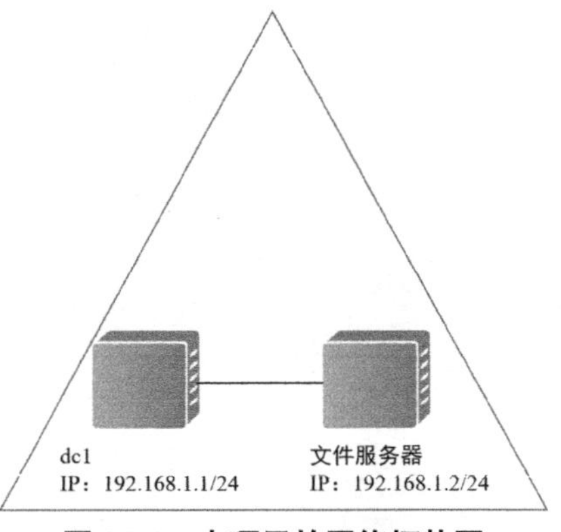

图 27-1　本项目的网络拓扑图

表 27-1　本项目的计算机信息规划表

计算机名称	VLAN 名称	IP 地址	操作系统
dc1	VMnet1	192.168.1.1/24	Windows Server 2022
文件服务器	VMnet1	192.168.1.2/24	Windows Server 2022

项目分析

根据公司要求，下面我们通过以下操作模拟公司中活动目录的备份与还原过程。

（1）在“业务部”组织单位中创建用户 operation-user1 和 operation-user2，并且对域控制器进行备份。

（2）在部署单台域控制器环境中使用非授权还原域控制器，找回被误删的“业务部”组织单位中的 operation-user1 用户。

具体涉及以下工作任务。

（1）备份域控制器。

（2）还原域控制器。

相关知识

1. 活动目录的备份方法

活动目录一般使用微软自带的备份工具“Windows Server 备份”进行备份，可以实现对系统状态等的备份。在进行还原操作时，活动目录可以提供两种恢复模式：非授权还原和授权还原。

2. 非授权还原

非授权还原可以将活动目录恢复到备份时的状态。在进行非授权还原后，有以下两种情况。

- 如果域中只有一台域控制器，那么备份后的所有修改都会丢失。例如，在备份后添加了一个组织单位，那么在进行还原操作后，新添加的组织单位不存在。
- 如果域中有多台域控制器，则可以恢复已有的备份并从其他域控制器中复制活动目录对象的当前状态。例如，在备份后添加一个组织单位，那么在进行还原操作后，新添加的组织单位会从其他域控制器中复制过来，因此该组织单位还存在，如果备份后删除了一个组织单位，那么在进行还原操作后不会恢复该组织单位，因为该组织单位的删除状态会从其他的域控制器中复制过来。

非授权还原实际的应用场景如下。

- 如果企业的域控制器只想还原到之前的某个备份系统状态，则可以使用非授权还原轻易完成。
- 如果企业的域控制器发生崩溃且无法修复，则可以为服务器重新安装系统并将其升级为域控制器（IP 地址和计算机名不变），然后通过目录还原模式和之前备份的系统状态进行还原。

3. 授权还原

当企业部署了额外域控制器时，如果主域控制器中的内容和额外域控制器中的活动目录内容不同，那么它们怎么进行数据同步呢？当不同域控制器中的活动目录内容不同时，它们会通过比较活动目录的优先级来决定使用哪台域控制器中的内容。活动目录的优先级比较主要考虑以下 3 方面的因素。

- 版本号：版本号是指 Active Directory 对象修改时增加的值，版本号高者优先。例如，域中有两台域控制器 dc1 和 dc2，在 dc1 中创建一个用户后，版本号的值会随之增加，

dc2 会和 dc1 比较版本号的值，如果 dc1 的版本号更高，那么 dc2 会向 dc1 同步 Active Directory 内容。

- 时间：如果域控制器 dc1 和 dc2 同时对同一个对象进行操作，由于操作间隔很小，系统还来不及同步数据，因此它们的版本号是相同的。在这种情况下，两台域控制器需要比较时间因素，看哪台域控制器完成修改的时间靠后，时间靠后者优先。
- GUID：如果域控制器 dc1 和 dc2 的版本号和修改时间都完全一致，则需要比较两台域控制器的 GUID，显然这完全是一个随机的结果。在一般情况下，修改时间完全相同的情况非常罕见，因此这只是一个备选方案。

授权还原就是通过增加时间版本，使域控制器 dc1 授权恢复的数据变得更新，从而将误操作的数据推送给其他域控制器，而还原时间点之后增加的操作并不在备份文件中，因此需要将其从其他域控制器中重新写入域控制器 dc1。

4. 授权还原的实际应用场景

授权还原的实际应用场景如下。

- 在企业部署了多台域控制器的情况下，如果需要通过还原操作恢复之前被误删的对象，则可以使用授权还原。
- 如果企业中有多台域控制器，在将一台域控制器还原至一个旧的还原点时，之前的误删对象会暂时被还原，但是因为这台域控制器被还原到了一个旧的还原点，所以在将这台域控制器接入域网络时，它会和其他域控制器进行版本比较，如果发现自己的版本较低，则会同步其他域控制器中的活动目录内容，如果将还原回来的对象再次删除，就无法再还原被误删的对象了。
- 如果对某台域控制器进行了授权还原，那么管理员可以通过修改被误删对象的版本号（通常是大幅度增加版本号的值，如将版本号的值增加 10 万），使该对象的版本号高于域中其他域控制器的版本号。这样，在将这台域控制器重新接入网络并同步数据时，因为它的版本号更高，其他域控制器会自动从这台域控制器中同步更新后的对象版本，从而恢复被误删的对象。

项目实施

任务 27-1　备份域控制器

项目 27-任务 27-1

▶ 任务规划

本任务需要将主域控制器备份至文件服务器，主要通过以下 3 个步骤实现。

（1）在文件服务器中创建共享目录。

（2）在主域控制器中添加用户、安装“Windows Server Backup”。

（3）将主域控制器备份至文件服务器的共享文件夹。

▶ 任务实施

（1）在文件服务器中创建一个名为 backup 的共享目录。

（2）在域控制器 dc1 的“业务部”组织单位中新建两个用户，分别为 operation-user1 用户和 operation-user2 用户，如图 27-2 所示。

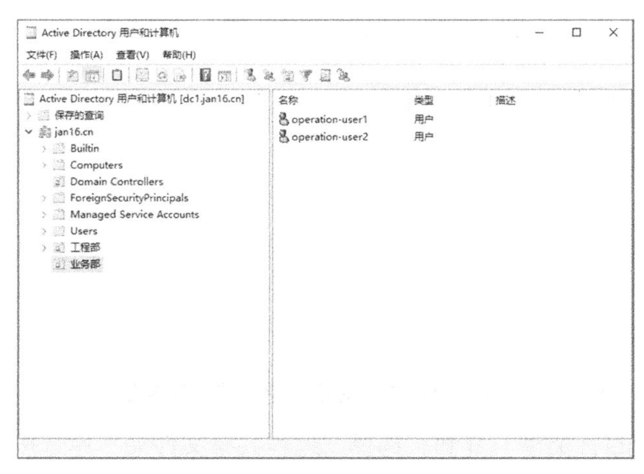

图 27-2　创建业务部用户

（3）打开“服务器管理器”窗口，选择“添加角色和功能”选项，打开“添加角色和功能向导”窗口，在“选择功能”界面中勾选“Windows Server 备份”复选框，表示安装该功能。

（4）打开“服务器管理器”窗口，在菜单栏中选择“工具”→“Windows Server 备份（本地）”命令，在打开的窗口左侧的导航栏中右击“本地备份”选项，在弹出的快捷菜单中选择“一次性备份”命令，如图 27-3 所示。

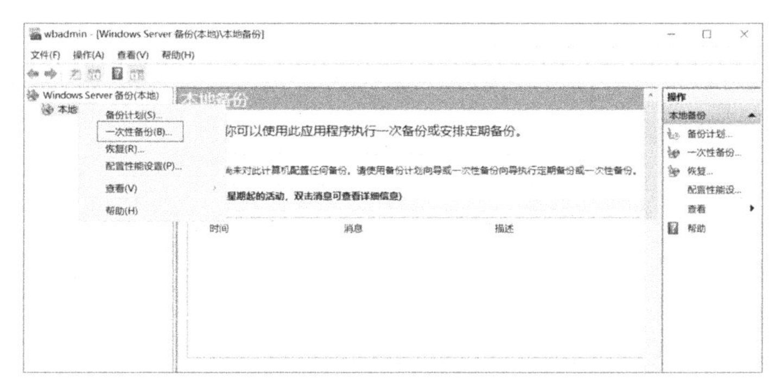

图 27-3　选择“一次性备份”命令

（5）弹出“一次性备份向导”对话框，在“备份选项”界面中选择“其他选项”单选按钮，单击“下一步”按钮；进入“选择备份配置”界面，选择“自定义”单选按钮，单击“下一步”按钮；进入“选择要备份的项”界面，单击“添加项目”按钮，在弹出的“选择项”对话框中勾选“系统状态”复选框，单击“确定”按钮，返回“一次性备份向导”对话框中的“选择要备份的项”界面，可以看到，“系统状态”选项已经被加入该界面的列表框中，如图 27-4 所示，单击“下一步”按钮。

图 27-4　“一次性备份向导”对话框中的“选择要备份的项”界面

（6）进入“指定目标类型”界面，选择“远程共享文件夹”单选按钮，单击“下一步”按钮；进入“指定远程文件夹”界面，将“位置”设置为“\\192.168.1.2\backup”，单击“下一步”按钮；进入“确认”界面，在确认配置信息无误后，单击“备份”按钮进行备份，进入“备份进度”界面，如图 27-5 所示。

图 27-5　“一次性备份向导”对话框中的“备份进度”界面

▶ 任务验证

（1）在域控制器 dc1 中打开“服务器管理器”窗口，在菜单栏中选择“工具”→“Windows Server 备份”命令，在打开的窗口中可以看到，活动目录备份成功，如图 27-6 所示。

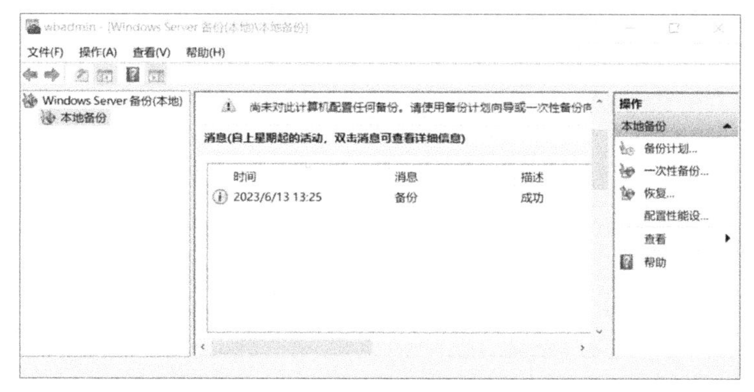

图 27-6　验证活动目录备份成功

（2）打开文件服务器，访问共享目录 backup，可以看到已经备份的主域控制器，如图 27-7 所示。

图 27-7　查看备份的主域控制器

任务 27-2　还原域控制器

▶ 任务规划

删除“业务部”组织单位中的 operation-user1 用户，在域控制器中进入系统高级启动选项，使用非授权还原的方式还原域控制器。

▶ 任务实施

（1）在域控制器 dc1 中，将“业务部”组织单位中的 operation-user1 用户删除，如图 27-8 所示。

（2）在域控制器 dc1 中打开“运行”对话框，输入“msconfig”并单击“确定”按钮，如图 27-9 所示；弹出“系统配置”对话框，选择“引导”选项卡，在“引导选项”选区中勾选“安全引导”复选框并选择“Active Directory 修复”单选按钮，单击“确定”按钮，如图 27-10 所示。

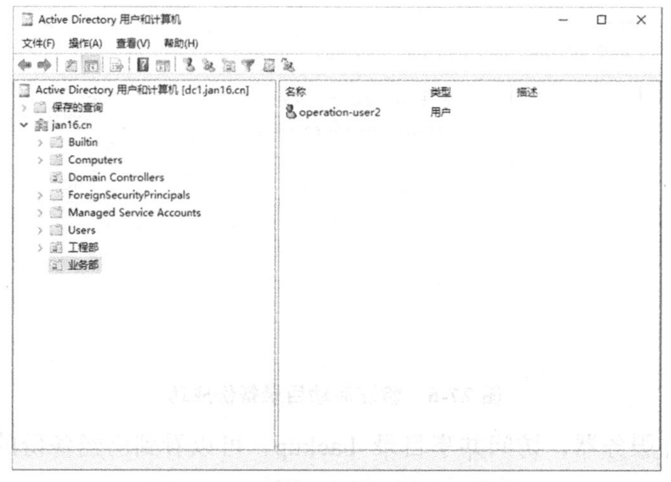

图 27-8　删除 operation-user1 用户

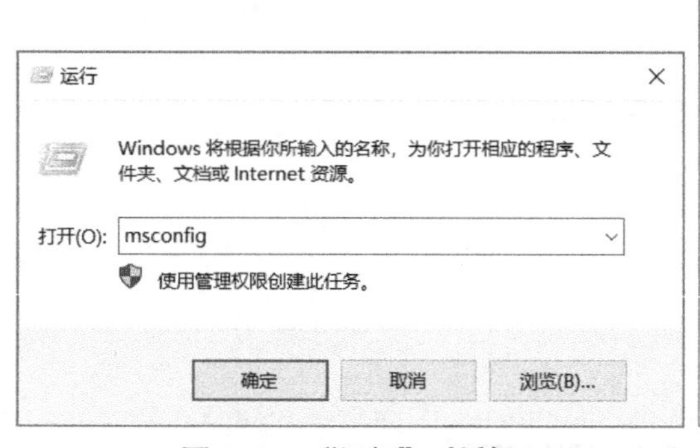

图 27-9　“运行”对话框

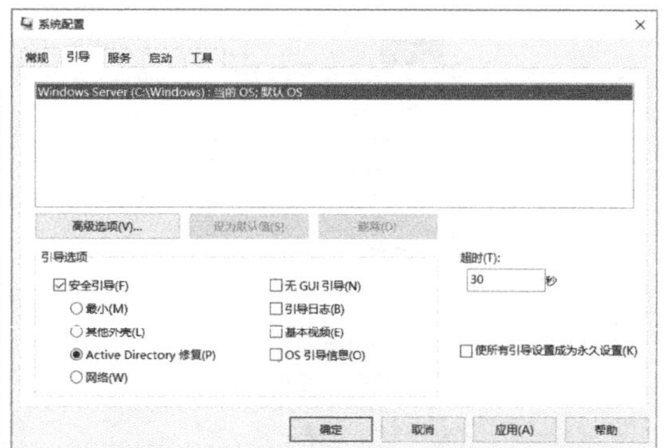

图 27-10　“系统配置”对话框（1）

（3）再次弹出“系统配置”对话框，提示重新启动计算机，单击“重新启动”按钮，如图 27-11 所示，重新启动计算机并进入 Active Directory 修复模式。

（4）在登录界面中不能使用域管理员用户登录域，必须用本地的管理员用户登录域，并且密码是该计算机的域控制器的还原密码（在创建域控制器的时候设置的），如图 27-12 所示。

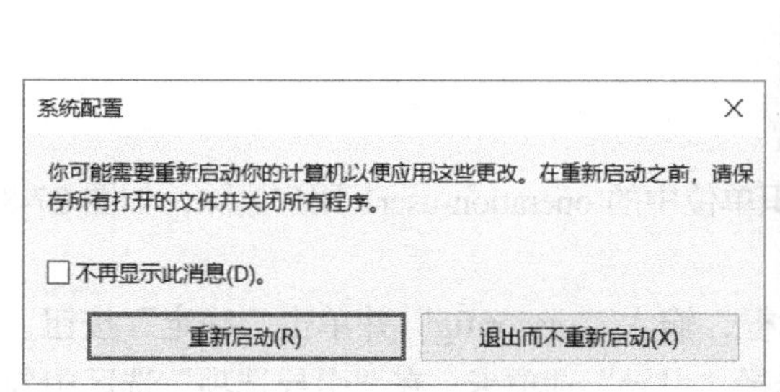

图 27-11　“系统配置”对话框（2）

图 27-12　使用本地管理员用户登录域

（5）打开“服务器管理器”窗口，在菜单栏中选择“工具”→“Windows Server 备份”命令，打开“wbadmin-[Windows Server 备份（本地）\本地备份]”窗口，在左侧的导航栏中右击“本地备份”选项，在弹出的快捷菜单中选择“恢复”命令，如图 27-13 所示。

（6）弹出“恢复向导”对话框，在“要用于恢复的备份存储在哪个位置？”界面中选择“在其他位置存储备份”，单击“下一步”按钮；进入“指定位置类型”界面，选择“远程共享文件夹”，单击“下一步”按钮；进入“指定远程文件夹”界面，输入“\\192.168.1.2\backup”，单击“下一步”按钮，如图 27-14 所示。

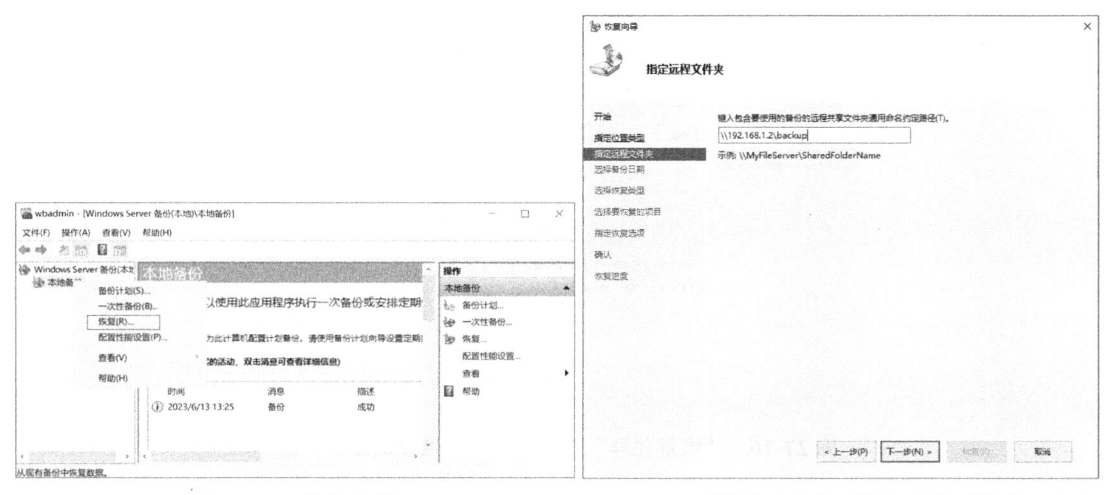

图 27-13　恢复备份

图 27-14　“恢复向导”对话框中的“指定远程文件夹”界面

（7）进入“选择备份日期”界面，选择要还原的备份日期，单击“下一步”按钮；进入“选择恢复类型”界面，选择“系统状态”单选按钮，单击“下一步”按钮；进入“选择系统状态恢复的位置”界面，选择“原始位置”单选按钮，单击“下一步”按钮；在弹出的提示框中单击“确定”按钮，进入“确认”界面，如图 27-15 所示。

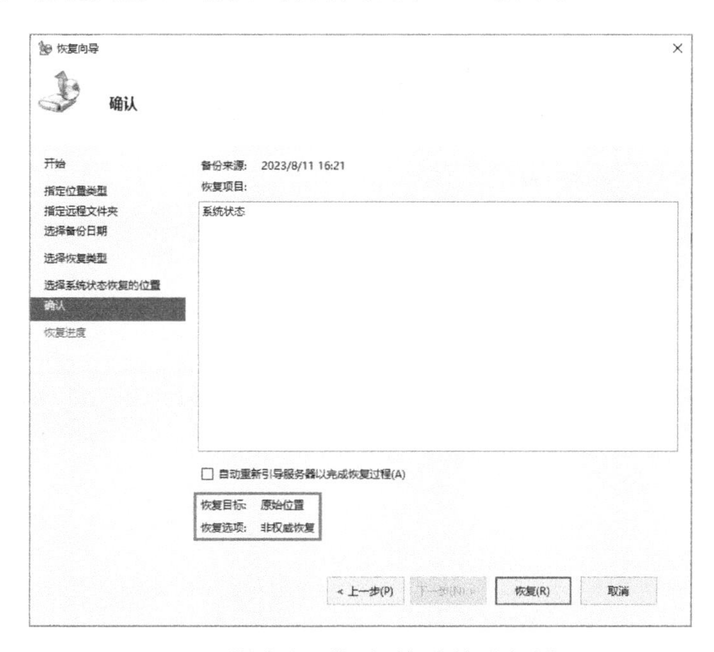

图 27-15　“恢复向导”对话框中的“确认”界面

（8）在确认恢复设置正确后，单击“恢复”按钮，进行还原操作，还原过程会持续 10～20 分钟，在还原操作完成后，会提示重新启动计算机，如图 27-16 所示。

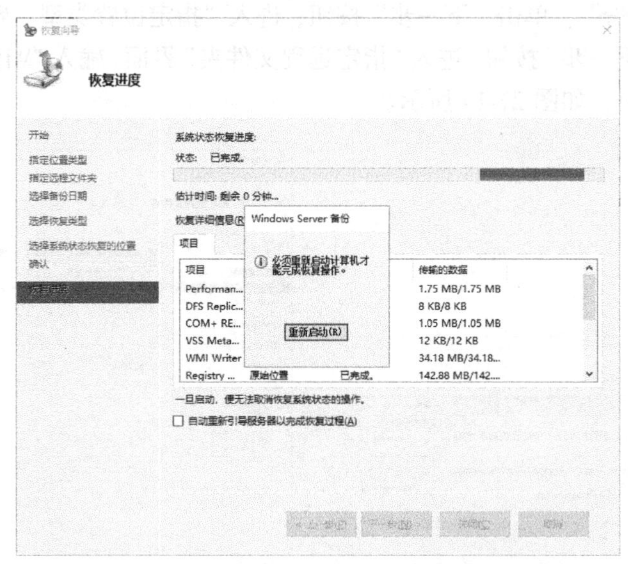

图 27-16 “恢复向导”对话框中的“恢复进度”界面

▶ 任务验证

在重启域控制器 dc1 后，使用域管理员用户登录域，登录后出现图 27-17 所示的界面，表示恢复成功。

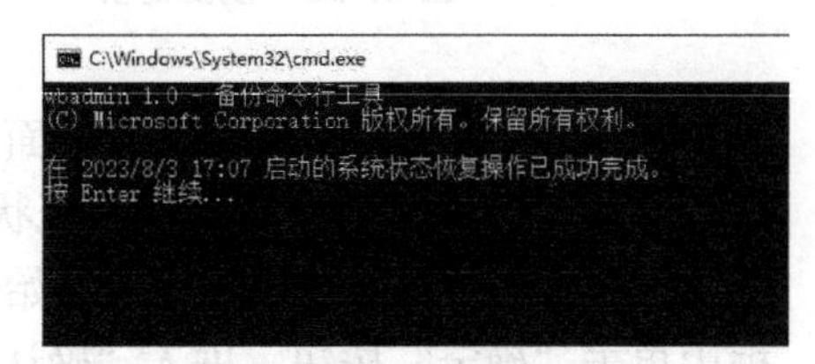

图 27-17 恢复成功

项目验证

在域控制器 dc1 中打开“Active Directory 用户和计算机”窗口，可以看到“业务部”组织单位中已经还原的 operation-user2 用户，如图 27-18 所示。

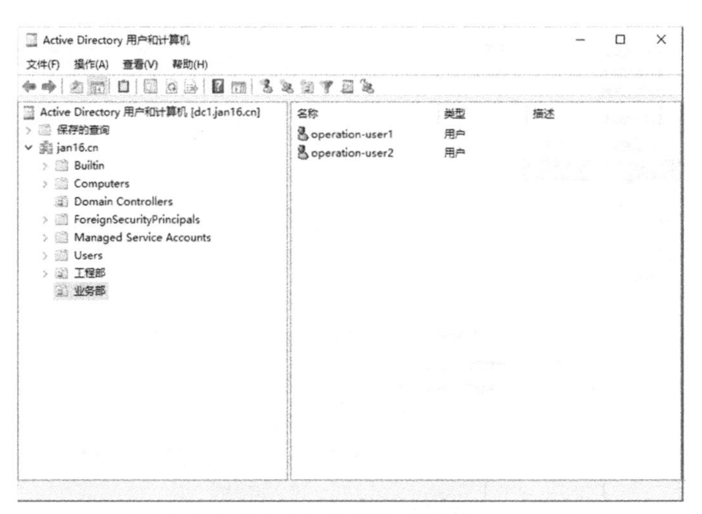

图 27-18 验证还原结果

练习与实践

一、理论题

1. 下面属于授权还原的应用场景的是（　　）。（单选题）

A. 企业的域控制器正常，但想要还原到之前的一个备份。

B. 企业的域控制器出现崩溃且无法修复，想将服务器重新安装系统并升级为域控制器（IP 地址和计算机名不变），然后通过目录还原模式并利用之前备份的系统状态进行还原。

C. 企业部署了多台域控制器时，想通过还原来恢复之前被误删的对象。

2. 某用户的需求如下：每个星期一都需要进行正常备份，在一周的其他天内只希望备份从上一天到目前为止发生变化的文件和文件夹，他应该选择的备份类型是（　　）（单选题）

A. 完整备份　　B. 差异备份　　C. 增量备份

3. 当企业部署了额外域控制器时，如果主域控制器中的内容和额外域控制器中的内容不相同，则会比较活动目录的优先级来决定使用哪台域控制器中的内容。在比较活动目录的优先级时，主要考虑的因素是（　　）。（多选题）

A. 版本号　　B. 时间　　C. GUID

4. 在活动目录的还原过程中，可以还原所有属性，包括安全标识符（SID）的还原方式是（　　）。（单选题）

A. 非授权还原　　B. 控制台还原

C. 可回滚的系统状态还原　　D. 授权还原

5. 在活动目录的还原过程中，必需的步骤是（　　）。（单选题）

A. 停止活动目录的服务

B. 连接到域控制器

C. 将安全标识符（SID）与对象重新关联

D. 恢复系统状态

二、项目实训题

1. 项目背景

某公司基于 Windows Server 2022 活动目录管理公司中的员工和计算机。活动目录的域控制器负责维护域服务，如果活动目录的域控制器出于硬件或软件方面的原因不能正常工作，那么用户不能对所需资源进行访问，或者不能登录网络，更严重的是，公司网络中所有与活动目录有关的业务系统、生产系统等都会停滞。

通过定期对 AD DS 进行备份，在活动目录发生故障或出现问题时，可以通过备份文件将其还原，修复故障或解决问题。因此，公司希望管理员定期备份活动目录。

本实训项目的网络拓扑图如图 27-19 所示。

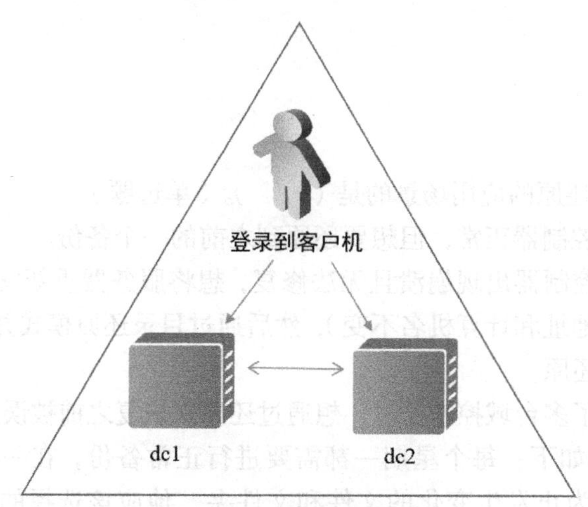

图 27-19　本实训项目的网络拓扑图

2. 项目要求

（1）在“业务部”组织单位中创建两个用户 operation-user1 和 operation-user2，对域控制器进行备份，并且截取备份界面。

（2）删除“业务部”组织单位中的 operation-user1 用户。

（3）使用非授权还原方式还原被误删的 operation-user1 用户，并且截取相关界面。

（4）删除“业务部”组织单位中的 operation-user2 用户。

（5）使用授权还原方式还原被误删的 operation-user2 用户，并且截取相关界面。